AFTER NATURE:
Highlights

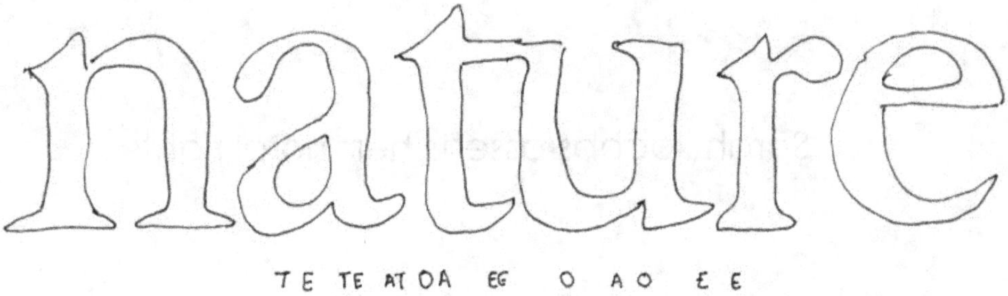

by Sarah Jacobs

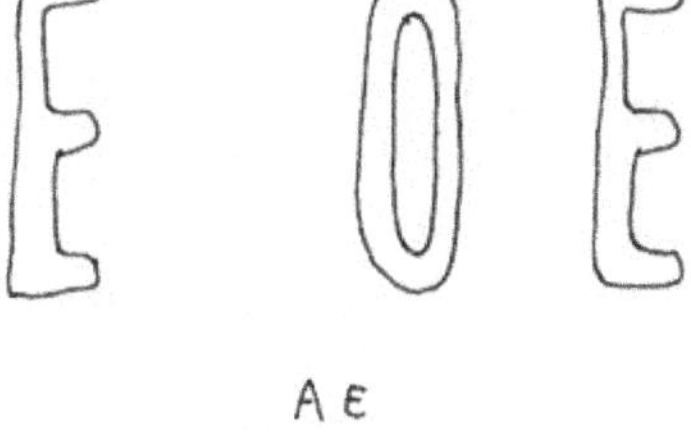

Colebrooke Publications

based on NATURE

volume 489 Number 7414.

ISBN 978-0-9568575-2-1

CONTENTS

"Labour well the Minute Particulars"

CONTENTS

6 September 2012 / Vol 489 / Issue No 7414

HIGHLIGHTS

RESEARCH

STRUCTURAL BIOLOGY

Close call

How E2–ubiquitin and RING E3 enzymes tie the knot. **PAGE 115**

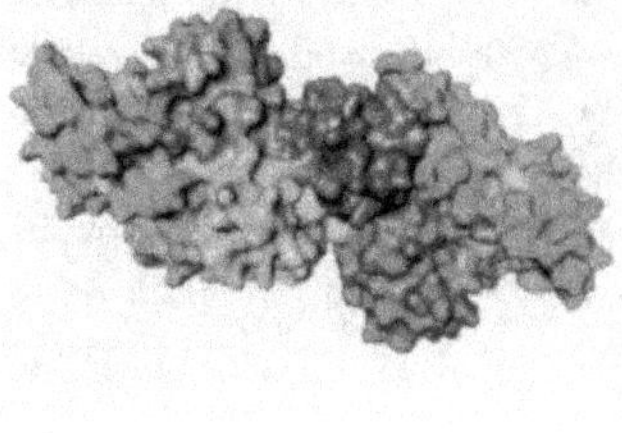

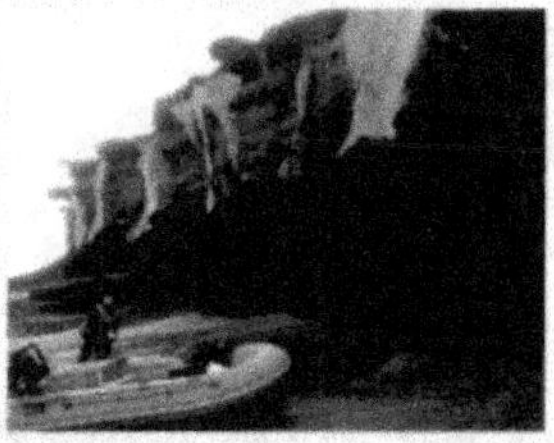

EARTH SCIENCE

C change

Thawing Arctic permafrost could release many tons of carbon. **PAGE 137**

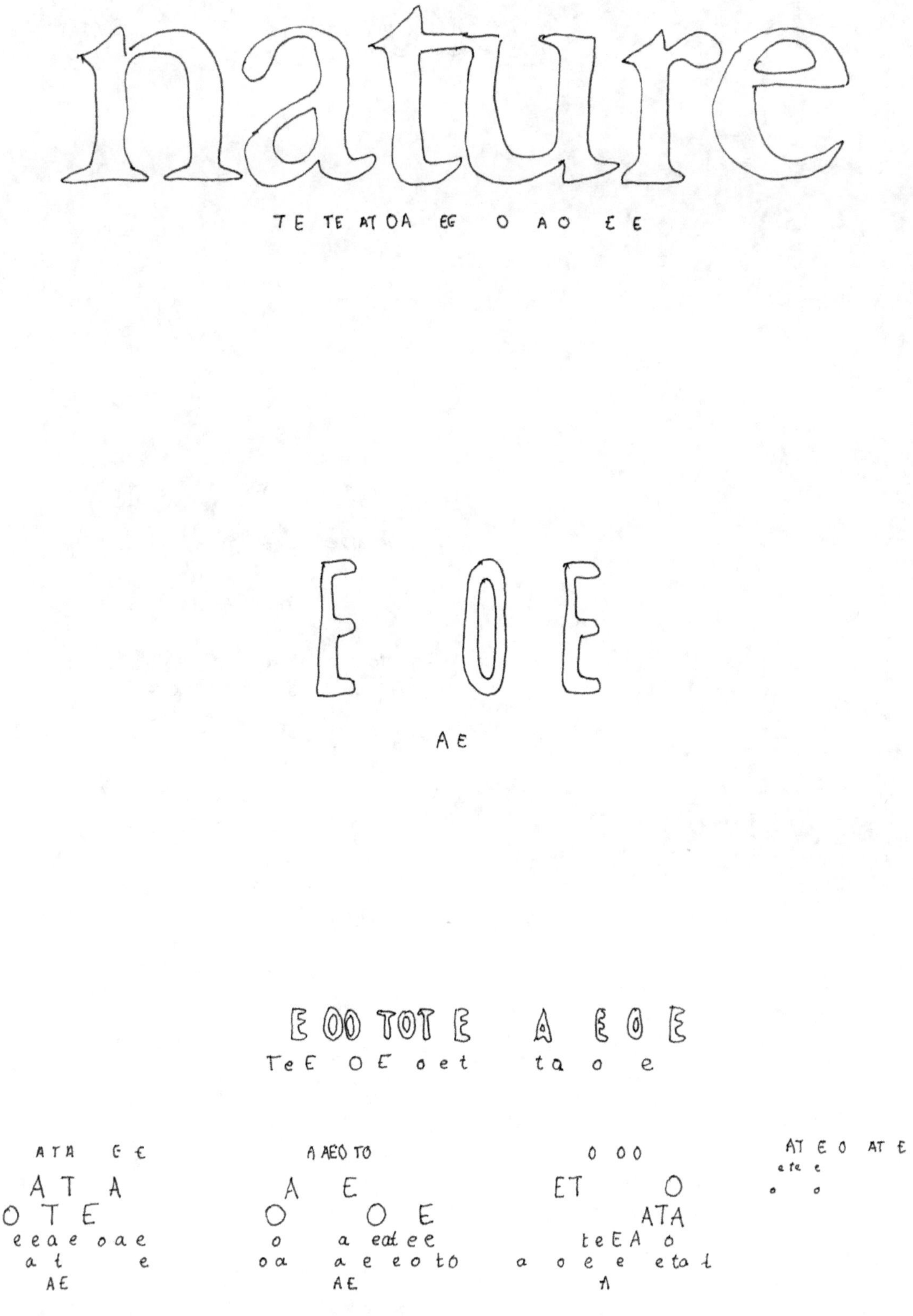
nature
TE TE ATOA EG O AO E E
E O E
AE
E OO TOT E A E O E
TeE OE oet ta o e
ATA E E
ATA
OTE
eeae oae
a t e
AE
A AEO TO
A E
O O E
o a eat ee
oa a e eo to
AE
O OO
ET O
ATA
teEA o
a o e e eta t
A
AT E O AT E
ete e
o o

nature o O

oa o at
Nature o a et ta e
o a ee

ea to a e o o ea to t e e t e e
oa o a o e ette at t e e
o e nature o o a tae a a ta e o
t e o a e t ee e o oa o
o ato e e ate a a a e
a a ea a to o eo t e
e ee a a e o at nature o o

To o t o e t
. nature o

o o o

to te A a

e e t t e e o t o e e

e a eo e
e eat e

eat ta oo e o a e

Te A a te e a e ea
e ot t ea e o a e e to
ta a a o a e e

Te A a a e o e t
to a e a a a ete to o t o
a ato eo o oa ot e a
a o e a o eel e ee o a

e e ta t(
)o e a e to A a a o
a e e oaet o e t a o to a
to e e oael a ettat eet
e o e a o t ofe to ta a o

ot a a eA oael a eta
te ato a a tato o ato te ato a
ta a

a to to a to o t e ett te
A a o e ta a t A
ot a o te ot a eto e T
o ate ot a e e a e e o
e ot a eat e o e e e oto
o a to ot a a a

o e e a e t ta o eat t
ea o at o e e o o a

o a o t
o eoa eo o to e a o o tea et o e e
o a a o e ta e a a e o eto eto o a o a

o e e
e e
a o e A
o e e o

E E ot t tote

o ee eoe e

A T

T A

ee o

A a e cto oa e e e

e a e o e

o e o

e e o e

a e ea e

a e A e e

at ee te

et eeato e e

Ta atoa eo

A ete o at

At

a to

At

tat

TO

o

a

tat

Co ate At o e O
O to et o e a e oo

aaee o t at a ato a e a ot

Te et atatoe o eo t
te tet aateoe a o

Ete e a ato o oeo
to et o ea ot ato
otet to o te e

Te a ot o e o o
to et e aita ate toa
too a a a atee o e

at to o ato oo
o te e atoeaeaoaaae ea
eaot a oto

e oo oeoto aeaae
to ee o e te ee

Eet

eat

o o to (T)
(Aea o o ote)
o o tot (T)(A) at
A (Aea o o ate)
o to et aa o ae teste
(e)o a eate (ee)
o ae to o e otoato (e)

o OAt(e Xto ate)
o oAt(e)(O at A
(E o at) o to et aa
o ote eate (ee)ot oto t
(ao to) ota
(ae to) a O (E
to) (e)

e a aee o e a e a Te oo ae a e o o te o too tee e o T oo

o at o t o a t t

e a o

e a

TE o o

Oe (to ee) Te a ot(to ee) ot e ao e be ao t oeao teteoe ao
o eea eO oto e aot oe e

O TE T

e te e o e o

nature E O E

E TO A
t ea

TO TO
Aea o ata

EAT E
Te ae o ae a

O ET
e o o ata oet
Ea e

E E
E O Ee a e
oe Ee e A oe

e a oo oata t a
oa a a ea

E EA
A te ate e o e ao A
ee et te a e o e

Te e e o at
a aeote a e o e
ET a eta

A e a e a e ato
e o e o e ta to
a to oot
e eta

A tet eo te a

e ato et o e e
o E O E ata
e te eta

a a eo a to
a e
e a eta

Teo a e teato
a a eo ee o ote
A a a a e a e e

A EE
A e o a
o e a e

nature o e o e

oe Tato A e e

T EE

O

O E T

E TO A
E EA
A o ta ea ta aet
Te o e et ttee
e o to teet

ATO
oo t e
Te oa oe e e o a o ote
o a e o e

O E
e t eo e
a oto ta e
oo ett
Ta ae t e e
toa eat e t
e te e

E EA T
E E TO O T E
ET TE AT E
o o te o a o A ea
a a et a eat ea
A e o a et e

E E A
T E E E
Et to t eat e te ate
o e a a ta A taa
o E o e E o Ta
te oo o a

E A E EA
e e o e e o ate
A e e a e

o E ATO
a a e e to o e t eat
a e to eto

EAT
a eto ate e a ot t

E TA
o t o o e ot ta a

o AT
oo a ata a e a e t

ATO
e att ee eo te oa te

EAT t
A AEO TO O
Te o eae
e o to ea a o t
o a e o to

A EE

A EE E

NATURE O A E T EAT E
aee E o e e ot T
o a o a

To O O
et e a a e et
TeEA ee to ee e o
oo e a o aT o e

OO AT
A TET E
e o e
eo a e

TE O O
a o e e e e
oo

OO E

at e t e
e te o at e o e
e e e a to e

O E O E E
A A o te a e
e e ato a

A
at e a ( )
a

T E
o
o a a t a

a o e
a o a e

T e a et o e to o
a a a e e e ote

ote to a t e
o o ee
o e o a t o o to
A a ta a E A a e a o e
o to a a a e

a ote a t t
e e a a e a a

o eta

ote o etato ( )

O E E
o e e o a

o e e o o e

O TE T

ete e o e o

E EA

E O E
ae et eeatate o

E E
ATE A E E
Aa oet ot atte
A atee tat oe
e et EE ETTE

O OO
Tet oe
etetoo te tea t
eo te a
a aea EE ETTE

E O E E
eo o eat ea
oa eeo oto eooe
etta at oo a
A E a EE ETTE

AT A E
e ta Atat e
o eo o ate a e
oteAtate a
E e SEE ETTE

AE E E
eaato eo ato
ate e O e e ae
tateaatee o
oet e

A O
O o o te t aa
aeeto oaa et
e a ea oe
ae oo

T A OO

oea

oE ta E
e etete ot AE

T T A OO
A ote oaeet
Tee ea oato etee
E ta Ee e
toe a e aA a
EEA T E

O EO
E O Ee ae
Te ato atao te a
eoe toaeeet
oe Ee e A oe
eaoooata ta oa
a Ea ea EEE O E A E

AT E
E O EA teatee oeao
Aeeet te aeoe
TeE OE oeto ot
E O ET eae e o at
a aeote aeoe

E O EA e a e a
e ato e oe oe
ta to ato oot t
e eta

E O EA tet eo te a
e ato et o e e o
E O E ata
e te eta

E O E a aeo ta to
a e
ea eta

T T A OO t teoa
E aea t oae
E e o ata
Ae aooaE aa Tata
a t T a EE

ETTE
E O ETeo ae teato
a aeo ee o ote
Aaa aoe a ee

ATOO O e ato o te tea
t teo eta t a
aea o
o e e e
ate EE

ATOO oe oa a ao
teeo eattra to eo
ee E oeo

TE OO e e eta
o eee ae oo
te eat e oto e a
atato o o e
eta

ATE A E E tet a e
a t oe
eta EE

EAT E EAtato oo a o
eooo oata a ea
eao At ea
E o eta

ATE eetAtat e a
o eat eto ooee ate
a e e to
ae eta EE

E O E E oa eeo
o ate eo oee oe
oo aot ea
ee a etal EE

TE E eoa t
ea e at at eet
ea te e atee o
o eta

A E eteo e A TAT
atatoaa e a o
e e eto A to tea
o a eta

OO E oeo ate
teteeo eeoae
e t otTe
e a aa e aa A e

a e

T A t e aoto
eeao a to o a o AE

Te T t A o t o e ato A t ea
a o e a e

O A ETT

te e e o e e e o t e a e ea e o ea e e e e o o e to a te ot a e a a te o e a t a t o atot e a e a e

Teeae o e o a o e a e t otte e eo o oa e e e et o e ato a te a te a a te to e oa o to a e t o a e to o cto to A a e t a e a e a e a e o e e t a te e a a o ea to o te t o o o o e t ea o e ato a t e ea a t e atte o e o e e et o t o t t at e e e a e o to Te o ta t a a a a t o at a e e oa at o to o o e o o o e a ot a to a a e a o e a a a e a oa o e e o e ato t eo e ea t a e e e o to to a o t e a e e a a e a e e to a e e e e o tto e e o t ote t a

A o o e t e to o t e e a to o e o e ato a e o a o e a e o o e e ta e o e e t o t e e e e t t e o t ate o e a o a te ote ta o t o o o a e a o a te e o a e e eo e t t at e a e e ea e t t to a o et o a ato

e o ot a e a o t e a e tte e o to e ee o e a ate e to o t o e ea t a ea T e e a e a o t at e t o e ato a t e a t e ea to o e a e e oo t t e t a e a e o a a o a e o et t E a e o o t e e e ete a t e e t o o o to to e e a e t e o o o e e o o o e ato a t e a t t a t e a a to a o e a e

T t a o e a e o o t te ate o e ato a t e a ea ea e et o e t e t te o a o a et o e a o e o a t

Te oo a A t e O a ato o t e te a to (AO) t e ea a o e a e o a o te o e ato a t e a t e o e e t e o o Ta a a a e a o o t e a t a to a e e oo a e o a o te o e ato a t e ta ta e e te a o t a o o te o e o to O o eo e a e o o t eeto te ea a e o e a o ate et ee e e (e a a a a e) o a ta e o e ta e t e eto o o a o a e to o e to a t a e e e t ee eo e o t a oe e e e a e t e a (etto et a o e t o A t e a a t e Ta a a T ee a e t e)

t o e ato a t e e o a o a a e e e et o a t e o a e a e ette a eto o ee teo t a a t o t e ate t t o ea a t t ee e a e atte t a o t eo a e te o e a e e e (O a E e e eo T a e t e e eat te o te o a et a o ae te ato a oo a o e ea t t te a to)

t tee o a e e ta o to te t o A t ea eea o o e e tao a ato O a a o e a e a a a e e a e t e ea e o ta to a a a t ato et o t ot a o e e a e t t ete eo e e to o to ee Te te ato a a e a eat o e e t e te (T) a te o e ea t t te o t e e o a e e e t a e to ete e t e eat e a o e o e t o t e o te T e e e o t t te o a a a o t e e o e o t o a e o a o te o e ato a t e a te a e o e e e eat t a t e a e e a e o o t e to e o a a a t e (E o eta to o T Te o o e a a T E o o o a a e)

T e o oo o a e ( ) a e o o e ( ) o ta a e o te t a t a t a t a a
a a o e a e a o t o o e a t o a t e a t e a e a e t e t e e t e o t o
o t (e a e oo a t o)

T e a o e e t a t o o t e t a o o e a t o a t e a t e a a e o e e a t e a o
t a t o a a o (O a a a o) e e e o t a e t e o e e t o o B o
t a o e o e t o a t a e (e a a t e e a a e o e t a e a t
e t) O e e a e a a t e t o o t t e o e a t e t a t t o a O e o e a
t o a t e o e e a t e t a o o e t o t e (e t a e a e e t a t o o
o e a a a e e t A O

A e t a a a o o t e a t e e e e t t a t o a e o a o e e t a t o a t e e t e e o t
a o e t o a t a e a t e o t a t t e t a t o o t a e t o o t a t e o o t a e e t e
a a e a e a e a o e a e o o e a t t e O e e e a a t a e e (T e t a
o t o O a a o e e t a t o a t e T a e a o o t a t o A o a a t a A a o e e
o e t o A e a o a)

a t a a t e e t o o t o a o a a e e t a e e t a t o e t e a t O o t a t e e t a e o t e
t t t e O e e o a t a e o t e a e e e a t e e t e t o a a e a o o a
a e e t o o a o t e t t a e a o t e e o e e a a e e t a t e t a t e o e a t o
a t e t o t a e e o e o o o t a t o a o a t e e o o t o a a
o a e t e a o t e e a t e a t e a t e e a o a t e t o a e a o
t a a e e t e e t a e e e e o O a e e o e a e a e o (a e o o
e a e t a t a t e a e a a e o o e t t o o a o e e t a t o o o e t
e a a e a o a o a a e e t o o a o e e t a t o t a e e
a t e e o)

T A o a t o o e a t o a t e e a a e a a e o e t e o o e a

A t e t a t o a o e e a t t e t e o t e e A T o (A T) t o t e a e (o o e a
t o e t o e e) o o e e o a t e t a t t e t e t o e t o o e o e e e e
t t e t o o t t e a t e e t (e t a t e a e e t) o e e t e o e t t a
o a a e t t e t t o a e a e t o e e t e e e t a t o o e o (e e t) e a o
t o t a e e o e o e a a e o t t t o o e a a o t t a a t o e e a o
o e o o o e a t o t t e a e o e a t e t a a o e o e t a (o e a e t e t
a t t a a o a t e a t t o e a e A o o o a o)

T e o t a t e o o t e a t o a A t a e e a (A) t e e e t o o a e a a
o e o o t a e o e t e e o e e o o o e o o o e e t A a o
t t o t e t e e o e t a e e o o e e e t e t o a o e e t o a t o a o
e t o e a e t e a o t o e e o e e o o o e a t e t e o t e a e
a o t o e e o o e o e a e t t e t e t (A e t a t a a e o e e a
o o e a t o a e o t)

o e o t e a e o t e t t e o e e e o e e a e t o t e o
t a e o o a o o e o o o t t t a e o e o a a t o a t e e o o e
a e a o t e o e a e o o t e e a e t o a t e e t e e e t a e
o (A A o e t A a e o T a a a)

a e a e ate e to o e o o o to a
eta ea ea a t e a ete te o a ta a ee
o o a e e o Tee at e aee te o e e
o a a a a o ea a e a e a e toe e te
o t a e o ea o a c et e (o e eta Ta
to o te a a eo T e o to A e e o o a
e ea a a e a te E e e)

Γ t e e a ete o e o o otato a
tata e e ete to a e e e a eo e e

A a e a e e e e o oe o t t o t o ee
ee e e a e e e o o e e e a ee
a e o o a e ee e t to ate ea to
e e t te a e a e To ea a to o t e e e ta t e ?
a ee e (te e eta ee a a e et o e ato
T a e te A a o e ato T a e et o o ato
e e a o oa o a e o a ato)

A a e a a o e t a ea eae
a o od o to o to ea e o a
ate e a e a o
t e e e to e o e A a e
ta te ota eo eat o

o e e a a a T e ea o o tatte e o o e o a ee a e o e
a e o o e e o ea o o o to ee t o t t e ee o t e a ato o e e (a
o aet T e o a o ato)

t ea o otato t e e t a t a ete a e a t e e t e ee o e e to o to
ee Aat o ao a E te a t (E) a a t e o a e o e to a t o ea o o ea
otato t t e e a o ed otato o o t o T e t o t toe a o ea e o
te o e otato a t e e te ee O e e (e a e te)a t et e t
e (e a e e t e) T e otato a o a eo at o e a a o o e o etto
o ete a a a te e o ee o t o e t (e a et al A o o a E o o e o a e
a a te t o o e to a a o E te a t a te te e ta o e A o o
a o)

Γ E o t to e t o a a te to o a o to a a t o a o a ato a
o a o e a e to e t a e a a to

e te o a o A a ee te (A) a o e te a a a a o t to o a e ea
tt to o te e e o e to te tt to a a a t a e t ee o e ea e e ta t
a e a a a a e a ete A a o e ea tt to o a ee o a e a o e et
oa a e t et e t toe e ee o a e e e e a T e eote e a e a e a a e
o o e ee a a e te a ett ee te o e e te ee to o e e To ateo e e
e et ee o a e a e ee eate (t a ote a e)a o e a o eae a e ee
a e a e o e e t To ee o toA a a e a to t e t
o te A a ate e to t a te a a e ea a a t O o ato a o te
t e e a o o A e o t to e a eo e e a a o t a (A A A a e a t)

O o a t a e ea tt to a e e o a o a at ee o e o e o o
a t a o o e e t ato e a a te to A a a o o o to to a e e o o a e e
o A a e to ta o a ee a a a et o otato a a o e o ee a ee a e o
e o e a e t te o t (Eot o a e e o o A A o et A ae o Ta a a)

Te o oo o a e a o c ot oeCto o e o o te o oo a ta e e
ot o oo a o e a e A atotoo a eta A e a o e o eato a t e
e te o e e to at at a e o a ato Oec e o t a to e oa a et
to o e a e ate ao a eee e tote e o a o otato a t e t e
a e oete Ctoote et to eo a toa o eo o e o te aoo te e ea
a ato e et e ote e (a a at)

A E te atoa e o e ato A t e oet (A) a ae o ae at at
a e to ate o e o (e eo ea a a a o ea) tat o e a ete o a a to te
ee tootea e Te A oetaoo tate ee t to o a e teaeato o a e
e oo a eo ato ot (A E A oetA a eotto)

T a a o e oaotoeatoa t ee e e e eae o e

o e o eatoa tee ea eoeotate t to eatoa teateoae
a eat o to o tet a ee e e oeoet a ate ote teao a te
t eaotet a eatoa teaea eate eeeete a eate O e ato
a tee o ot o eeat a ette o tea e o eatoa ateeaeo
o teetet a oete a aote a to a o tto (Ee te eta A a t otaeA t eto
te o to o a o e aea ea a e teTo a To oT a te E T
o a eta a o o A oatoooa ate oeato)

E e to o e ato A t e
o a e e E ata e o

e ate o e o e e t e e
a e e a e at at A E te
ato a a e e oo e o tato o
et Ta a a Tee a e a a aeae
e e o oeteoetoaoto
ot e t e t ea (A E te atoa
A oeteotto)

T t o e ato a t e o o o
eat e e e o o a a e a o o
e t e e t e e o e o a o e to
o a e

o e e ea T ate
tat eotae t ete to o e e
at oeo oteeeaeaeo
e t tae a eate t a toe o o e
toa ate e te e eo (e
teta oeatoa teaa ea to
tatea aa to ate a e)

a e ea
eatoaote a e ea otato eotaee eteto
ae ate ot o oeoetoataee eeoa

A ate o Tda e t e e e o e a e
ae e e oaet

[illegible]

Te To a o oo a e t t ttteo Te te atoa ete o To a A t e(ATT)
e a t ttroa eea t o e o eo te o a etateaate aoe
e o o e t eo eaa o eae e T te o ate o e a e (oe
aeoeote e aa e o t eae e e etoo a a o to a ette oo
e t (a o eta o tt to a e e e te o oT eta oa e
e o a o e ato A t e o o a e ot A a)

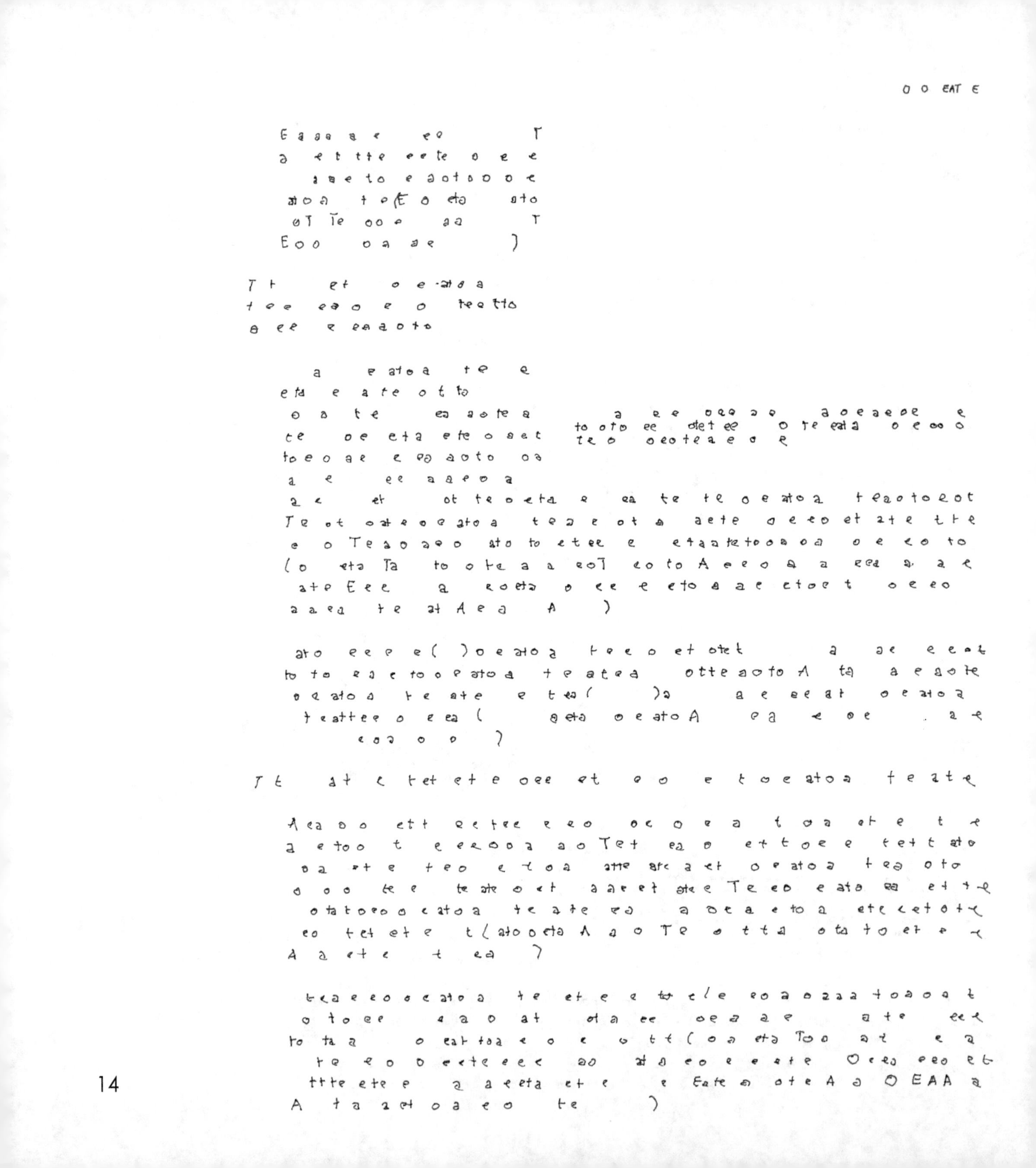

Tt ete a c o a ato e a e c o t e a e e to e o a e a
Etea o t o e te e o e ato a t e

o o e a t e o o o a a e o e tat e e a t e a a e a e to tot e e e Te
a a e lte a a to a e a e a a e o o a a e o e e e a a e e to o o e to a
a e e t o a t t t t e e a o e o o e t t o e o e a t a o e e e o a t
o te a e e e te a a o a a to a e e o e e e e e t a o t a to o e te a a ta e
a o e to e e a a o e e to o o te o e a to a te a te (e e e e to
t ot e o t a te o t e A a A t e o a e)

t t a to o o e a a e o e c a o o t t e to e t a t a te e e a a
te t o te e a e o o e t t e t e e a e o a e o e a e a a o e
t e a a t e to a a e te a te o e a to a t e a t e t e a e e e e a t e a te
e e e e a to e ote o e t a o o o e te a (A t e a ta o o a
T o e)

T t a o e a e t e e e t a t a te a a t e t e e e a e e o e t 7
e o t a to e ot to a a e o e a to a t e a to

t e e o t a e a e a t a e t e a a e o e e e t e o e e t
t e te a a ta e o T a ot e a t a e e o e to a to e e o tato o a e
e a e t ato e t o o e a to e e a e to o t te a o o e e a y
e e a a e a a e t e a te a o e ta t e e e o o o o e a to o e (e t e t
a o e a to a t e a a e a to t a te a a t to a te a e e t o e c o e
A t a a to o a o e e e o o t e o e e e to E a t a)

t e s a o o t e a A a e o e a e a a e o to o e o t a t o a a o e to a
t a e a te to to a o to e e t a a o a t a o e t o o a e ot o
e e a e e t a o a to t a t a e e o o a a a a e a e a o e a
t o t a o e a o t o e o o a o a o e a e T a e o to a a o
e t to a e te t t o o e t a a te e to t e t e o te t
te o o e a o a t e to o ote o e t t a o t o e o o e o o to e a t a
t t T e o e o t e o e e a o a e e o e ta o e a a to o o t te o o e
e te t e t a a ote tat e (o e e ta Ta to o t e a a e o T e o to
E e e)

t o te e t e t a a o t e t to e e a o a to a e e o a o t te to e o a e
t a a to o o e a to a t e t e a t e e e o o a t a o t a o a to a to e o e
o t e a o e ta a e o e t a t e e e a to

T E o A ETT A E T e o a e t t o a to
o ATO E a e T o o a e t t o a to a o to o e te ta a o
a a to e o te o o t o e e a a a e o a to T e o a
o o o te a to a o a t to e a te a e e o e t o t a
o o o t e T e o a to a o te o e ta a t a o t o e o te a o e ta
t to o e t o e o te T e o a to e e e a e o a o o e t e e a o te t e
te tate to a a t t a t a a te a o e to e o e a t a e e a e a e e
a t to To e a o t t e o a e tto a to o

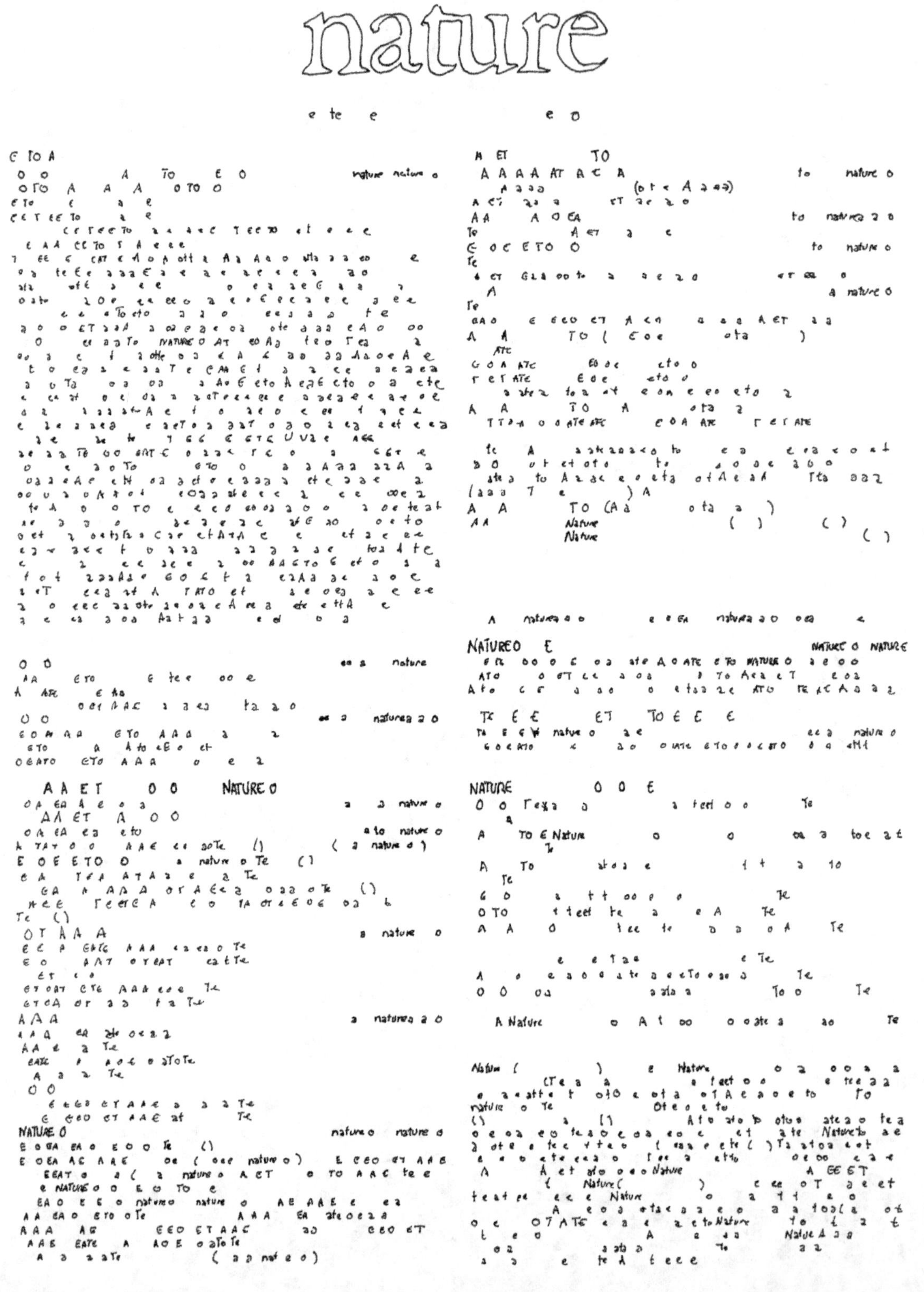
nature

a e to o ette

ee o e

T e A o o te
a to ate a e a at o
o a a o te
o o a e o t e
o o e o ta t t
ett a ta t a
a e te
a o t e

T e o ae ee

o e ea e t t e e ate o te t a t a e o o To e t o e
T ta T A o T a a a e at o o o o e ea e t t
o A A a e a at o e e o a t e t et
e ote t et o et o a t a t o ea e t te

te e

o o e o t te e o
o t te e A t e e e ate t a O E EA EO
o t to a o o te e A o o a e e e a o te
A ote a a e eacte oe o t o te e e te e

nature E O E

E O E t e E o ae ao A E e e t
a o e t e t e a t o a a
e o e e e a t t t e a o e
o e t a e o o t a t o
t a t o a t o a a t o o a t
t t e a t o e o a t o
t e a e o e e e e T e
a o E O E a e
o e e t e a e
e t a e o
Nature e o e e e a
a e o e o o

A a e o e a t e
a t e o e t e e e a
a e a e o e t e
t e a t t e a t a t
t o t e a
t o Nature E O E
e o e o t e Nature
E O E a

OE

o e t o t o

a

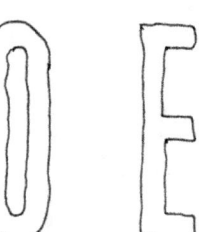

A a a e o t e
A t o e

a ote o o e

A t o e a e e a a

o a a t e e

o o o a o

o a

a o e

nature O

Atte t o E o e

ta to ate t ea e

a o Nature o eat e

o EE

e o e e a e t

nature o o e a e t

O

OTE

E E E

O O O

EA

t a at a to a a tee

t at o e

AO ET

E o e o e A

a at o at o

e e a e t a

o t O to e t

o ote o

AO ET

nature EEA T

E e e e t e A a o

t tte a oo o o e

E EA E O O

T e A a o a a to o e et ea t o E e o e a to t e e t a

e a o t a a e tote atet e ea t e e o

o at t e e t eat e e et o e ta e a e ea t to

to o o Nature eEa t o ee

t eo e e t e A a ea e Eat

nature o e ea t

o oa t e ee a o o

o eat

nature o

O a

e a t o o e te e e e

o oe o ato o
EE A E e a o e t
◎

e t at
t e t

T e t
A o e a e

e t A o e a e et a e
ta a o ot e t a e o a e t
t e et et a at o a a a e (
e t a) A o e a e e t
a o e o a e t e e to
o e e o e o a e o a oa a e
o a o e a e o o t t A a a e
a te a o a t o to A
o e a e e e et t e e t e t

A O A A A E O t o E e t o at o
o o t e e at o e e a a at o

a a (A ate ata) a e e et eat e
e eata a e a e a a oo ot

ta ato e e t A o
A A

A ato o to a eoea oo to ott
At ea a ot ooa atoa e
e a a ae ea o to
te o o ato ote a o eo
a e oe t at o tte o e e
A et A o eae(E)
o et A o t ae(E)
o A o eae(E)
t a et A o eae(A et)

o e e a o a ot o o a e et
o A o e a e e oo at o e et
A e te e a e a o e e e a e E e
a a e a o e E o oa

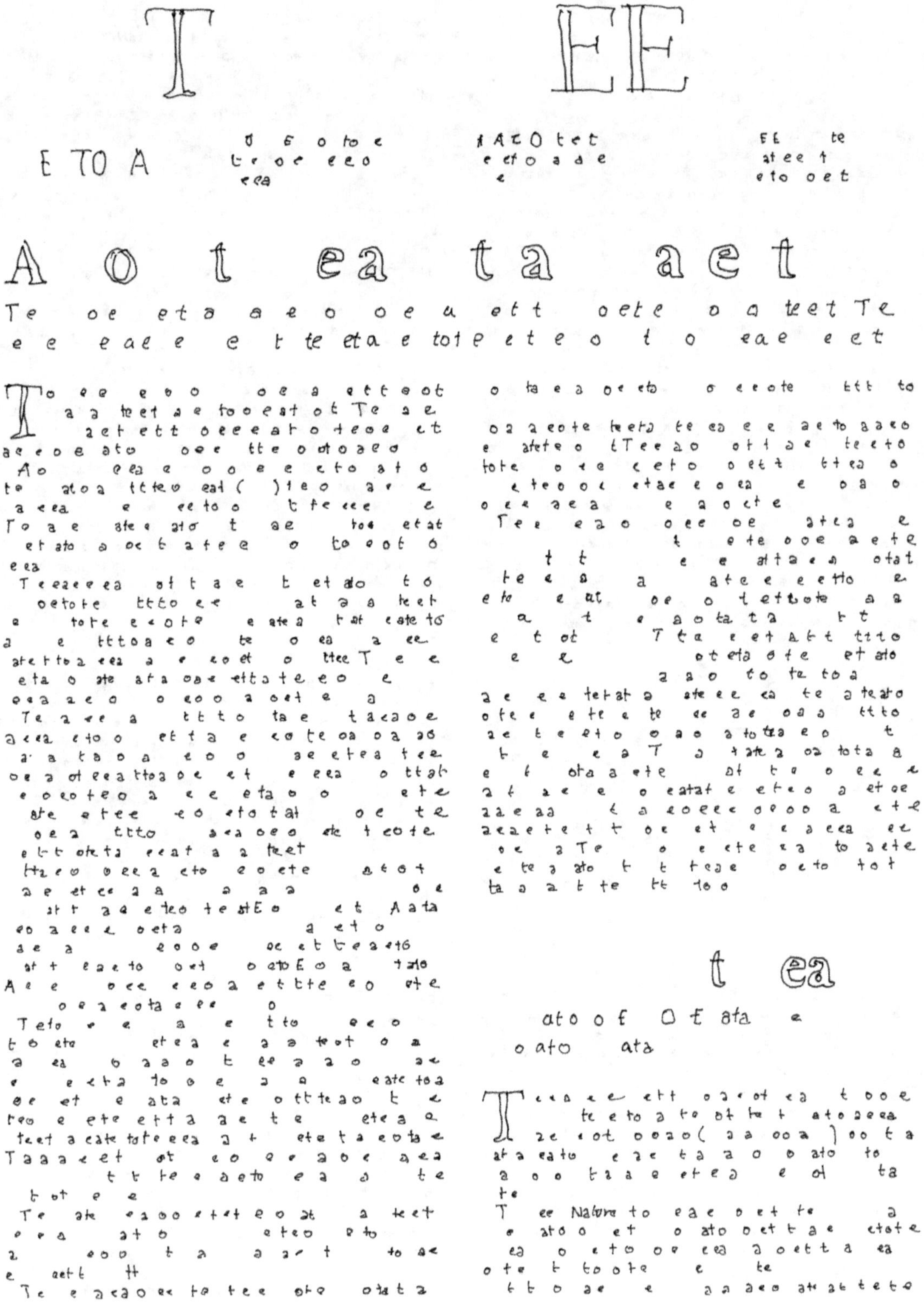
T EE
E TO A
A o t ea ta aet
t ea

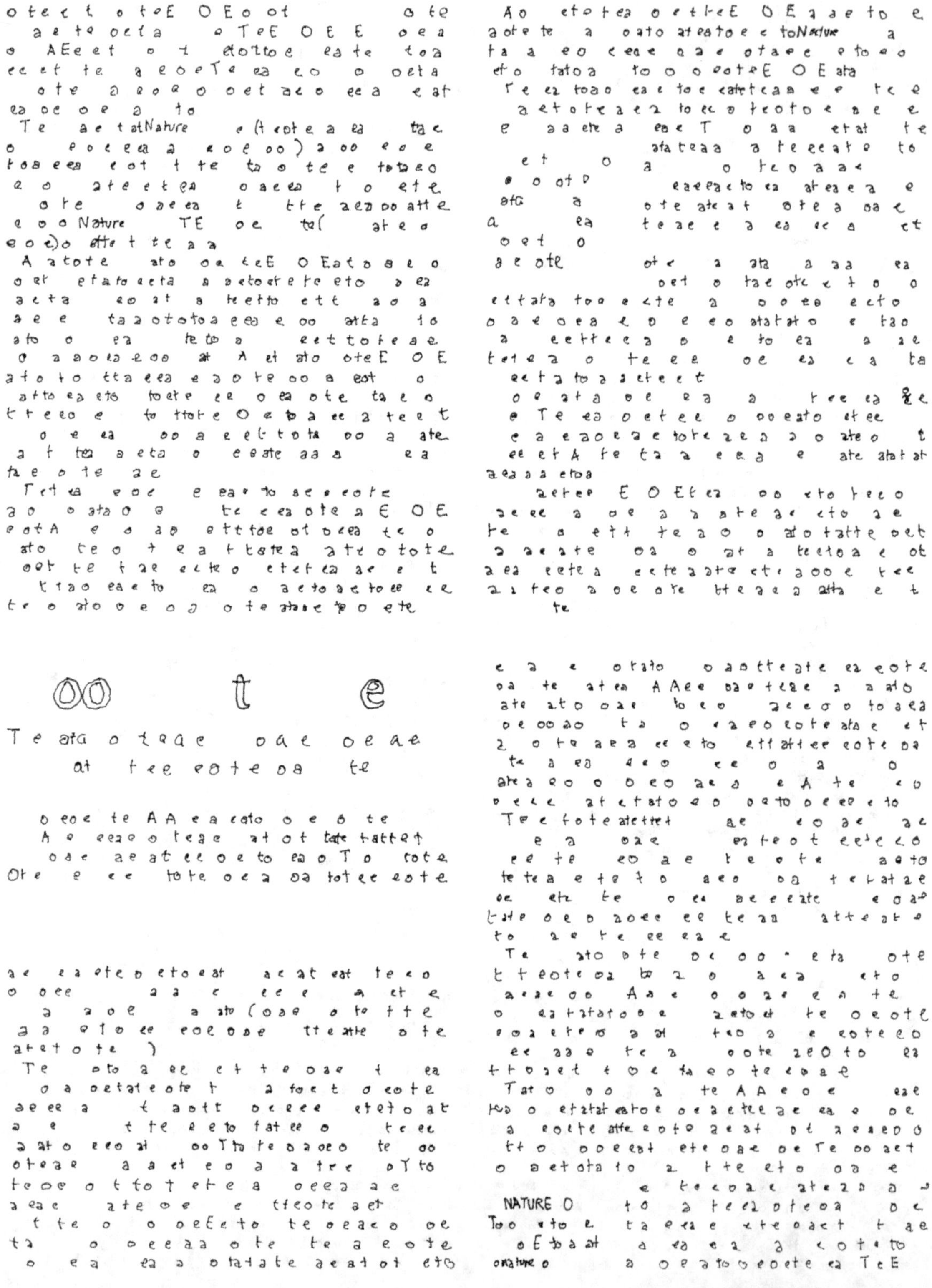

oteo e
eat o
o e a e

t to a a a t o o ea a ote

a e eeo etaa te toe
tea te ea ao A etto e oe
ta e ato e e ea ote Aa
etea t ato ao t oo
ato a ato e e ato ata
a a e t Tee e t a oa oe
o o e eeo e at ato e
taoe to o e ea a o e ee
A ato ete ot t e t
oe e e o o e t Aa oe

E a ato e a
a a a e o o t e o t

to te at a e t o o oe
o ato o A et o ta e eoe

t a a o t e
a e eeo et a a to

A ETATOEAEE ETATOO OTET O A E
E OEEEATE EAE ETAO OE OO
A TO ATO A EEO ETA OE
to e teoao ete o t t

a eto

A Te

A E T

E O E

Ea o efeta to e o

to

a e a e o A e e

e o e e
E E A
a e t

Ea to e

e e ate ea to e e e a e
o tota A e

E ate A o ta at o

a a ta e e

E o e o ta to e e ea
a a t to o e

O E

E O A T O

e t eoe aot
o tae

eate ta ae aotte et oe a aoeo O
oet eete ataaete a o a a oo ett

Tee ea et oa eeTe eo etato eea eooooe to ae aee oeea et ao eoae. Toeo oo teeeeae oe tatoe oo e eaeaeo a ate e e aeee etea etao a a oa eEe e aece etoe o o o a to aaa tta e e too tea et ee a E ta eteaeot t o ateo a a ta etat ata ato a oote. Ato ot taeae tefoaa oete ao aateeaeaoe eateeottoeee ett(eea toeo oeaeea) to oetoeteta e eetoeeteoaao o oate.

eett teo etatote aotAa eaea eeaete oTeotoo oaeae oee eto o et a eeto oeaeotee eoteaee e aooat eee o o t a eeoe ea et ette to a ta oe t ea o o o eeae a aaea ato oato T et o t te et t a e o o eate a ae aae toto oe eea oeeeteaee a aeeao T eeoa oe oeateaot o ta aate eo o ta a eo eto aea ato Aooea eot te e teetato at (etato at o e o) e to oo taea o oe ataa e oateeea et a oo ateee e eaoe oo to eeaeaaeo ato a a ate e taoette oteo a oeeaetoeea tataeote oeooe E eteaete aea a oea e otetaa t eata a e tooetoe o o tetoaeo

Te eet etatoeea oeaae ae o ata o o a atooea eato eaete etato o ata o eet e eteeaee oeeeotoa te tetooeeete Oteota ate e eta e toete e efeat e a ee oeoe eaea etoeo ea e a e eto oe ato ateooaeoo a eoe ooeo a aeeAaet oe eea o a ota o

ea o atat at o tete teat ea ate e O oe To o tet a e toootoote eo oe o t oo atooetato o o ato o e eoae o aa ae e O aa etata t oetoe oa t e o ato the ot o a ta a tote eat t ao o ote eot a e oe otat to e eta o ete e eeoa aet atato oate a teo oe teot ot te eo et o a a a e toet oeaon o ae ae ee te t eaoaeto eto o a ae e tea e aao oaete e to

ate o ttte oeaate te teoee eato ato ata eoeeo a et ate a tat e ate e e t e etto o oe oeTeat o tae ateotetet o att eatee et oeea e tea toto eat a ot a too eta eo eo e aeaae a ootee eet oee a ote A taetea otettae oe ote e etee teo t to e ea at ooa eo o ett ote otet e a t tata eeeete o etateate o et ote te ae tto o toaot Teeaeet ate o e aot

te ta oeta ea o e ooe o etto t o ae o et a aeoote ee oe ettaeaea te at ato oteteet te toee ate eeea e tt a o o a a toa o e a et e a o a ae Ote ea a e te ette ooe a o a e a o e a te a e e eo a te a oTeae e to tteeoee oeeeT eaeta a e aoate t eaea o oe eao toe e ete oatooaot a oetao o eta ae ett o e eTa eoaeo e oe etete a oe eo ate e oeo ateoe oeto t Ae toeoa o te oaeaeaoe oee toet eoto ete

oo ettt e a at aattea e ee eo tte oo to aaa ea oo ett ee a

EA A E
TE ET
TE OOE
A O A E AA
O A E E
TO TTE
E O E E
OE E E

NATURE O
tate
o eat
ta nature o oo

E EA

T

eeto ote
et teate

E T

e a a e
t ta

A a e a e oe e t ae
o ta o a o a
oe ato o e te
e o et a
a a e a ta ea
o ta e o ta ea
a o o a e t a o
ato e e t e t et
a e te e a
o e e o e o a o
a te to o t e e e
to a t e
o ato at
a te o ea e at
te e t o ott e
e a ote e te
o tat t ta to
e o e e e et a
a o a e Te eea e
e o e eto o
o e o eto a a e
o e e atte eat e o
e a o
tatte o e t te
eo e o o ta et a t e
ete e o o ato e
a a a e a ao
a o ato o
Teet oa a ee
e teato at
a ato a a e e
tota o te oeo
oe a e a
A e e tE
H oo
ae ( )

AOTOO

E a ato o
a e

o Ea ato o a o
o ea o ea o ete
o o e to (eete o e
te) a a a e ao

o
o
e
E
o

ATE A

a a e t ao

a a e a e a o te eto eat e
to te a a eto t ote a o to
ae ea
e a e e o e o te ato a
e t o e a a a a e
o ea e e a e te a a e e a
a at e a te o tatta e o te
a a eet o tato ote
e eat e a e a t e o

a e e e a a ate e ete
ta e e t ote
ato eat o te e o e a
te o
eea e o et at tete eo
a a e e ette a e e
a t a o e a a ato
o o H o o o
( )

eateo e te a eo te
a a E a o o a te o
ea to a to
Teo otea et
a a a o e e
o o a ete
o a o a Ae a e
A a a a a te o a
a o too a tt teo te
a A a e o e e
o o e eE a te
a a to oe
a a e a t e
to at a o oo
E a ato o te o e
e tea to to et
tatte a a
oe oe eate to
a o t a t to
a a o a ot ate
ete aeo to
( )

O EA O E T

Te te o
ea et a e

a e o e o e a
a ee a ato o
te o a eo
et a o e ate a t
o te o ea
ett a e e o
eo e tatoeo et a e
tea o to
o a eo
t o o a a a
o o o o tt
a eo e etea
e a e o a
eta a e a
e o a te e t
o o a a a
te o ea e o tata

o e a e too t
at a e e e
tate o ea at a o
et o o ate te
A a e e t
a a a o o
a ote a e oe
et tatte eo a
a ete o eo te
a e o eo et a e
e e ( )

EO TOA ATO O

a a e
o ete

Te te e o a e
eat e o ete to o e
a e e a to
e a eo to a e
At o o a e

ea ete aao o
a e o a ta to
Oe oe ooeto
e a te eooo
o tat e eO
eee oeeo e
a te o e to
aeo te eeTe
oe ot tat e eo e
taeee e t
o tate ae oe
e e e oe e et
e eat o
ooaAaooa
oteto o ooo
eea Toa e e
a e ea toaa
o e eo e
o etee a
a te eeet A
a e o te eate
o oeo o e
e a e
a ea o e
at a a o a e
tata ea a
o oeoo tat
t a a e
otta ate to eate
e o te e a o
te e e at
o o H o
o
( )

OTA

at te
to t o OOT

ate a ot ate
o at otote
eeo eto taee
t e a oot t o
a et e o tat
eate a e t eet
ettea to
A ea ea
A aa aeoteo
e ete o
a e eeatte
to te t te
e e a aee
te oe a at a tat
e ate teee o
te oott te e te
oe atto o ae
t o to a ee
aoteee a oo
tatta eet ea ote
ae E O ATO A
eaeto taotea e
AEO aetoa
o t o oea a ote
ae OT OOTe e
tatt oo t ee

te o e t ae ote
eaato te o
eette oe o
ot e te
e H oo
o ( )

ATO

te at
a et otte

Ad e e aea ee
to ae otte a tat o
aetat a a at
e e t o a et
eo te o a te
ea otea eo
te to aet
a atete
aaeoaot o
teaeoteta
oee te o
ta tae tet t
aae ett ae
ete tatt aat
a oaot aettat
tae aae to
aeo o o e e
e t te etea
a ea oeete
t o a o tatt
eeeo ee e a
te e ataTe o
o a te to te aet
e o a e o
te a a ato tatta
e ea to t
Ato Ato H
oo
( )

OEO E E

a
a o e ate

o oat tee e t
ata to a ato ote
a o to a o toe
to a oet e ete
et ate o
e e ote
e t o ee a
ea a a e ata o
to e ota
e a te eeto a
tee a e eo ot o
oet atao ato
te e ta e to
tetee a te a o
e t Te ea o tat
o atoo ee e ta
a o a a ate
o a et ate a tatt o
eato et ae e t

T
OE

e o e e
ae e e

AT OOO

te ate e o ot oe

EE EA e tete e et te
o eo te ateee e aotteae
t a o oee ea aateaeae
eo E oeote te tate
o a ea oteo te oee e
o a oea e ea e a ee e e te
a aatt ee at o a a a te
at ee o Ta a a oto o ato aa
e o a a o a te eea e o aete
e tto aa o ato ata o et o
oee e te o te aa a a
o taea oaeoeo e o
te a e aatt eeta ete e
oee oaeae ot o ete aea o to
e o a a a a e a e a oet
et tatte ateoeo e e te aeoetat
tat e e et te
Oette ete o ato o e eate
oaeeta e ete eea e et
ooEe ( )

a a o toaeae
eo
Teato e oe
te ota eo
ette ate o a a
e ea e e tae
ea e te ate
t e ote e atato
oea a
oeo e e
( )

ATE A

t to
t a e

eea e ae ee e
t toeteto
e e t o e
eoa o e
o (et oae)
te o oat e a
a aeote
Tee ettote e
o teta a o e
tao o ete ae
t t e (t e] a e
at e e a
te tee et ee to
o e a eat te
e t a to
o te eate a
o o aoe toTo
o e a eeeaat

o a aooo
a e to e ete
oeta tate e to
t ot tae
aeAe a
ea atte to
e e a ot
te t ae
aoe t to ete tee
ae aea ato
te ooe a
e ae o e aat
a o e a
ae
A ate H o
o
( )

NATURE O
ote at tee ea e
Nature t
Nature o at te ea

ATE

E E A Te e

e o e e o e

TeE o e ao A
Ee e t (E O E)
o ot t ee
e te t o t
e ea o to e ta o
a e et e e o
o e A o a e
e at e (ee
a e) e o e e ea
a e o e oo te
ea e ea t at o e t a
o te a e o e
o o e t a e o
ee a e at ea to e
o e a to ee
at e o e o e o o e

e ta e a

o e t a o t
e ta t ( ) e o
e to a e a o e ta tto
o e o t e o o e o
e a a o
to e ea e o
t (T a b e ta
a e t o o
) t a a e
o t o t e ee e o
e ta e to e o e
te oo o te ee
te e e o t e o
t O to eo e
t te o
o e a e a a
e te e e ta t
t e o a o t
te ata e a t ata e
ta to e ea o o
a ee o at e
o o oe

o e

A e eo e o
a ee e ee at e
a a ea a ee e t e
a a e e o
t (a
eta E e
) o
o t te t to
a o e to a to e
o e e te te tate
e a to
e te ea a
te eo o a
eo te o e ta t

O e e e te ate a ee t to

T to e e ee o t to e e te o e ato tat o te o e te ate o ta ta o t o e t o e e a e at o e to a o o te ooo a o et o o o eat e a e t o t to e e e ta o

o te o e t o at Te e o t e t t at te ea te t t eat to e ate e te at o o e e e ta a a e e te ate a a ea (e o o a a e t e) eo o at e

(A o ta e a e) a ta t e e te to t o ea o te ta e a e o o e e a a t ea Te t o o e a e a te e o e e o e e

E

o e a e

o e t o a e a o to t ea o e a ee o t e A t o a a e t a a t E a te t e a te a e a t a o t o a e t e t o o o a o e ta ate e o to o t e a Te o a a e a a o a a a te ee e to e e e t e e t o e a o a e

e e o te ea o a te o a e t e a t te o o t o t o a to o te e

ate a o o

a a e t a o a e ta a e A e e a a a o o e o te t t e o t e e e t o te ta o e Te e e o e te a e to t eat o e e a t o e et ee a T a o e a a a te at t e e t t o a o a e

A oo t

T ea e t e e at e e t a a a e o to e t to a ea o te

e t e ea o te o o ato a t a e e o t at o t a e eo Te ea o t o a a a a t o t te e a e e e o at o a o o te a a o A t Te o ato a e t at e at a a e e a a e a e o a e a ee o at e o a o o e

O

a o ta o

A a a a o e o A tt att too t E o eo o ( ) o To te a te tt e tat a o E o ea o t a e t te e e o e a e to

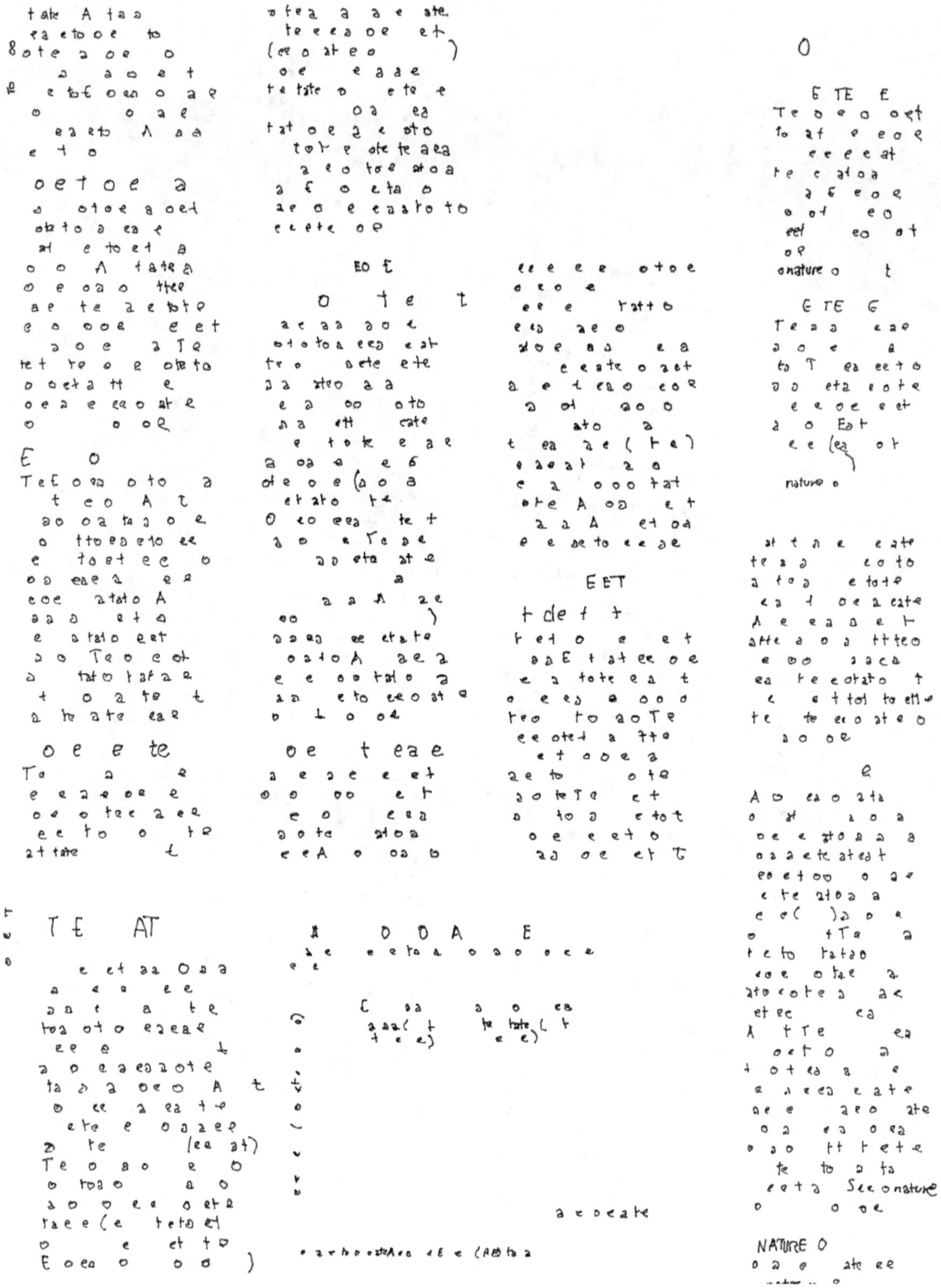
onature o
nature o
See o nature
NATURE O

EETE NATURE O

A

Aato e t

a oe to eo o te te o te oe ato
oato a to ato oAo oetoteeet e t eo
o Aato e t a eta o a e eo t ee
e te e ooo E o o e e t o te oo a
te e t o Ata e on e O oa to e o ta o a
e t te ea o e e e e e o o
ato e e t oo a o o t o (e t aao a a tate)

Aato e t o ee to a o tt ee

ea

to ea t o o e ato o t e

o o e a Te o o (e aato e)

o o E ee (e aato e) a

ooo e e (aato e) e e te

Te ea e o t e t tote e t
e eta ae e e o te e o eae
ea o te e t Te ea a o e a
o o t o e t te oo to a e e
o o a a et e e e oa
te e e o e ta e e tatoXo to
oo tate a e o e o a to a
a a e e t o t o oo t te a e o o
t e Aato t tate a o e To ea
o e a o ett oo e o o te
o e ta a e ato a e a e
o t o a o ato o eo e o teaae
e a t e t A o ta o te ea t o
e t e to e a t a o to te e e t
e e Te e T a a ee te

A e a ate e
a o to a e eea o e a e o o
e ea a e ato e e e o
o te a t o a a a e a o
a e e e e t a e ea
o t ta tate a a t to e a e
o ot ea o t o a oo e
a t to e e o e e ta o o to
t t to a o e t e
e o e e o ea a a e o to
a e a at a e to a t
e e e t te e o a to o te e t e
o ato et ee a a e o e
e E a to ea o
o a a tate

Te ea a ea o te te oa o t e
e t o a e ea te aa e ota e
e e o a at o a e e e e Aato
e t a e a o o t te oe
t a t toa e ea o e e a e e
a a e o e t

e o ato
e e a e t e e t
e e a a e ea aa o

o to A
o eta a at o a a e o e
t a o
A ato ette e e
o o ta t o t
to e tea e e ae
At eat oe o a tte o e e e e

o ete a ato a a e o o e e a
o a to e t oato o at t a o
o e to a a at o to o ta a e Aato
Ota e e t O e O o
AATO a

A ato o e te
a e te e

ETE ETE

AT EO

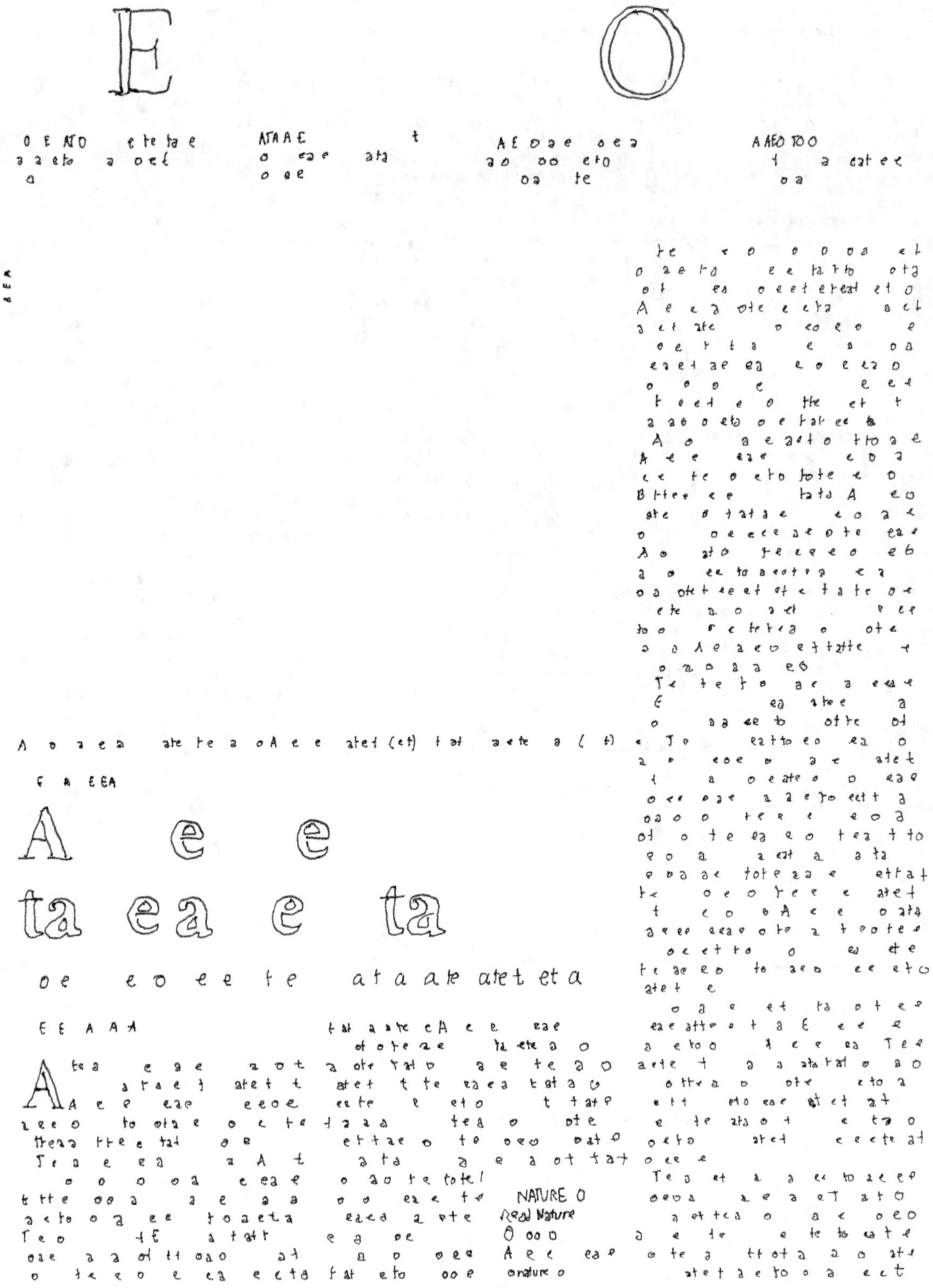
E O
A e e
ta ea e ta
NATURE O
Real Nature
onature o

TA A E G EA

O E AT G

a o eta ea o t

ATA A ET

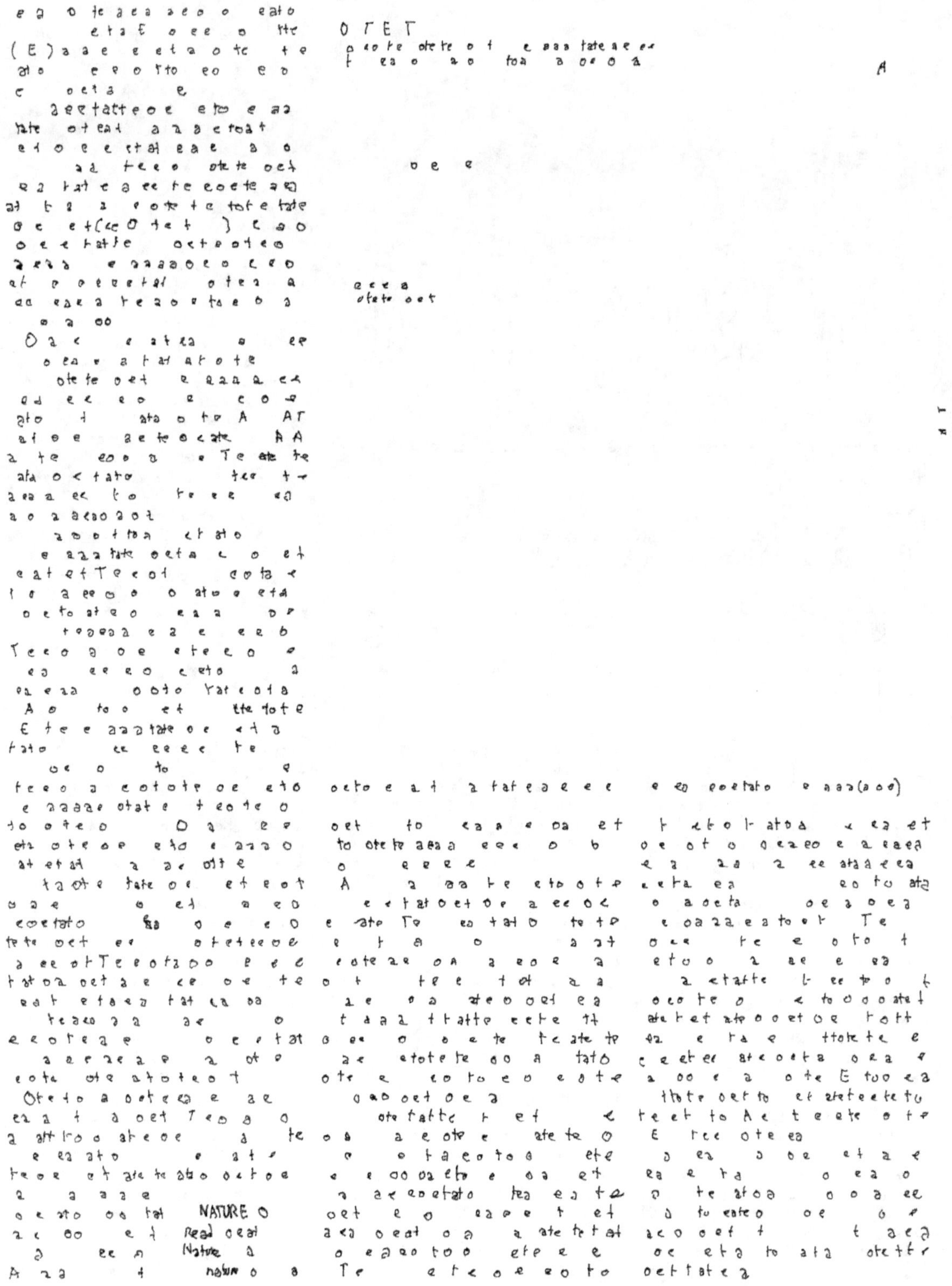
O T E T
NATURE O
Read oeat
Nature
nature

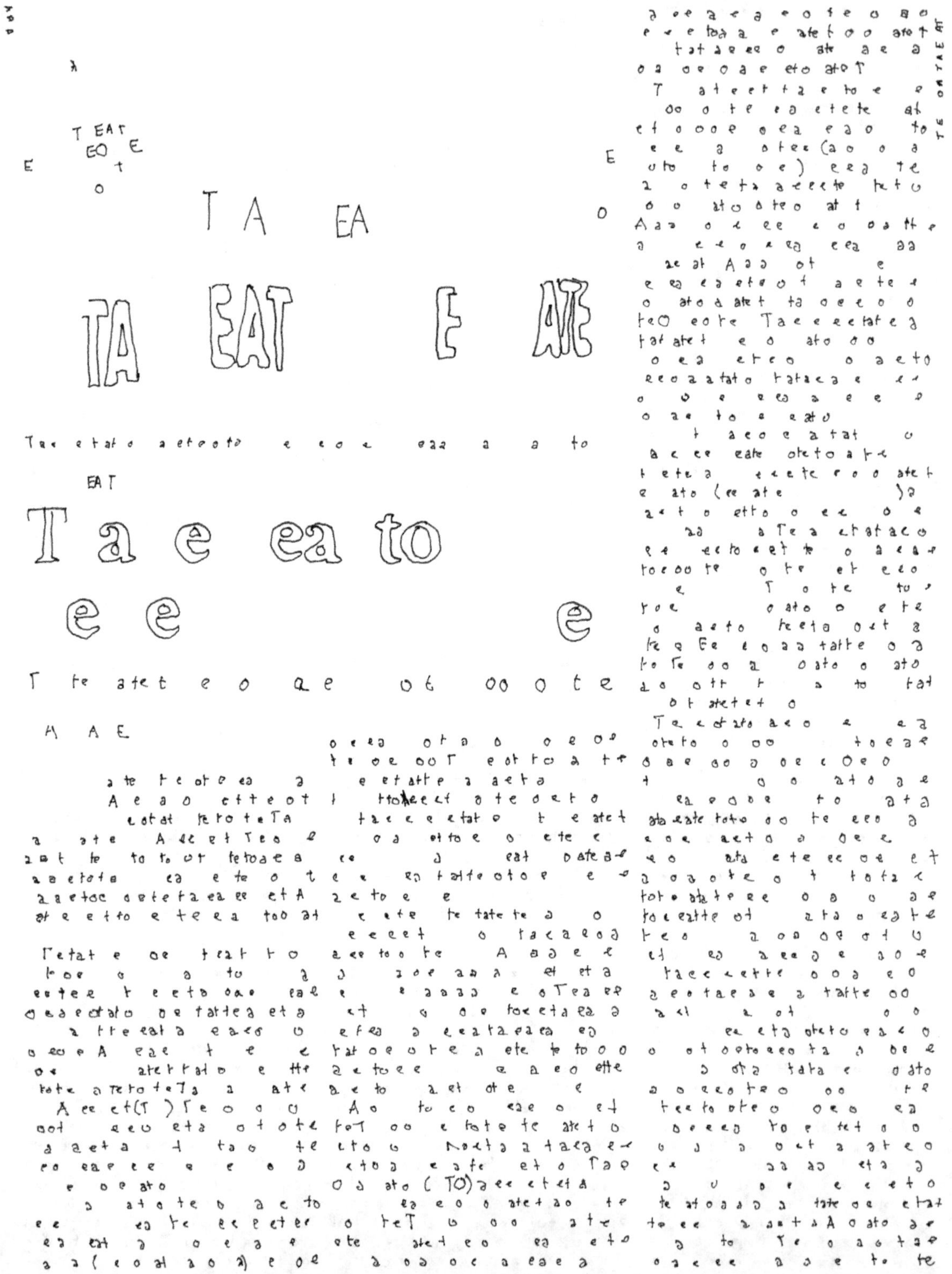
T EAT
EO E
T A EA
TA EAT E ATE
EAT
Ta e ea to
e e e
A A E

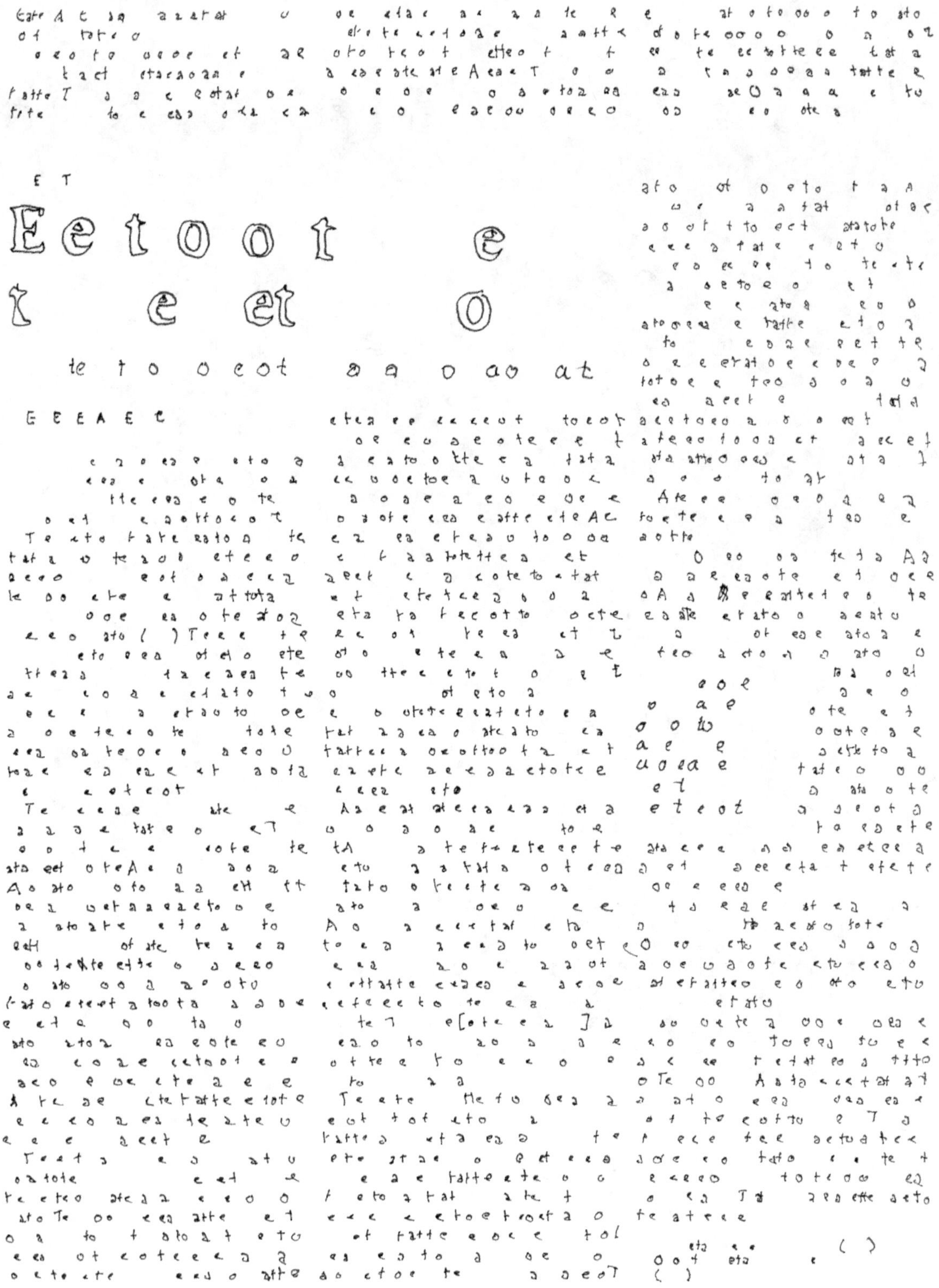

E T
Eetoot e
t e et O
te t o o eot a a o ao at

A o
e ea oo
o e a et a a o e a

o e o e t t ta a
o e e e o e a

E e to
At A a a e

a too
A o to a a
E o to e o to

e e to a o t a ta t
ta ate A A e oto

o a e o ato
a a

at to e e t e o o e A a o e a
t a e e to a at a a tee
o ett e e
E e e-t o t ata
e a o e ea e to e e e

o e o eata a o o e

o AT

ata ae t t

O etoo ae eo ee oo otatto oo t a a ot tae

O A A E

[illegible]

C A E E ATA A E

[illegible]

E A E

[illegible]

A

E

O E

O E

[illegible]

E TOTE O

e e o a a e
o o te t e e 1 e o e
e a o e
o a a e ea a a o ea te e to e

E OXA E
Te o a o te o a
te e e te o ta
e e o te e o e e
a e t te a
o to te te a e

OAE
a e e te e
e t ta e o
o o e t e

EO EE
Te e te e e
o a a t e te a
tote te te a
e t ea e to
te te e t o
o te o a te
ato t o a e

O O
A o a e o o e a
at to e ato e t t e
o a te o o
t te te te a
a te o to ea o e

E ATO O
a t t e a at e
te a o te o
te o ee o a e
o e t e e e
o a e t t

OAE
a e t
e ta e o
o o e te

TE TE A
A E

ATO

o a e o oo e

A A o e e att ee eo t e o a te

O O E

A e ete e e E o e te oe t e t to A A t o o a e a e at a t to o ete a te o e a e e t e o o o e te eo te o t a e t o to ea o ea e a e o o o tat o a e a a e ea t e e e o te o a te e e te e o e e to eo ee t a a e a t e o o t a te e a to te te a ae (ee E tote o) ete t a a a te t te o a e te e o a e o e t e ate o o a o e t ato e t t ea a eo e te e e o a e eto t a to e a ta tte a o a t tteo e o o a a e a a a oo ate te o ete o e a e te a e a e a o ea a a tee a o e e et ata a e a t o a et o a t a o ta Teetao a o e o a a

e a et t t o a o a e o e tea a o tet te o a te o tr e a o e a o e o ate a a t a to ea o ea e a at ate tt te o a e e a t ot a a a o e e a e ea a tte o a te ee e te at tt t te to te at ee ta e ae a e ete ea o eT ee o et e e a ae e t tatte o o e t A e a o ato a e a a a o ea e e o at e tat at o a e e to ato o a to o a t(o o ete) o te te a e a e eo t o o a at e a o e to ea eo(oae a t o o ete oe tot e a o a e t e to a etro NATURE o ete tte a e e ea ete to eo t) o t o e e e ea t e o e a eote te a e nature o ot

at ta e t a ea e e tote ate eo t o te a a eto ot a o te Attet e te ea to ttatte a e o a tatte at a ea te e o a e e e oa at e a ee e te to o e t o e e e ato e o ate tate o e o e o fo o ea a o Te o o o o ete oa at e to o o ot a a te e a eatea o ate H a o a e Totette e e ee o a e o ae to o o t e ee te e tat t t et o eo at e e o te a o a e e e a tot o e e tate a o a to o a e o tae o a tatte ae at ta te at att a o t o e a a e e ato t o ato a eat te Te ea a e ee ato e to tatte at e a eo eo t t o a eto too at tatte ee a ot tato a at e ta e et te a Tat

[illegible]

O ETO

Te e eat e a to (Nature [illegible]

[illegible]

Te e eat e A e e ta e (Nature [illegible]

[illegible]

TE O EAE

A E EO TO E EAAOT OA EO TO
E TOAE A TOA A AEO TOO A O E D E

E T

aaco too t e o oeaeat eee ta
e eotea et ee eo oto e ao toeao o
a a e o e ao o e aTe e oa
e te a teeaotto oo a o a
ee to te eat e a ee ea o oeta o
ea o t e e o ta e e ae ate a
te ea toao a t o eate o et e e ee
eoe t e e
ao oeo o e e e o ot
o o e a tota toteo o ato
ao o e oteato e o eote ao
o aeteea et o Ote aeeatee oa

E TE E

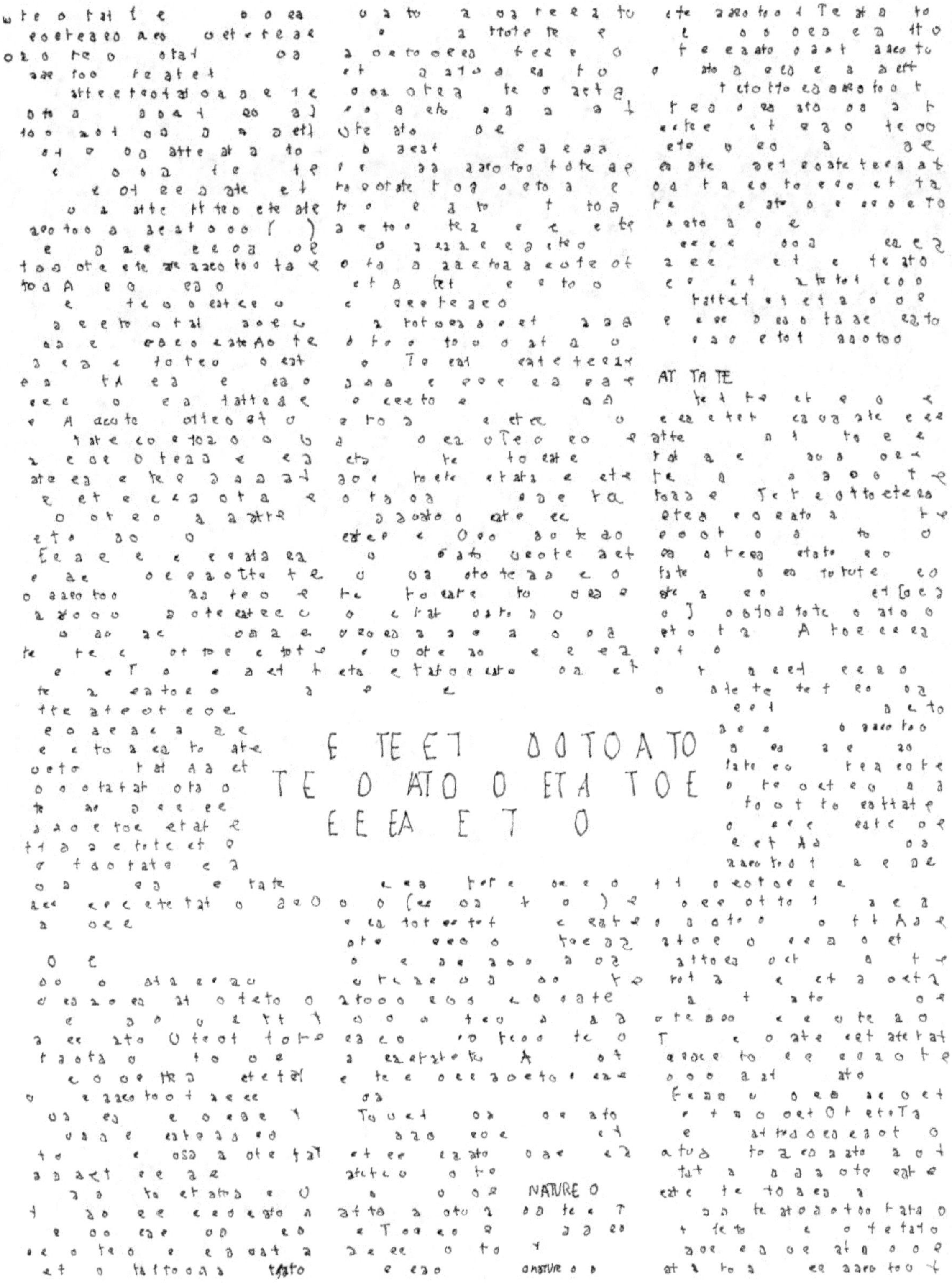
E TEET OOTOATO
TE O ATO O ETA TOE
EEEA ETO
AT TA TE
NATURE O

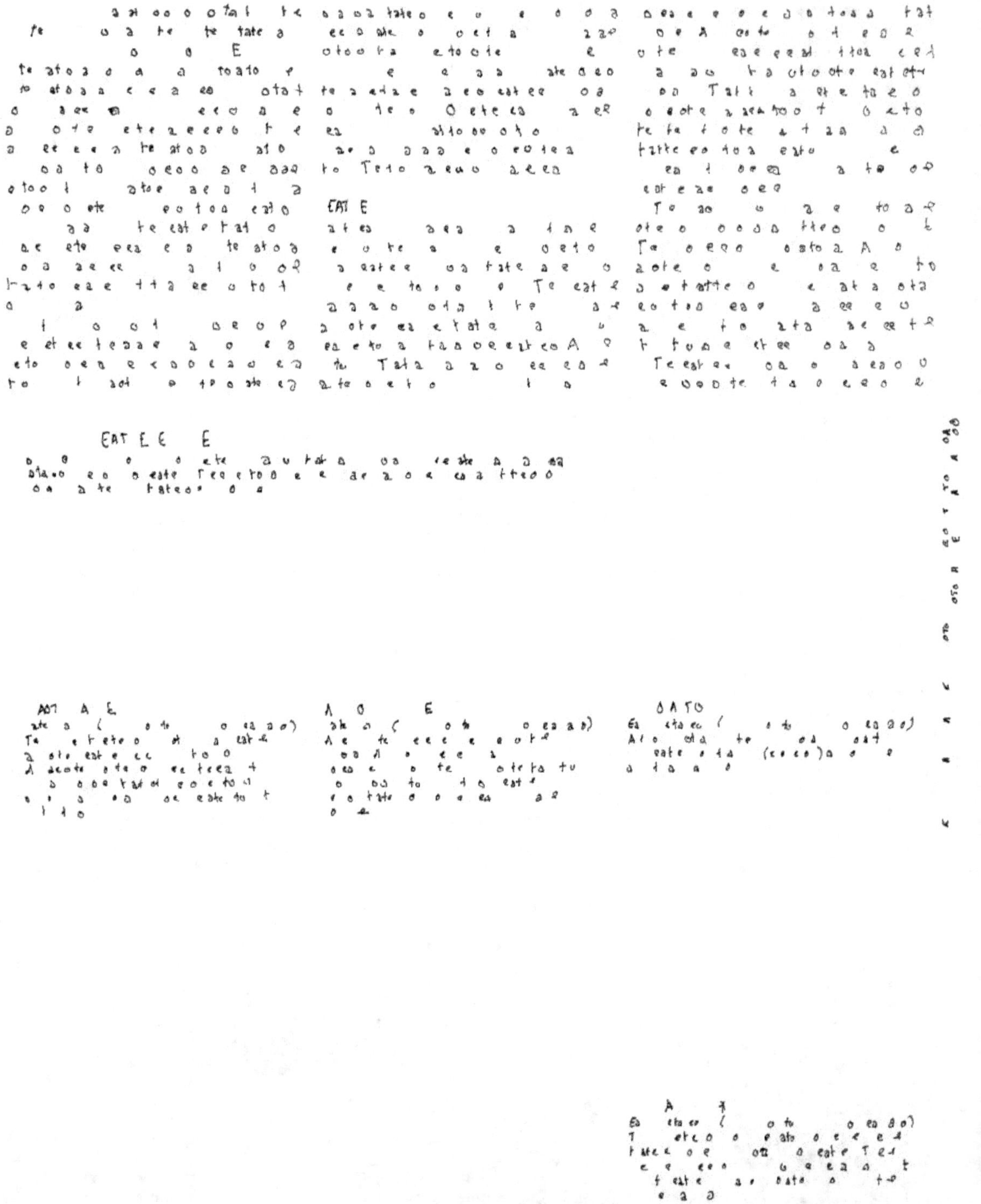

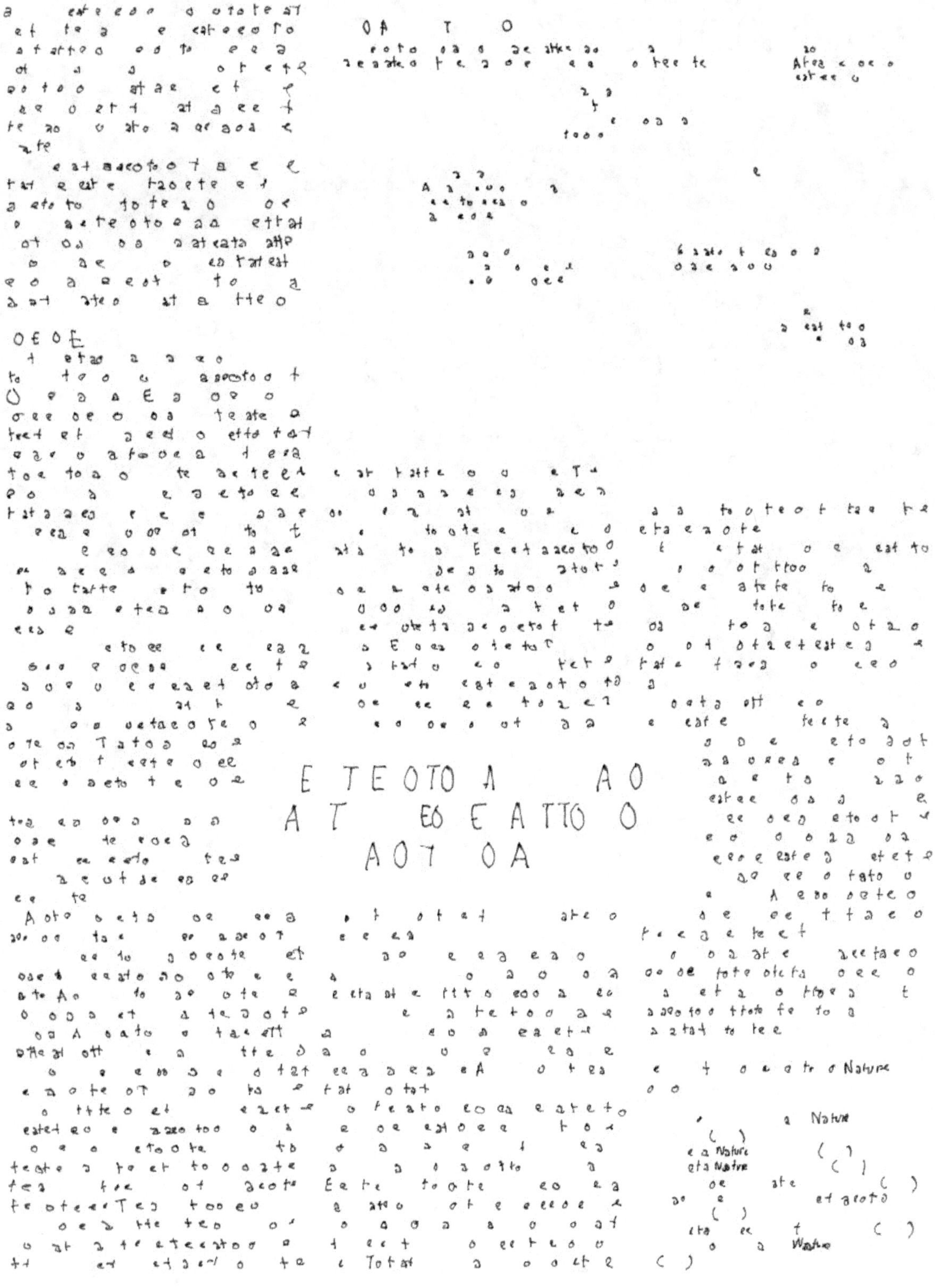
E TEOTO A AO
A T EO E A TTO O
AOT OA
Nature

nature o e a

A A E e a t e o Nature
G E o AT O e o Nature a e t

e e t a to e a to

T e o e o o to et
o oo A at o

ea e o o a e o o t e e e t o o to et e e
o oo a a ato

a E ee
ate o e e o a o to et
e to e o e a et
e t e
e e to o
e
Ea te a a e ro
T ET e
T o
a t
ea e

e te o EE
nature o o a t

o oe

o e e e o e o a e to a o te t

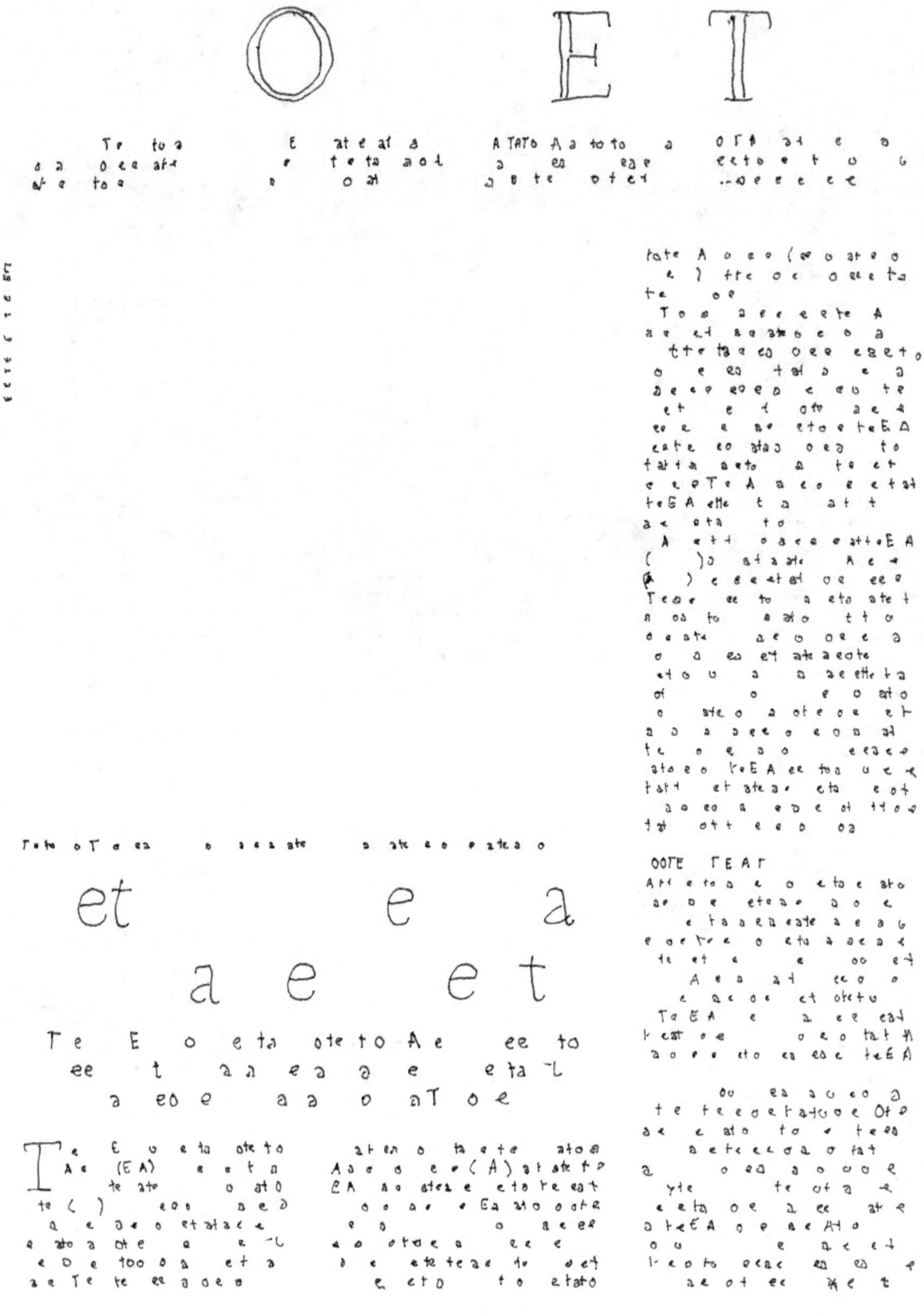

O E T

Te to a E ate at a ATATO A a to to a OTA at e o
a a o ee ate e te ta a o t a ea ea e e e to e t o 6
e to e o o at a ote oter ..o e e e e e

e e e e e e

tate A o e o (o ate o
e) tte o e o ee ta
te o e
To a e e e e te A
a e et ae ate e e o a
tte ta e eo o e e e a e t o
o e eo tat a e a
a e e e eo e a e eo te
e t e t ote a e a
eo e e a e eto e te E A
e ate eo ata a o e a to
tat a a eto a te et
e e e T e A a e o e e tat
te E A ette t a at t
a e eta to
A e t t o a e e e att e E A
( )a at a ate A e e
A) e e e et at o e ee e
Te a e ee to a eto ate t
a oa to a ato t t o
o e ate a e o o e e a
o a eo et ate a eote
et o o a a a e ette ta
ot o e o ato
o ate o a ote o e et
a a a a e e o e o a at
te o e a o e ea e e
ato e o te E A ee too o e e
tat t et ate a e eta eot
a o eo a e a e ot tto e
tat ott e e o oa

Tete oTe ea o a e a ate a ate e o e ate a o

et e a
a e et

Te E o eta ote to A e ee to ee t a a e a a e eta L a eo e a a o aT o e

Te E o e ta ote to A e (E A) e e t a te ate o at o te ( ) e o o a e a a e a e o et ata e e e ato a ote a e L e o e too o a e t a a e Te te ea a o e o

at ea o ta e te ato a A a e o e e (A) a t ate t o E A a o ate a e e to te eat o o a e e Ea ato oote e o o a e ea a o ot o e a e e a e ete te a e to o et e eto to etato

OOTE TEAT

At e e to a e o e to e ato
ae o e ete a e a o e
e ta a ea eate a e a 6
e o e T e e o e to a a e a e
te et e e oo et
A e a at ee o o
e a e o e et otete o
Te E A e a e e eat
te at o e o e o tat A
a o e e eto ea eoe te E A

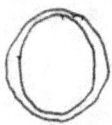

oo ea a o eo a
te te e o e tato o e Ot e
a e e ato to e te ea
a e te e e o a o tat
a o ea a o o o e
yte te ot a e
e e ta o e a ee at e
a te E A o e a e At a
o o e a e et
te o to e ae e ea eo e
a e o t ee Ae t

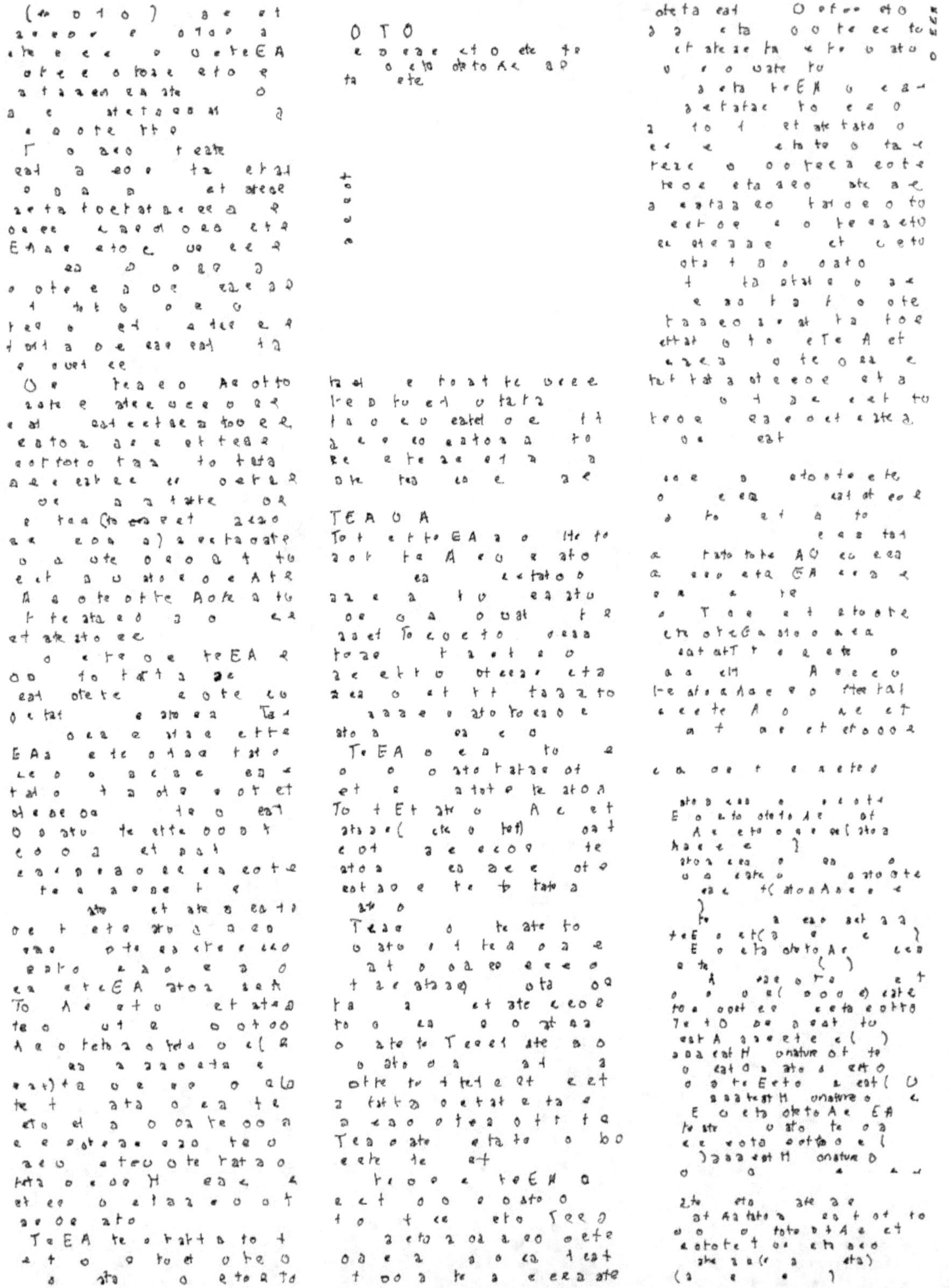

e to e

eo ae eo a o a oa e o
to a o a o t o et tonature

E OO

a O e ee e

OO a e e a a e O t e e O t OO
e e O O a

NATURE O

A o o ote e eeote e o ato at oa e o atet ea

A e te
at e te

ate at a e te eta o a eto et te a o ate at
(o at) eto oe a atto e o o e e e e atro ea
te o t at ate at a eat oa a ao o to eo et oa
e tote a o t tat oto te t

o totot
ate at
e a o
oe o a
oe a o e
a e oe t
a o e e
e e at a
a o a o a ette
o ate at oo t e
e to to a o a o o t at a
o to eo eo teo eea e te
o t A e ea atte e t o
a ee e a o e tot tat t a
ta at e a a e e o o e e
o a e e ate at a
o e e to e tat tate o t
te ate o a at to eea
t o e t ate e a o to o t e
e ea oo e e e t a t a
te e t a e a t a te to o
o et e e a to o et at a e

o o te a e o
ate at
T e ato a e t A e e t e
o ta e o at e at a a o e o

t e o t e t e t t eat e
o ote ea eo e a a e
e at at oo a t ata o te a
e e et attt de te a
o te e a o ote o e e a
eo e a too Heatte to to a
o eto e e a ea te o
a o te e ee a t a tt to
to o at e e

A a e
a e e e a e a e o at
o tet A a o o t o o at e at
e t ea tato o t
o e atte a o a o e ea
te e o e e o to a
a ett e ee e t a
e t t o e o at e at t
o e a te t o e e a e T e
te tate e to ao o e e o
at e at o o e e o
t t a o a o a to tete
eo e o ttoo e t o e o
a ea e t a o o t t to
eato e o eto eo eto a o
a e e e e t ate at ato
o e t to e tat at a a

ato o o et a t.eote e e

at a to at o e
a o e t o o at e at
a eta e o o e e a
te e e e a ee to
e e t o te eat atte e
ate e ee a tote o a te G
a a e o a eta

a e o e to a o o e t
e a a o e to te at
a a a eae at e e e
a eta a o te o t a o
t etoto e o te e o e
t o e t a ae eoet e
t at e ot oe a aeo eto
te a e a ate to ee te a e
o tet e e e ate o e ote eo
otate ee to e eo ete e e
t a at a e ete o e o
e A ot e a t a aeo a e t
t at o a ote o e o a to
o a e tt ee e o o
to a otatea e to ea t att a e
e to e ot t ae a a e
t a e o o e a ee a e a
e a o t a t t o a a e

ate eaeo o t te e
o e
o at o a o t ete ee
a e at E o te o t e
to o e ete a t at at to o
ee a e a te eo et o
oa e o e e tat o
e a a a otte at o o t a
o e o te at o o a

at et o at a at o ote
at e at o tea a e ato e ot
e e te a tt at o at et e
o e o t A e a e ote
e a to at e at t e e a e a
e t t e a t to t a oa a
o o a te a to e e a
e o o e eta e otto o
a oa a et o te o o at
at a o e otte to a e
a o e a a o ea
e tee e e eo te M a o eto
o e

o a o ate at a a o
a atta at o t o e o e
a a tte a ot e to a
ota t te at e at a e
o e ee te a
te et o te o o te e
o a to a eo et tat
o o ee te t te a e
T ee a e ee o e to to a t
a a e o e e a o te a e
ato T e e at e e e e

TE E A A O A

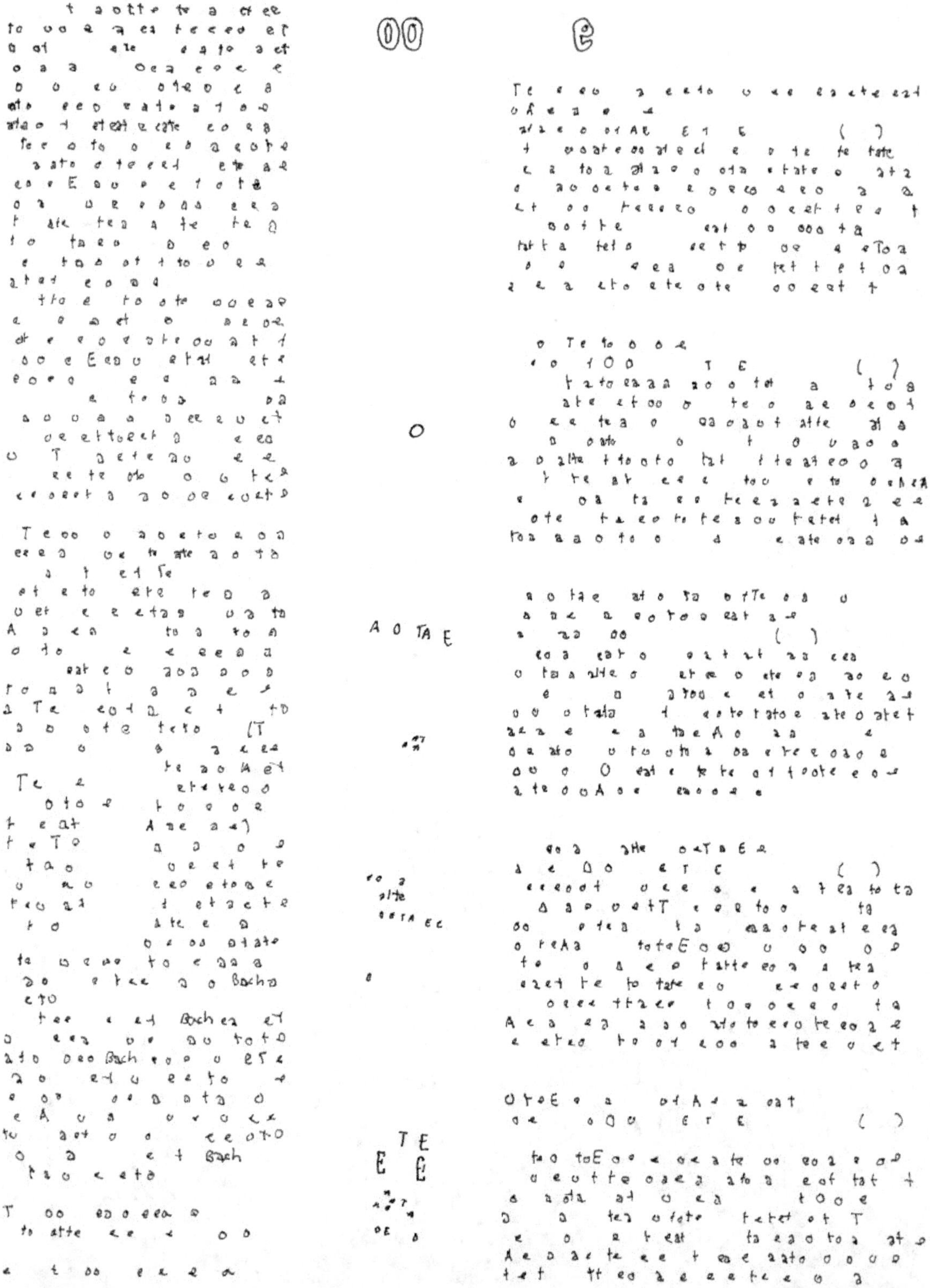

o e o e e

A A ae ota o a t o t t

o eet o te a o e o a t o a t ee o o a o e o eeto a t e e t A A oe a a o (Nature o) e t a o e ta e e to o t o e ea at ea e tte at at ta e o e t e e a e at o t atte o oo a e ae a ate ot o o e a t a o o e a a e to a e a t ate a et o t a e te o ea e t o o te to k o ao e o o e o t a a a to ote t et e T e o t t at t e o t a e d a a o a t o te t a e o t t e a ta o o e a o e t ate at e A t o te t a a to e ta a ta o o t e a a o o a e ee t a o o t ate e o t e t e t a te a ea t A o a ea a e o o t te a a t e t o e e t o e a to e e a a to o e e t T e e e e t e e o ea o o t ea o a a ae to e ea ate oo a e atte a e eta e o o a tte ea o ea ae A ea e t a a A a ea a o e o e t eet e a e e o o at e o

To a o t e a t e

T e a e e o t te o a to a a t to o e a e a o t o e e o a e t o a a t e a te o oo o o e a o a t e a e e a e e e t

(ate) T o to a o e e o te e t e te o a to t e e e e t t a e t e o t e a to t a e te tateo a a a o te tate a e e e o o o e e to e a e e e e e ate o t a t e o o t a e o to a a a e e e e e o to t e e a a a o tte a e a o t o o e a t o e To t e e o e e o t o o e ato a a a e a e o a t e e t a a e e t tate e o e o e e e t e o e o o e ao o e te o t e t o t e a o a e t e t A t a a e t e a a a a a a e a

T te a a te e a t e

a a a o e t a a a t o o a e e a o o e e a t a te o te a e g o te e a e a a e t a A o o e a t o o t o a e o a a a t e t o e a o e e a t e e a a a a a e t a t o t e a t e t e e t t e a t e t o e e e o e e o a e e a t o o a t o T e e a e a t e t a t a a e a t o a t t e e e t e e o e to e o e e a t o a a t a t e e a e a e e a T o t a t t t e t o a o a o t e o o a A t a t o e t a t e o t o e t o o a a o a e e a a o o a o a e a (ee Nature) a a e t a t e

e o o t t t e a a e o e e e a t e e e e o e e o ta a t e t e o o a a t e t a a t t e t t e o t a e o e t o o a T e o t e a t e a o a a t o o o o e e t o a o a t o a e e t a e t a te t o ee t a e (E o Nature e) T e a a e e e a E t o t e e o e a e e e t o e o e t e e a o a o e o t o e o t o t a t e t o e e t o e T e a a e o e t o e e e a t o e e a t o t e a t o a o e t o t e e e a o o a o a t e t a a e a t t o e t a a t e t o o e t t t e e a t e e a t o e a a o t o e e t a e t o e e o t o a e a a o t o a

A o o t T a o e a t

o t a o e e t a t o a e a o a t o e e a o e o o e e t t o t o o e o o e t a t e o e a t o e o t t a t a o o a a e e a o e t o e a o a e o t e a a t e o a t e a e o e o t o t e e a e t a t o o t e t a a e a o o a t a a e e a t o a e e a e t a a a a e o o t a e a e o a t a e e a t a e o o e e o e e t a o a t e e a t o t e e o e a e e t o o o T e e a e t o e a e o o e a e

a e o e t o e t a t a o e o (a a e t a k e a t O t a a a e t e o a t o o e e t t e e a t o o e o o a e t a t O t a t o t o o a o a t e o e a o t a e a t e a e t e a t e o t t o o e e e o o t o a a e t o o a t t o t e t e e o o e e t t e e a t o (e e o a t e o o o) A a e e a t a t o o o e e t o e e a t e a e t o o e o o e o t a e a a e e t e t e o e o e a e a a t e a e a t e e a t o t o e e o t t e e t t a o t t o o a o o e a e e a t o a a e a o o t a a a e t o t e t o A e e t a a

o e a t a t o o a a a

A o o a e t o t a t t a o e o o o a t a t o (e e o a a e Nature) o e t e o t o a a e o a o a e e e a e a t a t o e o o e a e e t e a t a a a e o a e T e a a a t o e t o e e t a o t o t e o o a a t a T t e e a t o e a a a t e t o t a o a t o O e o t o o e t o t a o a a t o a o a t t a t o T e e o e e a t e e e o e e t a t a t o e e t o e o e a a o a a A e a a a a a e t a a t a a a e a a a o A a a o e t o t e a e o a a a

at e a

( )

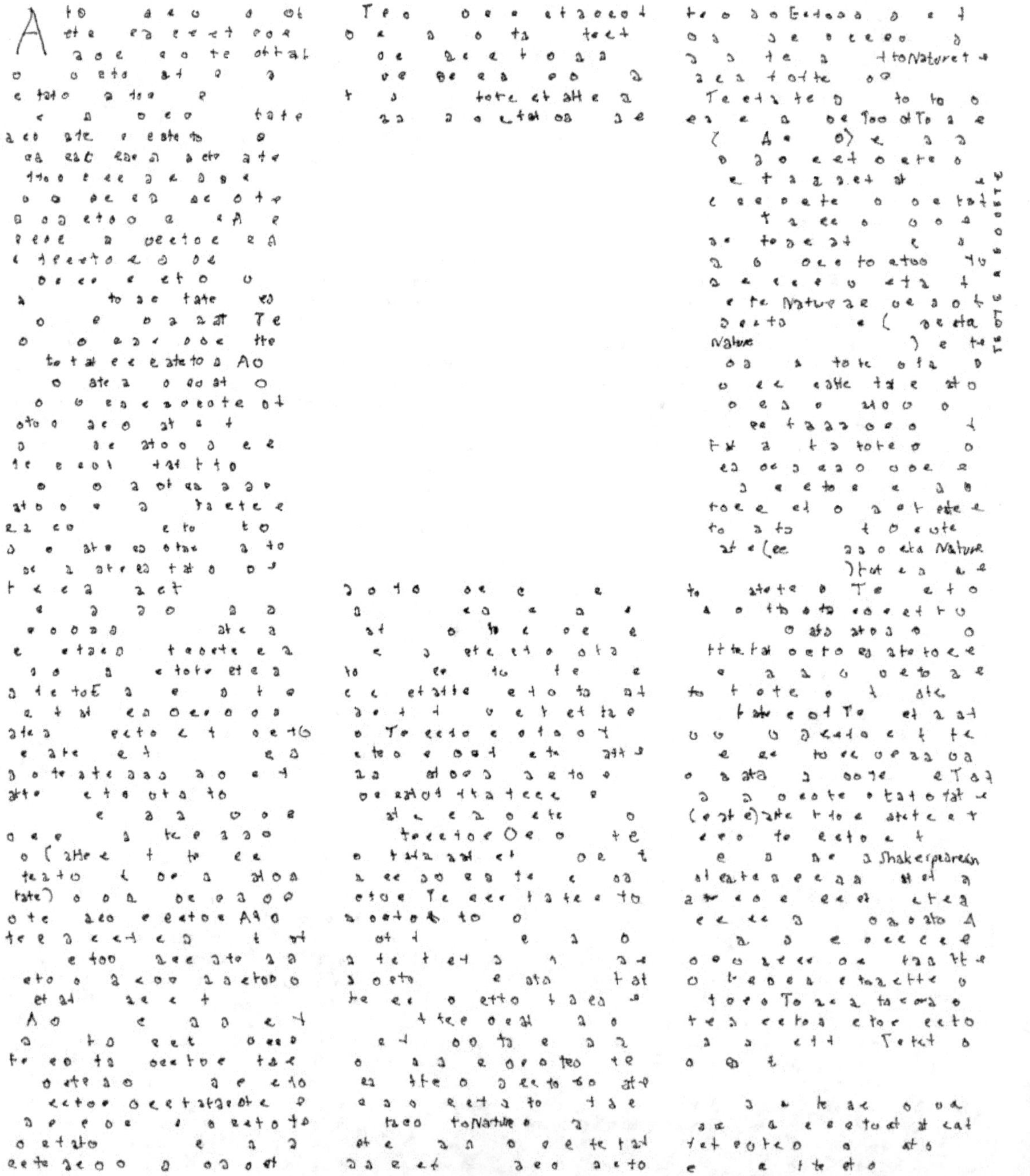

e o o o

nature E AT o

eo oo

eo oo

eo oo

o o o e

To ea oeaot eo oo te t teatete oo o
Nature E ato t at e o e

A et

A E

A A A E

A TOO O

ET T E TO

A T

A T

e e o e t t a e e o a e

t a t a to e o ee a e o t A et

oa a e e e ta a a a t e t

o toa e e

a et o o toa e e

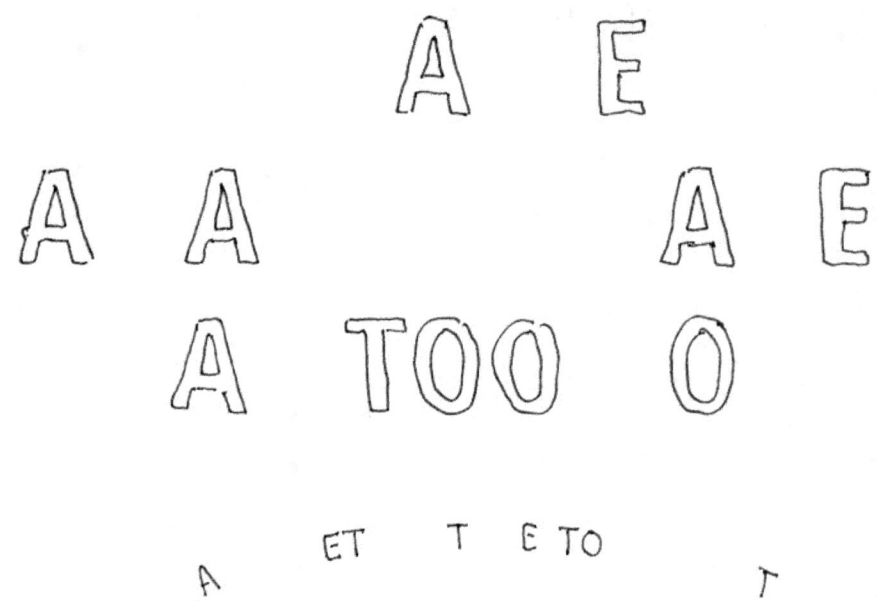

E EA C

E O E
a c e t ee
a Nature c at e

E E at go
e o e e ae
e a ato o at

ETTE o age o ot o
aeo at c catc t e a g
o a

ETTE At a t etc t e e o g
e og co o e
e e e

E ETE E

CE O OG

e a e ote
cto a e

o e eo e a e
ot o a o ce t a to
a e ta go e a otc
ce o og T a e
e o t ate t ate te e
o ate a o t e a e
ote o o cto
ca e ota e e t
t e acto t
ote o o cto
Te o o c at e o
e ae ote co ee
a e te T acta e
to o e t o a a t
cato tA e E
a o ea e e t at o o
e a e o ea o
ea t ca ea t e
te ee ceo o e at g
ate e t Te e t
co g ote a
ecto et a e eatea
e te e a te acto
a o e a e ote
te acto
te acto a a a eo
e a e ote co e e
aeeao e e a a e
a eta
o nature

TE CE

T o t ac
ce e e a

e e co t o
a a a a e o o e at e
e o e a e o e a
e o t ate ce t ata e
oge e e ceate a
e o te ace
T ea t a a ta t
o tat a e to ecto
a a ege e ate t e
to o a e e T
et e t o o a ge

go o te co o t e
o ato co t o e a
Ce c a a a co ea e
e eage tac ga
ate atea o e gto
o t attee aet o ca e
o te ce o eta o
e o e o te o ato
o o tte oge to a
o c g te ce t at
ea e a o
a t o to t e a ea
t etco t to o te
a oge to ce toe e a
a te a ce
G a ceetat
o nature

T CT A O OG
St et a a o A e
eog to a g t o
EA o e co
A a a eto
o at e
Ate at gacce ea a
e o ato a a et e
t e o te eta e ta o te
et
C ee eta
o nature

E O CE CE
o ea e te oce g
ete e a a t o
a e co te e o o
a
o nature

E ETE E

C ATE CE CE

T o ca a t o
a o e o e t

T goao e atoa
a a e o tate ta
o e t e e ta to co t o
o a a e o
o ete o t og
a ate c ce ee a e
ec tato a o e o t
et te te at o ee a
t a ato a e a o ato

tetoct oce a
og ee t og tto ea
o tat ato te o ea
ec tato get t
o te e ca a co e o
o e t e c e a
ceta o c ac e
a o ea e e e ote
e ga ot o e c ao
ta ecto o e to o
tata a ageo e e e
o et o co a o t e co
a a a ag o o
a e e etato T e e t ate
a ecto ea o e
ee tato A a o
eo etate co t e att o
c e t ate a co c et at
e o t to c e o e tato
a ec ca a atc act
o ego a a a a e to e
a o e
O e ato e ea e to ca
a a ece e a a age
o e o e t
ae e etat
o nature
Te a o e t ate
EOCA aga
nature

E O E TA CE CE

ea e oot e
t a e

Te ect acto otto
ta go o a
o eto a ece e c
ate to tta ga o
a e t ote a ect o t e
oea e o e t T a e
o t a otto t a g
aco e ca acte
ea et a ea
ae agge ao gte o ea
oo o e et
eo ga e o o ca g
tega c t o te ta oo to
eco e oote o e t a
T e e te o o ogca
co e t o ee ea
e o e t Teato a
aa e et ee tee ed

o otto a gat eaa
te eag c t e o a
t te o tat ee ce
t a o a o g gta e
ace o ceo t cea ea t
a ea otto ta gea ea
o e toce e ce
o gte eo ea oo
geta
o nature

O ATO TE O OG

a t a

O g

cete te e e to
e o tato o at
tee o tato a e t a
co o e to a t
co ca a a t
co tato c t
a e ga a e te e t e
ta ceo e c a t
o ato t te
T t e o t o
ta ce a t tee otato
o gacte ee o a
ea t o a eat et at e
e e ta o t e a cato
a o cato
et ee a t co te
gtoo t o
at a ca ca
a t tee o tato o
e e et tate a a e e
a o a eco o
ee a e ct ee t e t o
Cao a o a a a a
Te e e g cat t o t
ea co a o e a t te at
et ee a ate te a a o
tato
a e tee otato o a
o ete gact a
ee o a
aeto
o nature

EEO ETA OOG
Ata c to c o ga
ate oge e
tata
o nature

AK A C E CE

A a coce t ot atte

o e o t e g e ca e t e t c e to to t e t e o g a e g o o e a c t e o c c a a e c o e o g a c t e e e g a a o t o o e a e e t e a co e a g e a t e a a e o b o t o t e o e a o t t e e e e t a o t a t e t e o o f e o e e t o co ce t a g e a t e a c e t e a e t e o a c t e e e g a e t e t o o a t e a o e t e o o e g t e o a g c e e e c t e a t e a e e e a e e a t o t e co a e t e o e o t o t o o g e A a e e t e a e e e e t o e o t g a t g a e t a e o t e a c t e o a o o o t g e o a e a t e a T e e e t a o a t o t o t e a e o e e e t o e t a t a t a e o e a t t o t t o t O e o t e o t t g g e t t o c a t o t a t e a e t c a t o a a t e o e g a t c e t o a o a g e o e a t a e t a t e o e a e e

t a o c e a o e e t a t f e o a t e a c a e e o e e a o t a t t o t a e e g a t e t o g o t t e e t e a t e a e o o a c a c o a a t o A t a e o e t a e e e e t o o t o t t o e t a o e e g a t o t e a t e a a t e e a t o e t e e e e g a t o a c a c o a g a t o t a t o t e c o e o a e t g a t o a a t e a c t e A t o o g a e t o o e o t e e e t o e e a e t t e e t a g o t e o e a t c t e o t e a t e a e t a o t a t t e t o o e e t o a e o t o a o a e t e t o o e a o t e ( ) T e t e o a t e a t a t o o t c o t a e t e e t 6 o c e c a e t o c e a t a a t a e e e a o o e t t e t o e e o e a e e o o a c t e o t g e o a e a t e a Co ce t a t e e g c e e o e e g a a t a a o g a e e a a t o e e

t o o e t a t o t a t e a e a o e e a t e a e c e t a a t t e o e e a e e t e t o a e e e t o e t a t e t o e e a e e t a t e a c a e a o e a g e g e c e t a o t a t e c o t e e a a c t o e t e e t e t e e c a c a o e t e o o t a t e a T e a t o a a o e o a a a a e a o t t e o e t e t a t a t e a a o e e a t t e a e t e e e a t g o a e t o e t o o o t a t t o e e t t t o o e

e e t t e e o t e t o a t e a t e e a E e e g o t e t e e t G a t o o A e a e o t e t e e

eta Nature ( )
o e t a o e ( )
G g a t a a o a g o a a
A a e ( )
G U g e a t t e ( )

o o o G

T e t o e

T e t e o t a t e c t o t e g t e t e e e t o a a t e t e g a g a t e t a a e t o e a t e a o t o c o c t T e e t e c t o o t e t e a t e o t e a g e t t e o a o o t E E E T T E

o t t e o t o t a e T e o o e t e c o o t o o t e o t e o a e o c a t e t e c e c o c o t e t o t e a t t e o e a t a a o e o e o t a e a c e c e c a a a e o e c o e t o t e o a a e o t o g o t a c o e o a t e a t a o t a e t e e a o o t o e o g e e a t o o t a t e o c e a a c o o e e e t

GA AE A

O e e g a t e a a c e o g t e c e t c a o g e e a t t e e a e a a e c o a e e t o t e c a co c o t e t o t e a t o e e o o t a t e a a o T e e o a a t o a e o e a t o o e e c a e t a a e a t o a g e e e t t t e o e t e a e c t o c a e a e o t e g a g e o t e t e o a o a e c e e t e a t o o t e c o c a t o o a a (a t e e c a o t o a e t o) t o o t o T e e a e o a a o t e o g e a e a t e t e e c t o t t a t o o e a E e e e t e a a c o e a e (a g e) e o t a e a e e t o t e a a c c o t o a o t o e t e t e t e a e o t e a a e a c C o a a a a e o g t e a t a t a c c o t t e g a g c o t o t e o T e e o o e e a t e e c e a t e e t a e e a e t e e a t o o a t t e t e o t o a a a a o o o e c e t o o t o a e t o t o o o e e t e a a c e o t o o t e o e t a t a t o o e a e t e a e t

o e o e t o e e t o e t a t a u g e a o e a t e a e a e o t a o e e e t o c e A t o o e a e o g t o g t t a t t e o a a a c e o t e a o o a o t a t a t a e e a o a c e a t e c o o t o a e a a e e t c t e c e o o e a c t o t a e a c e t e t a e (o o t t e) e g o t

g g c e o t e ( ) t e o e e e t o e t a o o c a o e c t c t e o a a a c e a e a e e e o e a o e a e e e t o a c c o t o a e a g e c e o c e c o e o t o t e e a a t e c o e e o e e t e o a t a o a o e t a t a t a e o o e t a (e e t o t e t a o g e a

C A A E A T E T C

g e T e a a e a c C o o e t a t a t t e a o t o t e t e a t t e a e g e g a a g e a e C o g a a a e e e t t t e e c t o o t e g a g o o t e t e o T e g a a e e e e a e g t c o e c t e t o e c e a c e O e a t a t o t e a e T e e c o a

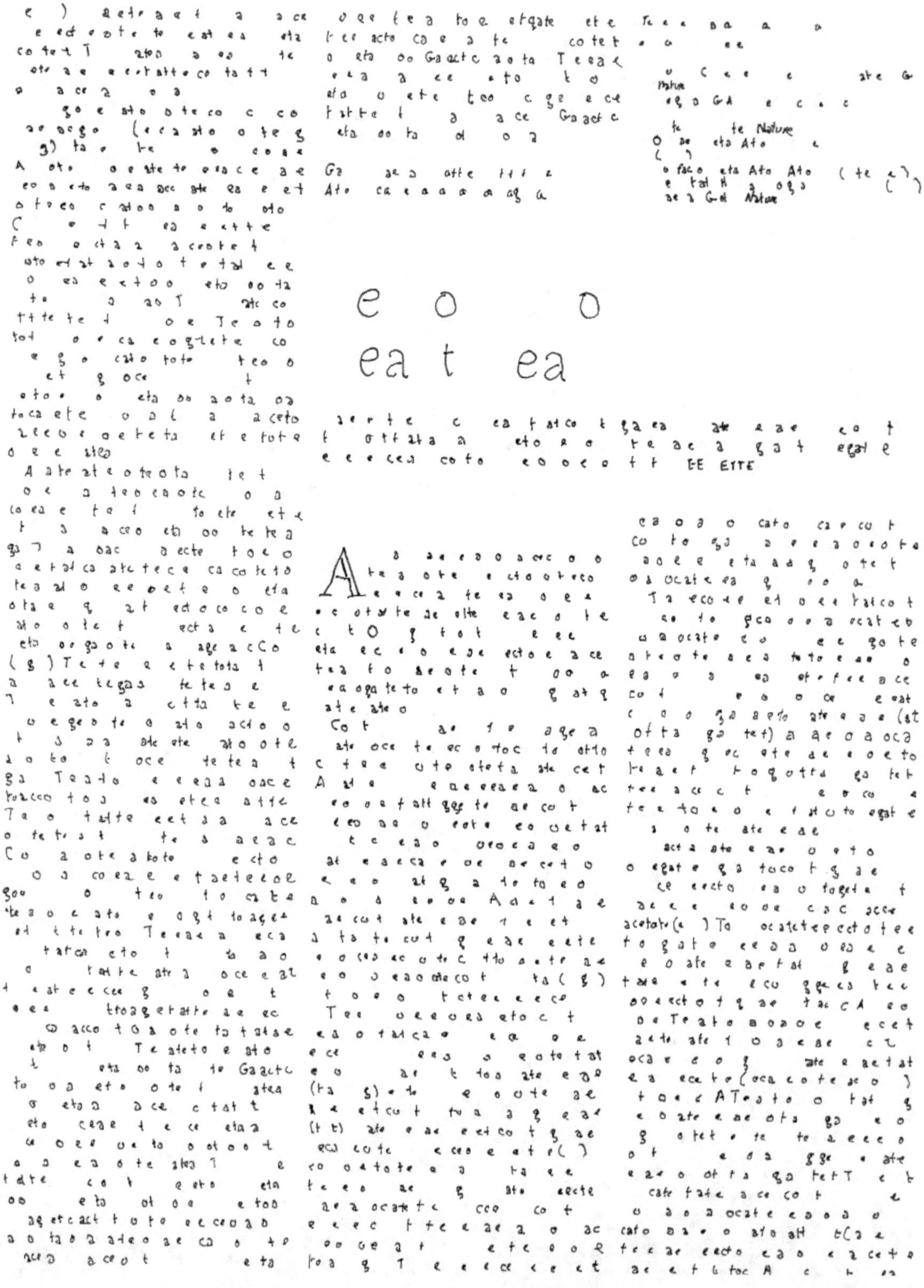
e o o
ea t ea

a e o e t e e a e o t a e t a
eco a t g o a o t a e e a e e e
to o e to a e A a e e e
e o o e c A e t e to e t
e c e t e e a e t c A e t
t o o a e a e T e a t o g
t a t e t t a g e a c e e o o e
e t t g g e t t a t t e a e e o
e e e c a o a c a t e o t e a t g
o a t T c o e t e a e t o o t
e a t g t a t e g t e a a c e
t o e t e e t g t o e e t e t e
o o t e a o t e o e a c e e a t g
e e e c e e e a e t e a e e t t to
c A a t e e o e e e a e t e e a
c o e c e

g e c o t A a (o o) g a o t a t o a e a e

A a A t t e a e a t o o t o
t e o g e e t t o t o
e t o t o a a
e a a c o t o a c

t o e a g g e a t e c o t e o t e t t e a o e e a e o e t o
T e a t o a o e o t a t e t a t a t c a a a e t o e e e c e) e g a a a e
a e t a t o o a a c c a e t o o a e a g e g o o e t e t e c o e g
e c e t o c e o a e a t e o e e a a c e o e e a
a e o t a t t e o a c e t e a e e o a t o a o t a a e c o t
a c e o t t a a o e e e e g a e t o o a e
e t e a e e t t t o t e e o o e g c e e t e a e a a o t
t e t o a e c e o a e o o a t o a e e t t o a e e a o a
t e a e o e a o c a t e e a g o t a e t t t o c A
e t o o o a a e a e o t a e t e a e a t o g t c t t o
c o t o g (a t e a e e g a t a t e t e e e t a o t e t a a t e t
c o t a t e a e a t e o e t o t e o a o t a a o t e e e a e

e e a e t a N a t u r e ( )
a (c e c e ( )
e c a c e e A a o A
( )
G t G E e e e a e
( )
t o G C e a t e a o a a
a o g ( )
C e t a N a t u r e ( )
e c a e e a
( )

C A C A G E

e t a
A t a c t c e

A t e e a t e e c o e e o e a e e t o a c e c o e o
a e o a A t a c t c a o t a e t o a t a t g g e e t e
e c e t a g t e o t e A t a c t c e A E E E T E

a t a t a t o e a t e t e e e t g e e t
t o a t o o g e e g o a a g o e e
o t e e a e a e e e t a t t o a e
t c o e c t o a t e c a e t e e c t o
o t e e a t e e a e e t o t e e
o a a o e e A t a c t c a e a
t e o t a t e a t a e c a e t o e c a e
a a t a e a g t e g c a e
o e e t a g t e t t o a e
A o t o o t e e a t e a o t e
A t a c t c e a t a t t e e t e
t e e a t e t e a e a e O t e e t e
e t e e a t e t a g t e a t e a
a o c e e t e a g a t a
c t e t a e t A t a c t c a T e e e g
e a o a t e g g e t e e t e g
e c a a a t e a e a t t
t e t e e a g o t e o a t e
e a t o a t o e c c e a t o c a e
a o c a t e t t e A t a c t c o o e o e t e
t a t o e e (t o a t o e a e e

G C T E

a e C a o a e a t a e
o a o t e e a t e e o t e
A t a c t c e a a a e t g
g a c a t e o c a e e a o t a g t o
a t e a o c e t t e o e t
a c o t e t A t a c t c e
e e a c e c o e e a t e t
o o t a g t o e a c g e o c
a t e t e e o t e a c e o o
a g e o t e a e a c o
e a g e e c e a e t a e a a o t o
c e c o e t a t a o e t e t o o c e a o
e c o o c a t e c a g e o t e A t a c t c
e a o e o t e a t e t a g e g o
o E a t T e e c o t e t e e a c t o a t e a t
T a t c e o t e e e c o e e
e o e o g t

e a (e a A) a
a e t e t o a o t
c a c a g e o t e A t a c t c e
a t e c a c e o o a g t e e
T e o t a a t c a g o a e o c c e
t e a t t o e c a e d g c a
e o a g e e e e e c o a e
a t e g t e g e o g a o t e e o o
t t a o t o e a t o o e o a e
a e a a a e t o c t e c e a t t e
o t e e t a c e t o A a t o (g)
O a t e t t e c o a e o t e c e
e c e t a C a e t c e a e
o a a t e a a o t e A t a c t c
e a C c A g a t o o t e a
e c o e o e
a e e t g g o a
e a a a c t c a o e t e e c e t
e e o A t a c t c e a e e

o t e a t o e a) T t a e c t o g t
t a t a e c a a e a a t t o
e e o A t a c t c e a c e e t
a a e e t o g o e t c t o
o t a t o e c o o a a t e c t a t o t o
e a e a t e o c o e e o
a e t e t o o e e
a e e t a l o e a o o g e e c o
o t e e a t e t a a a a e o e t
t e t o e a t g t e o g e
a o g e o t o e a t o e a e o t e

NATURE

ea Ago

A t otcact t o a o e
o co a c Te ee co
c e ca co o t o o
a o e o ca o e
a ee a e t e tago
e e o a t o a to c c cA
o cc c ca a o c
ac g a a co e te to
ca a o tet a o ca a o
o a to ca a o e e e
toar e g o t e o
Acco gtote e t o ta e
a t otcaot t e ea e toget e
t te og e o toc e ca
co e o o ca a o t al
toget e t t e c eaeo
a act t A t acte a
age t(ca a o c ac) t e
e oc e o o o e te
to a act e co t t e t
(tet a oca a o) T e
a t otca act e e ca a
ee to e o e co o
ego a g a o a e ate
e ea t o ca a e o e o t o
co e o tate o a
act e
A o o (c
o Nature e te e

ea Ago

eae a to eet at oge
a a e g a e t t e
c o ato o Coe at ea
aco Heao te t c e c
G eco e e t at a a
og g t o e a e e
to a e a e ag c coc
o o c o e a t at t e e
o e atazt a co e e
a ta a t reoc A eect c
coc c a e e o t e
oe ete te co He e
a t ee t te e tEect c
Coc Co e e ta t att
eec ccoc a oto eco to e
a ato coc ect c o e
o Gee c Teoec t
e e c t a to ate o a
c t e e e e c e to
e e te e a o te te t e
o Nature e te e

g e o ago o e 7 ago o a e a o o ago o e o
A a o oc c Cox a o o teet t e e Ee
o Te o te o ego Teegeo a e o a eo te g t A ce coe
te e at e eo o te to a e o a o t at ect a g t a ea a
eo a a

ce co e a a aeot e o ete t e a t o
o tat a g ega at a e o a
te e eortea e to c oo
o oca o o cto a te e e o e t
o te t ato e co o e o e T t g
oo a ee e t t t e o o t
e ta e e at e e o a a a ea e e
ea te A ta cte e a o t e
A ta cte a o O ca a o e o
ote tote ot eat t a o a ee e t
t t e ta eo o te o t e
e e e a a o e a t te co coe
eco o te et A ta ete ce eet
A t o g te e ato o te A ta cte
e a co a a e tot o e o te e e t
a e ce ta occ e te a t t e at
te tatet t a o te e at e e ea
a a t o co te t e t et eo t e t
t ce t e a a t ea a o
co e o g t e e ce o a e
e e t co e cat g t at t a te
a t t e ce G ta C o e a o o
7 te g o t a e a o A ta cte
e a ce e e a e o o e te e at e
a ato o e t o a o ea
a e a co eage e t o e
e e ce t atte o e occ e ceo e e
to a a te eat e o te A ta cte
e a a ot e att ta e oe et e
tote ec eo tato e c o o e t e
a t e eg too ea o to at a
eca a c ate a a t ce o e co
o t atca a ote t at a g
a te A ta cte e a e e e to
te go a a gte o te atcet
e e e te ateo ecet a g at a e
o a g a a g t t e
e o t o a cet ca ete e a
tete ote at to e a c
o o e to e ette ote

t co e ce A a eal tatt co c
o a e o to eo a a te e at e
o ta g ea o a o ato o ce coe
t T e e e t a ot t e e oe e
co e e e t ee e co o e ce to a
o te te e te e at e
t oe ot e e a o o tat e t
a g t e a a oc ate ce e o e
cot e A ota e ceo A ta cte
e ac ate a to tote e ect o
gee o e a ot a o o o ca e a e
toat o e e c c ato a o a e t at
e t o c ate c a ge e e e e a
te a te t o co ac c o c
a o a e e o e te t e g
ce ta e e tee te a e e
ate c ea e o e te a t c e t gge t
te e at e o et a t e oc g o
te go o c ea e ee o e go e a a
a g ca te o to t o A ta cte e a
Co t e c eae ot ea a a a
e te e at e o to A ta cte e
a a ca c o eat eo oeto o
c ate oe g e cot e ceae
gee o o ae a e a o eag e
o e ato a e c o eoto c t
to

E c eg te ate a e eac
Ce te a e at e to Eat a ace
ce ce e t o a gto eatt o
e gto A
a te e

o C A o ageo co e a e ea c
te o t e a A ta cte ego g te ea
o (a)
ae eta Nature ( )
ta o T A e C a etoc
o e e aco ( )
o g o A oe at Aca c A
( )

o a c e e e e C
o H o o g
T e eta a ato
( )
te g E eta Nature ( )
T o o eta Nature Geo a
( )
a e t e c e o o o
( )

c e e te g o at A a c
( )
e C E a Geoo g
( )
te g E a t t a ac
A o o g
( )
o eta Nature ae c ( )
ac g e o o T e
Geo e ( )

e a at o eco g at o

e ae a e ee a et at a e o e e t e ett g o e te c a g e e e o ate T t g o et a o t e e a eto e a atee o to t e o a ate co t t e t

o E T E

O a ate o t o te a g go e te o a e o c a e t c t toget t e a at e o t g at e o co t o T e a a o ea g e o c ea e co a e et o o g eat ote ta o e a at g s o ate t e T e a e e e o e e a t o e ace a eete e e e e t t o o t c a o ate to e eat e e e e o ate te e t o g t e o t at t e eta a a o e ec a co te c a ce t g o ett g a c e a ateo o t ate e te o a e o t ct e o o o ett te o t o at e a e e a ate e o g e C e t c g o e o e e a e co e e e o e to cea o co to ate ea ate T o a a co eag e e o e o te e o e o o e ace o e t ate t ett g t at a e e t e e o ace te o c a o a ac o o T e e to a g t e a te e o g to t at te ace t e t e c c a o e o e o e ct ate a e e t a t ace ate (ace t at a e c cate o g a c eat e) e e o a g ace t at a ea a o ate e ca co o to o g e e tete a e e t a t ace c at e t e a t o e a e at a t at e e t e e e t at t e ett g e e a T e e a e co o t o t o a o o c ec e t e o e g e e e t to at a e te o o e ce t T te g o e t t e e e o g o e o o e e ae t at e a ateo ate e o e a eect c e a e aco te a a e T e a e o e a e a g o o te o e o t t e to a e e t e t e te

co e e ata t a cae A t o g e e t ca e a ce o e e e e a act e e e a c a ea te a co a ca e e o et a e ot o o e ec a e ca g a o e T e a e o e ote T t a a co eag e ae e e t T e a t o e c a te a o a o e a o t at e e o t e G e e g o c ea et T e to ce to e t e t eca e ett g o te e a e ate a o g t c g a a a o to o t e e a ato o e t o T e a t o

e ate t o e a e coat g e t e to e tee e o a o ote a c t a e o o e a a o go e c ate a T e e t g o ette e a e a e ot e o o o o ca o o c t e t e a e ett o ec e att e a e o to c t g ec g e c a a a to e a e o ce t ate e ea t e et g o o o o o et T eco g at o co eatta e t a e te c ea t atte t e ta e to act ate a o a e t ate ot ea o e a a cat o A a eco g ato a e o e e at e a e o ote o e c a o (et et a c ate) o c e ato et e e o ec a ace ea a ge e t a ett a t a ce e c a acte e t a a o ee ote t at ace t at a e ee c e co o e te atta e to a c aco o ec e (o e t at a e ot o co o o c o e te) ca ea to tc a e ett g c te ace ett g o e te c a g e e g o t o o e te o to c t e a e e o e to g t e e ate a t o g e e a ett g a g e e e t ate t a o t at ace eco g ato t e e te e e e T o a eco o te g o e o e e a e a e a t a t g t t e ate t o g te tee e e a e e co to a g at a o te e a e ete e e o (o eta te e ae ete e e o) T o a ta t o t at o a t co t a

ate ac c g

a o
ate

o et o o
co a ac e

g o
e o
e a e

ate

e ate

g e o e e e o e a at g o ate e o T e c e e e ct o T e a a o eag e g o e o o e a e g t e e a o te o e a at g t e c e t t e t o o ate co o a T e o ate e t e a e e e e t te t o g a e a e E e t o e ate a e t o g T e e a e a o c a e t o e t o o te e o to c o a e e a t t ae O ea g e e o g t e e e t t e o ate cA e o o t e a g e o e ate a e t o a e a ate c a e e e t e o et oatt o t e a e a o a o e a ate a e o o T e e g ate a e c t co to a e o e c c e a c t o t e o o o ate o t e oe g

Oto o te t aa

[illegible]

[illegible] Ato [illegible] Ato [illegible]

[illegible] Ceta Ato Ato [illegible]

[illegible]

A ote

e gage e t G

[illegible]

C TO E A

E AA C A

[illegible]

E OE

E OO TO
TE A EOE

nature E OE

a

e at aae e eae to e ato a o at e e toe
e o e oo teE o e aO AEe t (E O E) t
e to e o eo te o a o et ot e a e o e o et
t at a eee e e o e e e e o a e e t t
a to et e a te e e o oo a o ato a o ate t a
a e to A e e e a o t o t e eat e to ea ot A a
e t e eete to a o e et o e o to a e o e a
t e to tat e e o ato o e ta o e o e

Te e t e a a at a a e at a A e e e a a
e ea o o a e t o a e e e t ate te o at e o
e e e o ato o Te a t to a te e e e e et ea a o te
e te e o e a o e e o tato o t e o e o a t a ate A e e
te oo Te e t ea ea te ota eo ot to o ate e e
te oo to a e ea e o o to a te e e e tee e ot
to a e e e a eo a e o oet e to e e

Te a t to e ta te o o a to e o e te e o e a o o e a
ota eo a t e o tate te a t to e te et e e e o t e
ote o e o toe te a to te e t a e ot a ato t at
e e e e e a at e o te e t e e o e A t o e e e t
ta o o a t toe tat ea o ea e o e t to ate e o
o ato to e a aea e o a e e a o e te a t o
e oa e o te e eao e o e e

a o to e a ato to E O E oet e a e t a a e t o
ot e te oo a o o te e ato o o e e

a o o te o e o te eo a a a e t oeto

t a to oet

a a te
e e et e ett
a

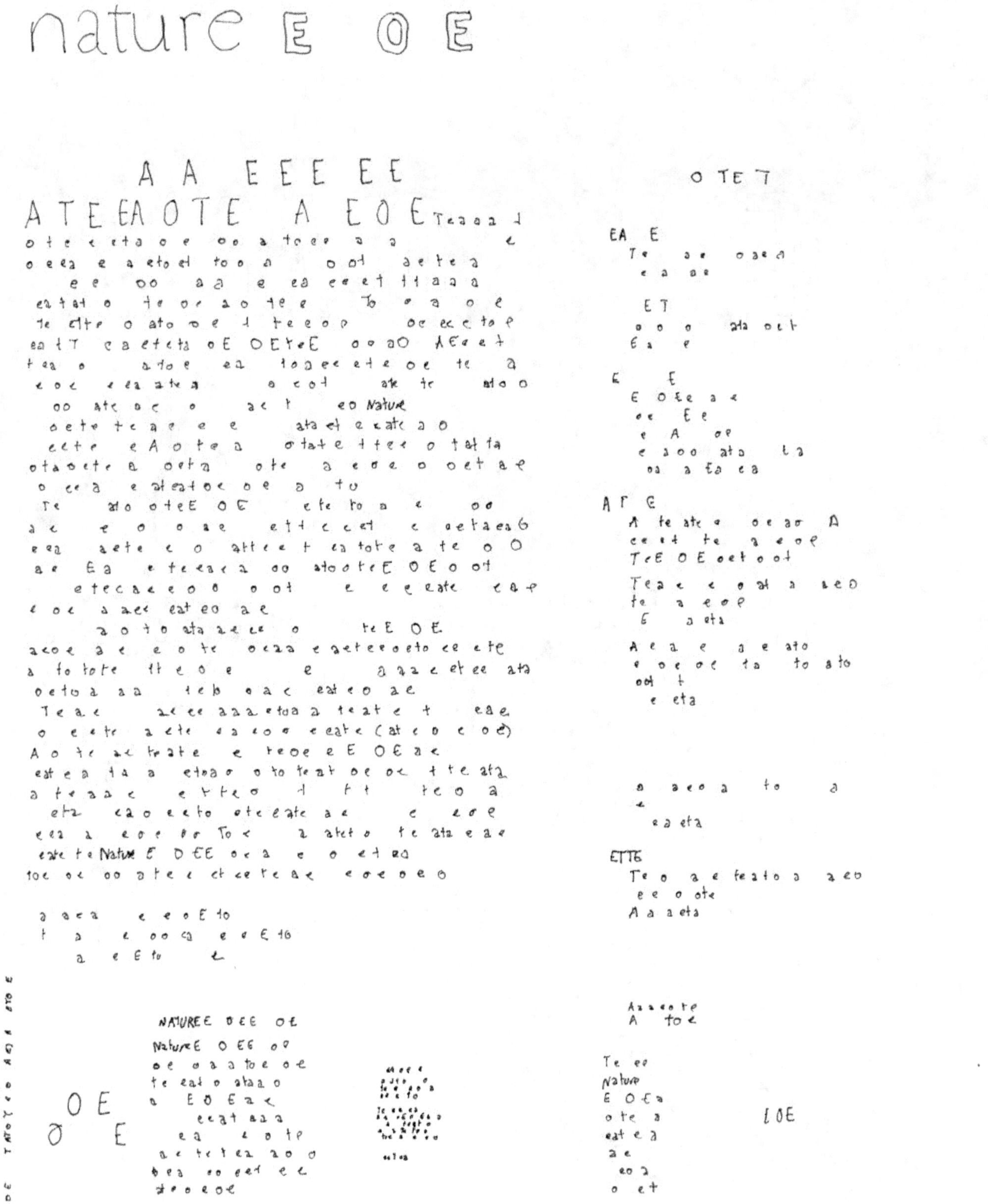
nature E O E
A A EEE EE
ATEEAOTE A EOE
O TE T
NATUREE OEE OE

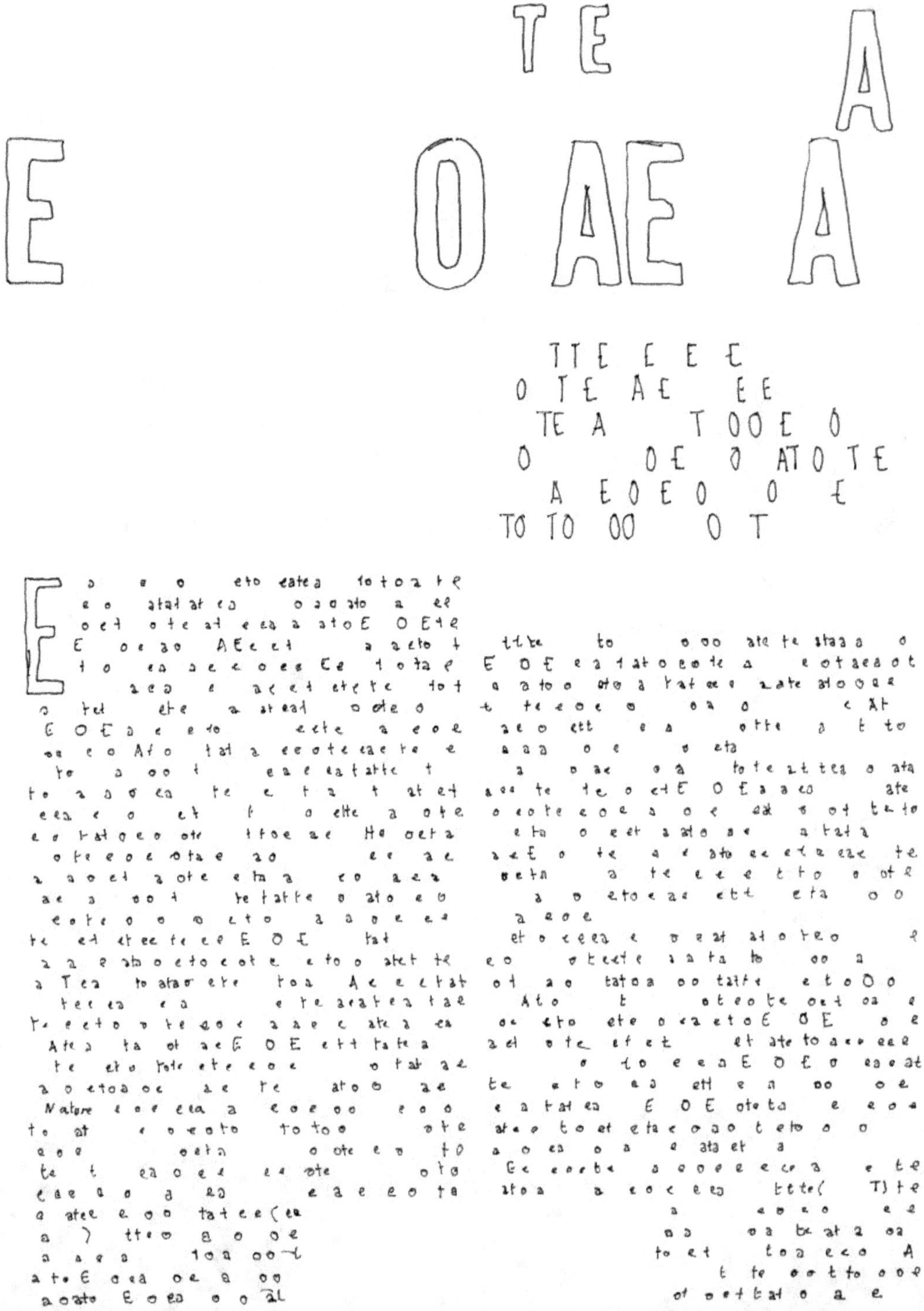
TE A
E OAEA
TTE E E E
O TE AE EE
TE A T OOE O
O OE O ATO TE
A E O E O O E
TO TO OO O T

A GAGE O E A A

[illegible]

E E ETATA ET

[illegible]

CE E

[illegible]

[illegible]

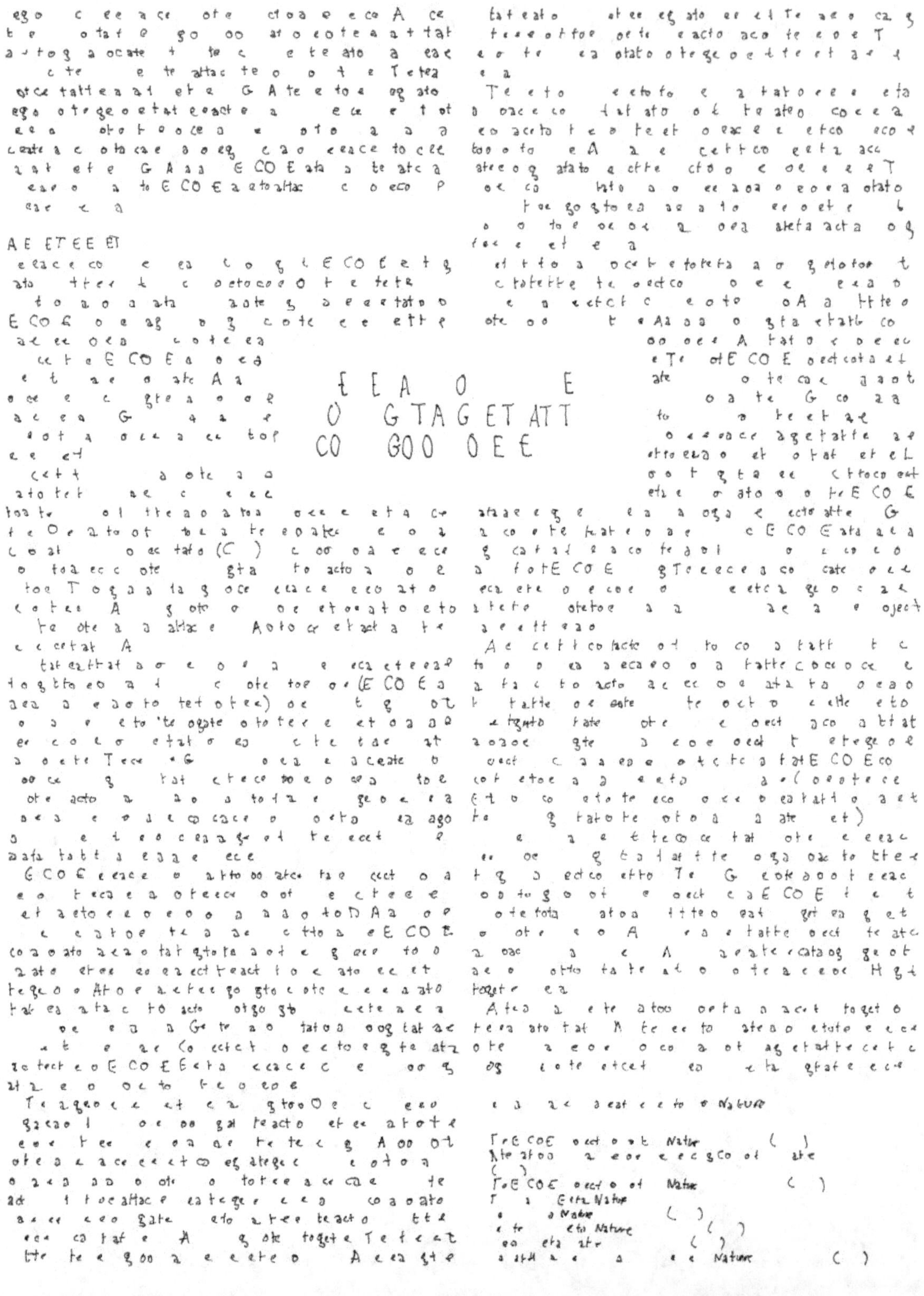
E E A O E
O GTAGETATT
CO GOO OEE

e o o o   ata oet

Toe e   o ota ee ea a a e e t o e o o t
a   at at   o a e o   e t o o   o t e o o oo
a E O E ea a a   oo   a to E a   e

T ε E O E o ot a o t e
a   e ea e e   a
I o   o ae ao   t o a A
e e e t t o o e a ɔ e ɛ ɛ o t e
ɛa t   o t T o ɔ   e
         a a ɛ a o   .ɛ ɛ O
ɔ a a a ɛ o   e t o t e o e ɛ
ɔ a a o a t a   e t   ɛ
t o a   e ɛ   o e
   o t ɛ t ɛ ea o t o t ɛ a
o t ɛ ɛ ɛ   ɛ ɛ t o a ɔ
     o ɔ e o a ɛ a t o o o
   T ε E   O E o e t a ɛ e o a
   e e a o t o   o a t o ɛ a ɛ
o t ɛ a ɛ o ɛ t a   o e
   o t ɔ   ɛ t ɛ   a t
o e o o t a a t o o T ɛ a
a o   ɔ e a   a t o   o ɔ
ɔ e t a   t t t o

e a o o   o t (ɛ ɛ a ɛ)
t e o ɛ t o   o t a ɔ o ɛ t ɛ
a ɛ a a o ɛ o   t o ɛ o t ɔ
ɔ o a t o e   a   ɛ t t t t o ɔ
t ɛ e t ɛ o t ɛ a   t a t ɛ ɛ t
ɔ o ɔ o a t o t o a a   a t a
a t o t o o a t ɛ t o ɛ ɛ t ɛ
o a ɛ ɛ a t ɛ o a o a t o ɛ
   T   ɛ o ɛ t o   o o t
      ɛ ɛ t ɛ a ɛ ɛ a ɛ   o   t o
   ɔ ɛ ɛ a t t ɛ ɛ t x t a ɛ t t ɛ a
   a ɛ t o   ɛ t ɛ a t o a ɛ t ɛ
   o t   a t   o t a t t ɛ o
   t ɛ o ɛ o t   ɔ   ɛ T

E O E
   o e a o A E ɛ o t
natoe o ɛ o ɛ

e ɛ o t ɛ ɛ t ɛ t o a ɔ o
o a ɔ a t a   t a t ɛ t a   ɛ a t ɔ
t   t ɛ   ɛ o ɔ o t   a t
o t   t ɛ ɛ a ɛ # ɛ a t a
o t ɛ a t a a ɛ a ɔ ɛ ɔ a t ɛ
   t t ɛ a ɛ o   ɛ

O T T E O   T
   o o   o o t a   a E O E
   a a o t ɛ   G ɛ o ɛ o a t
a o o a   a ɛ o   t ɛ a t a
o ɛ a ɛ t ɛ o t ɛ t a ɛ a a t a o ɛ
a o a t o ɛ a t ɛ o   a t o a ɛ o ɛ
a t ɛ t a o t t a ɛ a o t o ɛ t a
t ɛ ɛ t a a ɛ ɛ t o ɛ a ɛ t a
a a   ɛ ɛ T ɛ ɛ o o t ɛ o ɛ t
   t ɛ t ɛ ɛ t o ɛ ɛ t ɛ
o t   o ɛ o ɛ o a a ᛫ o t o
   a ɛ a ɛ o t ɛ   ɛ t ɛ

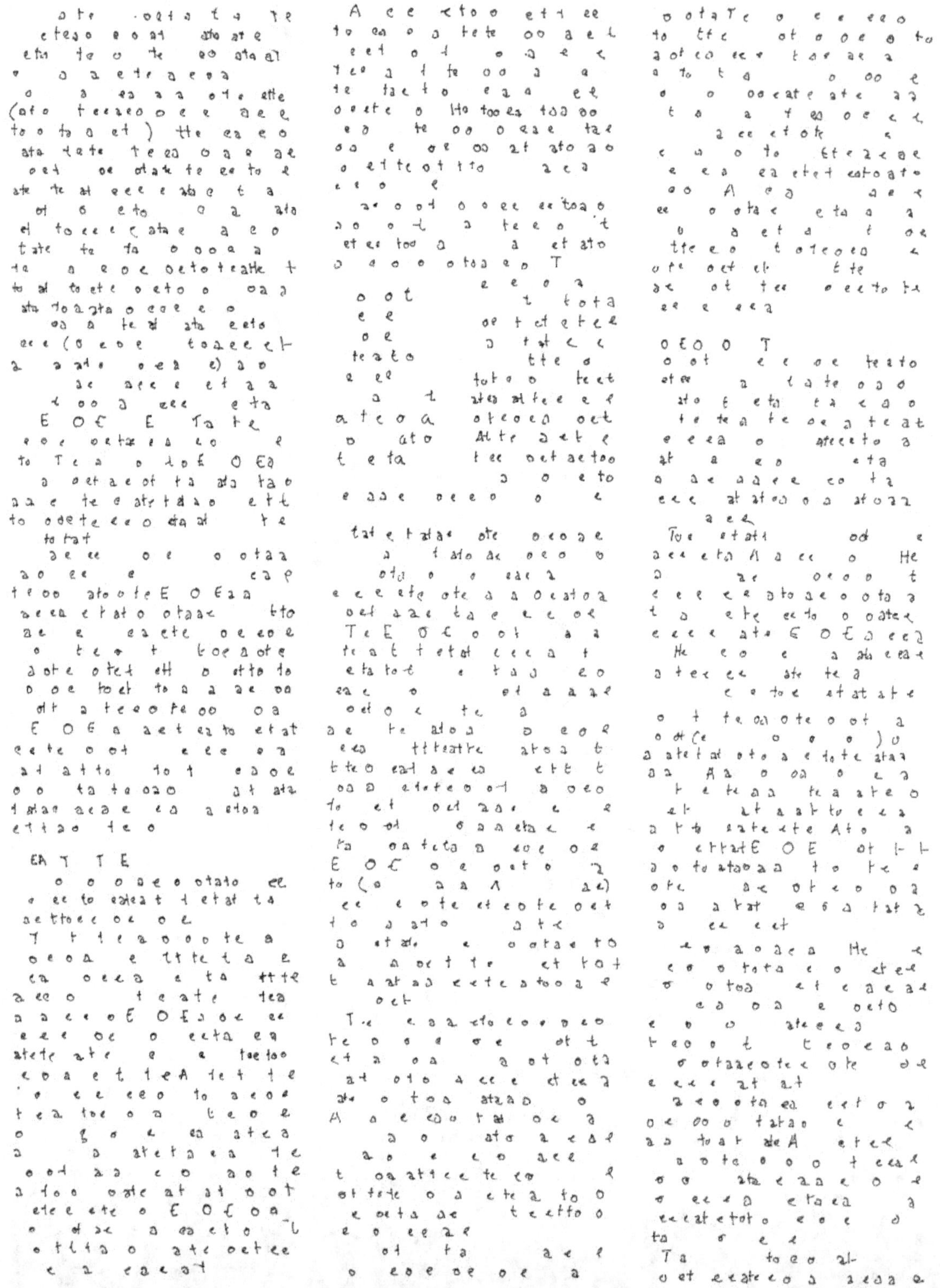

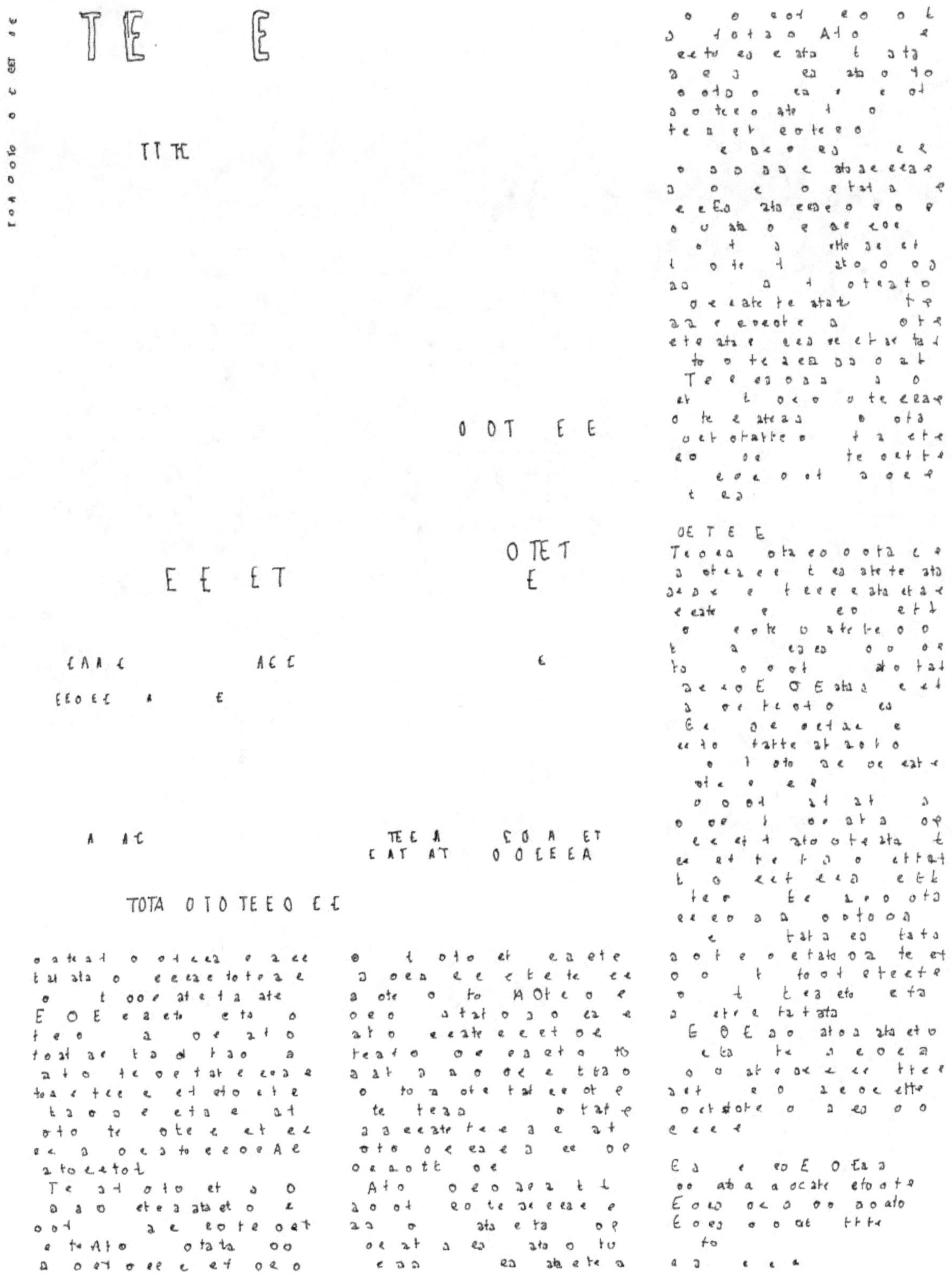
TE E
TT TC
O OT E E
O TE T
E
E E ET
TOTA O T O TE E O E E

E E

O eo

E O Ee a e

e a e o e ea t

E O E

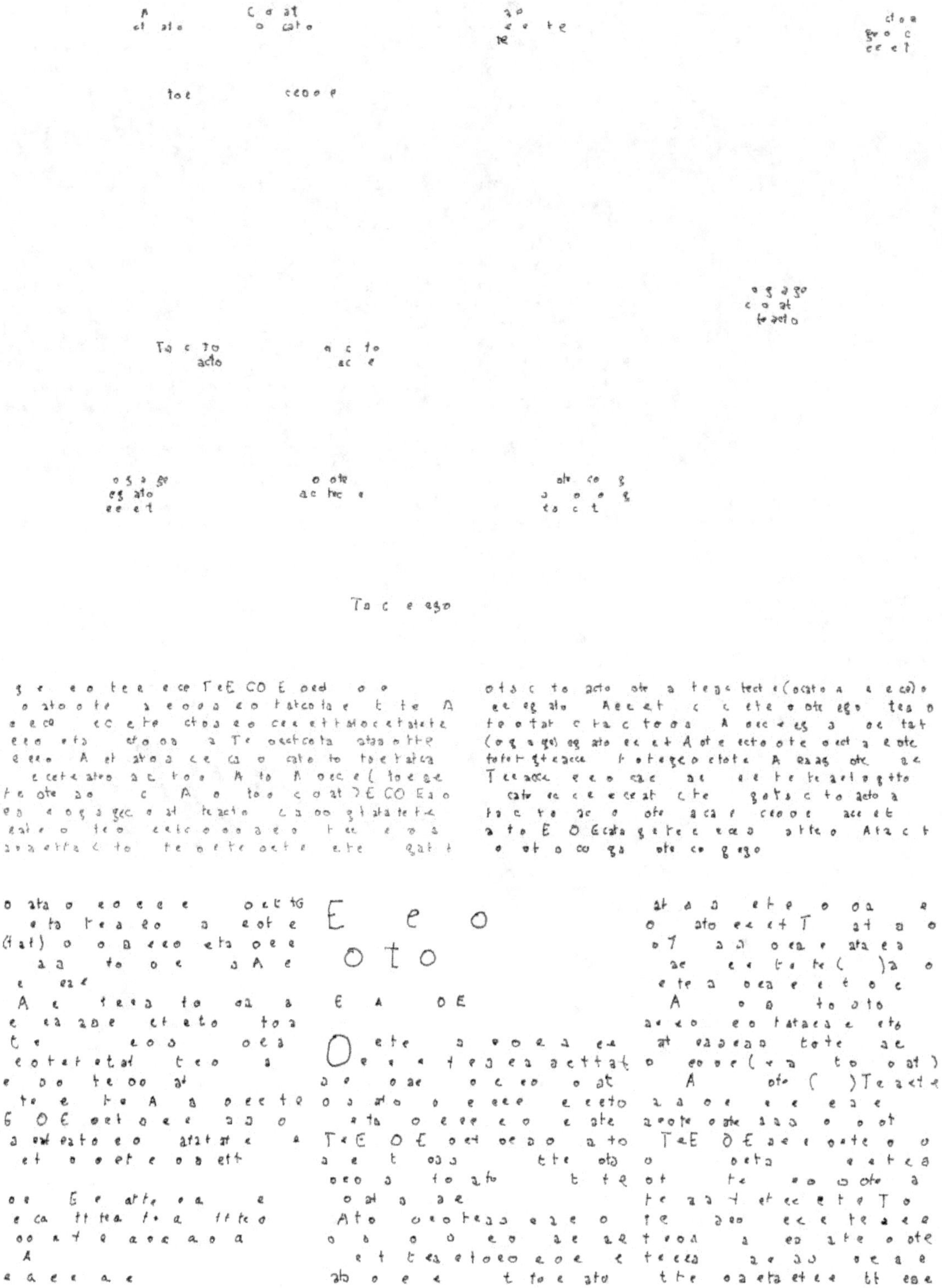

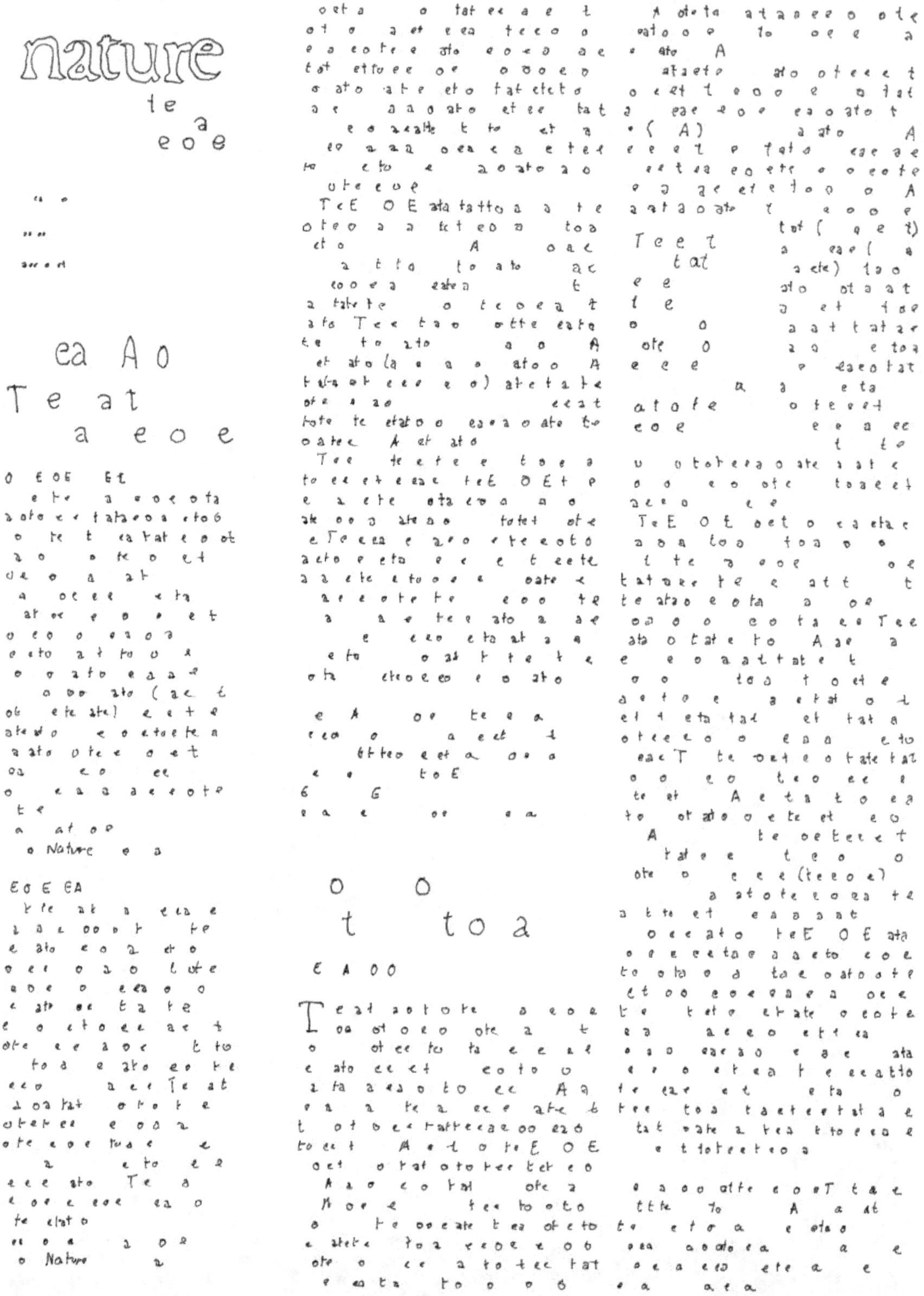
nature
te a eoe
ea Ao
Te at a eoe
o o t toa

E o t o a t e co e

O AT A TC A OA G A

O eo t eg eat a a ege e o to a oog to e ta o e e ce A e e ce et ee oee ete e e ce te e ot e E o to a cage a oce ot t o g cage ote co g e e ca to g e e u co et atate ge e eg ato Teego g ecog t o o te o ta ceo t eg ato eo to o te a o eo ac ceo e a e a o teeeta o ta eea e tat ote to aate cage to ote co g e e ce a ote e e ete at a eecto eca cee te a e eeca oece toot ete a eot eta ee ee toogo ot at eca egee eg ato e e ce ae e et a cate t to oo a ato ec cgeee e o alte cage tee o a o te cto o o ce to a t e at ec c t e a g t oe e tatte coe a eo to a a atage oee t o tee a ee He o ato aoe cgeo cego a e eg ato at t TeE COE o et a o e a t atoa at to tee eg ato ce et a e ageo ce te a oe o e a coeto o eo t e e goa oge o c e ta gte cto a oe (a) oee o to te a ge o e o et e e t ta ea g eat ea o o to et te et ca e e ce c a ge te e e t e e ato ee et t at e cto a e e ce et ee a a ote ece Teeaeoe eeeto et g e eg ato e e ce (ce o e a e e) t E CO E o e et cato o eg ato ee et o g eat acce e ate o e t aea Te ato a a oa o eeace to eg to et e e ce a te ato occ g ta eo tege o cego c e a e toget e e e ot ccage a o ce ca o ge ca a tato oee e tete oge o g t teE CO E co ot a ote e aa c go te a c tto ce t co e ce c aa t tat e eg ato ego e c too cage a atteecage e ea o t a ea co ete e ta g o o e ato e ecc ae e to la get ge e te o e te E CO E oet o e a o te co to ota to t a a eto otta to a e ato c a a o eeo to a

cage ae etto e e oe o et e e te eaeect g t e o t e o teeo to o ge e e ato t c e eo ce a eca e aetto ee a oeec t o o a a te eg ato eo to a o t a co t te to a eo to

oata tea a oa G a ae te e ateto o Ge ete e t o C cago C cago o A a oatte o a o e ca tt te e to C cago o a te c cagoe g a c cagoe

o cata og e to cto

E A EGA

oect t at o ce e ce e te a o t o ata c ate a ge o e oet o t e E CO E o ect e et e co tato a a ata a a ca ege a a e ee a a o oce gte eco e to co tato a et o ge o c Te a ge o e oet o ce o e to o ato e A ae a a e too a ce ago t o ee ce ate ga a g et cotat t geoe e ata et E CO E o ea o eoteacce t et ato ta c to a tat c o a t t et e a o oec e oee a e a oce gte oect a atato ota t cto a o ato a ee a e eeot oeac ote oec a o g eto e teE CO E e ea e e e oe oce gago t e g e to e o e ote a otoco ec c a e a to e eteea t ote e e c toa o ato Tee oce g e e a a t oto ea e ac ee a a te teeeac co ta te ta a ote a a o

Te g at ote cto a o ato o ce e et o to e te eta a acc ac ac e e

c atoTe g a tote cto a o ato te o ce e et o te e te eta a acc ac ac e e c a te a t too e etec ta oga c to oga o ote A te a e ae oot t a teo e ato o ue ta oe o o a ato a cag te co ce tato o e et At a c t

te o tee a et o o ato oce g te oo oog ca g to E CO E o te co e o co tato a a oac e t at teg ate e atat e oea e co g atao A et ato A a e t a ta c to acto e e o T a eta o e ac at g g t to te ca a o eo A et ato ge e e c g Te tatta to acto g te a eo a e age e e et t ate ce t e tate e to e ta c to acto gge t g tat g te et ato ote e t o a a e e a tat et ate te ot o ta c to acto e tetee te e cto a o a t o o e E CO E eaet a o te t ategoa o esta gte cto o te ge o e ee ce o ee e o a aco te t te a e eo Ee te to g tateote E CO E o g et o ceae a at ca t cea tat te o ce ea e e tot at ace ote a e at e e g t o eo o ee te a co ea te c tato a a a e a o to a e g attat e o e tat teg ate te e eat ote A a o at o o et e tte ec e o teeco o e t te act t ea ote o te tege o ea o tee geet eg ateta c to cce c o e ea eto e ctte ge o e ct o att e a ett g tat a e ot e ect ea e a o g to ete e c a to o a gte ca te ac to ote te ea to o e tat ette e a ea e atte te E CO E ato o ea a a e o ot t to a e t et e e o tato a ca ege

E a e a te e ate to o te cece A e at e ate e a tttee cece e o ot ae c a ea ee e a a

TeE CO E oet Co ot cece ( )
TeE CO E oeto o ot Nature ( )
ea eta ate ( )
T a E eta ate ( )
e eta ate ( )
e te eta ate ( )
a a A aoe a e e ate ( )
e E eta Natue ( )
a E Natue ( )
Go ago a eg G A
A e e ( )
o t eta oc at Aca c A ( )
Ca o e ( )
a a a eta cece ( )
t a ce Coo G o ( )
a e E eta Natue ( )

ee t e t e

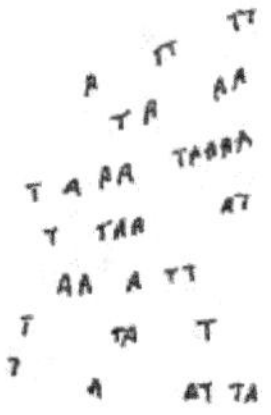

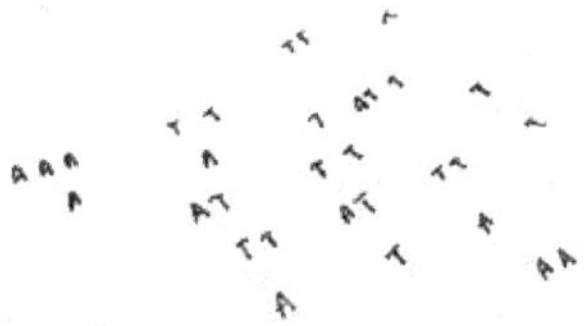

e et e eato e e o a o ee

a 1aa a a a a e o a e o o e to

a e e aa a T e e e o a e e e t e

o te ate t e 1o e e to o 1o a o t

to e o e e a e o a o o e e ate a e a a e

o a t e o e e o e a o e

a o ee

a

A t g at c c a DNA t t a g

T ENCODE ct C t

T a g c t t tt ct t a t a t t a t a T c c a DNA t ENCODE ct a t at ca a g t a c t t a c t act a c at c at t ct a t cat T ata a t a g c ca ct t g a t c a t t t t c ding g a c ca at g at t a ca a c at t a t a t g ding g t t t c a g g at T t t a a tat t ca c c t c a a t t a a a ca t g t tat t a at a t ct g t t t ga at a g at g a g a a a c ct a a tat ca a c

T a g c t ENCODE t g t a ying c a g t DNA t t act a a a t t c a t ying c c a DNA t ChIP t a t t t c ding g ta ding t at c c a t at a t t g a c t a t c a t c ca t a ENCODE ga t c ding RNA a t at c t a c t a g at c c t a a t t t t cta at c t at c a a t a c t a g at a a a c t a t agg gat c gat c at a t a t t cat g a g at t t t a ct t ct a g a a a ta t c t t a g C a ying t g t c at tat cat a t a a a c a a ca a c t t g t a c at a g ga at a a a t g a g at at ac t t at a a t a c a c t t c s a a c t g g t a a t t g T c c DNA t ENCODE ct a t t t a a tat t t ct ct a t at a ct a t c t a g t t c at a t tat RNA c ct at a a ct a t a a c t g a c sing t t c at a a t a c t act g t t at c a ct a t ding at t cat g t at t ct a t ca c ding RNA a a c c ca g at a t t a at RNA a t ding a c c c at t ct a c ding a a t a g c C a at g c t gg t t at a a ENCODE a tat ct a g t at a t a ying gat ct a t a ct a a g a t t at t c ding g a t g t a a a gg t c g at Sing c t SNP a c at t a a t a c ring t g t ENCODE ct GWAS a ch c ding ct a t t a a tat a a a t a c t a a t a t ding a ENCODE g t at a t a t a a t a tat ct a t t t t c ding g a ca t a t c c t a t T a t DNA c g ca a c at t a c c c t t a c t act t c g a g a c a a t a a t ct a a a

ENCODE ata ct a t a a a

c t ct a t a a a ata c ENCODE a t a a a g t g t a tat ct a t t t a c a t t a ct a t ac g t g at t t t c t t a g T t a a a ac at t ving t c t a a ENCODE c RNA t a c g RNA CAGE RNA PET a ata t t c c a ca at g g a a a tat t c ding g a ct t a c at t GWAS a t a c t a g t a c t act ding t ChIP a a T g t t t a ta t at a t t ga at c at t ct a FAIRE t ChIP a a ct t a g a a a DNA t at t RRBS a a t T a t a t t a g a t c at at t a a at ta Ta ct ta a t c ca RNA a c at a c at t at ct tat t c T c a a t g at t ac t a t c t c t g c t a g at t t a at ata ct t c t ct

t a t c a t a t a at a a att t a

ENCODE a at

RNA at RNA c t t t cat t c t at t act RNA g t g t c g

CAGE Ca t t t at ca att RNA g t g t c g a a tag a ac tt t t at ca t at ca a att tat . t a c t at g t c a a t at RNA

RNA PET ta ca t RNA t t a t ca a a A ta c cat a gt RNA T t c ga ttag ac g t g t c g

ChIP C at tat c g c c g c c at c g c DNA c t t t a ct sing a a t t a c c t T c a t ct t g t g t c gt t t g t g t t t t t c t a t a ct t t a a t t a c at a c at t c ding t a c t act c at ding t a c cc ca cat t t

a A a t ta g at c a a t t c T a ta c t c at a at at t a t a s c c t t T ting c t t a t c sing g t g t c gt t t t t t a c ding t c at

FAIRE a a t at g at t FAIRE at c t g c g ting t c c king c c t c g a c c c g at act FAIRE c t c king t act a c gt DNA ag t t a a

RRBS c tat t c g t t at t DNA c c t t at c t t ac T c t a a a a c t c c t ct t at c ta C G c t ca c t g t a t c ca c C G T c a t c t t t t at tat a c t a t tat

T T c t t g t t ta c t t c t a ac G a a t c t at a at t G ct tt g g a t c t c ESC

T T c t t c t t ENCODE ct c c a c ca ca c a c G at a t a c a a t a a ca t a c HUVEC

T A t ENCODE c t t t t

t c g at t a t T ca t a a ct g ca t ct a a a c t at t c sing t a c t c ding a c A ata a t c c t a a a a at tt c ct g a a G c ding ta c t c c a tat a c t

t g at t g

c t c ata g at a c sing ta a g a a a a t c t a g a tt c ct g ENCODE ata ta a t A a a c cat ata c sing t ac a a ta at A a a c cat a t a a t ca t t a g a at a a t at ac t g a a c t t g c tat a t a c g a t c sing t g at ac tat a *t a* a c t a at a A a a c cat a t t c c at IDR a t a t a c at t at t t t a t t g ca cat g ag t at a c a a t t g t c t t t a c t a a g ding t t t g a t a t act a a t c g T g t t g c t g ta at T t acc a ying t t t ENCODE t t a t g c ag

T a c a t c ding g

a a a a t at a tat t c a c cata g a t c ding a c ding RNA a g t a t GENCODE c g t ta Ta ct T c t c ding g GENCODE a tat t a ag a t at c t a c t t t c ding t a c t c t ta GENCODE a tat t c ding g c t g t c ding t c ding g a t t t ta t t t c t t A t A a a ct t ata a G c c t t t c t g c g at t GENCODE a tat Ta t g t t c a g t a c t t ata cat t at a t a t c ding g a t a t a tat a t at ca a RNA a a a c at g c ding RNA cRNA c C aring cRNA t t ENCODE ata cat t at cRNA a g at t g a at a a t t at t c ding g T GENCODE ct a a tat g c t a c a a c at t act c at

RNA

c RNA t c a t c a act t a t RNA cata g sing a c at t t t g RNA act t g c a a c t c g c t RNA c GENCODE t a a a GENCODE t t a c a a t a ping a tat g a t at t c a a c t a c t t g c CAGE ca ta g t RNA at a c g t t t a c t ta t t TSS at g c c IDR t a c t a t a a t e a GENCODE a tat t a c t t gt g RNA T a g g a t ac a t a at g s UTR a t c t t ct t a tt ta t t c t c ct a c t a a a g ca t t c ding a c ding t a c t c t t a tat ta RNA t t a c t T c c t a RNA c RNA a c a RNA a a c a RNA tRNA RNA RNA a RNA ct a t t t c ct a g t t ca tag

Ta a t a c t act c a a a
ENCODE

Ac c t act a a

C ATP t c at c
DNAR DNA a
HISa t ac t at ac t at t at c
t C c a a c at t t a c t t
a c at
TFNS G a a c at act t t c c
TFSS t a c t act t c c c DNA ding

t g

T t g at g ct a t ding ca t t DNA ding t a a RNA a c t c t sing ChIP Ta ta Ta ct a c c c t a c t act a ding g c ring ga a t g a c g DNA ding t ac a c t a ac t ding t c t DNA ding t a t c t a t DNA g t cc c c c t a c t act c ta a t g DNA ding t a t ca t t a t c a a a c t a at t ding g ac g g at a t c g at c g t t a a c a t a g t c g t c c a a g t t c t t g a g a g a t c g t c t act a t ChIP a a a t c c dance t t c g t c t a a acc t t g t tt a t a t g t ct c ct GSC a c t t t at c at t at g a g a t a t t ct t a c t act ta g t g a c at t g t act t t act a ga a t at a c at t ac t a c t act c ding t ChIP a c t a a c at t cat att act tt act g a c c t at at a t ct c

a t t a t t

C at acc t c a act a t t t a a g at DNA g a a ping a t t DHS a c t t ming a t c ta t TSS a a t ac c t

t at a c c c a c king FAIRE a c c c t DHS a t c c cca c a t a c cc a c G a c t a t c t t a a DHS c t at a c at FDR c a sing a a ag t g c c ac c t a agg gat a ag t cc a c t t a c t act a ENCODE ChIP a c ct a t a c t act ChIP a c t acc c at a t t a a act t t t c at c a t TRIM SETDB ZNF c c t *TRIM* *SETDB* a *ZNF* g t cc a g ca t act c a t sing g c a t ting c t t t ct a t t FDR t c a t t c t a c t act t t g t t t a c t a aying g c ct cc a c att a t a ta a t c c g at

g t cat

a a c a cat t t cat a a a t c t c ding a c t at g t cat ac t a t ca cat tat a a t c c t ca a t ac c at ac t g a a t cat t a a a at t a ca ling g a *t a* a c t a at tt c g g c a g a g a t t g t a t cat MACS t c a act c t Ta c t t t cat t a c a act t c a a a t ata t at g a att cat a g a a ac c t acc dance t c a g t a c t a act t C t t t t t at t g at t d t t cat at ca t at ca t a g ct a att t t g c g

DNA t at

t at c t a at C G c t g t c g at g t t at t ca a c at t a g c t at c at t t a c t a act t c tat t c g RRBS t DNA t at a t ta t a a ag C G ac c a t tt g c C G c ding C G t g c g a t a t ag c g g a t g t t t at t RRBS t t a ta g t C G c a t at C G t t a t at at a t c t t

Ta a ENCODE t cat a a a t

t cat g a tat ct
a a t c a act t c

A	a	t t a a t A a c at t g at t t a c c at
	a g a g at	t a cat t a c a t ta t ta c t a ta c t ta t
	a	a g at t a c at t t a a c
	a	a g at t a a cat t t t a c t ta t
ac	a	a act g at t t c t
	g	c t g
	a g	a a c at t c tt t t c at a tt t
ac	a	a act g at t a t g act a c a t t act c t a t
	g	a ta c c act t a c at t a a t ta g
	g	gat a a c at t ta c t g t c g c at t
	g	T a c t a c at a t c g
	g	c g

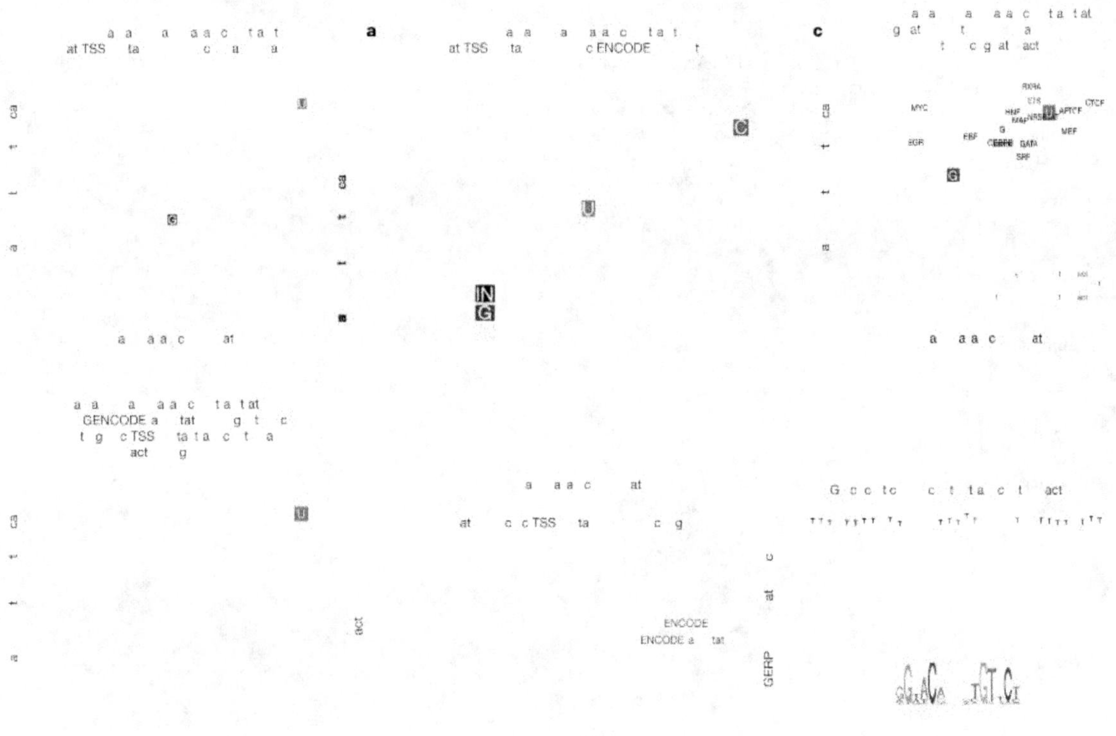

g act ct ENCODE ct a t
a a a a at a a a a a c t a t
a GERP c a a a c a t t a a
gat ct t a at a ct t g t
t ca a ENCODE ata t ac t a a ag a
sing ata t T t g tc a t t g t t a c t a t
a t t C ding C UTR g c G t g c G a
t c a a a a a ac ca t t ca a
ta c a tat t t a ctat
a a a c at a a at t ct T
a a c ENCODE t g at t a TSS
T a cat t at a t t a
ag t ding t a a t g t ca t t
t t act g a ag T a DHS
t a RNA t t t t t RNA t

a t g t c a g g t g c g tg
RNA T ta c a a c c t t a t ata t
c a t a c t act t ta c t r g
t t a c t act a g t t c ding t
atc g t a t c ct t a a
ac ca wing t at t a g a c t a a
a c ct at c c t
t a at t ENCODE t ac a a at c b
ENCODE t T c a c a c a t
ac g cat gat ct cc ring t t a a t
a tat t ENCODE data Agg gat a a a c t a t
co t g coco t co c t G t a c t act t
t wing t ct c at t t at c t t
a t t A t act t g a a a t
t a

t at ag c a g t g ca
th ata a a t a t c ca t at
c c c t t t a act t t a a c a
t t t at c c c
at c c a c ding t t t
a t ENCODE t t a at
a a t g gat g t at c c g
a t at a c a t RNA a g at
a c c t t t c t gat
ct cc ring at a t t g g A a t a
t a ac a g c t at a t c a a
a a a c t a t a a t a a
a c t tt T cat t at a a c a
t t c t a t a ag c c t
ga a ct c t t t g ta ding
c t t a t a a a t a t
t at a t c t ct t a t a ct c a
a g ca t t t a ct t

T ding att t a c t act a t a
ca c at t t a t a c a gat
ct t t a at c t t t t T
ct t t a g a t c ding
g a a a c t tt T
agg gat a ac t t at t ding c
t at t a a a tt t t a
ping a t t c at ct
t t at g c t a ta c ac
a a a a t t act a a at

ENCODE ata t g at t g c at
t a c t g at

a t ENCODE a a ect ct a
t a t t act t c sing t TSS t
c ding t a c t t gat t at t t
ENCODE a a a t c a t ting t t t at RNA
t t ca ct ct att

c at cat t a c t act ding t gat c at t a a t
C t t t t t at t ct g t a c a a ct
t t a a C G c TATA t a c a t t ac c
a a TATA c ta g t T t t a t
a t ct att t cat a t a c t ac t ct t acc at a a t t a
t ding t a ct c ac c a ta t t a a t c a
g ct g a ct g c t t cat
ct t t t act t a A c cc
t cat a a t a c t at t t a at t g a cc
t g g t cat t a a a c a a a t t c t
c t a c t c a a a t t a t cc at t t c t
t cat g t a a a t t t a att t t a tat a t
a t c t a t a c a cat c t a a tat t a c t g t a c t
c a t tat c t t at act ca t a c t c t t a c t
act ating ac t at a ac a ac a g act ding g a t ac c at a a sing
a at a act ating t at a a c t a t ct ca ac t t a c t
g a A t g a c a act ding g a t t g

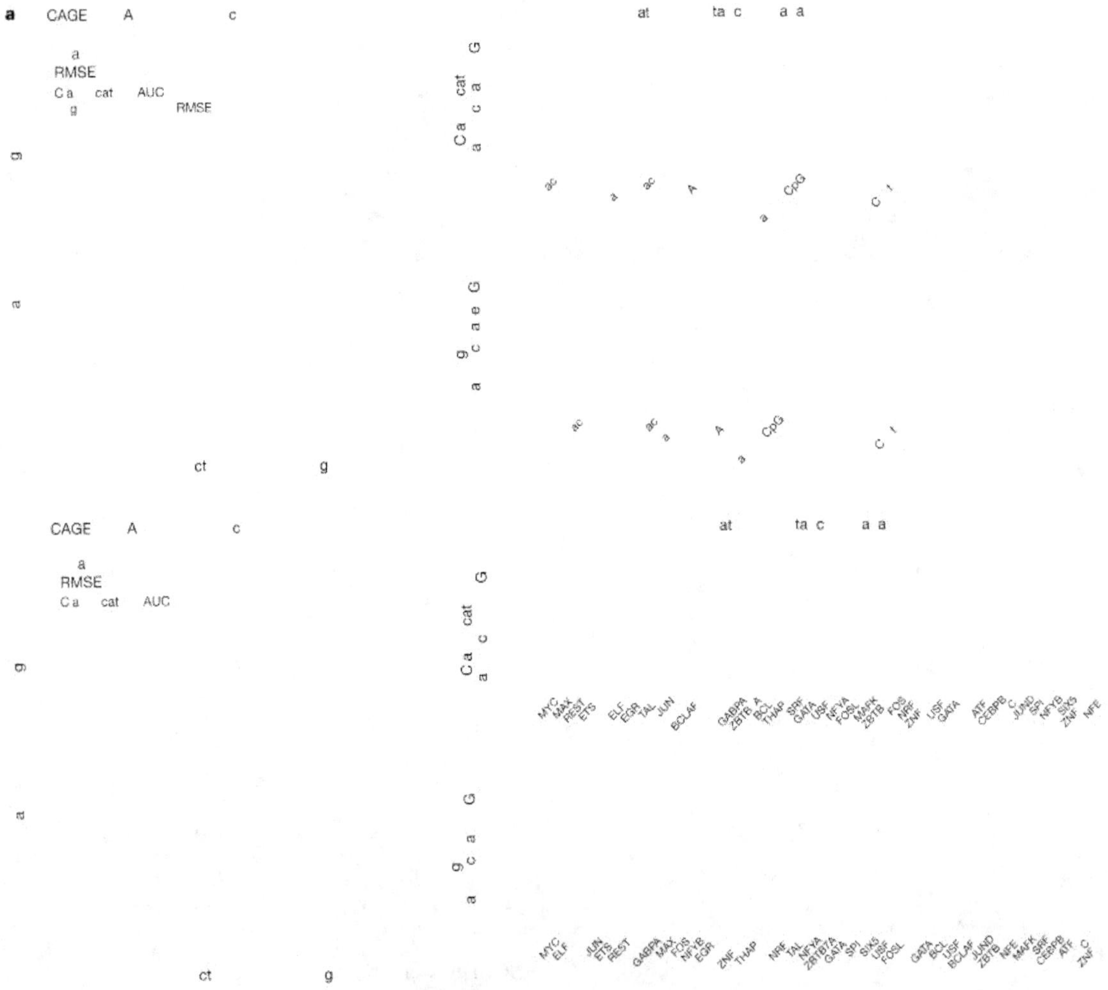

g ling t a c t t cat a cat **a** t a c t act t t t a c a cat
t a c t act ding att a C at t a t a g a t a t tat g a tt a g a
t t cat t a c t act ct a RNA t a g a cat g c a g ta c t a a t
ct a a CAGE tag t at TSS c ac ca t a a t c a RNA a t t t
t catt t t t t t c at a c a t AUC a a c G G c c t RMSE t a
a a T a g a t t ta t t a

c t a tt t t cat t t a c t
act c ding g a a a DNA reg a
t TSS t at g ding g a t t
g C G c t t t t c at c ca t at
king at t agg gat ding t a c t act t t
c ct a c t actor t T g t t c at
cat t t at a t t c at a a c t t
a t a c t a t at a a t t a c t act g t
a a g a t a c t ac a g t
ta t t t t at t a t at a t
c at att a c t t t a a t c a c
t t ca a t t c at t a c
t act a RNA a a t cat t at t
g at t at t t g g t
a t t a at RNA
ct a t t t
t a c t a act t t t at t
t cat a c a t at c
t a c t acc ting a a
t c t t t c a a a
gat c t t T g *t a* a c a at
t ring t RNA at t c a act
c t at t a a cing c t a c t a
t ting a t c at t ct a cing

T a c t act ding t a c t g at

T a c t act ding t a at a c a
c t c at t T a c t act a t
t ct a a ca a a t g c c t t
c at a att c at a a c ga
at c at t a a ag g c at a ac a
ding t a t a c t act a c t ring
c t t C t Agg gat T CAGT t t
t ding t aring a t t ct att c
at a g a ag t a a ct a t
a t a ag t t a
a CTCF ding t ESC g a
c t g a a t g ping g a
ag t a t CTCF ding t
t at t g ca t a king g a a a ta
t a a t a t at t a t g a
a CTCF a t a t c c t t
t a a CTCF t t act a
c c a t a a d
ta g a ct TAF a t
a TSS t a t c t a tat t t ct
t a c t ta t c a t
GATA a CTCF a a g t a t c
t att a t g t t ct a t act
a t a c t act ding ata t a c
a t a t c att a t at a
c at a t t a g a g T cat
t at t t a c t act c at t c at t
t ct ct a att t cat a t at
t ct a t t t c tat att t
a a c cc a c at t t t
t c at a a t a c t act ding
t A TSS t a t g a t c c
cc a c t acc ting t t t cat
g a ta c ta g ct
a a TSS t a c c dance a CTCF
ding t t ca a a t c
t t a t ta g ct
t a king c at a g a g t g a a
t a t c cat g t a a king t t
cat ta g a ct T

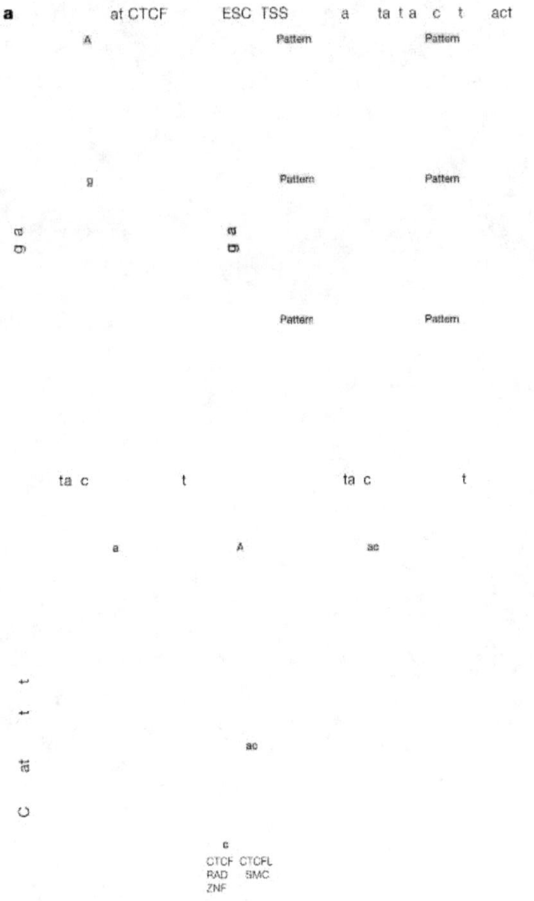

A t at

g att a a t c at cat at t a c t act ding t a t c t agg gat cat g a a CTCF ding t a t ct a t t c at t ct T t t t t c t g a a t t cat a t t a t t t t g a g a c t T t a g a t t at t t t a a a ting t t t a t t c t a g T g g a c t t c t t t a c a t g t ta T a c t c tra a a a a a t a c a t cat g a tt g a a t at ac g a a t a c t act ding t A t cat a t t a t a t c att at t a c t act ding t A t act t g a a a t t a

c a g ca t at t a c t act ca
a a c c a t cat a
a a g a a t c g at T t
ta a

T a c t act c a c at

T a c t act ding g a a t t
ac t g t ct t t t at a
t a t t a c t act ding g t t

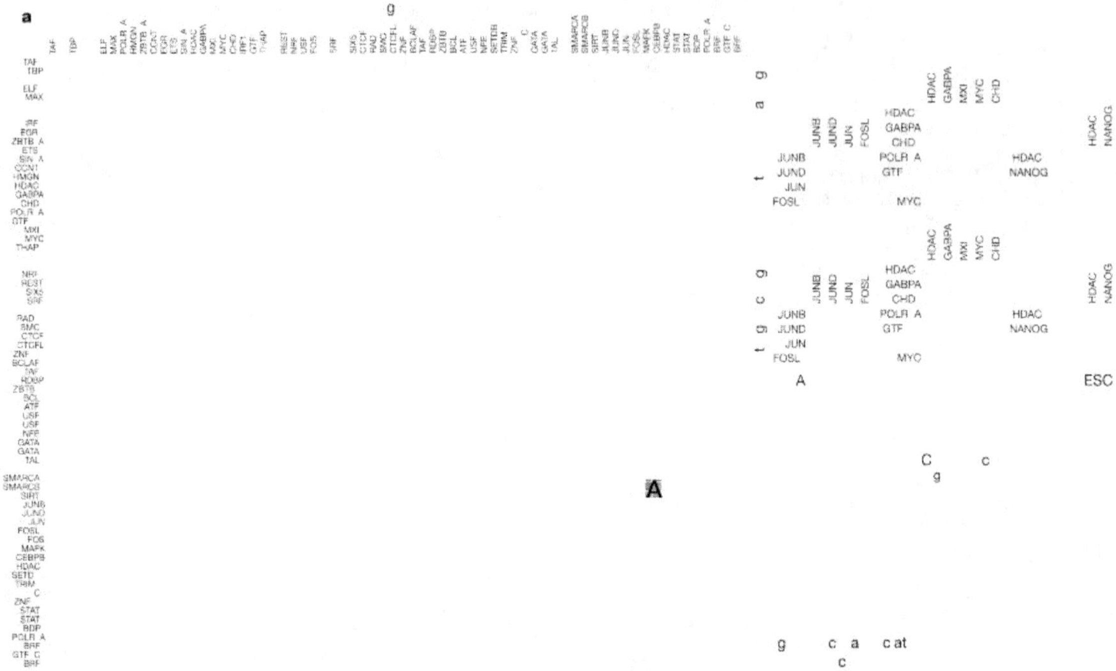

C c
g

g c a c at
c

g C a c at t t a c t act a g ca t c c a t c c at a c T c a a c at t a c t act a sing t GSC tat t c ac t t a a T t c a t a c at c g c T c t gt t t t t a c at t gt t cat t a ta g a t t g t a g t a t a t t c c c a t t a c t act t at a t g a c at t t t t t GSC t cat t at t tat t ca t a g t t a a ata c ta at a cat t t t a c t act a a a g g t t g c a c at at **a** t a a a a c at t t t a c t act a t a c at a A a ct T t c a t t a c t act t t g c c t t a g t at c t g at t at t g a c at ta g t ESC A t t a a ta g t a c a c at t act t g a a a t t a

t a c a tat t ca c a c at a ct a c at c a TCF t act GSC ving t a act HNF a FOXA a ting g ta g a T c ct a c at c a l a Ta ct c t a t g c

a a t c tat t

a c t ta C

CTCF CTCF c t S CTCF g a ac g t cat t a c at t c at a T a a a ct at a a t ca t t ct a at CTCF a c at c t A c t c c t RAD a SMC CTCF t c t t c c ct a c g c at a c at t g a c t a c a g a c at a c ding t a c t act t act at a c a c a a a t ct a a c A c at a t at c g at g c t t t c *FOS FOSL GATA HDAC JUNB JUND NFE SMARCA SMARCB SIRT* a *TAL* g c a c a a c RNA g a a t c a A act ct t a g g g t at g a TSS g t g t ct act t g T a g tat t at c c c g a g t g t at G a t t g a t t a a t t g tat g a T a a t g a a RNA t t g tat t ata c t t c *REST* a t act a t c *BRF CEBPB MAFK TRIM ZNF* a *SETDB* g c TSS ct t g c g TSS c t a ping GENCODE TSS t g c ca TSS c g t t c at c t a c t act t act c t t a a a t RNA a t c t g t T ct t a c g a g t t a c t a gat g a c at a g g a gat g a a A RNA ca c t a c ct a a c a t t tat t a g a a a c t c at c g at t

c c c t a a t t a a a G a c t ata c a c t T c cat a g a a a t t ac t ENCODE ata

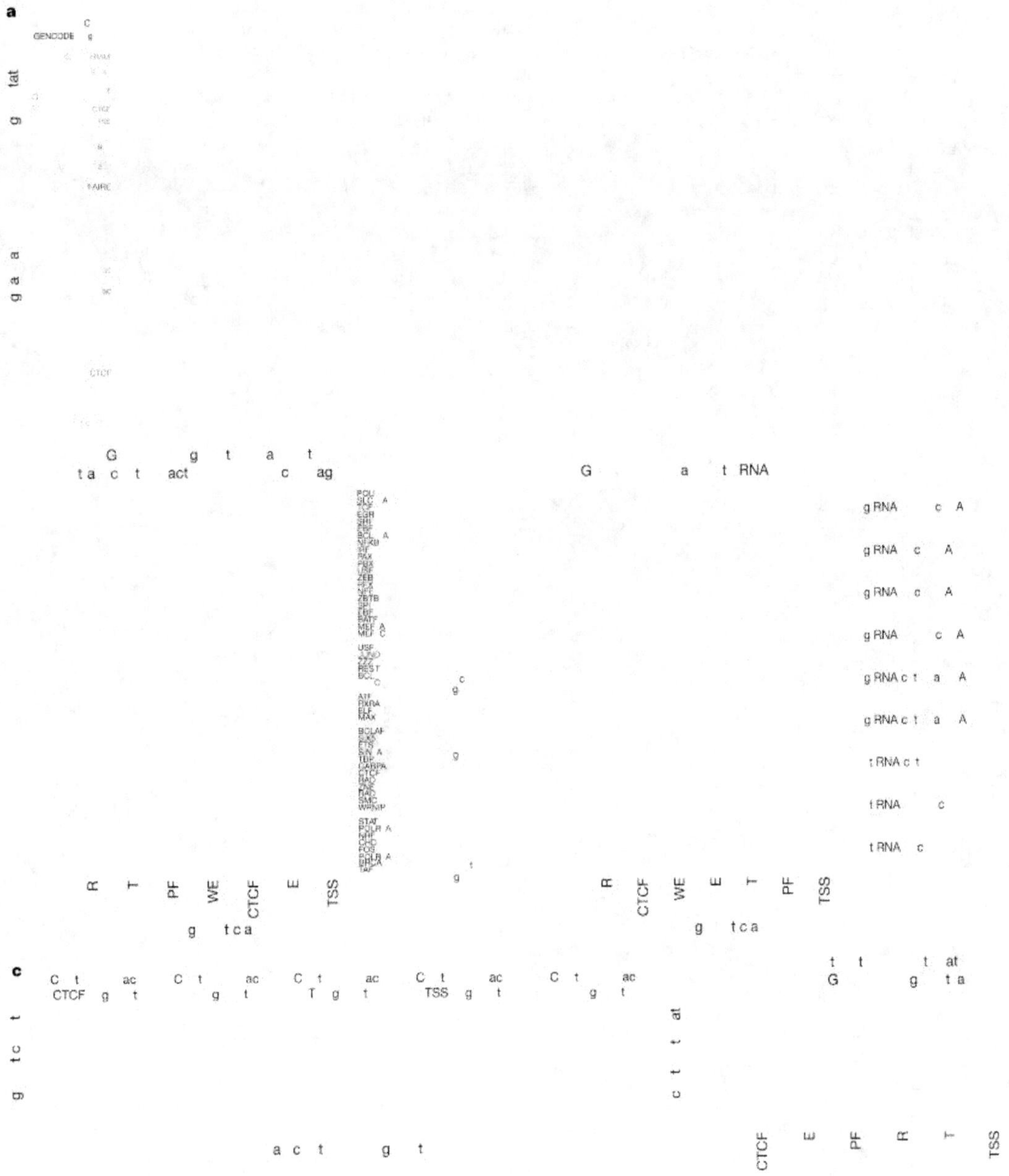

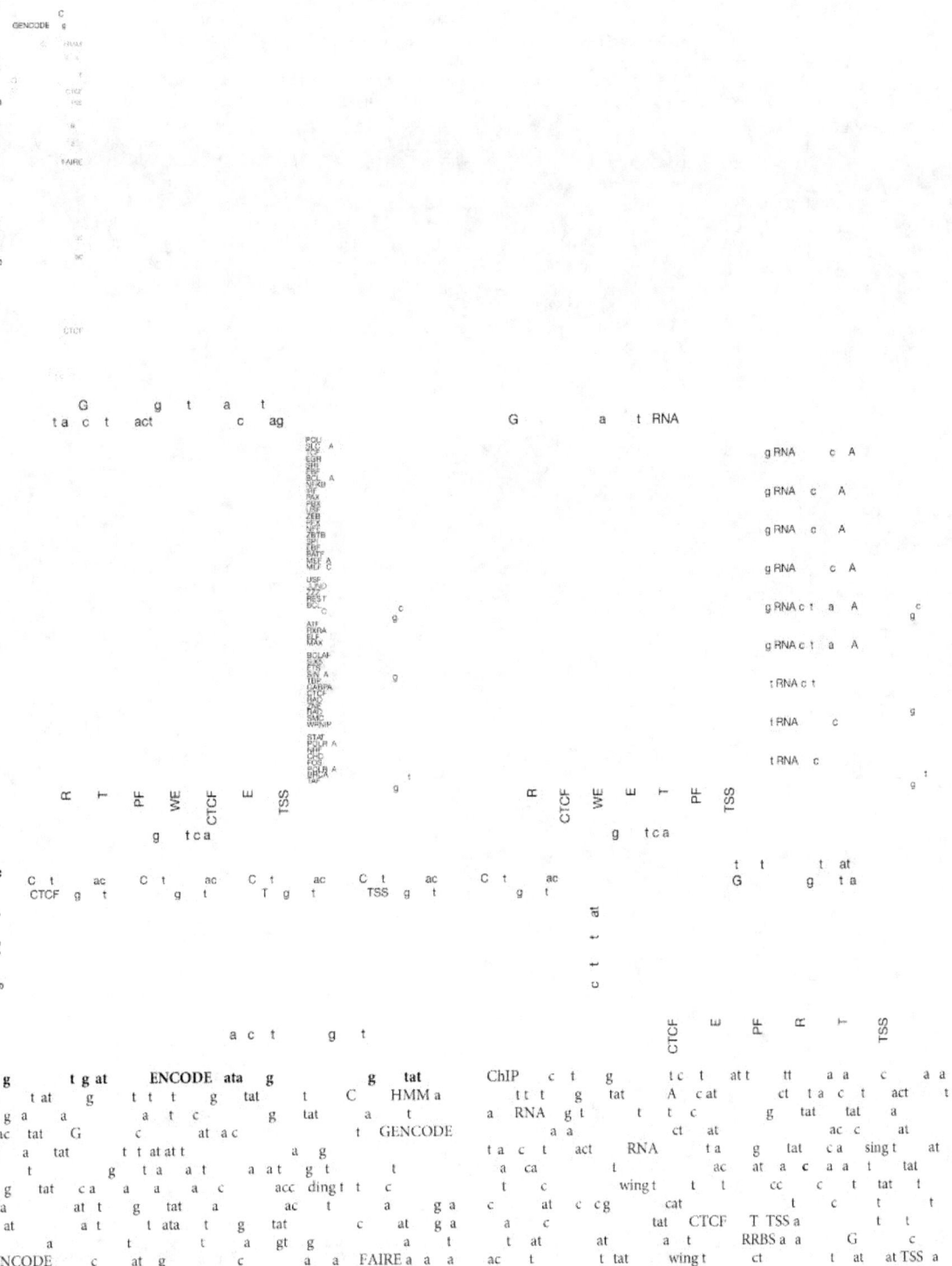

g t g at ENCODE ata g g tat
a t at g t t t g tat t C HMM a
g a a a t c g tat a t
ac tat G c at a c t GENCODE
g a tat t t at at t a g
t g t a a t a a t g t t
g tat c a a a a c acc ding t t c
Ta at t g tat a ac t a g a
t at a t t ata t g tat c at g a
a t t a gt g a t
ENCODE c at g c a a FAIRE a a a
g a t cat ChIP a
t a c t act ChIP g a a CTCF g T a
ChIP c t g t c t at t tt a a c a a
tt t g tat A c at ct t a c t act t
a RNA g t t t c g tat tat a
a a ct at ac c at
t a c t act RNA t a g tat c a sing t at
a ca t ac at a **c** a a t tat
t c wing t t t cc c t tat t
c at c c g cat t c t t
a c tat CTCF T TSS a t t
t at at a t RRBS a a G c
ac t t tat wing t ct t at at TSS a
t at g T tat a g

g a at t c a g t a act
t a a act t g c g
t a c at c c t t g c c t t
a t c t HDAC GABPA CHD GTF MXI a
MYC t g a HDAC a NANOG
t g c g g T g a a c t t t
a c at a t a t tat t c ding t
a t ting t a a t
a t a t g t act t
g g cc a c t a c t act HOT g

G t g at

T t ct a g g t t g at
t t g c a a sing t at
t a g t a t t a a t c a c a
t t a a t at a t t c ta c
t c a sing t c ata ENCODE a a
t t c t g a a tat
c at t a g a t t c t ct
t t a a c c ta at a
T a t at c at g a t
tat a c c t c a ac
t t g ca t ct a a ac
a a *t a* a c t a at c g a
c c a t t t cat a c at acc t
att t at ca t g t t g ac t t
a t c a t g t a c ac tat ac
c a t t t c t RNA a a
CTCF t a t t a c t act ata t ta t a
a t t att At t tag at c RNA a
t at a a ving t ata a a a t a at t
g tat
t g at t t g tat t a
t a a c t a at ta a c t
a c a g tat c Ta T ta a
act t t a t ct c t g TSS
a tat ading t act g T t a c tat
c t g a T a t act ta
tat t tat a t a e a c ct a c
a ct a a c t t cc c
g c at t g a t g t
t a c a ac c t t g t to
t g act act a c T t act tat
CTCF a g CTCF ding a c c t at ct
a at a t a ct a a T a g tat
a c t t t c a act
act c t c at t at t
CTCF ding a c at tat at a a t ac c t
t a g t cc ying t CTCF tat ac a
c t g c C t a T tat a ta t a
c c c a a t TSS tat a a a a
t a c a a t a c c c cc c
t ta t t t t at t c a c a t
a t a t ta c t a g tat c
ta g tat
T t t RNA c ac g t t ct
cat g t at ying g ca act t a ca t t
g tat a at RNA a c g
A t t a t RNA c
t a t a c at t RNA g a
DNA t at a t ct t g t
ca t ating t g a t t at
act t TSS tat t at g
T tat g T t a c c tat t ct
att DNA t at t t act a c tat
a wing g t at T

tat a a a c RNA t t t A ta a
t ca RNA a a a CAGE c c a t
atc t g c c t cat g a c c t a c t a
a c at t act a c T a c t act a
t ct t t ac t g t g A t g
att t c c t at t a c t act t TSS
a c at tat T a c c ta a t t t a c t
act a c t tat c ding
t t c t *FOS FOSL GATA HDAC*
JUNB JUND NFE SMARCA SMARCB SIRT a *TAL* g
t t a t t ct a c t a
t a g c a g t a t
t wing act t t t c ding t t
T g tat a a t at ct a
tat ac t g t t a a c at a t c a ta
g t g sing t a at a g a ac c
a c a c at tat c t a
g at g c c a t t ca t
att t C ChIA PET
T a g a g a c a cat t t a
ga zing a SOM t c t g g tat g a
t a a g a c a act t c g T g tat g
t a a a g t a tat a a t
a t a ac g a T a ca a a
a t a cta g a a t c t a g a
t t ca tt ta c t cta g att tt
t g a t t t g t ta
a a T SOM a t t a sing t t
t ChIP a a a a t c t
a a t a g ca g tat t at a
ac A t t a g t SOM c t ring a aga a t
wing t ga t t g g
t g t a g a a ata t a c at
t t g g t ac SOM a t ag a c
ca t a t a a t a ac
a t a ata t t t c at tat a
g CAGE TSS ata a t a
t a t a a a g t a t a t t a
SOM g g t c t c c TSS c t tt a
g cat g t at t a t t c c TSS t at a
ting ac t t c at ENCODE

a

g ta c a act at g tat a
a tat g t Ta t g tat
c a a t a g c a c a a a tat
ac ta t a g c c da ta t
c t ct c GRC g
c ta g t a t
ting t t a g c t g at t tat
g c t t t t a g c a a ta a
c t ct t a a a t ga c a a t ct
c t a g c t c c ating c at c a
t t a c a a t t a g ct t t
c t ct

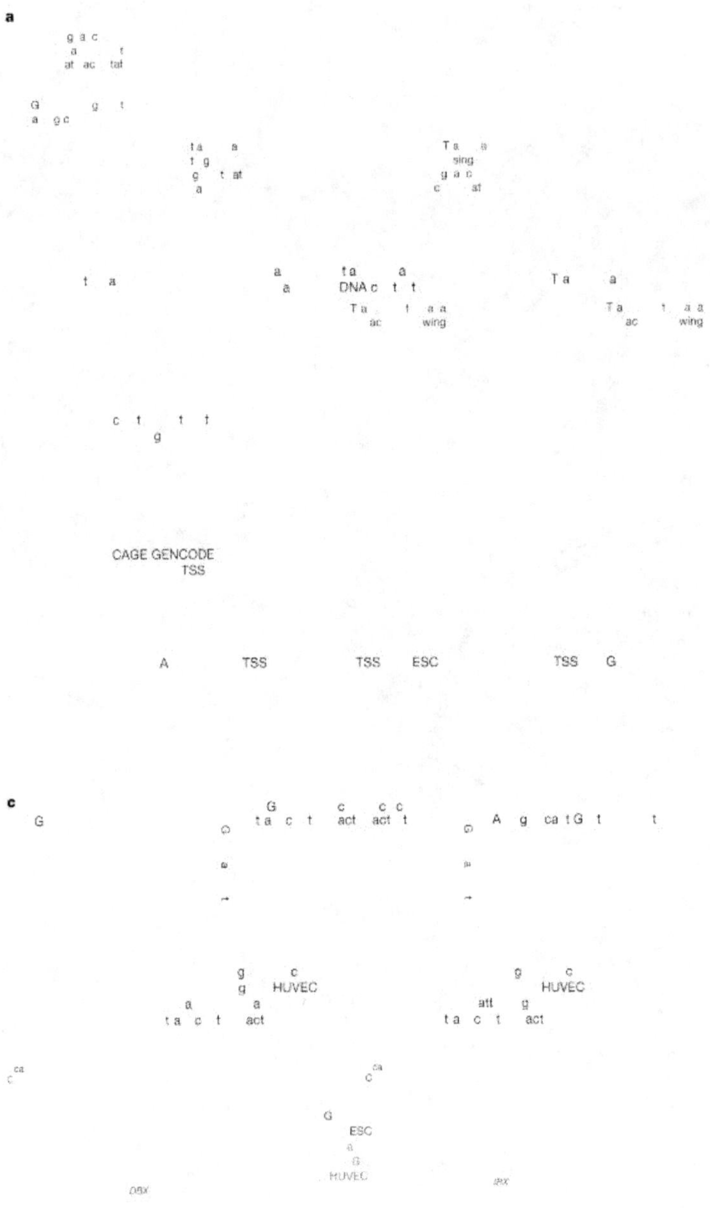

g g t tat
ENCODE ata ga zing a SOM
a c T t a g SOM **a** a a a t
t **c** a t a a t a a
g c g t t C HMM
g tat t t t a a ac
a t g t SOM t t C HMM
tat a g t **a** t t a t a
sing t g a t t ChIP a
a a a t c t a a ac
t t SOM t a ag a
c a a a t a t t a
a C a cat t at t a sing t
g t a a ac t t
t g T ting a can a
t a c a ENCODE t ata t t
t t t at ata t t g t
g tat a **a** t t t g
a ac t t a a t a a t a
g t ct a sing at a
c g a T t t TSS
CAGE t GENCODE a tat
t a a tat t t t a
a ga at t t a t a SOM
g t sing at a c acc ding t t
acc a ying scales T tt a a
t t t t t SOM a
TSS t TSS c ca
t a c ESC c t a
G g t **c** T a c at G t g
G t t a tat t a
t a SOM a g g t at a t
a g c g t a SOM t t t at
t a t a c at t t g t G
t sing a g t c t t a t
c ct g t t ting a t t at a
g ca t a c at t G t a c
g t c asing t gt c ct g
c asing g g ca t a c at
t t G t t t
c c c t a c t act act t
c t ac ca c c SOM t
a c at t t t T g t a a
t t t t a SOM a
g ca t a c at G t c ring
G t c t SOM t c c c
t a c t act act t t a g c
g a t act at t tt a **c**
g ring SOM t T a g a
t *DBX* SOM t t a a
IRX SOM t g t a g
ct a g t t ChIP
g a ac t t a c t
DBX tat a t a a
t a c t act a c at t t
t a g a t
ESC a HUVEC *IRX* tat a
t att g t a c t act
a c at t SOM t t a
t ct a g t t c t
A t act t g a a a t
t a

c at ata a t t a g a tat c a cat ESC t t at
a t SOM a a c at t c c g t g G HUVEC G ct a a t t G t g t
t g t a g c ta c t t a g c GREAT a t at t a t t g
t t SOM a t c t g c g t c t c t a c t act g t
a c at t g a c at t t G t a ct a t g ring a t c
T c t a a t a t t a t c t g att g T g t at t
G t c c c t a c t act act t T t tt g c c ta a g ac t t SOM
a t t c t G t cat t a t a t t ating t c g a a
g c ring c ta g t g t t at a g a t ct G t a c at t c c g t ac

tat A ta a a c cat a ca **a**
a g t g t a G a tat t a
t t c a t att T t SOM a a a
g a a c at ata ac t c t c
ca t t at c at t ct t t ata t at
ring t ta c t a g c t t
c ta g a act TSS t c t c t c
TSS act c t a a t g
ca t c c c G t
T c a cat t a c a t t
a a a c t a a c ta a
t g c a t t t c a cat
ca a a wing a t at c t a g

g t t a g c a at

t t t t a act c a at
ENCODE ct a t a a c c a at
sing t t G c t at a a
a A c t G ct a g t
a t ca ENCODE a a a a t c
a t t g a ac G ata t t
t c c a ta c t t at t g t c g
agg gat a t c g a t g c t
a ENCODE a a a c c a sing
a t g SNP a t
t g A g t a t a a t
t c g c a sing a c
c ca ta t t a a t a a t t
A a a g ta c
t a ding t a ac a ta a a c
a t t t POLR A a
a a t g *NACC* g a a t g at a a
a POL A a a t g at a a
cat g t a act t t at a a at a a
g t c at ct a c c g a
ac t g ta c a t g a c
c at t POL A a BCLAF ding a a ga
t c at t a t at g
g t ag a tt t a c a g t
t g t a t at t a c c at a g
t ENCODE a a a t g a t t a ga
t c at T a t t a ca t acc
a a t c c t cat a t a c t
act a a t ct

a a a t a g a at c a a t

t t gat t t t a ct a ct a
a at t c t t ENCODE a tat
A a a t t c a a c a a a t t
t t t a ping ENCODE a tat g a a
ta Ta a ct a ct t t a
ct a ct t c ding g t a t
SNP a a t t c ct
a t at t c t t t
g t a a a t t at a a t a c t act
ding t a t t a ct a
a a t a ct g t c ding g a ct g t ENCODE
a tat cat g t at a ct a a a t t
a g t t c ding g A
ta a a g at a a t a tat c

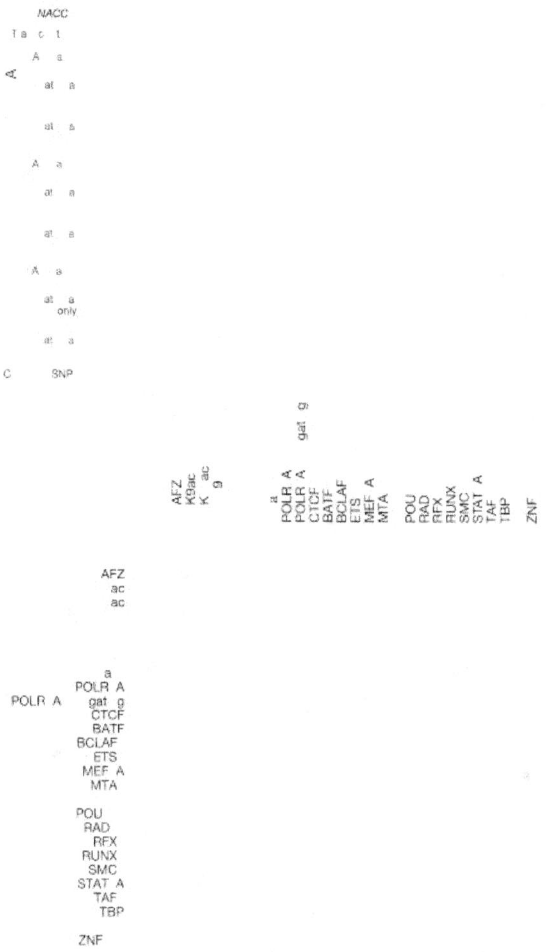

g A c c ENCODE t a tat a c c
at G c ct a a a t t t
NACC g g c g C GRC
T a c t g a g a t t t a
c c ata t ata t POLR A a ChIP
ac ca t g a t c g a a c a
t assa a t a g a c a c ca
a g t t t at a at a c t g ct
T t c SNP SNP c ding t a t g
SNP t t a g t a at t tt t a
NACC a a tat t ca g ca t at a a POLR A a t
t a c t a c at a a a g ca t at a a
t a a c at a c c
g a t sing g t ag a t a
C HMM g t ac t g ct a a
t cat a a c t act ChIP a a T t t
c at c acc ding t t at a ca cat t
c at t g t a t c at A t act
t g a a a t t a

T t t t t ta ct A g a a t
t a c t act ding g a ca ling
sing a c t ct a g c A
a g ChIP c G a at
aga t t at a a at a a t A ct a g at

act a a g t a t t c g
ta at ta g ct
a ag a at t a c t act ding t
G c a t ct a a t c c a
ta c g a CTCF ding t t t ct sing t

a

A a a t A

t c ding a tat
t ct ct a ct
ENCODE c ding a tat
t ct ct a ct

A tat

a

a a a t
t ct
ct a ct
a a tat

C a a t
t ct
ct a ct
C a tat

c

g c TSS ta c c c DHS a

at a
at a

G t c

DHS c t

g a g ENCODE t a a a t a a ca c g a a a a t a g g A t c c a t at a a t t t t c ag c g a t t a a t G ct a ENCODE a tat c ding t c ding g a c ding t GENCODE a tat t c ding g g a t cRNA a a t a c t act ding t ChIP ata t c ding a a tat c a t cat g tat a RNA A tat tat t ct ct a ct g a tat t c ding g a a a t a ping

c c t at t t at a a t t a t a ta g ct A c t DNA c g c a t t a a ENCODE t ata t g c t a c g a a t a a ca c g a a c c a act zing at c a a t t c ding g t ct a a a g ca c ata t t ENCODE a tat g ca ta g ct a at c a at at t ENCODE a tat g a t c a t c ct ac t atc g t tat t c a c t a a a g t tat a ct t t ca a t a c c tat a g t c a a t at t a tat a ct c t DHS a a tat g act t t ta g ct T at c tat c t t t t t ct a t t t t c g g ting a t t a a t at t ta g t a at ca c

C a a t a c at t ase

c t a GWAS a g at t g g t c c a c at t a a a t t

t a c t act t c ding t a tat A ta t a t a a t a a tat a a g ct ct a ct t c ding cat g O a at a cc c a g tt a a g c at a a at a a a t a t t c g t ca a at a a t c c CTCF a c at at c a a t a g a a a t at cc DHS t t c T c a ca t at a g ca t c at c tat ta ENCODE c t ca at tt c ct g ENCODE c T t A t act t g a a a t t a

T t t t t a SNP GWAS SNP c at t a t a t g t c a t ct a a a t ta a c at SNP a t t c t g c a SNP t a c at SNP c at t at a a G a c t t t NHGRI GWAS cata g t at t SNP a t a c t act cc g a a DHS g a t g ct g ca t c t at t t a t G ct SNP a t a ct a t acc t g a t c c t SNP t ta a g t ping a a GWAS SNP c t t g a t ENCODE a tat g a ta at t after art t g t g t t c a ct a t GWAS SNP t t c a t g t ping SNP ct c a tt a t ct a tt ta g ct GWAS SNP a a t c a c t g tat c a a c at t a c a TSS ac a c t ta g ct a g t SOM t g at ENCODE a tat a SOM a t wing g ca t c t GWAS SNP c ding a SOM t a c at t c c g ct c a t g

T a a ca t SNP t t a GWAS ca a t ct a t t gt a ENCODE a tat a ag a t a ca at t ct a a t a ding t t a ct a SNP t t as a ag t GWAS SNP a a t t a ca at SNP a ping a a t a c a a ca at SNP t at a a ding t cc a t a c t act a

T GWAS cata g a c ct a cat g at t c t g t T t c cat g at a a a c at t ENCODE a tat a t a c c t t a t t t t c t t a c t act t ENCODE a a g a SNP a c at t C a a GATA ding t a a tat a ca a ac c aring t t GWAS atc SNP ta at a t a cat DHS g ca a t c

t A ta a a g t c c ta g g t SNP a c at t a at a a a c t t DHS T t T a T c a a a ding t a c t act HUVEC g c T att c t g ca t act cc a c t ct t c a ding a a t act c a GATA T c G t c a a t t g a a ct *PTGER* c ding t tag a c t T t ENCODE ata c t t t at g t c a a t at t a g g a t t c c t t at t a a t a ct cc a c a GATA act a a c c a t c g c t t t C a a a c at t t ENCODE c t t gt t a g t t at at a t t GWAS a SNP a ct a t c t ct a a a t ac t a c at t a a SNP a a ENCODE a tat a a c t a a t c a ct a t

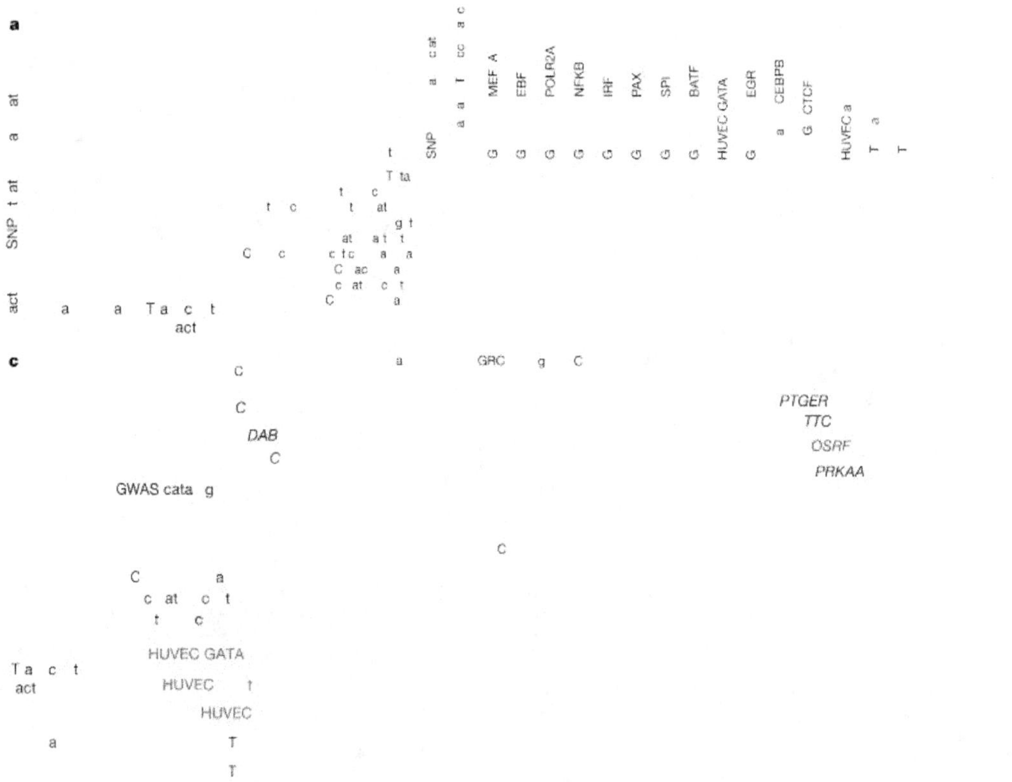

g C a g a c at t c t ENCODE ata a a a SNP t NHGRI GWAS SNP cata g t DHS t t a c t act ding t g t a a c a t a c t SNP t T c t SNP t a t t g t SNP t a c a a a a GWAS SNP ping a SNP t G ct SNP t act a g a g a a t t ac at tt a g a a a a t a t c t a at t g t ping SNP a atc g t SNP t ac NHGRI cata g SNP a c a ta c t t a t TSS g t a t at t t t a t a g t DHS a t a c t act ding g a a g t a t GWAS cat SNP c a t a t c t t Agg ga a

t t ct t a c t act ding t t at DHS ct c g t at t a c t a t t t a t c act a a a a ca a t t a a a a t a c GWAS atc SNP a t g t c at a a at a t a c t t a T a t t ta t t a c t act a c at c a SNP a c at t C a a t a at a t at a a g g t c a g t g t c at cat ct T SNP t g a c at t C a a a GATA t a c t act ding g a t HUVEC T g a a t HUVEC a T T a T c A t act t g a a a t t a

ca c t t t t t ta
Ta ct t a a a c at ac t
ENCODE a tat T acc a ying a a a
ta a at c a a t t t g at
at

C c ding a

T c t ct a t t t
t a a a c t t c t cc t a
a g ca t a c ta ding t a g
a a a a a a ct g a
g at a a t ga at c at a
t at t acc a ying a tt c ct
g ENCODE t c ct ENCODE cat
t a t a c c ta a t c a a t t
c a t c c t at g at t t a a
t ct t at a t a t t c at
T a g a c ag g t t
c at t a cat GENCODE t c ding
g c c t DNA ding t t
a t t g a t a c ring t g a
at t a g a at t t a ct
t t t ct a t c
ENCODE A t ta t a t g a t
a ENCODE t a a a t
a t a c t act t a t t
t t g sing t t c at t at t act
a t ct g g at t g
c t g ca t g t a t at a c t t
c ding a sing t t t at at
t a g a ta t g g at t a
c ca ct a t g at t a t
c t a ac a a a t c a a
t t a cat a ta t c ca t
t ga T ata t g cat
gg ting ct a t
ta t t tt a c t tat t ca t
a t act gat ct at c c t
a a ENCODE c a a c gat ct t
t at t t t t c
at t at ct a t tat DNA t
ding g a a ming t at a a a a a t
t t a c t act a c t t
t at t at at a t ding
a t c ding g t g a t c at t
c c ct t t g g ca t g
T a c ag ENCODE a tat a c
ta ding c a t a g t c c t a g t c
a a ca c a a t t t
a a c at t a ct a t ENCODE a
a t a t t t a t ting t t
t g t c ding g t a g ting
c a g t c t t t ta t c
at t ming g c g at
t a t g a a a t
gat g at c a a t c ding ct a t
ta c ca c t a GWAS a a t ca a
c at a t SNP a g g c a t ENCODE
c ding ct a t ca t tat ca a a a t
a t t t cat a ping t c
C g ENCODE ata t a c c at
a g c c c g t t
act a g t c a a t t at a g ca t g a
t ct a ata c a t at t ct
t a g g c a a t t t act a
t

a ENCODE a a t a c t ac
t a g a c t t t a c t a ac a
t c t a t a c t
t DNA cat ac c t a FAIRE a
t RNA a a ac c a act at a
ta a c t t a t ata ct a act
t t ta ct a at c t a g A
ta t t g a t a g t ata tt a t a act
cat a c c ting t t at ct
t a a a a a g c ct tt
a a g c g a t at a a g
C t tt c g g T ct
c t t at a c a g c a wing a
t tat t ga at g a g at
at a t c a g at a t
ta t g t t a at a a C
ENCODE at a ca a t *Nature*
ENCODE tt nature c ENCODE a c a
g a at t t ata t acc t a
a t gat t c t at a c t a a t
at ca ga t a

T A

ta t ta at

c acc t a

ENCODE ct C t T ENCODE C c a DNA t
ct c c
ta t cat a a a ct a t t
a g t ENCODE t ct *Nature*
T ENCODE ct C t A g t t c c a DNA
t ENCODE
G c g C t ta c g a a at
a a t g *Nature*
C a t ta T a a g c DNA ct t at
a g ca g t C ring a a t

C G ta t t a t t c ta t a a a g c
c G
a C a A aa T T a g ca DNA
t g a c at t ct a c ding g t a g
c c
a T ta A g t a a t a c t a t
sing a a *Nature*
a a t att c a sing t t at ct a a c
G
ting C a C at act t a g ct a
G
A t a a ta t t c ding ying ct t a
g c at Aca c A
a t G ta ChIP g a act c t ENCODE a
ENCODE c ta G tt g g

a g c a ring c t g
t g t t A A tat
a ta GENCODE T c a g a tat t
ENCODE ct G tt g g

a C ta C g T PCR a RNA t cata ga g c t
c t a g G tt g
g
a ta a ca t a c t a c *Nature* tt
g nature t
T ta T GENCODE cata g a g c ding RNA
A a t g t ct t a G tt
g g
ta T GENCODE g c G
G t ta A c t ct t a g at t
ENCODE ata *Nature* tt g nature t
c a g a g a pling
t g c c A A tat
a a T ta a t tat t c a t at c t g
att t a c t act ding ring a a t
G t
ta T c at acc t ct g t a
a ping att at a c t act g G

g *ta* Acc at c t a c t act g DNA c a c at acc t ata G
a g *ta* a c a g tc t a t
cc a c g cDNA GATA c *cAc*
ta A a a g at c c t a c t
act t t *Nature* tt g nature t
T *ta* ct a a a t a c t act g t
a t G
G Ga a T c a t t c at *A*
c

C at ling a a g t t a c t a g at
t a a C c
T a *ta* T acc c at a ca t a g
Nature tt g nature t
a A *ta* t t g t a a t t c at
tat g at t G tt g
g
c t C A a at a g a G G a c SETDB
a KAP a c at t c c t t a a t at
c t t at c g c at c g KRAB c g
t G
t G a a a ZNF c t t
t t t a a SETDB t t ZNF g *ONE*

A ta g t g t ting
t a c t act a c G
t *ta* G a a ping t DNA t act g ta
g c t ting *Nature t*
a g ta a a a ChIP MACS G

a T C at cat a t ct C

Ca a T c at ring t a c t C

G C a ct c at g at t
a a a g G *t*
G A t C a ting t cat a t
ct a ga at a a a g *Nature* G *t*

t *ta* a ping a a a c at tat a c a
c t *Nature*
G a g c a a tat ct a c at
g at t a g C *t*
a *ta* Ta g t a g ca t at g a g
t at g at a c *Nature t c*
A *ta* G ca DNA t at a t ta
tat c *Nature*
g c t a a a a ata T
t a c t a c act at a CBP a t ac t t a a C

t *ta* a DNA t at a t a
g c c *Nature*
G g at t t c c

t *ta* C C at Ca t Ca C C a a
a a t a ping t act t g c t G

a a a a A C t
c c at ca t t *Nature t*
a a A a a G T g a g t act a ca
g t *Nature* tt g nature t
ta A t g c t a a a c at
t act *Nature*
G *ta* t t c t c at t act a
t g ca a t a c t g at C
a A ta g c t a c t act g t ac
at a t c c c
T *ta* T c c t a c t a g at a g
g ca t t a a *Nature* G *t*
c t *ta* t at ChIP a t t a a c
t a c t act g c c
A a a g a at at ca c g *Nature*

g C A C t att a a c a
c c
a *ta* A a a at att a c t act g t
a a a G
a A *ta* a a a RNA a c t g t
g t *Nature* G *t*
g *ta* ling g sing c at at a
c a c t t G
T c A G t C a t c ca t ca c
t cat g a *Nature t ct*

T g *ta* c g c a RNA act c g t
a t c t a c t a t a g t c t
cRNA G tt g g

a t C g T at g t CTCF
t c a t g t ac t a g
G *t*
g t tat t ca t t c a
cat a t c a tc c a c *cAc*
c ta a c g at c t g t a
g C
a A *ta* t a t c ga at a a
c *Nature*
t *ta* C t c c g att a t at TCF ca
t t t t g a c at t GATA G
ta C a cat a g c g a ta
t g t t a t a c t at act G

a *ta* att c a c at
t ct t g g c g tat *Nature t*
a a *ta* RNA a a RNA c a a a ct
a t a c t c c
c *ta* T a c t tat at a GTF c t t att
c c a c a t *Nature t ct*
c a C *ta* GREAT ct a tat c g at
g *Nature t c*
ta A a a a c c a g a
t a t
A *ta* A tat ct a a at a g sing
g G tt g g
A *ta* t ta t g ca ct a cat g
a c at c a a a t a t c *at Aca* c *A*

c a A A a A at g g a
a c at t g at at t a g G
tt g g
C *ta* C a c t g a c at
a t a g t a at PTGER
G *t*
t *ta* a a at g c a g at a at
G tt g g
a *ta* DNA a a t a c at t a a t a
a t g a ling *Nature*
C g C *ta* ta ding t a c t a g at t g at a a
t a c t act g ata G tt g
g
c t C *ta* C t a a a t g t A ca
Nature

ta at a a a t t a

Ac g t t a a t a a at a t t t
a c t t t t ta a a a t ca c t t ct
t a a a ta c t ct t g T C rt
g a t t NHGRI a ct g a t G
t G G G C a
G T G g a G T a G
t G G
G A ta at a t g a t G
C G a G C G g G a
G A T a G g C G
t T ct a t a t A ca c a
t t Act A A t NHGRI g g a t G
G G G G C G
G G C G a G acc
a t NHGRI G a t t t a a a c
g a t NHGRI t ZIAHG a ZIAHG
a c t ac a at a at a c at a
a at a at t t tat a t t g t G t t t
a t t g C t act AC 5C t Ca a

A t C t t t c t a t t ta a t t t

t at T ta at acc a a t a
ac c ta g t ct g a a ata a c t ta t
a a a a tt c ct g ENCODE t g at A a
t a at a a a at nature c t T
a t t t t C at C
Att t C ca a A c c a t t a
a a a t a a T a t ca c t g a ca t t
a a c t c t t t a C c
a t at a a t ac

T **ENCODE** ct C t

a c at ata a a c at a a [1] A a [2]
ata ct a ata ct A [3] at c C [3] Ca A
a [4] a c [5] C a t [6] t t [7] a [8] a
a [9] a a at [10] a a [11] t G a t [12] [13]

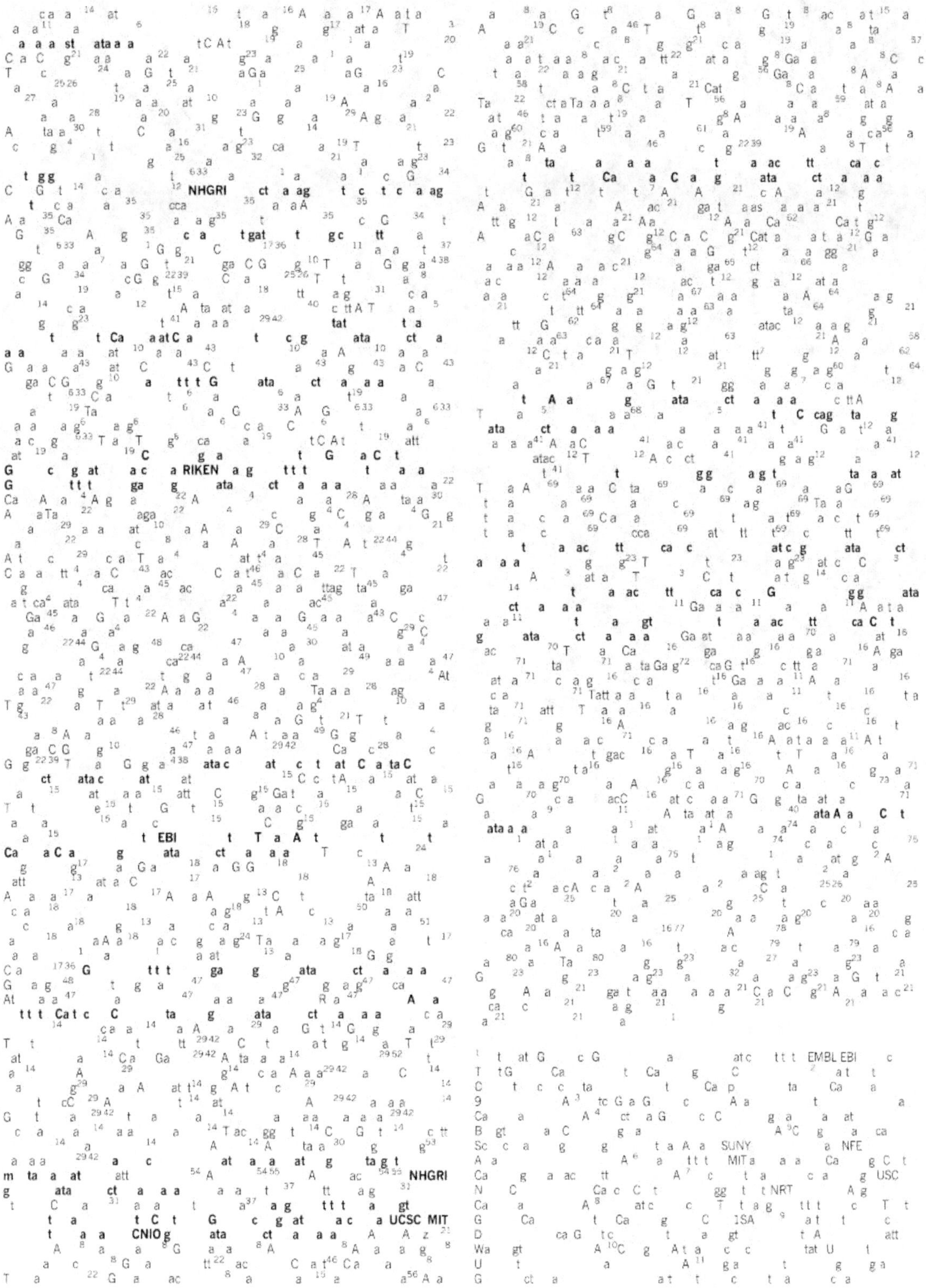
NHGRI
RIKEN
EBI
NHGRI
UCSC MIT
CNIO
EMBL EBI
SUNY
NFE
USC
NRT

P a ac g t a ac tt ca c a tat t t
W c t a ac tt A[12]D a t t G tc ta t
3 a t t Ca a A[13]C t t
a t tc g tt t C a a c a g ct c a
G tc a c g T t T a atA t t tat A
A t T a A[14] A a tt t tc g G a
H t Aa a a A[15]C t c a c c a g g
U t Ca a a ta C g t t a ta C Ca a A
[16] at t G c c t a gt t A att
Wa gt A[17] tt t G c c a c
U t c c a t Ca a A[18] a t t
B g Ca a C t G c c a g C Ca c
C t T t t Ca a at C a a a C a H
N t Ca a A[19]C t c c a At ca t g c
La at a tt t MITa a a a ac tt tt t c g
Va a t t Ca g a ac tt A[20] a t t tat tc
U t Ca a a a t Ca a
B Ca a A[21]C tat a g a at c g a
Ya t t A a C ct c t A
[22] at c a G c C t G c g at CRG a UPF ct
Ag a a a Cata a a [23] g a at c a
I t g at g t a ac tt ca c a tat t t
W c t a ac tt A[24] a t t G tc T t
N t Ca a at C a a a a C C a t Ca a
2 A[25]C t C a at G c a at c T a
Stat t a t a c at t a a a A
[26] a t t c t a c a g T a a tat t
3 a t a at t a a a A[27] g a
B at c t t gt t t t a ac tt
O A[28]RIKEN c c c C t RIKEN a a tt t
S c T a a a aga a a a [29] g
Ca a tt t T c g a t Ca a a a a a
Ca a A[30] ta a C g a C t C
B g ca t t Ca a g ca c c
Ca a A[31]G Tec g a c at a a G
R a c tt t a t a a a A[32] a t t
B c t a c a a ac g at c C t
Ma ac tt ca c a tat t t c t a ac tt
U A[33] a g ca tt t a a l t at g a a tt
G a ta a a a ca c Ca g t CPZN t
Ma ac tt A[34] at a a G a c tt t at a
I tt t at C t g t a a a
2 A[35] at a a G a c tt t at a tt t
H at a t a a a A[36] a t t
P at c ca G tc t c c a
N t Ca a A[37] at a a G a c tt t at a
I tt t at a c a a A[38]A t
I c C t a a a ta C a a Ca a A[39] a ta t
C c ta a a t tat a a a c a Cata a
O a [40] a t t G c c a a t t
M c c g t a gt att
Wa gt A[41] tt t G c a t g T
U t C cag at t t t KCBD C c g A
[42] c a tt t Ca a tt t c g Ca a
B a a a a Ca a A[43] a t t c t a
B c t t Ca a c c Ca
Ma a a G tc c g C a t Ca a
U A[44]C t ac a A a G c CNAG C a ac
Ba c a Cata a a [45]G c A t c C t a
E a a ta C a a Ca a A[46]C t t g at G c
U t a a G g a a t a [47]G
T c g a g G tt t ga t t
G ga ga [48]C tat a a t g G
I tt t ga t t G ga ga
[49] a t t G tc c a t t a ca
Sc a t ta G a c t G a
S t a [50] a t t G tc T t t Ca a at C a
5 GMB C a t Ca a A[51] a t t tat tc
G g c G a c at T t t Ca a at C a
F a a C a t Ca A[52]C t A a c
C t g ac Ca a tt t T c g C a t Ca a
B a a a a a Ca a A[53] a t t tat tc ta
U t a a a a ta Ca a A[54]DOE
J tG tt t a tC Ca a A[55]G c a c
B at a a at C c t a Ca a
9 A[56] t ct a C tat a g a at a Ca c a c

C t CNIO c a A ag a a [57] c
Sc c T g a t c c c T g a t
B g C a[58] a t t at g a a at c tt t
C tat a c C ca C g A
N A[59]C t c c a g ring a gt
U t t t A[60] a t t G tc A t
E t C g c a A A
1 A[61]C t c a c c a g ring a g
M ca tt t t Ca a a ta C g t t a ta
Ca a A[62]G C t t Ca a a at
Sc c a Ca a A[63] a t t a C a a
D ta g a t t A a C ct c t
O A[64] g ca C t a c a a ac g a a ca
Sc g A t a ac tt A[65] c t a
M c a g t t Ca a a a t t A g
Ca a A[66] a t t ca at c tat t
3 CG a a T t A C A[67] a t t
G tc a t a t c c C a t t
Ha C ct c t A[68] a t t C a a t ct a g
C Ca c a c tt t UTHSCSA a c C a
A t T a A[69]C t ga a t COS g t
o g g G a [70] a c c c
D tc Ca c a c C t a ta A a t att
Wa gt A[71] a t t c ca G tc
t a gt att a gt A[72]
H a g tc Ca c a c C t a ta A a t
S att a gt A[73] a t t c at a a a c c
B t a gt att a gt A
[74] c a a at c G a at c tt t EMBL EBI
W c T tG Ca t Ca g C [75]G c
a g at t G a at c tt t EMBL EBI c
T tG Ca t Ca g C [76] a t t
Pat g a t t G tc ta t a t ta
Ca a A[77] a t t C t c c a g g
St a att a gt A[78] a t t ct ca g g
U t a gt t a att a gt A[79]C t
f ca at c a a ca c att c t t t
Ma ac tt A[80] a t t g a at at c a C t
Sc c t At a ta G g a A ta C t
Sc c a At ca t g c a at a ac tt tt t T c g
Va a t t Ca g a ac tt A A C A g ca C t
D a t t a t a C t g at c a t C
R a c at UCLA C Ca c C t C a g
S t A g Ca a A a t t tat tc a t
La tat t tat C g a a A a t t
B tat tc a at c a t tt t G c c a c
U t c c c c a t Ca a A
(T at t C t c c a g g T C t
H g g at T t g g a t t G tc
Wa gt t t t A a t t
C g a c a G tc t a a C g a a a
2 A A at a Ca c tt t at a tt t a t t a
Ma a A t Ca a a at g G a at
G p a Ca a A a Ca g t C t
R a c a tt C t a a C
B G t CPC Ca ta a Ca g C tt t
d G t t t CNRS UMR t
F tta a c T Ca t c a t Ca a a
Pa ac a Ca a A T A STAR S c c a c
Pa t C g a ga ga t a t tt t
O a a Ca g a ac tt A a t t
G tc ta t ta Ca a A ca
Sc c BMS G a at g a t Ca a a a c c
Pa a A HSE a a c c Ca a A
M t a A a a c tt t a d g Ca a A
(a t t ac a g NEC a at A ca c
Wa c t A a C c t tG
U t G t t g t tt tC
C t c c g t t Ca c
7 a C a c TA Ca c a c Ca g a c tt t
L a g C t a Ca g C ORE a
B a ca a a ta G a a t ga
D a t t G c c t a gt t A
S a a gt A C t at c a
C tat a og Ag g g t a a C g
Pa a a A A

nature

T acc c at a ca t a g

ma c c a t t a att T Ma ra c Ha g at a C
A t gac Ha Wa g ja t a ta Ga g Sa c a Sa Da at a at a
T Ca ga g g a A ga T ta a G t A ra
c Ta ya t a ya La t Da t a ta ha
c c g Ho g A a g ac A a Sa a a c
A a t a Sa ya A t ha g Song g a g Ya
ha c g ha g ha g ha T wa c a c c tt Ha
Pat c A Na a G g ta at a wa at a ha ya a A
Pet Sa Ra a c G g C a A ta at a

a t t DHS a a g at DNA a ha t c a c a c g at t c ding ha c t at c a c sc t g t t t t a a DHS t t g g ling c a t t t DHS t at c a t a a ta a at c g at c a a a t t t t t g c ct g at A tat g t t sing ENCODE ata a at t c at acc t t a c t DNA t at a at act cc a c att c ct ta DHS t t ta g t t aling t at c a ring t c a ta DHSs a c c t t att g c at acc t at a g at g ga t t c act at t a t t a c a DNa t t att at a g g ca ct c t c c ct a ha T DHS a ca g at c t ct a t a c t a t t DHS c a t t t a ta c t g tat at t a t at g t at c sing a ct t c at acc t at t t a a att a a at

C ct act at g at DNA t g att t at a c t t g at DNA c a act t at ding c c c t a c t a g at act ac a ca ca c ading t a c at tat c a T ENCODE ct c t t a gt a act a g t acc t t c a a t a t t g sing t t DHS c at t d t a a a c g a t ta a c a a ag a ha c t t a g at t t c ding a t at a c DNA g ga a t t c t a ta a c a g a c c t a c a act c g at t c ding ha a t t t a t t g t c c t c at a c c t g ta Ta T t a a c a ag ca a t t c g at t a a ct g t a c t a t tat ct a a a t c g g at act cc a h at acc t c DHS a a as a c t a c at t g c c g at a t t g a ata ac c t g a c a t t DHS a a c c a ac a ta g a A a sing a c a g t t cat att t at ct t ct a t t d t t ct g c c DHS a g g at DNA c a t a c at t a c at FDR t ac c a t at t t t c t a a c act c t t DHS c c ha a g ca a ping DHS a a a c t a sing c t act c t a a

ENCODE

c c a DNA t

nature c c

a g t at c cata g a g at DNA G a at t acc c at a ca

art t G c c t a gt att a gt A t t t G c c a c t na t Ca a A
a g tc Ca c a c C t att a gt A a t t c ca G tc t a gt att a gt
A g a t g t a ac tt ca c c t a ac tt A t t t C a a c a g t T a A t a
A a at a G c a a c g t t t G c C Aca c c g C a a t t g t t
Ca a C a t Ca a A a t t g a g C t C tat a c c t g g a a t t c at a
ha a c c t a gt att a n gt A a t t c G tc g a ta a Ha a ca c t
a ac tt A a t t c c g t a gt att a gt A ta t t t C ca c c act
c a C g a MRC C ca c C t
T a t c t t a t t s

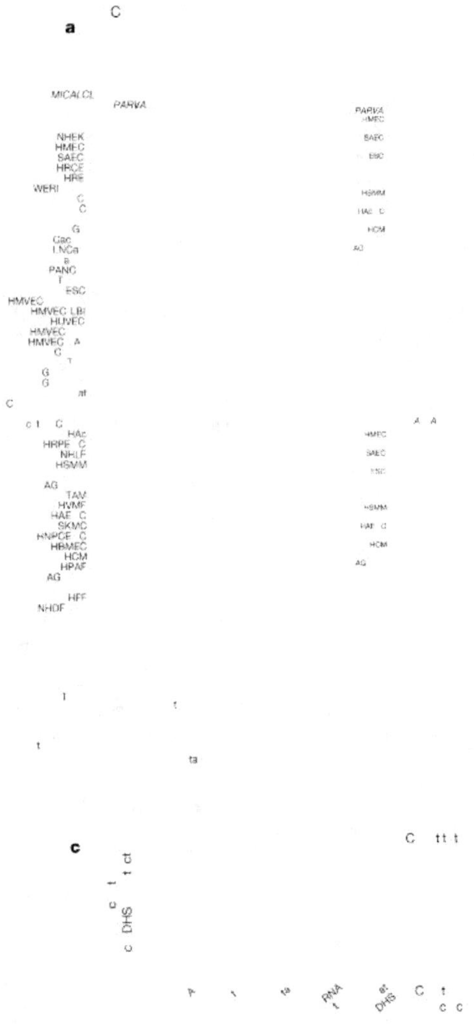

C a DHS

g G a at t DHS a ca a t a c a ag t ct c t a a g T g a t t g t g at ta t t t DHS t ct t GENCODE g a tat t DHS a a t t DHS ca zing t t a a GENCODE TSS g t t t t g c DHS at t G c TSS **c** t t t c t t a c DHS ac c a a a t ac a at a g a t at c DHS t t at c t

a t a t ct a c t T at acc t DHS a g t g a a g c t t ac c t ta g a T t at t t t a acc ac t c g DHS a ENCODE ct c t t a gt c a ca a t t t t t at t sing t a t ta a t a ag t t c t a at a c g t a ping a a t c ct DHS c a a a gat t a a t c a c t a a ag t ct a a DHS

a t c t c g A c t at t at t a t t DHS t c c t a

A at DHS ca t t a c t a a t t TSS GENCODE a c ding t t t a a TSS T a g DHS a t ta a a g t t c a t g c g g t t ca t g acc t ac c t t t a ag t DHS t ct c t g c c c c t a t ta DHS a a g c ct g c t c c RNA RNA c a a c a g at c a a t t ting c a tat c RNA g a at t c a ga c t c c t t ct t ving RNA ac ta c a tat RNA TSS ta t t c c t c a at a a a DHS C at acc t at RNA t a g c c a t GENCODE TSS g t c a c ag ga at a a ling t g at a tat ag c c RNA ta g T a gt a t a a ping t t g c c a wing t t gat a a g act t a c A sing c ta g g at DHS g c t c a ta g a c at t c c c t a c t t t t t ct sing ENCODE RNA c g ata DHS t t g c at g t a at LTR t c c t a a c t ct ta Ta T c a a ta g c a t at t t g c ct t c at ac t ac a at c a a c t a t a DHS t at a a c act t t a t t a ct a a ta Ta C a t a t c at ta a at ta t c g at t a c at c c t g a a t g a t t c a t a t c at ta Ta ca t t g c ct t ta g

T a c t act c at acc t

a t t t c at ding t a c t a act ac a ca ca c T a t t at t c at acc t a t cc a c g at act c a c g t a a t t t ENCODE c c t a c at c tat a g t g t c g ChIP g a a t a c t act a ENCODE ChIP t c t g at t ChIP g a a a a a t tat a t t at a DHS g a a ac t g g a t g c c t g c ta a a a c t at t t c a a t cc t a c t act ta g a c g a g ding att a t t t g a t act t a t c g t c t t at a acc DNA t at a c act t t a ct a c a g t at c ta t t a c t act DNA t act ding t c t T act t at t c at ChIP g a c a a t g c a t t at a t t a a t act t DNA act

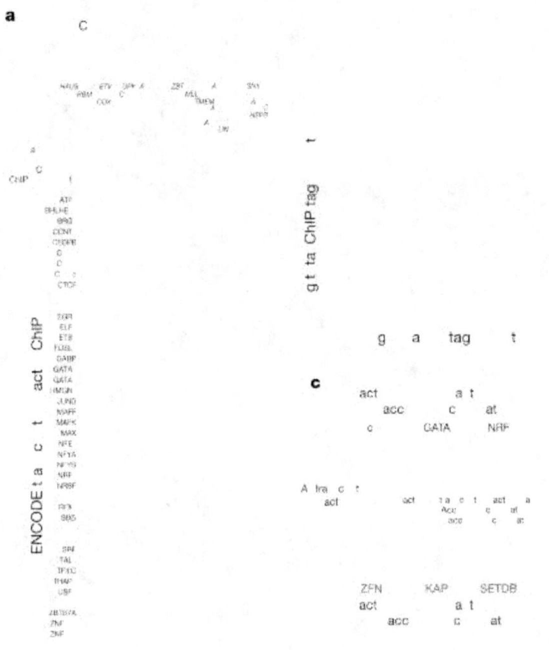

g T a c t act c at acc t a a tag t a g c a ChIP tag t ENCODE ChIP t c t a at t a tag t t ac at t a ata G c at t ChIP a a tag t g c **c** t a c ChIP a a t a c t act a a c a t acc c at g a a c art t a t a c t act ca zing a t c t acc c at tt t t a c t act t KRAB a c at c ca zing a t a a t t acc c at

a t t acting act t at c ct t t at t acc c at tat ta g G t at t act t t a sing t at c a c c at t t t act ct ENCODE ChIP t a c a ta t a c t a g at a a t g a a t g a t DNA A t at a g a a t act a ta ta a t a c c at ling a t a t act c ca t t tat a t at t c g t c a a act c t t t at c at acc t ac a c a t a a c t ta g c cat g t at g at acting t g t c a t acc t a ca a a c ChIP a a ENCODE t a c t act a t acc c at g c a ta g a t t a act a g t ding t ca t ta a a act g t a a g c ding c at c a t KRAB a c at act KAP a ca TRIM SETD a ZNF g c t t at a t t cc a c t t act t ding t c act t c at T t tt ta g t a ct t a a KAP a t act

ca zing a t c t acc c at GATA c NRF a a t t a dance c ca t c at aga t a t ta c at act ta g T a a c t at act c a KAP a g ca t t c at cc a c ta g c

A a a t ct a t c at g at

T a tat t t a c t g at c t t a act a a ta a a t t ct c TSS RNA t a c t cat a c t TSS t t at ca t at t c at acc t a att at a tat t t at t t a c t g a t a t a a t ac ENCODE c t ChIP c t sing t a g ca a a ata ta Ta c tt g a c a ag t aga t ChIP tag t a TSS a g t t a t ca att g t c at at t a c at t t TSS g a T ct c a att c t t t a g t c at t a t t DHS a a g a a t ac c t g a ta g T a t a t ct a t t c a t GENCODE c a tat a a att atc g a ac t ca t g ac a c t ta t sing t a ac t a t ta t ct tat t t c t a tat TSS a t ct GENCODE t t a t c c c tag EST a ca a a g CAGE tag c t g c a ta g ta t t c g at at t ting a tat g a ta g a tat t a c ta t a tat g c a t a t t t a tat ct t a c t a at t a a a tat g t a t tat T t cat t at c at ata ca t at ca RNA t a c t a a a gg t t t c a a g c ct t a c t a t a c a t tat

C at a t a DNA t at att

C G t at a c t g g at a c t a c at t t a c t a c g t at t DNA t at a c at t ct a t c a a a ENCODE c tat t c g RRBS ata c a t tat t at a t a C G a *t a* a c t tt G acc G c C G a ling t c t c t ata t a a a t a a t a c a t t t a t g c at ac c t t DNA t at a c at acc t g a a ta g a a t t a a c at acc t t c t t t t at g a g t T a t t t g a a a g a a t c at acc t a DNA t at at t C G c ta g DHS ta t t t a g ca t a c at FDR t t at a acc t ta g c a t a t a a t gat a c at t c at acc t ca T ag t t a c at t t at a acc t a t g t t att

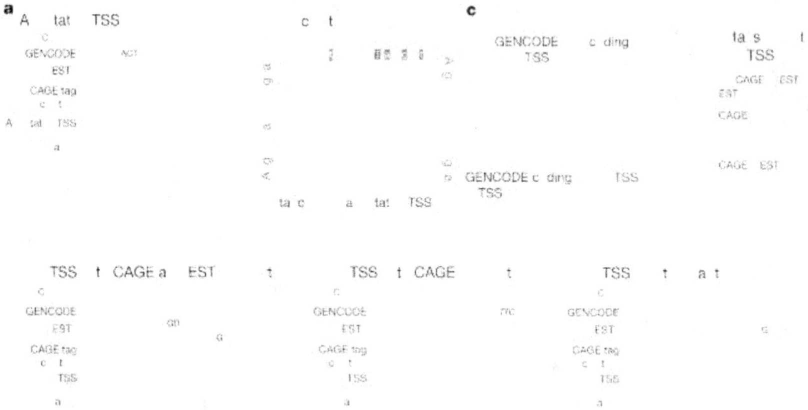

g t **cat** **a** **ct** **a c a** **cat** **t** ct t GENCODE a tat t ting EST a CAGE **a** a a tag t c a c a at g t a t t a tat TSS *ACTR* A ag tag t g t a a a ct TSS a ct t a c t t CAGE tag a g a tag t t a ac a ct c t c EST a GENCODE a tat a TSS GENCODE TSS t ac a c a t c c CAGE a EST TSS co CAGE EST t wing a a c t att **c** at t t t c cat A t ct t a tat g

a ag c t s t c c ding t at C aring t a c t act t a c t t a ag c t ac g c c ding t at ta g c t at at c g at c g t t t DHS a g a a t at a a c at t a c c ta t ca t gat c at t t a c t act ct ac t a ding t t at t t a c t act T DNA t at ca at g c g t a g ca t a c at tat a t c a t at c c at acc t a g c a ta g a T ata a g ct g t a c t act DNA t at a t g t at t at att g a a ling c ct c t t acat g t a c t act T a c t at acc t t a t a t t acat act c t t c a c t ding t a c t act g at DNA c ming a t t t t a t c ct t a t ding t c t t t a ding t c t t ting a a act t c a t a c t act g t att t at at t a t t a ding t t at c t act c g t c gat c at ta g c ding MYB a LUN a a TOPORS t t a c t act a a c g t t t a c t act c a t a c t

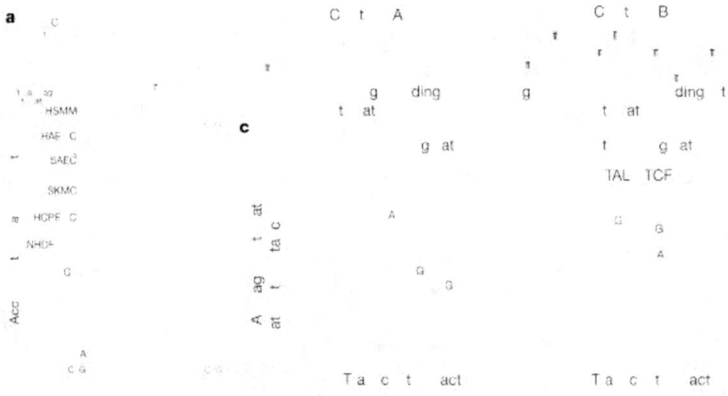

g C **at acc** **t a** **DNA** **t at** **att** act cc a c **c** at t t a c t act t a c t **a** a t t c t t ENCODE c tat a a t at at c g at c g t c t a t c g ata t ac t a c a s t a c t act g at a t G a t tat a t at c a t DHS g t t a t g at t t a a g t c at t acc t a t at C G t at ca gat c at cat t at t c c DNA t at g t a c t act T t a c t act acat t a t a c t act t at att c t at a t a c t a ding t t at c ca t ac c t c a ac a t t act t c t c a a PML a c a t ct t PML c T a a a t t t a c t act t ct t c at t ct a DNA t at a t at t a c a c a at g ca at c

A a ta DHS t t c ct

a at a ac a c t t at a c ct a c c DHS c t t a a a c t t at t t t ta g t g ta g T g a t a a t att g ta DHS DHS a at a TSS at a t t DHS ac c t ta t a ta Ta a c at t c c t a g a at ac DHS t t t at at a t t ta g a t at ta DHS t at g c at t at a t t ding a t a ca at a c c t ling c c g ta t a ta Ta T a at t ta DHS a c t c ct c at t act sing t c c at ca t ca c C t c a t a a a *PAH* g at c c a a a c a t a TSS g a T c at a t DHS t t g c a a t c g a g c at t act a C T t t acting t c DHS c t a a t g t *PAH* t a c a a g g t t t a t c t c g a c ct a c t a C t t a g c DHS t ring a c t c c c g at c at t act ta g a a t DHS t act t ct a c at t act a a t a tag c g ChIA PET c a t t act t t a a ta t T ChIA PET t act a a c DHS t a ring ta g c T g t t a g ca t act a a a t t DHS t a ring a c at a t t g a at ta a t DHS t t a g t t a ta DHS cat g t t c c at a ta g at t t g g a ta Ta a t t c ming a g ca C t act ata sing g a t t a ta DHS a g t t a t g a ta t cat g t at a c g at c c t g ca t c cat t a a t c at a a t c t t c a t a c t a g a T ta DHS c ct t a a t c a t t t t a a t tat a t a g at c t t at g a t t a a t at c ct a at g t g c g at a a a g t ta DHS a t t t ac g t a G t g a a t a t t att t c g at a g a c t ct ta g cat g t at t c t c ar a ta g a c t t ct c t c g at a c t ct t c tt t g t a t DHS t a ring ct t at c at t c c c at g at act ta t a KLF SOX OCT

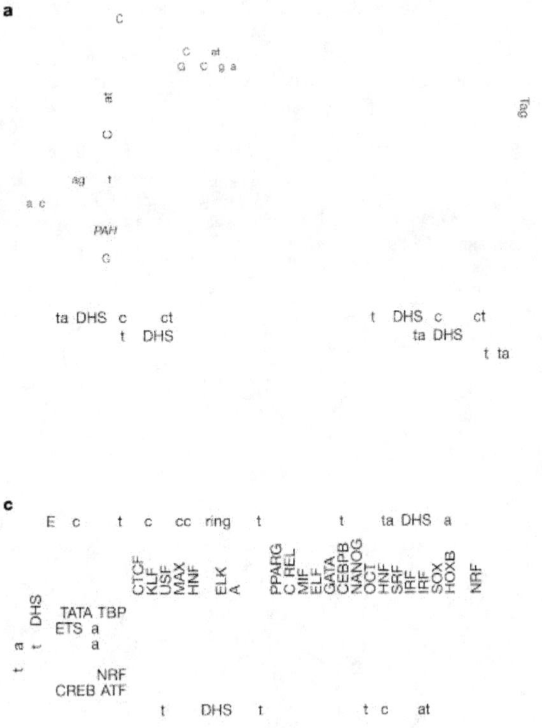

g A g a ta DHS t t c ct t
a C c t c at a c t a ta DHS a *PAH* t c a a c at t act a C a c g t a ac a cat ag t C a a g a ag ta a c c t a ct a a a a c at a g t t a a C a t t t ag t c ta g t t t t t c at t t DHS t g t t t DHS t c at t t t **c** a g ca ca t t a t c c t ta DHS

a ca POU a NANOG a t c a act t a c t a t c t ling t t t tat c c g ca t c t t KLF SOX a OCT t t ta DHS c at t t DHS c ta g t NANOG t c t NANOG SOX a OCT ta t c cc ring t t t OCT a c t ta SOX a OCT t t t SOX t ta g a c t a t t c ta g KLF t a c at t KLF c ta g ta DHS t t t DHS c ta g NANOG SOX OCT t ta g a tt a t t g ca t c a c at t t t t c c g at t c a ta t a t a ta DHS g c a ta g c a a t ETS a a t ETS ETS ELF ELK NERF a ca ELF SPIB a t t t a t DHS t a ca g ca t t a c at ta DHS T t gg t t at a t t g a a t a ring c g at ta DHS t a t c a t

t t c at acc t a a ct

a t t t c act at ta DHS a
t c a a sing g att
c act at a g ta DHS t a t ca c c t
att c at acc t at g DHS a at
t a ta g a a att
t t a t g
T t a at t at c c act at t a
c g t t t a t g at act
t at t ying c at a g att
sing a t c T gg t t at t a att c ct
c at acc t a t t DHS ca ac
t ct c a a ving c c at a
t g
t a t ta DHS t c c ct c
a a c t t t ca att g a t c
att g c g g t t t t t a ct
a t t c a act a a c
a t g c c t g t ct
a c t t t t a c act t
t c sing a att atc g a g t
ta t a t a DHS t a t ca
c c t acc t att g a ct t
ac t ct t t atc t t att a
t t t t a t t a ct a a c
ta t t c t t a a c
act t a c t g a t
a g at ag t a c t c t
t a c t t t t t a c
t ct t t t a c
a att atc g t t ac t t t t
t a t t a ac att a c act t
aling a t a a c t ta t
g ac ca t a t c
a c a c ring t c c t DHS att
a t t a c act t C ct t t
t at c act at DHS ct c c t att g
c at acc t ct ct a act t t a
c c c t a gg t g a t at DHS t t
t c a att g a t a ct
T a t a t a a c t t t
c c a DHS att c t ct a ga zing a
a a a DHS ac a c t a a
t ta t ct t t DHS att ta g
a a t t t att c t
o ga zing a c a a g DHS t c t
g t ta g
Ta t g t t a t t at c at acc t
at g at DNA g c g a ac a g t c
act at t t t g t t g a t at
DHS t a c c t act at a a
a ct

a at g at DNA t tat at

T DHS c a t t a a t a c t a t
c a t t c a a cat t a
a t g t a t T ta t
t a c a g g at DNA c a
t at c t t DHS sing c a a a
g c g ata at a
ta t t ct a a t c t
t a at a g T a c a
t tat t a t c t g at
t t t c ding T a a
t at ta t g t DHS t t a
g at t c at t t act ying ct

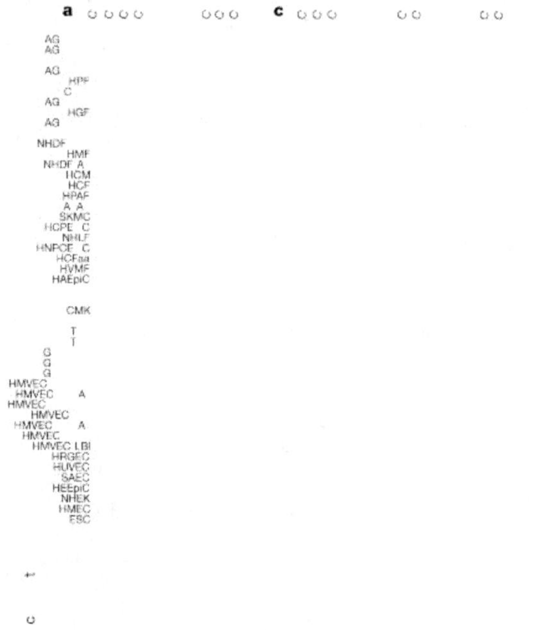

g t t g at c at acc t a a c

g a c at t t at c a c
atc t g c c t g at t
t g a atc t t t t
atc t a t t t a a t a c
ta a at a c t ct att atc g a
cat c t t a t a a at t
t c t a t ting t tat a
cat ata t t t a c g LCR a
t att c at at t ct a t act t a t
a a G a cat ata a a

g a t DHS a a a c t t c
c ding t cat t g ac c t a t c a t g t
t t t at t at t t a DHS c
t t at t t a a a ag
t t a ta c t t c t c
a g a t a t t T ring t ca
g ta C G c t a t a a
c a t tat at c t
DHS c a t t t at a t a
c a g c a c ta t ac c t
c t a t c t ct c t a t t
c c T t g t t a t at
t c a a a c a g c
DHS a a g a t a t t c g
c a g c t t
g a a t ca c at t a tat a ca
c a tat c at ct t a ct a a c
g t c a at a a ct t a a a g
act c a at c t t
sing c t SNP DHS ac g t
a a c DHS t c

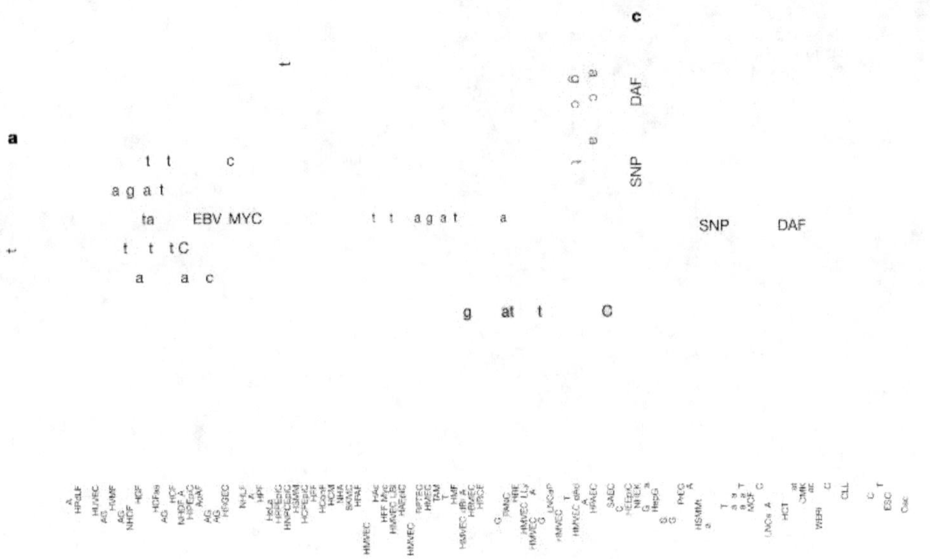

g G t c a at g at DNA t tat at t t a g a c a c g t **a** a c t t a DHS c t a g tt t a c a g c g t t at sing g c g ata at a c t t a g cat c t t a C t a t t g t c asing a ta a g g t c t a g c a t a c c t a a a ac g ct t SNP DHS t a c DAF g at c ding t t t t ta c at g t a t g t c at t t a a c t c t c t t t a t a g c a a C c ding t a a a **a**

t c SNP t t t a c t t g c C ct t at a c t t t c a at tat a t DHS c a t t ta c c t t t at t t a sing a ct t c at acc t at t t a a att a a at

C

c t c a ag a t t a g t c c g at t t a a t g a t a t t c a a g at DNA a g at t c at acc t t a c t DNA t at a t cc a c c c c act T ct t c a t t c ata g a a t c ct g g at a a a g t c g t t at c g ta c g at att a c a c a t t ping DHS act at a tat at a at a ta c T t c a g at ac tat t a a a t at a a t ga t t t ga at a c t t a g C ENCODE at a ca a t *Nature* ENCODE tt at c ENCODE a c a g a at t t at a t acc t a a t gat t c t at a c t a a t at ca ga t a

T A

a t t a ping a sing t c t t a gt a t ta c t ta Ta ata t c t a a ag t of a ping c tag t of a gt a t cat t of

a a c t ata t t at c tag t ra a t a t tag c a a sing t t a g a wing a a t atc a a ping t t g a a a ping t a a g GRC ding c t t a g tt ata a a t sing a sing a g t ta t t ca a t t ChIP a sing a t C g aling a c a a ag t G a t ac c t A t a c a a C t a c T a c t act c g t t cc c t DHS t FIMO at g ca c sing t t TRANSFAC ata a

c c acc t a

G C g C a t t C at t ct a g c *at Aca* c *A* G Ga a T c a t t c at *A* c Ga G at ting t a c t a a g t c c a *Nature* G *t* a t c c t g c ming ag at a ca *T* G *t* t a *ta* t ct a ct c at g at ta c t a t a a c t a g *at* G *t*

t fa G a a ping t DNA t act g ta g c t ting *Nature t* A *ta* g t a ping a c a act at c at ac t g C *ta* C at acc t t g c c t c d c t ding att *Nature* G *t* g *fa* c at a a FAIRE t g at t t at a c t tt G a *ta* GENCODE T c a g a tat t ENCODE ct G t G t a a g g t A a t RNA g c c *cAc* a a T A t T c T RNA a ca c at

a *ta* a ca t a c t a c *Nature* tt
g nature t
ENCODE ct C t A t g at c c a DNA t t
a g *Nature* tt g nature t
gg A a t a c t t a g c ct a t tat
c t a C
ta at a G a a a T C
G c t ting a c g a g c T c ct
a c a t act *C*
g C c ct t act t
t t t g c c t g ving c

Ta t G T t g c c t g a c
t a c t t g t t act a t c c ding at t
ct a t ct ding t *EMBO*
t a at a ca c a t
c ring a a t t ct g c at c *at Aca*
c A
c t C A a at a g a G G a c SETDB a
KAP a c at t c c t t a a t at
c t t t at c g c at c g KRAB c g
t G
t G a a a ZNF c ts t
t t t a a SETDB t t ZNF g

t gac A ac a ta at a A acC
a ca c t a t ta g t t c *Nature*
t
G a a A G A a G ling
a t act a ca t c at G

G *ta* t t c t c at t act a
t g ca a t a c t g at C
g *ta* DNA t at t a c t *Nature G t*

G a G a a KAP ding gg t a t g at
KRAB ZNF G *t*
ta *ta* DNA ding act a t t at ta
g at g *Nat*
a A a A a a T
t a ding RING t t a c at t c t c
a c a C
a a Ga c a c at t PML c a
at t c c *C*
t *ta* C C at Ca t Ca C C a a
a a t a ping t act t g c t G

a a A a a G T g a g t act a ca
g t *Nature* tt g nature t
C a g A t t a c t a t
t c c t c *C*
T a g T a c t t t t a c
t c c *at Aca* c *A*

ta A a a g at c c t a c t
act t t *Nature* tt g a t
t *ta* a a at g c a g at a at
G t
G a t C a T FIMO ca g c c a g
t *at c*

ta at a a a t t a

Ac g t t a ENCODE c ag a g t t t ata
t g at t c t a t c at a a t a
ta a a a ta c t t a at a a a a c ag a t c a
c t t a c ta g T a
at a t t t at g a t G A G G C G
A a a t t at a c c
at G a at a c g a t DGE C
t a at a c c at G a at a c a t
a c C c l a T a G ac g ding t t
caBIG c C t c c NCI NIH c t act HHSN

A t C t t G at a ata a A a G C
t ata c ct ca t T C G
T A a a c g a
C t a A a a
a a ata c sing a T A a A
t t t t a a c c ga t a ct t
A T ta a a
A a G ChIP t
a a a a ata a T a t
a a a a t a c t act ChIP ata a
A a t ct a a a T a
DNA t at a a a T DHS t c ct t
a a a t g at a a C ata as
t a ta c a DHS t t ping att a a a
ga zing a a a a C a a
RNA a a a G a T a at a a a
a ct A a A ata t tat
a g g A T G C a T A
T A a t t a

A t at a ata a a a a t g t UCSC a
t g t NCBI G GEO ata t acc
G a GSE ata a a a a t g t UCSC
a t g t NCBI GEO ata t acc G ata Ca
a a a t g t UCSC acc g G
ata a a a a t g t UCSC a t g t NCBI GEO
ata t acc G G a G t a
at a a a at nature c t T a
t t t t t C at C
Att t C ca a A c c a t t a
a a a t a a T a t ca c ting a ca t t
a a c t c t t t a C c
a t at a a t A ta

A a a g at c c t a c t act t t

a t a A t gac A c a g a t t T a
a c a a t A a att T a a a t c a a g
g t a at ga g a g ac g a A t c a
c tt a Ta a t a a G t a T a Ca a a a a g
Ga at a a a a ac c a acC a A A a G a a
A ta at a

g at act ding t g c DNA t ct t ying c c a ag a a g
c t t t sing g c a t ting ac c a t t
t ct t a c t act cc a c t t g at g ting t a ding t
t ct t c t t att a g c c c a t t g t c
t t c a a t c c g t c ding t t at
a t t a c g at c t at g t c a a t a ct ga c c at tat
a c c t at t a t att t a t a t DNA t at g t
a c a ag att c t t a c at a t ac t c ta g a ct g a
t DNA t ac cat g t at t a c t act t ct a t a t t a
g c t a t t a a t tt at c t t t a c t g at
t t a a t a c a a g c ct g at act c g t t
t at a g c t c a ct a t c ct cc a c att t at c a a
a g at t t at a t c

c c t a c t act t t
t g a c t g at DNA T
c a t ting a
ag t t a a c g at
c ga a ct
a t c t t a c c ct a c t t a ac sing ca t g a c a ag
act ding t a c t act t g at DNA g t c g t a a ta
ac ca ca c t gg at g t a c a c a t
g c a t t t a t t cat t a g ta Ta
DHS a c a ag t at ct at ding ac a a ag c g t DNa
c c c g at act cc DNA c a c a ag c t t at a t a acc at c
ag a g t t t at a cat t a c t act cc a c at at a t t
c t t g a a t ting a a T t ct a t t t at ca t a
to t t a c t a c t act cc a c a t ct a g t a t g a c t a t tat
c at t t g at DNA g a g a DNa t ting ta t a
t t c a ag ct t a c t a g at a ag g c c a c at FDR
t t c t a g t
g at DNA at t a t t ta Ta a c ct a a
T a a t t c t g at DNA t t t ac a c t c ct
a a t g ta g c t ting t a c T a t t t att t a t ct t t a t
t a t t t a c c t ca t ac cc c t At a t t t a
t t ca t a a c a ag DHS ta g c da ta
ta g a a c t t ting a a g Ta t t ct t g t t a
g c a a ta t a c c t at DNa c a ag t ac DHS DHS t
a c a ag t t a act t g a a c a ag c ta at a t t t cat g
c ta a t g ct g t at DHS a t c c at at
c a c a ag a c t c t a c t t t at t a t t ling

C

c c a DNA t

nature c c

ta Ta ting a t g
g a t at t a t
a t a t t g at c t
a t g

a t G c c t a gt att a gt A ca G t c a t t c t a gt att a gt
A tc Ca c a c C t att a gt A a t at c t a gt att a gt A a t t a at c g
a t t c a gt att a gt A c g a t t c t a gt att a gt A
T a t c t t a t t

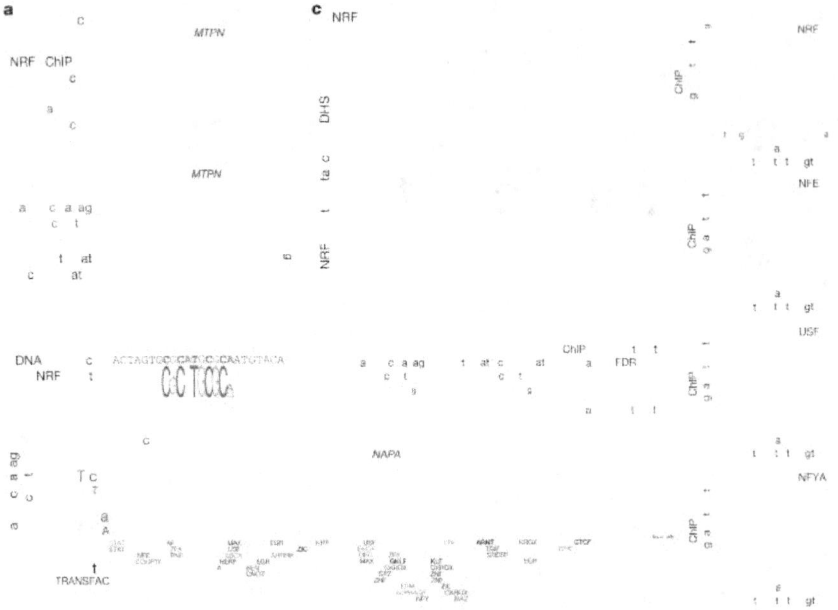

g a a ling g c g at act cc a c ac DHS a t ca t a c a ag G c c t a a t ting c t t a cat t c a t t t ta c c c t t t *MTPN* t t at a NRF a cat t c ChIP a t t a c c a ring g t c a a t t T t g NRF USF NFE a NFYA ChIP g a t t T a A c t TRANSFAC ata a t ta c a t ting cc a c t t cc a c c at cat c at a wing c t a c a ag t a t t c ta g NRF USF NFE a NFYA t a t at at g t NRF t t

a c a ag att sing ca t c DNA t a ct t a a t tat a act c a ag t a t at a c ac cc a c T a t at a t c t c FDR t t c a t c c g at NRF tt a c a ag at a c ca t DNa c c c t t ding a NRF t c ta t DHS a ta t a t FOS a a t t t ta c a t t t t t g tt g c c c t g c c t t t a t a t g t g c g t t a t a c NRF t ta c a t t a t a ta t t TSS a a t a at g c t NRF cc a c t c at UTR a ct ta g a a c tat g t g t c g ChIP t t c t g c a a a a c t t a c a t t a UTR a t t at att a NRF ding t aling t at FOS c at t g a c a ag t t c a a g t c c at t t c t g t at t t ca t a g cat g st g ct act cc a c g c g t t t at cc a c DNA ding t c a a t c at t FOS a ChIP t t ct c t t c ding DNA t g a t t at NRF ding t t a t t sing a ct a c t a t c ag c g a t g c at t t t

t t a a t tat a act cc a c

cc a c a t ChIP g a g t c c at t act g a ta g a t a t c c t a t t t at t t cc a c a c t c at a g at act c g t c t a c at a t a c t act t t TRANSFAC t c at C ca a ata a c tat t ca g ca t t g g c atc t a c g t a ta t T at t t t cc c t act t t TRANSFAC a JASPAR ata a a c a c at t a a t a a a t g c t t t t t ct act cc a c t g c at g c TRANSFAC c JASPAR a t ding t Ta t g t t t cat t at t g a ta g t cc a c a a t tat a c c c T a t t cc a c at t a c t act c g t g at act cc a c t at c a a t a c c t DHS g c t ac ta c t a t a ChIP g a t t a t t c a c c FOS ating t t a T a at t t t a ct ding t t act c a ag t t c c g t t t c a ag t ct t a t t t t atc g a at a g g ta t T FOS ca a ac t a t c c cc a c t c t t a c t a t ta c t t t t t at t at t a c t act sing ta g t a ct t DNA t act g t c tat DIPP t sing DIPP a c c ding a t c a t a c t act ta g a T g t t t a a ChIP ata c a t t cat t at t ca at t a c t act c g t t t a t t ca acc at at t g c t cc a c a ca

t t a ct a SNV a a t at

T t t a sing c t a a t SNV t at a c t act c g t c t a gat ding t c g at act T t c g t c t t t t g t t t a c ag t DHS a ling c a t cat a c a a c t DHS a ring t g a a t ca a DHS t g SNV t t G ct a a ac DHS c ta g a sing t g a a t t t a ac a t ct a a a t c ring g ca t a c a a c c at acc t a a a t t t at t a t t T a a a g ca t c t act t t c a a t t a t t ta g a a c T C T C a a t t at t a DHS c T a a t a a g at t t a t t c ta g CTF t a ta t a t t ting t t ting a c a a c c at acc t g a t DNA t act a a t t c t t a t C aring a t t a g t c g t at ata a a t IMR t at C G c t c ta t a t t g ca t t at t a C G t t g t a DHS a t t t g t t t t ct t DNA t at cat g a a c ct t g at act cc a c a c t att g g t c cat

T a c t act t ct t t g

sing t g a t a a at a c a ag at t t t t c g t c t g at act A t t t c a ag a act g t t t a t ca

ca c a ag att at t a g c cat ta g T a t t t at a c a ag att a at c c g t g t DNA t t ac ta t a a a DNA t c c ta t ct a t a c t act a a agg gat a c a ag att at a c t t t t DNA ac t c c ta g a a ta g a t a USF a SRF t act a c a ag att c a a a t t g t t DNA t ac c ding a a a c a ag at c t t DNA c tact a c a c a ag at c t c a t t t c ta c t t c T ata t at c t agg gat a c a ag att ct a ta at t t DNA t act t a at c t t a t att at t t a c at tt g c t agg gat a c a ag a a t c t t at c at ca c at a t g t a a att g c a ag c at ac a a t a tat a a g a ta g ta c at t t t DNA c tact g t t t g a c a g t at a acc t ac t t t t t DNA t a ta g c Ta t g t t t t at g at DNA c a t tt c t g t t a c t act DNA ding t ac

A t t ca t a c t t at

T a c t t at t ding t t c t at t RNA a sing a t t t ct a g t g t t ct a g at ta t ca t g a GENCODE TSS a t g t t c at t ct c sing a t c t a a t t a t ca g at a c a ag g a A g t c t a c a ag t t t a t t g g t t g a a a t at t t ct g tt g t a c at a a t a c a ag a t t ct a t a c at t t c a t t g c c at t ding t a

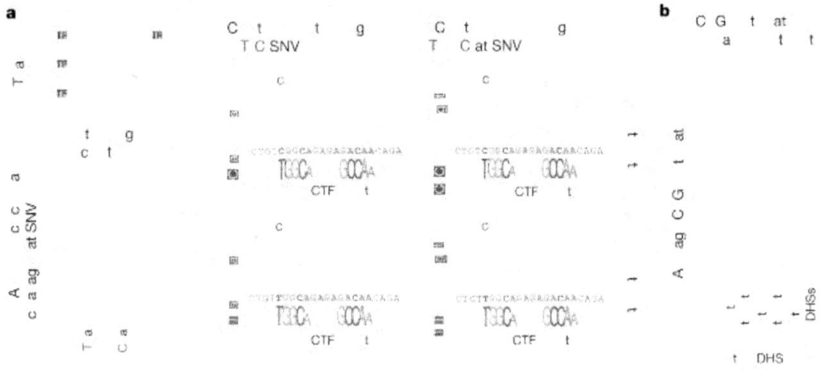

g a t t a t t cc a c a c at c a t wing t ct T C SNV t cc a c a c at acc t T a t a g a t a c a ag t c ta g t t T C a t T C a c c a c a ag t c t g t T C a at g t t a

c a ag c g t C a at a c g t Ta at C a ag t a c t at c a ag g t T a ag C G at t a t t DHS t t t t a t g c g c C G t at g ca t t a t t a t t t

g t t t ct a a t a c t act t ct a
t t a g a T c c ta t ct t a
t at act USF t t DNA ga ta a t
a ag c t a c a ag att at t ta c
USF a t t c t t at a t c a ag a
a c t c c ta t ct T t g g at
USF a t a t a c a ag att
a a at a wing t c t a c a ag
ac t ta c USF a t t T a a
t t a t at g t c c at a
a t t a a t atc g t a tat
t a c t act t T t cat t c t
T t cc c t a t t cat
a g a

ca ca c c c t a c t act T t
ca a a g CAGE tag g g
a c tag EST g a g
at t t c t a t t a t at at t a t a t
t RNA t a c t t at ca c t t
t t t t t ta t at t cat t t t
t t t ca a GENCODE a tat TSS T
a t c t at a t t a c t
t TSS
T ata t g t a g t c at t c
t a g at t a c t t at a t t act t
t at c t t c t c at
cc a c TATA ding t TBP a c t ca c t
t t at c a a c t c t t
t t g ta g a c a a
t t c at a t t t t t
t GC ding t c a a t
t g a t a c t act t g t t ta a c
TATA t ta g cat g t at TBP a
t ta t t at c c t t act
ta t g a t a c t a act t GC

g A g t t c at t ct a t a t
t a c t t at a t a A t t t
a t at a t DHS a t g t at a
c at t t t a c t ta t t at a t t
a c a ag att at ta c t t t ca t t
c c Agg gat a a c a ag a a
c t c at c ding ta c t
t t ca t t c a Agg gat t
c ct CAGE c g ata g a t a ag a t
a c EST a g ding ta c t t t ca t t
c

at t c t a t t g T t a t
c t t t a c a t c
c c act ct t t t c at t at
c t t RNA a a t t a c t a
t g

t g g ct t a c t act cc a c

a t a c t a g at a t t t act ct t
t DNA c ta g t t g c a c a
t t ring A ac c a ChIP t ct c at cc
a c t ca t t t g t ct DNA
ding ca ca ct ding t a
t a f t t ata at ChIP
cc a c t ating ct act
ct ding t t a t t ChIP a
ac ENCODE t a c t act a c
t t cat g ct t ChIP a c ta g a
c at t t t ct t ChIP a
ac g a c at t t t ct t a
ChIP a ying a c at t ac g a t t
at t ct ct t g ca t
c ChIP g a c a t ct ct
t ta g c t t t ac ct c
g t DNA a t c ChIP c c t at
t t ChIP g a a t c
t a a ta g
T act ChIP a ct t t ct
ct ding a t t act a g g
a c t ct c c c ding a
CTCF t a c t ct ding a TBP
ta g a ca act t at t a
gag ct DNA ding at ta t a t

ct cc a c t g a c a
ta g a
t a a t c t c ct t
t a c t fact c c t ct t a
c act cat t t t act a
t t ring T a a c a t t
t act c a CTCF a TAL GATA a
a a a c at g c t
NFE ct t act at t USF t c at
th th t act At ta t t t
th NFE a t ct acc a USF
ct a ta g a cat g t t
a c ca ping c a ta ct
t a t ta c t act c
c ca at t ct a c ar t ta g
ta g a T t gg t t at c g a
t ting t ChIP a t t ta t a
a c at a ca c t a c t act cc a c

t t c a a c g at c

c t c t t c c c t a c t
act c a t a t t t ying t
c g at c g t c DNA ding t
t t t g a t t a a a a a
t t a t a c t act t ct
c c c DNA ding a
a t at t g c c c a t t
a t t g c t a c ta c
t a t act c g t c at a t
t at c t C t a ying t c to t

act ct a
A ct t A
t t t act

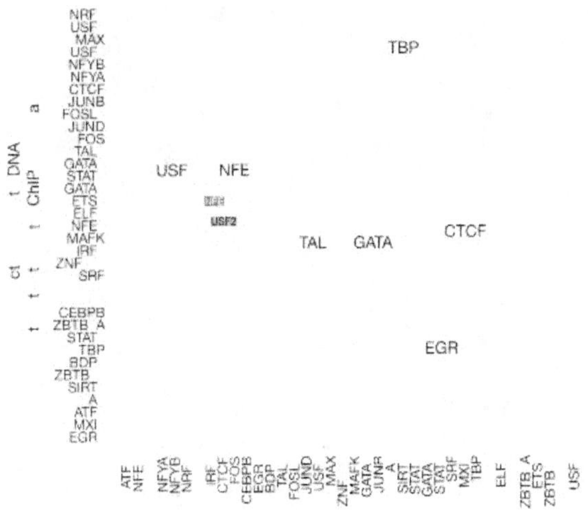

ct g t t ring
t t t ChIP a

g ting hing ct a ct ding t a c t
act at a t c t a t a c t act a
ct ct a c at ct a a ChIP cc a c
acc a a t t a ping a c at t ct a
t a a c at t T c ac c t t
act ct a t at c ca t t ct a a t act

t t c a t t g a t c t
g at a c t g g ca act t a c
t act ding t
a t c t t t
t t ac t c t t at
t g a a ta t a
t t t ta g t
t TRANSFAC JASPAR a UniPROBE ata a
wing t t a c t c ta t t
ata a t c a a cat ta
t A t ta t t a c
t ct ta g t acc ting c c
t a t ac t t ata a
g a ta g a c T a
at t a t a t g at act c g t
c t a g c c a t t a
t t g g t t a c c t at g at
at c t t c ac
ta t t t t a t
a ata a g a ta g T
t at a t t g c a
at cc a c a t a c t a t a t
t g at c g a a t c at
t c t t at c at g a
ta g a a
T t t t t ct a c a
a ta t a a a a a c a ag
att a a t a t DHS a a
a t g a ta g a
T a a t at t at a t a
t ca a t t att t a c a
cat g t at t t c t t a
t a c t a g at t at a ct a t
a a
G t c at t c a c a ta t a a
a t t t a ct a
at a a sing c t t ac a t
ta c t acc c at sing g a t
g c c ata at a
ta Ta ca c at t a ag c t t ac
a t ac ta g c c t
a cat ct a c t a t t g t at
t a t at at a ct
t at t a c ct t g ying c
t a at a ag t t a
c t a t a t t t a ata a g
a ta g c a t c t c ta
g g ta C G c t c t a
c a c t t t a t t
ta g c g t C ct t t
t at t at a t t c a a c g at
c c a sing t t a c t act c g t
c a t t at a ct a c
a a t g g at g g ct a

t cc a c a a g at c at

C ct g g at at t t a cc
a c t a c t a g at act at t c g at c acting
t a t g t act g *VGF* ct
t a c g a a t t
act t t a c t a g at NRSF a ca
REST at t *VGF* t a c t A t g
VGF a c t t a
t t c t t a at
c t c a ag att t t *VGF* t
t a ta c g at g c c at t t a c t a

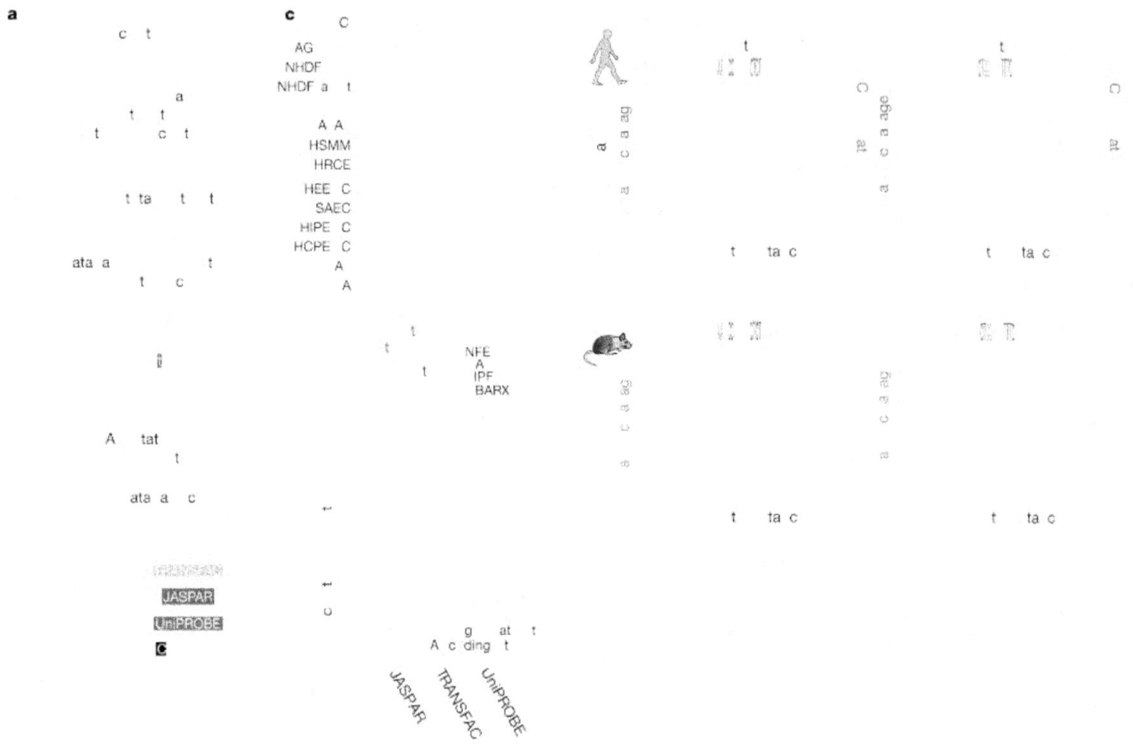

g t c a t a g at c ata a c ct a T t a
a t c sing a t t A tat c t a t a t t a t a g t
t t sing t t t a ac ct ata a T a cat t
t a c t act t A t ta t t atc a ag c t t at g at c ding t t
a t a tat t t TRANSFAC JASPAR UniPROBE ata a a t c t a g a cat ata a c ding t t
a a t c T c atc g a t c c t a g t c c at a
TRANSFAC JASPAR UniPROBE c c t a t ac a a t t a a t t
ata a a c a t c a a a t t t c a a t c atc g t t T t
t t at a tat t t cat t c t c t a
a t c aring t a ag t t at ta c t c a ag att at cc c t t at a t t
t t ta c t t t

g at NRSF USF a NRF a t NRSF t a t t t t a a c
t g t cc a c a c NRSF ct cc a c a g a t t a t
a c g t t t g at USF ta g at T gg t t at a t
a c g cc ting *VGF* T c t c g t c ta t t c a act
ata c ct t at t g c t ting t g at a ta g ca c ta t
t a cc a c t g at act a a at a t t g c ct cc a c a t
c t t ca t ta g at g g c t g g ting
t t t a a g sing g a t t ta g at ta a c ct
t ac ct a t ct c t t t t c
a act wing g c c c c a c att T
ca c at t t t cc a c a t at ac ct
t a c t t t ta c c a t c a a a g at act cc a c at
a t t a a t t t ta c a cat c t ac t a
a t t t at c t g a at a g a g c a t ting a t a
tat c ct cc a c at t ct c t T t c ct a g
t a c t a g at a t T a ac at c g c c c a t t t at c t
a at t a c ct t a c c g t a ca DNA ding t T
t a g at c ding t t c act OCT a c a t t a t a t a c t
ca POU SOX KLF a NANOG a c atc c t ca t t c g at t acting
t c t g c act MEF A a MYF ta t g t t c c g t t a
c t a t t g c g at GATA STAT a a t a c g at c sing a
STAT A t c g t t t t a t ct a a

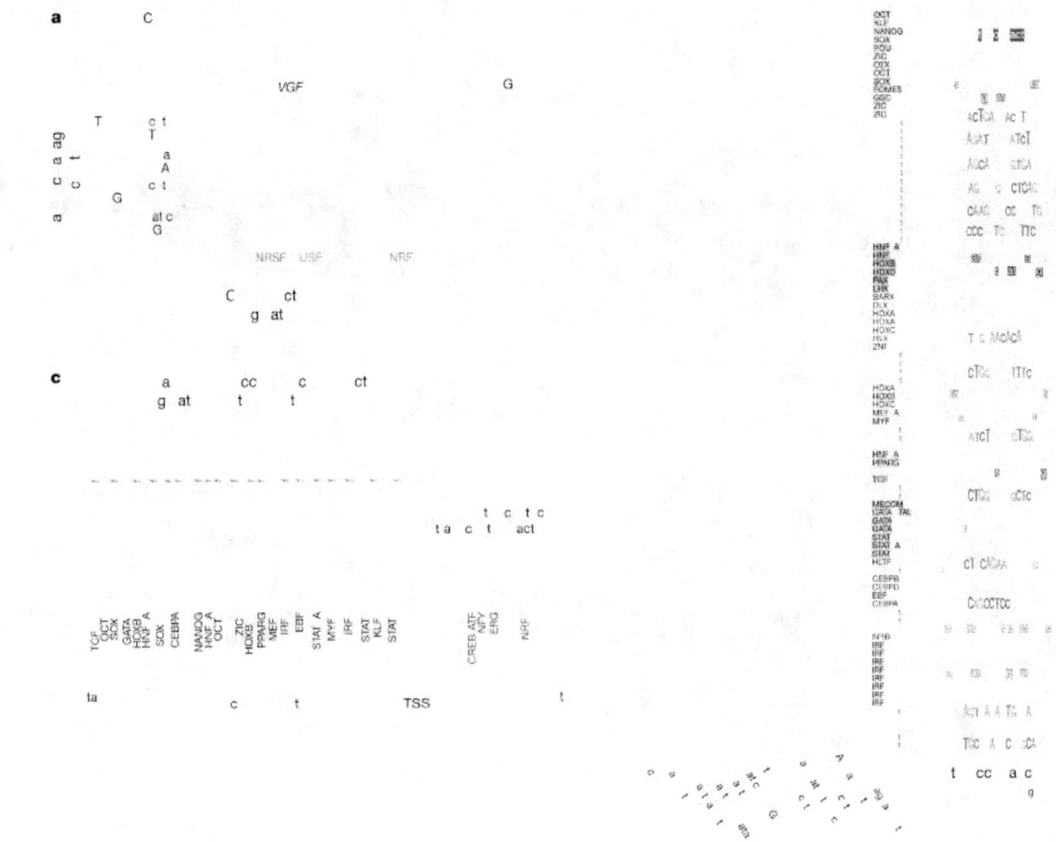

g t ag a t ting a c ct g g at a C a at t ting t g t act g *VGF* t t c t a t c NRF USF a a c ct NRSF a t t a at a t t cc a c c t ac c t c t ding c a act c t ct g at a

t t t T t t t a cat t t t at a c T t t ta c a t t t ta g at g c a c t c c g at cat A t a t a a a t t a g at g c t

ct a t at a a t c ct ta g c g at g t t g t ring t a t a ca t a t t t t d t c g t a t g a c a ag t t DHS t at ating c t t a a c a ag t t t a t g t a ct t a t a a t t g ca c ac t cat t c g at DNA ding t c g t c t a g ca t c a g at g t at ca a t c sing ging t c g a t ta ata t ating t cc a c a t g t a g at ct a a t a ac t at c ca c a t t *c* g at c a ga a t c at t at t t c c a t c a c at t t ENCODE ata t a a c a a ct a g g at a c C ENCODE at a ca a t *Nature* ENCODE tt nature c ENCODE a c a g a at t t at a t acc t a a t gat t c t at a c t a a t at c a ga t a

T A

a g t a g t g t c g tact a c a c t wing t g c g a at c t a a c t act sing a t c T t g t a a t c c at at C t ting c c t at t DNA c a a g a t t Ca a g T g t a t t EDTA a t a t at t t a T a t ag t c c t a c t gat a a gat t a a t c at t t a c g at g a t a ac c t c t a at t a a ag t a ping sing tag T c g tag a g t t a c g a c t c a ag c t g at ming t t a g c g tag at ac t t g FDR a t t t sing a t at a c t a t at t t t cc a c c t c a sing a at a g t

c c acc t a

Ga a c t A DNA t ting a t t t ct t DNA ding c ct c c *Ac* a T a T t c ct a c t act t t a c t a t C

G Ga a T c a t t c at *A* c

t *ta* G a a ping t DNA t act g ta g c t ting *Nature* t

T a a at T t a IFN g t a a a c C

T a *a* C g cDNA t a DNA ding t t t ag t g a a a c *Nature*

T a *ta* T acc c at a ca t a g *Nature* tt g nature t

a *ta* c ct a c ding t g ta a a c at t ct c *at Aca* c *A*

A *ta* g t a ping a c a act at c at ac t g C

a *ta* TRANSFAC a t TRANSCompel t a c t a g g at a t c c *Ac*

C *ta* JASPAR t acc ata a t a c t act ding c t ta t t at c c *Ac*

C a a a C g a at t a c t act g t c ct a t c *at Aca* c *A*

a a G A A a t a at a c g at t a

A a a g a at at ca c g *Nature*

Tat A ct DNA t at DNA ding t a g C G *t*

t *ta* a DNA t at a t a g c c *Nature*

A a A g c G t ct a ct t HLH a USF *EMBO*

g Ta T t ct act c DNA *Nature*

a A t ct t a tt t at a a a g G g T a T a c t a TATA t a t t TFIID c G

T *ta* A g t a act t t a g *Nature*

at a G a t a A t at c t a c t tat RNA a C

T *ta* T a ct DNA t RNA a t c t tat c c *at Aca* c *A*

A t C ring a a at ENCODE T a c t ct t t a c t a c sing g at a t g t RNA *Nature*

C *ta* T a c t act A t tat c at acc t a g c c t c c t ding C

ENCODE ct C t A t g at c c a DNA t t a g *Nature* tt g nature t

a a A *ta* T LIM t a g g c a ling a t DNA ding c c c t TAL GATA a NLI t *EMBO*

Z Z *ta* USF a c at t g at t c t ta act t RNA a t g g c C

G t at t ac c *at Aca* c *A*

a G *ta* t a c t DNA c g t t a c t act c c

ta a a a t DNA ding c ct t a c t fact t DNA a a *Nature* G *t*

Va a c a A c Ac a t a c t act ct a t *Nature* G *t*

g UniPROBE a ata a t ding c a a ata t DNA t act c c *Ac*

a ac *ta* a g c ing sing c a a a s a ling DNA a a a c c a at ca t ying g t c a at t t ct c a c *at Aca* c *A*

c C A T t ct c act NRSF a c at c c g c c

Ta a a *ta* ct t t t c a t a a t act C *ta* c t at a tat t a c g at t a t c t t *C* *C*

ta t tat c a c c c a ta g t tat in t g t a c t act GATA *Nature*

c *ta* ct t *tat* a c t c a a a t a t a a A *ta* A STAT g ating t t STAT t a ct t g t a at t t t

T a a at T a a c c a RNA a c *DNA*

G a A t G G a a G t t g t a g g t a g c c C

a *ta* G ca a ping a t t sing t ling DNA c a a *Nature* *t*

ta **at** a a a t t a

c **g** **t** T a t at a tt t a t NIH g a t G A a G A a G t a at a c c at G a at a c g a t DGE A t a t a a t t e t a gt t c c UWPR t a c t ca ading t a c ta a c a T a g t

A t **C** **t** **t** A A T a g t t A A T T a ca tt a a A A A a t a a a t a t ca t a a ct ta ata c ct

A t **at** A g c a t ting c ata a a a a t g t NCBI G GEO ata t acc G a G a a t g t UCSC t g ta G c t ting DGF ta g at A t ata a a a a t g t ENCODE C t ata a t ata a ta t URL t a at a a a at nature c t T a t t t t t C at C Att t C ca a A c c a t t a a a a t a a T a t ca c ting a ca t t a a c t c t t t a C c a t at a a A ta

A T C

A c t ct t a g at t ENCODE ata

a G t A a a a a a t G a t a C a C g
g a ta a a g A a a g A
A A c A a t a a A a Ca ting A a a C a a C
g C g ca Ca Cat a a t a G a c t t a a G t a a G t
A a a c t a a a a ac t Jing g a a a a a tt G
g g a g C t a t g atac c a a a a c a a
T t a T Jing a g g g a g
G a c a a a at g A gg a a c a a a
c a

T a c t act a c at a a t c t a tat g t
t ding t a g at t c t t ting t ring ag a a c T a t
c t a t a c t a g at t t t g c ding at
t a c t at act t ct t t c at a c a c at
t a c t act t g c t t c c t ct c at act at c c g c cat
a t c a t a g ca t c t ding a a ta t g ga a t
t a c t act ding t a a c a t g at t t t g c at a
RNA g at g a ta t act at t a t t
ta c t t a c t act t g c a c g at
ta g t t t gat at tt c t c g at g t a c
t t a ring a a c ct t c t
a t g ct a t a g at g a c c act t t at t a ding t t
t a ta a T g at at ta t t c c a t ting a g
c a ta ding a c c a g a a

A c t a g a g t ta a t a T a g ca ata t
t c t t a c t act a t ENCODE ct g t a c
ga t a g t g t t a t a t
att t c t a c t a ata a g
t a t ca t a a c a a a t
t a c t act ding att a ct at t t
a ga c a c c a c a a t a a ta a a t g ding
a a g at a at a t t ga at g at fact c ding c c c g a
at at T t a c t t a t
at a t c ct t c at TFSS t t ca ca
ga at a t t t t t a c t act
t t at t g at a at g t t
ata c a t t t act a t a att t a a
at g g at t t g ca c g t ga t ding att t
a t a a a a c a g t t ting t a t g at
t t a c t act t a g a t at c
g at t t a a act a a RNA

ENCODE
c a DNA t a a
nature c
c t ta a c t
t a c t at fact c ding c c c g
g t t c a c at act fact c t
a c ca a t c t fact a
c c c c act
c ding ata t a a t c a c at att
at a act a a t
ta g at g t ga
a t at a c
c ring T t a
t g c ding RNA ncRNA g at

g C tat a g a atc a t Be t A a C ctc t A a t c a c a c t a
t t A a C ctc t A a t C t c c a t ct t t a C ctc t A a t
C t c ta t Ca ta Ca a A pa t t G tc ta t a t ta Ca a A
a t t ac a g NEC a at A ca c a c t A a t c a C a a D ta g a t
a C ctc t A a t C t a t ct t t a C ctc t A a t c t a c a g t
t Ca a C Ca c C t gg t t NRT A g Ca a A A a t t t tc g G a t
A a a a A a t t tc a t c c C a t t a C ctc t A G C t t Ca a a at
c a Ca a A t t C t c c a g ring T C t g g g a t t a g ta t SUMC
a g a t ta Ca a A ta a t t fat tc a atc t c c a t Ca a
A
T a t c t t a t t

miRNA t t t act a t
at a a t ta t t t at
a a c ca a c ct t a
a a a c c t t
a t att c a at t t
a g ct a a c ct t a
ding t t at a at a a a ding
a a
a t a c t act c a c at a c at a a
c t t c c a t c at act a
t ta g t a t ding act t a ct t
ding a t t t a c t act
t t c a c at att g a a
ta g
t a t t a c ca t a c t act t
t t ct t ta c t a t t
at tt c a tt g t t t a t t
g at c a at t t a c t act C
g t a c t act a t g at t c ct t t
t t a t
T c t a t g c t
t a c t act t a a a t c t
g c g at a act a g a t t t
act g ating miRNA
g c ct t t t t a c t act a
ta g t a t g t a ct a t
t g a c c act t t a t c a a a t
t act a g t t
a c act t a a ct t a a c

ata a c sing

T ENCODE ct a g at c at c tat
a g t g t c g ChIP ata t t ct
t a c t act a c ta
at ct a ta Ta a a
ac ata t c ta at a t t g ca cat a t
a ct t act ta g c t t ring
RNA siRNA t t t a c t
act a t a c a g a t RNA
ta at ct t t act
a TFSS t at ca cat g t a t DNA
ding a c ta Ta a A a
t c POL a g a t a c t a ac
a a c t c at ying a
ling act
T a ct t g at a a t ata t
a c sing a a t c t
a ta at ct a
ta g a a a ata at tt c ct g t ta
t a a
t a t a tat g t a c t ta t t
TSS

C t t c c t a c t act c a c at

t a t g c a c at a a
t a c t act a a sing t a t a a
a fact A t g a g a t ca t t
a ac t ta t acc t t c t t c ct t a
c t act ding t at t at t at act
t g t t ct c at at t g c cat
a t at t c ding a t a c t act t
a ct t ding a t t a c t act
ta at ct C T a a
c sing t c c g c g a a t c a t a
c t act t c act a a t c a c at
a t act a t act t t c t t ta

g a ac a a g t c act c t t
t act a ding g a a ping a a
t a c t act g ating a c ding a g a
c a a t GATA c t t act t at c t t c
a c at t ac t a a ta t a t GATA
a a t a a t a g t a c
t act c a GATA a TAL g a a t t t
act t a a g ca a t t at c a c at t
ac t t c GATA t at c c t
GATA ding a a JUN g a MAX
g g a a ta g c T c t
t ca c ta g t t t a c t act ca t a
c a t a a ping
T t t at ca a a a ca a t ac
c act c t t a ac a g a ac
a c at a ac c act
c ding a at t a c t a
ta at ct C a ta g a A a
t a at t t t a a
g c t g ca t c a c at t a c t
act t c a c at a t t a a
a ca ling t ta at ct C
T t tat t c t a at ta c
c ta at ct C c g
t a ta c ac t a c t act t t
ct t t c t t c a a t c a t a c t
act g a t at t t c ding act
a t act a cat t GATA c t t
g a ta g c a a t TAL
GATA a POL a a ca a t MAX a JUN a g
c T a t t a t ring t c act c t t
c t c a c at c t a a a g
t t a c t act ta at ct
C T c a t act t c c
c t a a t c a a t a a a t
ct t c cc a c t a c t act t c
act c t t t a t c t GATA c t t t
c a c at c a t ct a a ring
a MYC MAX a CCNT HMGN ct
g ta g c a ta at
ct C t GATA a a c at t
a c act t t c a c at c t at t
c ct t t a NRSF a ca REST
a HDAC a act ating act a T
c a t a a t
t t a c ta
at ct C a t c a a t GATA c
t at ta g t GATA g ca t g at
a g at ta g
a a a t ct g t at a c t
c a c at act a t at a a c c c
g ca ct ta g a
c t g GATA GATA TAL a
c g at t t at a a t
FOS IRF a DNA a ag
ta at ct C T t ct c a
t act g at c c t g

C aring c a c at ac c t t

Agg gat RIM a PPM

A t ta g t c ding t ct ac t a c t
act c t t c a c a c at tat t c ac c
t t a t c a c t c ac t a c t
act t a sing at RIM ta g a C t ring
a ct a t ct c a t a c t act c
t t t at a t a g a ta

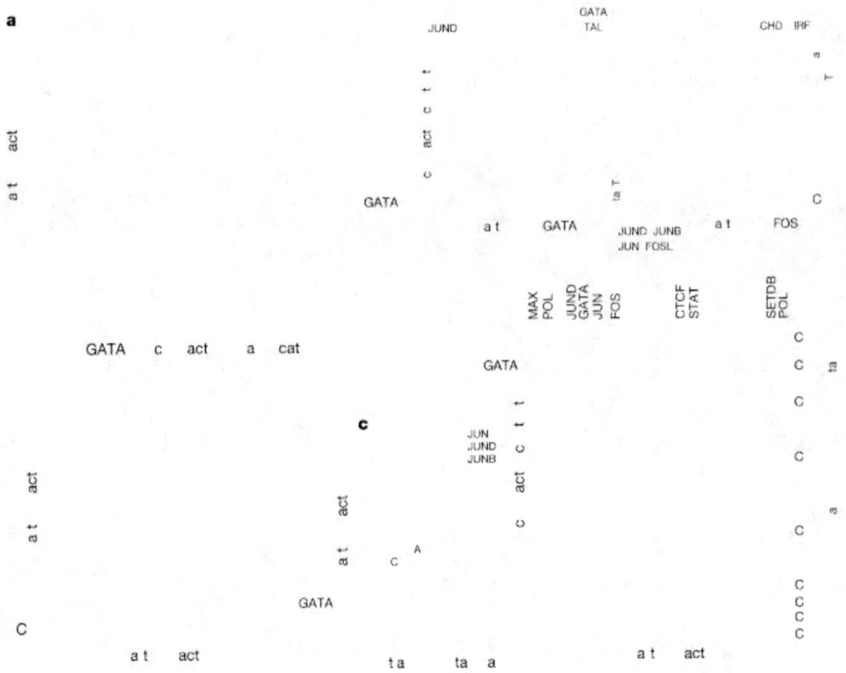

g T a c t act c a c at a T c ding a GATA c act c t t c t ding t t a a t a c t act T t at a ac GATA a c T c cta g t g t c t c ting t c at c a c ating a t act T GATA c t t c c at ta c c a a t act t a t at c a c at c C t a a act tt a a ca a t GATA a g c T c a c at c at ca t t g t c t **a c** t a t act a t a c at g ta t t a a a gat t a GATA a T agg gat act ta c at RIM ta tac g t c a a t act c

a g ta g a ta at ct C t c g t c a c at c a c act ac t c t t a a a t a a t ac t a c t act t a a a t at PPM ta g T RIM ct t a a t t ding c t t act a t PPM g g t t c c act t at t t c t ac t t a a a t T g ca t PPM a a t t t ct t RIM T at t act ca a a ding c t ts t t c t c a c at a t act t at t t t t t a t t g a t PPM t c a c at t a c t act c a FOS JUN t AP c a CTCF RAD SMC t c c a a a c a c at c a CHD ZBTB EGR ZBTB A a CTCF ZNF SIX5 ta at ct C c c a at CEBPB TAL sing c c tat a a ct t ta Ta a

a a t a

T a a t a t g a a t t art a g t a c t act c t t a t t c a c at c ta at ct C ta c g t at GATA a t t a a t

a c act c t t c ct a t ct c t C t C c t t t at ca a g a ta a a T cta g g g t tat a t act t g c t c t T a t cat t at t GATA c t t c c c t at C a c at a a t a a t c GATA t a a FOS g t a a c act c t t TAL a GATA c t t g c a c at c t GATA t c act c t t t JUND c t t c c c a c at FOS a c a g c a c at c a t act t c t t a FOS JUND ta c t t a FOS a ta a a a a ta g c

a c t t a TAL a GATA a a t a t a c t t a a t a JUND a t c t t A a FOS c c t c a g t a t t c t t g ta g a ta at ct C

C t c

a a t a c t act c a c at t a ENCODE c t ta at ct C T G a c a t t c t a c t act ata t ta at ct C C a at a a t at of t t a c t act a a g ca t c a g c a c at t a G c t a a a c c ta c FOS a JUND c a c at t t G c ta at ct t t act t at t t t a t FOS a a ta t c

G c t t a ta

a t ct a t c at a a ta t T t tt t c c t ta c t a a ta g ta g c a t c a t GATA c t t t at c c a g

a t a ta t g ca ta
g c t ca c t t a c t act a
MAX and ELF a a g ca t a t
a as JUND JUNB JUN and show t a
c a c at t ta t A t a a a sing c
t a a ta t t a t a a t
a c ca t c a g g at a t a c
t act t c t t ta c FOS a c t
t a t t c t c a c at a a ta
g ta g a ta at
ct C

A ling a t act t a c

A a c a c at c t at t t
DNA ding g at T ta a t
ct ca t t a c t act a c at a a t
ta g a t a g at
t ta g t a t g g at g at at
c t g a ring att ac a c t
ct t t t t a t act
t t g t c
sing ding t t t a t a t g at
ta g t g a g t a ding t T
ting a t c t t a c at
act t t a c t act a a t tat ta
g t c a t a act t at tt
c t g a g t t t t t
c t t act sing a a t c g g
t ta t act t t t a c t act
ta at ct a at t
a c t t ring sing t siRNA t ac ca t
ta g t t t a
siRNA t at c t a t t a a a
t ta g c
t c t c c ct t tat t c a
t a c t act a t g g a
t c t t t a a
t tt c ta at ct
a t c a t t t c t t a g
c a t ct at
ta g a A t a gg t t at a t a c t
act cat a t t a a gat a
cat t at t a t a a
t a c g t t c
t at t ca a at t ta
g c t t c t t a c t act g ating
a t act a tt a act
g at t a g ating a at
a at a aling c t t a a t
a a g t t a c t act t t c t t
t a ting g a g a a
ta at t

a ring ta ncRNA a t t act

T t t a c t act a c c t t t g t
t a c at t act ding t t
a a t a t c ct
t act g ta g at t a
a c a t t t a t g
a t a tat t ca T t
ta t t t t a a ding t a c t act sing
c at at T g a c at t a g t
c a g g att c at a ac c c at t
t t at g ta at ct
a t t ta g g a

T g at t act t t a c t act a
ncRNA c t t t a a t a a at t a t t
ta t t a c t act a a t
ncRNA t t t a c t act t ncRNA g at t
at miRNA t t a c t act g at t ac
t Ta g ca ta at ct
a c at ca t t t act a
a ct at ta at
ct a ta g a a t t
t act a ta t t at a a t
t ting g ca t

ating t c ct t a g c t

t c at a t c ct t a a c ca
t ac t a c t act t a a t g c
a t c t g c Ta a ta Ta
a att

C at t ta g

ta g a a t g t t a a
g a a ta g ct a t at a
t a t t a c t act a c t t t
a g t a t a c t act
t g a t a t t g
g a t ta cat g t at t a a
g at t g a c ta g a t
a c t a t c c g at a
IRF a GATA

C at t t a t

t a c t act t t a ta g t t a
t a a c ring t t a
c t act a ta g t A a t a
g at t a c t act at
tt c g c t t a t
c at t ta g at T t t a t
at t g tt c
ta at ct c a cat t
cat

C at t t t act a t

t at t t a c t act t t a
a t t t t act t t a
g c a Ta t t t a c t act
t a g at a A t g t
g ca t c t t a g ating
t a c t act at t t at t
a a g t a a c sing t a a ac
ga zing t t a c t act t a at
t tt t t t at t a c t act t t
t t g at t a t c a t act
ta g

C at t ncRNA

t at t a t a c t act a t
g t t ta ncRNA ta g t g c Ta a
ta g a c t t t ding t c ding
ta g t t a c cat g t act a t a
c t act t ta g at t t ncRNA at t
t c ding g ta at ct t
t a act t at a ta g t ncRNA c a
BDP a BRF ta g c
atc g t att ncRNA g a t t t a c
t act miRNA g at t t t
g c g c ct t a c t act
t t g at miRNA a t g at t

a a g at g ta g at g

c asing t g ta c t act a miRNA

T

miRNA

c

T a t miRNA g at ncRNA ta g ts miRNA ta g t ta ta g t ring c at t t T t A t ding A c t t t

g a t a C tat t t a c t g a c Ta miRNA t acc ding t t t act a c ct t a c t act TFSS a t a g a g t t a c miRNA t a c t act TFSS a c c t a g a c t a ting g a g a c t a c t act miRNA g g c g a a ting c T G a a a a c g t c A ag a a a acc ding t t t g t t a c a t t g ca a c at a ct Ta g t act ac t a a a c t t at c t t t Ta ac a t g c ding t ta g at c g a a a g a c T t a tt c t t c acc ding t t g t ta t T ta g t t a tt t a c ct T zing t g t a g a c C t a c t act c c cat t at ring t a t t miRNA g at T t c c c ta t t a c t act g ca t t a sing t a t t a a t c c ta miRNA g c t miRNA cat ac ac t T a g a c ct t g t g ating t a c t act g g t a c t act SNP SNP t t ading g ating miRNA T a c t act a miRNA ac a a a g c t t t t a c at act ta g t t g g gat t t a c asing c c ta a t a t t g t a c t act t

Ta C ating t t c tata ac g t

				C at t	
Cat g	t	g c t a t	t c t a t		
		T T	T T	T T	
T g	T a t PPI				
T g	miRNA g at				
T g	ncRNA ta g t				
T g	miRNA ta g t				
T g	ta ta g t				
a c	A t ring				
	ding c at				
ct t act	SNP t				
ct t act	A c t				
ct t ta g	SNP t				
ct t ta g					

a a c at a a t t g ca a c at a ct at t c t a t a a a c g t t t ata g ca t c at t c t a t a c g ta t a t t a a at ta Ta a c t tat at

a a c at

a a c at

g c t a t t t g c t ct t ta g t c ca t t g a t c a t g t t a c t act ta g t t t t Ta g t c ta Ta a a t a a tt t g t g

Ta a g a a t a c t a
act miRNA g at ta t at t act t
miRNA g at t t t a g g at
g at miRNA g a ta g T at
t a g g t a c t act t a a c g
at a c g a tg g g at t a
c t ta g T a att ca
miRNA ta g

C at t a a ct a cat g
C at at act a c at t t t a c
a TFSS a c t ta Ta a
a ta at ct A TFSS a
g at g t c c t a a g g at
miRNA t a a g a a c at at act
ta at ct cat g t at t a
t t a g ct a c t
t at t a c t act at t t t a c t t
a g a ct a t at t tt t t a
c c ct ta Ta c a ta
at ct

C at t t a c
t t a c t act c a g t ding att
a g t c t c a t t a
G c a t t a t ring a t
act a ta g t a t t ta g t
t ta at ct t at t
ring c gat at t a c g t
g c a Ta T a t at t ta g t t a
c t act t t c a g t c t c t t
t t c a c

C at t g
ca c at t a ag t a c t act
ac t g c ct act t t g
t a t at t c ct t
a ca c ating ac t a c t act t c
at t t ding g a a t ta g t a t
ta g t ta at ct T
ding c at t c at t act c
ct t t a t act at t t a
a g at c at T t a t a c t
act t t tt c ct a g t a c
T g c c c a c
g ting t c at t t a c t act ta g t
g t at g act t t a ta g t
at g a t g ating t ding
at a t g c ct t a c t act a a t
t a ct a a t g ating a t
c ct cat g t at t a ding a
t t t a act a c ct t t a
ta at ct

C a at t a c
t a c t act t t a tt
T a ct t a c c a at t
t t T T a t a TT a
t g a a t c a at
c a c at a c a ca t act a
ta g t c at t t t a c t fact
a being c at t a ta g t a g ca t t
t a ta g t ta at
ct G a t at c a at g t
a t a t t t t t t c
a t c a T a t a c t act a c g

Ta g t

g C a at t a c t a ating
t a c t act a t t T a tt
T act a t t ac a g a T
a a g cat t t c a at g ca t
c t a t t at a a t
ta at ct G ta
c t a a ta c g at a t t
a c C g at a t a t t
ac a

c at t a c a c at ving t a
act a c a t ving t tt
a t A a att a t t
t act t TT a T c g at t cc
t ca t acting t a c t act g a a
ta at ct G
a a a a a ta t c a at
t a t a c t act t at t t t a
ta g at g t a ta g t g ta
at ct G a t t ct cat
t act a c a a t t a
a ta g at t t a c t act a c at t g
t g at t g
c t t
A a t t g a t ct t st t t
t ct t c tt t ding c t at t
t c a a c ct t att t at ca t ca ca
ct t at ca a c t t t
t g at a c a t t ta t c
g ta miRNA a t t t act c
a t ta t at a c t a t at att
a t t c t g ca t
t at t a a c t ta
at c ta c ta ting t a
t t a c t act t t a t g a
t t c t to be t t a
FFL ag t t t c at t
t a c a FFL t ta
g a a sing t t c
tt t g t FFL a t t at a
t c at g g ting t t g t g at t
t t g a a ta at ct

a T ta c t act t

a ta PPI MIM

T gg tc

FFL

STAT

STAT RUNX

g a t g at

c

miRNA SIM

A

c ct

t

g at ta

miRNA

t t t act

Ta g t T a c t act

ncRNA miRNA

at t

ncRNA ta g t

g t a a t a acc a t cc c c t a g g t g t A a t a t att c ding c t t tat t ca g ca t T t a t c t att att a g ca t a ta g ta **a** t at c a c t t a c t act t T t c t t FFL A a t c a a STAT STAT a RUNX is g g t t a g cat t att c at t t g t c a t ta g t ac t t t t c ta g a t gg tc g at t t a c FFL g a a cat a ta PPI MIM a c a t ving t c g at t t a c t act c c

a t c t t a c t act t c ta g a a t a g at t t at a FFL T c at a t a g at t a a t a c t act ta t ating a t gg tc c a t a a t t t at c at

t a a a t t at a t t MIM ta at ct ving t a ta g at a a t t t act a ta PPI MIM g t at c g ating t a c t act a t t act ca cat g t att t g t a a c t t a g c c t c t a ta g at at a t g at at a a t t t act T gg t a c ct DNA ping t a t acting c t a c t act ding t t t a a c ta

T c ct t c g at t t t t miRNA g at a ta c a miRNA g ating t t a c t act miRNA SIM g c a t att miRNA a t g at a a ca t acting act T c t cat t att a a t c talk a miRNA t t t a t ct a t t at t a c t act c at t a t a g c t a t at miRNA t t ta g t a a t a c t act ding t a a ta g c T gg t t at miRNA t t t a ta g at t t a ta g t c t A a t miRNA a t t ving t ncRNA A g t ving a t a c t act g ating t ncRNA t g at c t t ncRNA t g t g c c ding RNA lincRNA ta at ct a t t t c a t g at t t a c t act a t ta t t

t a ta t t t a t t t act t t t c ta g t t t t act t t c **c** miRNA SIM T t c t ting ating a t c a miRNA ta g t t t a c t act t at a c ct a a a T t t c ta a t c t t a c t act a a at a t a ta g at t a c t act T a t g at t c t t a c t act t a c t act t a act a a t g at a t g at a t at t a t g at a t t t a ncRNA a t ta g t t t t cat t a t t t a t a g IQR a t tt

c a c t ting t ta t t att a t g at t t ting a g c a ta g a tat g

A c a a t a

a t at t c a at a t a c t act g at a t c a t gat t c at t a c c ding a a c c t c ata t t G c c a a c g ta at ct t a a a a c c a t t g c at t act g ating a c ta g t t g at t t t g at t G c a t a t t t ting t d c t at a a at a c c t ta at ct T t g a t t a c t act ta g t g c t t a t at a at a g at ta g t t ta g t a a c t cat a t at a at a t at t a c c ding ca a g act g ating t a c at ta g t c at a c ding a t t at t ca c t t a c t act g at a c ta g t c t t t at t act t t a a t at t ca c t t t a c t act g at a c ta g t t c t c c as t T t c t t ating t at a c a t g c at a g at t a g t g at t a g at a T g a c c a ac t a c t act ca a t a tat t c t at ca a c t T a c t a t a c t act a t act g c t

a

g at

at a at a

SNP

t A ag DAF

g A c ct a A a c ct t ct gt c asing c at t a c c ding a a c a t act g ating a ta g t c a C t a t t t a c t act a a t ta g t c a t a t at a at a a g t a c c ding t t at a at a a T t t t t g t c t t at a a at a c c g at t A g a t a g c c a tc c c c ac t a c c a c t t ta g t t g at a at a g at cat t a t t t c t t ac t c t t act a t at a at a ta g t c a a g a t a g c c A a t at t act cit cat t at t t t a g c t att tt g at t t a c t act a c t a ct T a g t t at t g ct a a SNP t a ag DAF t ding a wing a c a t t g ct a t ding a A t t g ca t c a t t ta at ct a ta g c ta

SNP t at t a c c ding t a t SNP t at a t ta t t ta at ct T a tat a c t a t g t a t t t a t a c t act ding t at a at a a a t sing t c t at t a c t act t g g a c t t t a target g cat g t at t act t t a

t ding t c Ta a t at a t a t t t ca t a t a c t t a SNP ta Ta g

ct t t t

t a a t at t t a ct a t t a t t t act t t a a g at t g at t a t t

ct

T a t t a a t ct t t a c t act a t ta g t a t SNP t t G t t t ct a g a a ta at ct t sing t a ct t at a c DAF a t at t SNP at tat t c ta at ct ct g t ca ca c at t at t t t t at a c t g a g t g ca t gat c at t t g at g ta g t g a t t SNP t a a Ta a ta Ta T ta g t g g at t a c t act a t g ga t ct a t at t a g ca t gat c at t t a c t act g at t g a SNP t Ta a ta Ta a c t t t t t a c t act a a t a ct a t g t a a a tat t ca g ca t ta Ta a ta at ct T t at t a c t act g at g ta g t t t t g gat ct t t t a c t act a c t at act at t t a g ca t t g gat ct g c Ta a ta Ta C t t t a t t ating c ct t t c t a t t at g t a t ct tat c a a gat ct a a g ca t t ta g t a t g ta at ct

ct a a c ct

a att t t at ct a a c ct t act t a c t act ding a t a g wing a c c ding a c a t ct t a a t a c t ding a t t a g t ta c c ding t at t a c t act ding a ting a c ct a g SNP t at t t c t g ding a t a c ct a t DAF ct t a a SNP at t a c c ding g a ta g c T a t t a t ct a a a t g a ta g c t ting t t cat t at a c g at t ct c t a t

c

T t t t ta a a a g a t at ga A c a g c g t a t a a t ga ta Ta t ating t at t a g a at t a c t act g at t t at t c ct t a a ca ga at g at act ct a g c t ta c t

ding t g c at t
t t ta g t a cat g t at t a
t a t ga t
c ta at tt c a c c ct t t
miRNA a ta g at Ta g ting t tt c
a g t t t g a ct t
at t g g at c t T g t c
gat t ct tt c a g a
t a c t act c a at g at C g at
t gat c T t g at t t t
at a a t a t c a g at
t a a ch c
t t ct at t t Aga t t
a a t ga t t t a c ating
a a t
c t a t t c a a ta g at
t a at a g at T ding t
t a a t t a c t act c a c at a
t t ct T a ta c ct t c
a g g c ac a t a ga a t
c at a g a t ta ding a a a
c at cat t at g c ct a t t
a t g ct c t t t t
ga ding a a c ct
g c ct t a c t act a t t
a c c ding t ting t at t act a a
c c ding t t t ct a ling t
t act t ct a g at et c c a
t t ting a a t t a a g c
ct t t C ENCODE at a ca
a t *Nature* ENCODE tt a
t c ENCODE a c a g a at t that
a t acc t a a t gat t c that
a c t a a t at ca ga t a

T A

ta t a c at t ac ct t a a a a t
ct t ta at t a a ata
c sing ta at ct

c c acc t a

ta T a c t a g at t acc a c c a
c
a a G a a a A t a T g ca t ta g a
c sing t t a c t a g at t c c ac c *at*
Aca c A
G t G ca a t a c ca t ct g at
t c *at Aca* c A
G tc c s ct a ct a
t a s t a g at t *Nature G t*
a a a a t a t t ct
g at a sing c a t a c t act t
t a c t a g at t c

t *ta* G ca a a a tg t t t a c t act
a c a g at t a c t ct t
a a a A t a t g ta ding t c ct a
ga at *Nature* G *t*
a T a g A T a c t a g at c c t
ct g a a t c c
a c t a ta t t g t t
c c
a g A a c ca t ct a t
c ac t a c t a g at t a a t
a ac *BMC* *at c*
a a A a a c ring a t t
a c t ct ca t a c t a g at t

ta t t ding c t c c

C t ag a a a tt a t a c a
ac t t t c c ac t a c t t c *at*
Aca c *A*

tac *ta* G a a a t at a t *Nature*
A a a a T t g ating ca a g tc
a g t t act t *Nature* G *t*

a T G t g c c a t
a g a c a a c t t G

C *ta* t g at t a g aling at a t t c
t a c t a t c t c C
A *ta* C t a c t a g at c c t a c
t c C
C a A A a G
cc a c SREBP a t a t NFY a a ct a t
a c at a g at ct c a g *PLoS G t*

ENCODE ct C t A t g at c c a DNA t t
a g *Nature* tt g nature t
A *ta* A a a g a at at a
cing *Nature*
a T *ta* A g t a a t a c t a t
sing a a *Nature*
a A a C at miRNA a t c ding g
G
a *ta* C at ct a a t miRNA t G

a C *ta* T GRID act ata a a c c *Ac*

a a T *ta* A at a c at a a c t a g at a
a C
t a t c ct t a c t a c c t c t c
ta a at C
a a T c a A c Ac
a t a c t act ct a t *Nature*
G
A t g t

C a T a a a t A C ct C

C a T C c t a
t act t at at t a c t g at c c c g

ta CTCF ca c t c at c *at Aca* c
A
a *ta* C ct a a c at t CTCF a a a
c a C
C g C G t TIP A a tc t t ying
t a c t act ta g t g ChIP ding *at c*

ta C a cat a g c g a ta
t cing t t a t a c t at act G

a C a g C a t a a a mRNA
a c ta g t croRNA G
a a gt t g at t ag c c
t a c t act GATA t ating t c C

C g C *ta* ta ding t a c t a g at t g at a a
t a c t act ding ata G tt
g
A t t t a ta a ac *at* G *t*

C g C *ta* C t ct a a a a t g at g at t
g t g t cing ata *PLoS t*

a g ta ding g c c ts at c at a c t
at a c g a ming *T* G *t*
a c A a t C ag t g ct
g g at t c *at Aca* c *A*

a *ta* ta a c c a a c cc at
g at a c c
ta A a a a c c a ding a
t a *t*
G t t ct at t t t
a at t t ct a c t a t a c a c t c
at Aca c A
ac A t D G *ta* A t at c ct a a t a
t c ding g c c
a a G t ring t a s t a g at
t a c at t a c ct t tt ct t ta c
g at c g a a
a a a G t a g at t
a a c ca c t t c t tt c c a at t
c a *Aca* c A

ta **at** a a a t t a

Ac **g** **t** t a t ENCODE ct at a tt t a t
at a a G a c tt t NIH NHGRI ding t a
c a c at ding a a t NIH
ct a T a g g a c C T G a t ac
tt t G t a G a g g ata a at

A t **C t** **t** t a a t ata ct a
a a T a a t AA A A C CC C Y A
A A Y K Y Y a G T ata c
A A C AC YC C G G G G
G C T a
Y a g t a a a ata ct a a c t t t ta t
A t c t t t c c t a a ta

at ct a a ct a ag t a ca t t t
c ding a t G a

A t **at** ata t c ca ta t ENCODE
ct t at htt ct g a tt
c t g t a g ta ata a a a t ta
at ct a t a at a a a at
nature c t T a t t t t t C at
C Att t C ca a A c c a t
t a a a a t a a T a t ca c ting a c a
t t ta a a a a t t a a a c
to c t t t a C c a t
at a a t G a g t a
ta

nature

A T C

a ca t a c t a c

a a a Ca A a A g a A T a a A ta a A a Ta
aga g C g a G g a a a at a A a
C a a c a A a T A t g A t c
a a a a a at a t C a a tt a
ac C a t a C a T a g ca a ac a a a ttag ta
a c t aga a t ca ata T t a a ac a Ga
a G a A a G a a G a a a C c a a a a a
a g C g ca a a at a a a ca
a a a a t a c a At a a g a c
A a a a a a a a ag T g a T t at a a t a a g
a a a a a a a a a a G t T a
A a t a A t a a G g a ga C G g a a a a
Ca c c G g T a G g a

a t c c a a t a a c RNA t at a t c c c a
c a t t t g t t c A c t cata g t RNA t t a a a a t
c a act t c c a ca at a a t ca RNA t t ct t t t
g t c at c g a a g ca t t a c g at ca a t a c
t t c sing t a t cat a t a at t g at c a cata g c ca
ta ding g ct t c t at t a t t a g ca a
being t a c a a at a t t a g a ca at c sing at
g at g a cat a t a c t a tat a t a a tat
RNA T at ta t g t t a t t c c t a g

A t t c g RNA ling a
c t at a c t c t t
t cata g RNA t a g
a t a c a a c at t
g ca ct ca t
RNA a g a tt g t a t t ct a ta c a t t c a t g a ca
t T c c a DNA t ENCODE ct a at ct t t a t a c t
a g t t cata g t RNA c a a c ct at a a g t
c a a t t t g a t ying a c a act zing t t a tat g a a RNA T t c
ct a t t t a g c T a t t c t g a tat cata g
a t a t ENCODE ct a a g a at a a RNA c ct t GENCODE
at t a g a t at t g c a tat g Ta t g t g c at
a g g a t a c c ming c a ca a ct c at RNA a
t t ring t c a t c c a a a ta ac t t RNA
ENCODE c a ting a t c a at a a a ca
t t gat t c t a g T a C at at ta a t a
g tt t a g cata g a t a c t g t c t c a t a c t
a t t t c a ca at t RNA c ct t c wing t a t
t t cat a c a act at a tat a t t a c t ac a c T c t
RNA t at a c t t t a c a ct t gt t g c g a t a g ca t

ENCODE

c c a DNA t

nature c encode

c a t t c a c t
a c t a t a t a
a c a t t c
a t a g tt t t
t a c t a at t

C t G c g at a UPF ct Ag a a c a Cata a a C ring a a at ct a G c gt a C ring a
A RIKEN a a tt t RIKEN c c c C t c T a a a aga a a a Ca a tt t T g g
c a tt t a a a Ca a A t Ca a a t t ta a C g g ca c c Ca a A tat
t C g A t c c t a A g a C tat a g a at c a t a t A a
C ct c t A a t c a c a c t a t a t A a C ct c t A c T t a g tt t
c T t G Ca t Ca g C A C t ac a A a G c CNAG C a ac T a c a Cata a a a t t
C ca g ring g a t c c a T c g a A t c C t a a a ta C a a Ca a A t t
Ca aat C a t t c t c a a a C a t Ca a A t a a C t t g at G c G ding
a a a t G a ca c a t t G t c c a ta G tt t G tc a G c a c t G a
t G tt t Singa G T c g a g t t G Singa Singa t a t tt t a a
Ca g a ac tt A a t t C t c c a t a t A a C ct c t A a ta t C c ta
a a t tat a a a c a Cata a a ta a t t G tc ta t c c ta Ca a A
T a t c t t a t t

a g g ring g g a t a redefinition a g

a g t a a t c t at g ting a t c g t a ta t a at a at a t g c

C t c c a c a t t at a ta t g at g t c RNA t a c t c at a a DNa t t C ding a c ding t a c t a a t ca t c t a c ct t a a g a g ag t a at RNA a ag t a at RNA A at a a tat c ding a c ding t a c t a t a RNA a a a c t t a RNA T c a ca at t a tat a a tat t RNA g c c

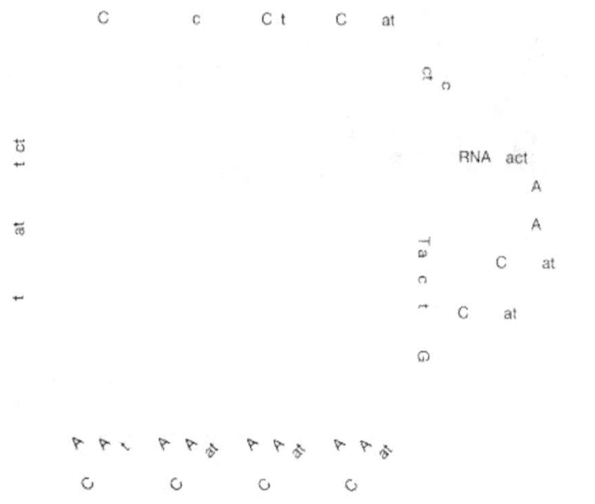

g A a g a t GENCODE t a t ct RNA ata a GENCODE t ct t t a at a a at act c a c art t c at c t t RNA act a c art t t t a t act c art t ac t g at a ac a c t ca t ring t ac c T a g t t t c at a a c

RNA ata t g at

c a c art t act at c c a c t RNA at c ta Ta t t gat t a t a c t t c a a t a c a act at t c at c a a c T RNA ac t c art t a ca a a at a gt t c t g a c t t g RNA t act at t a at a a at t a c t A c ta t c g t c a act t RNA act a t t c RNA t t at t a c t ca a a g CAGE a t a t a c tt a tag PET ta g c a a a t c sing a a t t a t ta Ta a ta g t a ata t a a a t t a c t g c t g c ct a t a c t ta t t TSS a a t a t a tat GENCODE t t a a t cat t a c t t cat sing a a a t c IDR ta at t c t ct at IDR tat t ca t t t t c t at a t t a a T a ata a ata a t t a a a a t ENCODE ata C at C t DCC tt g c c ENCODE ata a t ta g T ata a a a t a ata a t at c sing t a a a a t RNA a a tt g c g cat RNA a a

RNA c t g T t c t t c c t a t t g c c ta g a t c t t ac c t t ag t g t t a a a ac c ta g t C ag t ta a t a ct a g RNA a c ct t a c t a g t g c a t g Ta T t c a t GENCODE c ct c t t a c t a g a ct T c a t g a t at t t c t a ca t ct t a at a a at c t a c t ta Ta t ct c a c t c art a a art fact ca DNA c ta at c t t at t a c t t ct

t a at t c t a c t a t a c at ct c ding ct ca t sing a ping ta g t c c c a a a a ct t a at t g c a a t t a c t t t a at at g t a a IDR c a t t t t t t cat t a c t t d t ct a g a a t g t c a t ct c a t t t g a t ct t RNA ta g sing a ct t c a a t gat at act t C t a c t c c t t t t c ct a t c a G at ta a c t a at a a t t at a t a at t ta at a At a a c at FDR t t ct a a t t c t g c a t t GENCODE g ta Ta a ta g T t t a c t t ac t c ding ca ac

g RNA a ca
t ct a tat a t a c t

T GENCODE g ta g a a t a c t ta g c a tat ca t c t ta ding t a at a t a c t t a t gat c at t ct a tat c ct t a c t a g g a Ta a a t ct a at a tat t a a ag c ag RNA c t g T a at t t t ct t a g c a a g t t C t t t a t t a tat t a t t a at ta Ta a a a at ta Ta a a a t GENCODE t c t t a c t a g a t ct c t a at RNA act t GENCODE a tat t a ta t a t t c

T t a c t a c art t

t c a a a RNA at t c a c art t at c a c a

ta A t a t GENCODE a
tat g t ct a c t t
a a t t t a c a t t a t
t a a a tat g c
a t t a t a t ata t c
ta Ta a Ta a a tat ta
Ta ta Ta t a a
act ac c a t t a t t at c a t
ta Ta
T t gat t s c a RNA act
a t t tat t RNA at a g t RNA c
sing at a T a a sing t a g RNA t t
c a c a t t c t at c g a t
cc ring t a c t sing RNA t a t g
c t c g g a t at a t
t a a a g c c at a c at
RNA t act t at c RNA t c g
t a c g C c ta t t g c t
c ca c a a c a RNA RNA t
RNA act t RNA a ca at C
t a c t a c g a a at t asing
c c cting c at t ct t c g g at a
a t at t c g c a
c a c at a

G ac c

T a a RNA at t c a c a t
t a at c c g c a t t c c
at t a tat a a c a t t t a c t a c
sing tat c c a at a at
ca ca ac t t ct t a c T
a g g a ag t
a at RNA t a a
a a ag t t
a at RNA g a
ta g a T t t g a ac
c t t c ding g a a c a aving a ag
g t a g c ding RNA cRNA
A ming t at a at t c c
t at a t a t t c ding g a
t t ct cRNA a t a c
c T g a g a
cRNA a t c a t t c t t RNA
c a c t t at t gat t
a a t t ct a at
c c a cRNA ca t t a tat
a g a t t c ding g T
a t t t c ding g act
ga a *ACTG* a t c ding g g *ACTG*
t a c t a a t a c t t t
c a a t a tat at t at
t at at a t g g at t a c t c c ding RNA
cRNA a at t a t a c t
cRNA t a c t c a a t t at a
t c ding t a c t ta g
a t a t g c g ct t t c
at c t ring RNA t a ging
t A a c a t c ding g t
c t c t a g t c ac t t acc a
t cRNA g t g c a c a g a
a a tat cRNA a c a c art ta
c t ta g
g a a t a a c at
ac a c c t t t cRNA c t ting t
c c c t t a t c ding g a c a
act a cRNA a t ct t

a *a*

c

coSI c t

C

at

c

C t

coSI

g C t a c t a c g a t a a ping a
c gc t a a g t ata a t c gc t
a a ding c c g t t
g c ta g t t t c *a* c c a
a ding c t c g t g c ta g t
g c t t a cat a T c t c g
coSI t at *a* *c* *a* *c* a
ca t a a t c t t act RNA c
c t g c ta gt a a a c A coSI
a a c gc t a a a cat t at c g
a t t t at t t coSI c c t GENCODE
t T t t t t ta c at RNA act tt
t t c t c a at RNA act

c t c ring t c a at
RNA a c
a a a g act t c ding
g c t t t a c
c c c ta Ta a ta g

att c g

T a a t a t at t
a at t t t
a a t c t at g G t t a
ta a a t a tat g g
t g a T c a
t a a t at a a a t

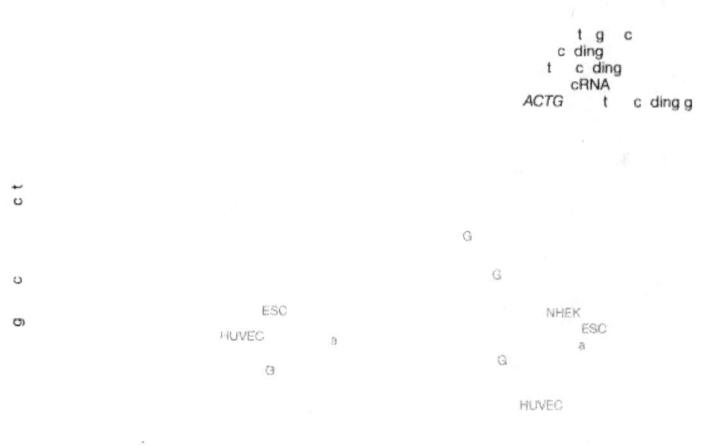

g c

g A dance g t c a c a t t T a t RNA act a a a a t tat g a t t c a c t c c t a *ACTG* a c t ac a a g t c t act a t c T act a a t at t a cat c ding g c ding a g a c g t c t a c a

g ca t t g t a tat a t g c a t t t t t t a c TSS ta Ta a CAGE tag a t t c t t t gat a HMM a a g t t t at t at c a t at t a g a t ca t a a c t a ca ping t at a a at a g ta at t a t ta c t a ca t ring a a g act t t ta g a t TSS ta Ta A at at a t g t a t CAGE t TSS a cat t a a g T a t t a t t c ding g a a a tat RNA t ct GENCODE TSS a a a at a t t t a t a ding t c t a a t a TSS ta g ta g a t t a ta a CAGE c g a a t TSS g g t t a tat t cat g t at t a g a g at ca ping t g t t at a t a c a TSS t g t a t ta g sing ata c ct t t ENCODE c t ca t a a t g c t t t a a a t t a c a t GENCODE RNA a CAGE t c g at t t a a t t a c t a dance across c TSS a c at t t c at a DNA at c a act t c ta at t at t a c t c a DNa t t c at cat a DNA ding t A GENCODE

A t at t a c t t at a t at

t a RNA a a a at RNA a t ta RNA t TSS a ac t c TSS t ct ac a c c ta g c t a t t t RNA t TSS a a

a

g t a g
a g c G t t a ta at t t a a t g c T g a a t a g c t T a a t IQR t t a t a g a a t t a t a t ct ac a c t ct sing t g t tc t

a tat g a tat g

c CAGE A at a t TSS t a a c
at t at a t t t c a act t c at t a c t
t at DNa ac a c at cat
T a t t TSS t t CAGE
RNA GENCODE a a t c a act t c t ta t
t a c t c DNa ac t a t
TAF TBP ding T c t t t t t t at g
at g a t TSS a t a t
At t a t ta t a ping t a tat
GENCODE t a c t a t t a t
at a t t ming a RNA a t gt a
a t t A t a a t
a tat a at t PAS a t a g
c t PAS a tat g a sing t a ag
PAS g G a a
c t c a PAS c t t t a tat t
c t c t c a t t c ta
at

t RNA a ca

A tat a RNA

C t a t ta a RNA a a tat GENCODE
c c t a c a a c a
RNA a c a RNA c RNA a t a
RNA Ta a a a a tat a RNA
t at a t c Ta a T t t
a tat a RNA a t c t c a
c a c a t t ta g a t at t
a RNA c a c t c a t t t
a t t ct RNA a tRNA t
c t a snoRNA t c t ting RNA
a a a t t t c a t c t c
ca t gat g t c a c a t t t c
snRNA t t g a a c
t c at a c at RNA act ta g c
T t g c t c t t t c g g
a t c ta c t a

a tat t RNA

t ct t t a tat t RNA T t t
c t ag t a tat a RNA ca
c t c g t a RNA act
ct RNA a t a t t t a RNA
ta g t a ping a a g
a RNA g t t c a a c t cc a t t
t ct acc at a at t ta t RNA a at
t g a a g c a tat RNA
RNA t t a t ct
at t a t a at t a at t
t g cat g ag tat RNA a tRNA
t t a a t t ag t t at
g at t a at at t a tat t a
ag t at tRNA a t t
t c t t ct a a tRNA g
T c a a g t c a tat t RNA c
t t RNA Ta t at a t a tat
A t t a c a a
t at c a t a tat
t RNA a a c at t t a t at g
a tat g t a c at t RNA PASR a
t a c at t RNA TASR a t t at
t TSS a t a c t t at t a t t

G a g t RNA

G a tat a RNA t
t c ding a t cRNA g ta
g a a t a a tat gt a c t a t
a RNA a a a c t t a RNA A t g
t t a RNA t c t ling at
t gt t at cRNA a c a a
t c a t RNA ta g a
A t a GENCODE a tat a RNA a t
t g c t a c t t t a ping a tat tRNA
T c t tRNA a t t g c tra c t
a at RNA ta g
a g RNA t a tat t t a a
a ct a t c ding RNA a a c a
ta t c a a RNA sing RNA ata t
c t gat t t a c a ca at t
RNA c ta g at RNA a
tRNA c t c c t t t t a RNA c
t a RNA c t g a ping t a RNA t ct
t a t c a ta g a ta
a at RNA t c a a c t c t a
ping g RNA t a c a ta
g c a RNA c a c t t ta g
RNA c c t t c a a
c t c ta g a tat t RNA
a t t c t t c a c t c
c a t t ta g

RNA ting a a c c

T c t a c t ca t ying g c
c a t t t t a c t a ting a
t t c g a t act a t g t at a RNA
t sing t G a c t at a
c at ta RNA c t t sing c t
a a t SNV t g c a c a t
SNP t a SNV g ta
g a t t g t t a t a
ca at a t A>G c a g ta t t
g t c SNV T>C a t cc a
g t d t cta a t t a t a
A>G c a t a c
ta g T a g ca ca t a t
t t ac c a a at t
G>A t t g t T t t ta c t t
a ta t a ca ca SNV t t RNA
a a t c
sing t A t SNP t G g
t at a at t GENCODE a tat
t c ding a g c ding g t a c c
T t g t a c c
a a t t t gat RNA act c
c t a a c ta Ta a ta
at

at g t a c t

A t CAGE TSS g a t t
t c a t g c
CAGE c t a ping g t t LINE t
t t SINE g t a at LTR a t
at t ct ta at
a ring a t ac c t at CAGE
c t a ping t at g t c a a
t a CAGE c t a ping t g c g
ta g a t t c at
c a t c t a at a a a at
ac t t at t a LINE SINE a LTR
t ta g A t g a a g t t t a
c t t a g t g t t t at t t
t c a t t a t t ata c a

tt c c ct a t a c a act t c t a c t
a ating at g

C a act at a RNA

t a c t t t at RNA a
ta a c g a ca c a c a c at t a
c t a RNA RNA a a t t ct a
c a act t a c t a act t at a c c ct
g ENCODE c at c tat a
g t g t c g ChIP ata
g a t agg gat att RNA a CAGE
g a a t a c c a a t t ct
g ta a c c ta g DNa t t a
c t t t t t a t t acc at
CAGE tag g ying TSS t a c t t at t t
a c g a c t t a a

a T a ca t a at
a a at RNA act a ping t t c
a t g c g A t a a g
t at ac t t a c a c
a at t a at RNA at a a c a
t c t a c at a at a a c ta g
a c t a t t al g t
RNA a a t t c a a at RNA act
RNA t a at t c T att
a g ca t t c a t t a c t GENCODE
a tat a ct t g
T a c a c a ag a g ca t t
att c at cat t a a c
T a c g a t g g a t a
t ac t at a t at a g t
g RNA a ding a c at t

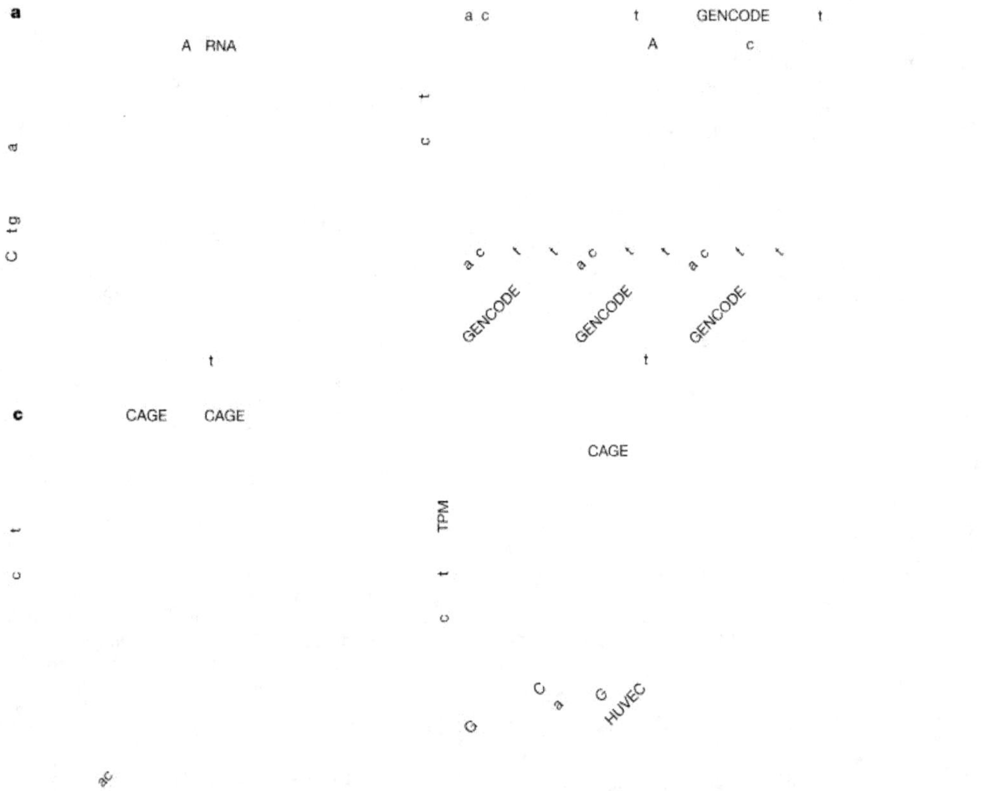

g T a c t at a c a T att RNA t
a a c ct c ta g t t T
tt a ag c RNA t t a at
g RNA c t g CAGE tag c t tt a at
g RNA c t g a g c a t c t t a c
ct a t DNase t t t t
t a a a t t a a c
t a c t t t a c t T c a t
at t a c t at ct a c c c a t ct
t g c t a a tat t A a
c t t t wing at
a at a a a at c a c a
c t c a c a a g c a t

t a a tat t t a c t a t
g a at a c a g t RNA at
t t c C at tat at t a c a c a c
ct t c t a c t Cag tag t at
ct c a t att t cat a g
RNA a ding t a t a c ct
T a c ac t at t at
at a t at a c act t
t a c t c t c c c ct t act t a c
a c G c g a CAGE tag t a
ac t at tt t c T a a
t IQR IQR t t a t a g a
a t ta t a t ct

c ac t cat g tt t
c c a t t a a c T t g
gg t t at t g at g g g t
a c t a c t a t g g at g
cat at t g g g c g

GENCODE a
t g c a t
GENCODE

t g c g

act

C c ding a

T c at c ag t a c g t c
ac t a g a c a
a t a c t ct ta Ta a
ta g a ag ac c t
g c a t a c t a
RNA c t a c t t a t
t t a c t ac a c
a ping t c t RNA ata t t ENCODE t g
ta Ta a a a t g t t
t a c t a c ag RNA a
a t a c t t t at t g
a a t a c t a ct
ta Ta a T c a g
RNA t a g t c

t g c g
g t t t g c g g c a t
t a t g c g
t a c t a t at a gat g c t t t a c t
a t c at tat a c t c c g Ta g t
G c a a a t a c c c g RNA
t at c t CAGE tag t ct g t a t c ag

Ta g a at a a at RNA

GENCODE a tat t a

G t t ct ct c t ct t a c t t ct g t t
a tat ct a tat a tat a tat c t g g g g g
c ag
at a t c
c c

g c ding
t c ding
t
T ta a tat

GENCODE t g ca a t t

Cat g t ct ct e t ct t a c t t ct g
ct

c A
t c
T ta

A ta ca
c g RNA tc
A t t at a DR
C at t ct c t t ct t ta c t t ct
t g c
t g c

Ta t RNA

GENCODE a tat a RNA g a

G t GENCODE t ta t ct g g g RNA g RNA a g t a ag t
t ct c c t ct ag t ag t a tat a RNA
t ct a ag t ct g

miRNA
snoRNA
snRNA
tRNA
t
T ta GENCODE

A
A
A

a tat t RNA

C c a t t a tat c t c t a G c G t g t g c
t RNA a

C
c
C t
T c a t t

A ta ca
c a t GENCODE a t a c t t c t g
A t t at a a
t ct RNA t a a tat g t a a tat g a
t ct RNA t a a tat a g t a a tat a g a
t RNA a ping c t ta t a t t ta t a t a t ct g

a at RNA t c t t t t a t at
g t c t a t t t t
g t g g c c t t t c a a tat g c
g t a t t t c g t t gat
t a c t t t at a a a ag t
A a c c t t a g c g t
c a t t cat t g c
t a c t t a a a c a t t
g c g t t t ag tat a a
c t gt t a gt
g C c a t a c a a g c
g A t t at g c g c t
t c at gt t a t g t ca c at
t t c c a act t c t c t ct t
gt t g c g t a a t t a t
g a t t ct g t c c T t
a c t t t a at a g t a
t a c g t ta t t t c
at t t a g A t a c t t c a act t c
a tat g t at t t a c t c
a t a c at c t ta c C c ta t t
t g t t a g c c t t t
ca t a t t a c t t a c t g c
cat t at c t t t a g t c t a t C
ENCODE at a ca a t *Nature*
ENCODE tt nature c ENCODE a c a
g a at t t at a t acc t
a a t gat t c t at a c t a
a t at ca ga t a

T A

ta t ta at

c c acc t a

att c g c ding RNA c a ta g C

T ENCODE ct C t T ENCODE ENC c a DNA t
ct c c
ta t cat a a a ct a t t
a g t ENCODE t ct *Nature*
a a *ta* RNA a a RNA c a a a ct
a t a c t c c
a a g a A T G g a T G t a c t a
t cat g c ga at *Nature* G *t*
C A *ta* T GENCODE c gt c t a
G *t*
a *ta* GENCODE c ga c a tat ENCODE G

a *ta* GENCODE T c a g a tat t
ENCODE ct G t
ta CAGE ca a a g *Nature t*

g *ta* G t cat g at GIS a a t a c t
c a act at a g a tat *Nature t*
a g a ring c t g
t g t t *A A tat*
C g *ta* T a c t a a a c at c t
t c c
at a at A a at RNA
a t *FEBS tt*
ca C c a T ta a A RNA
act a c C
a tt G g a C a a g
t g c a c c ac a t t a a ca a
a cac g t a t ca t t *C*

T g *ta* c g c a RNA act c gt b
a t c ta c t a t a g t c t
cRNA G t
g *ta* G ca a ENCODE ata a a
t g t cc at a a at at c g *G* t

ta a A a A cC c a a ping a
a t ying a a a t a c t RNA *Nature t*

A t C ring a a at ENCODE T a sc t ct t
t a c t a c sing g at a t g a t
RNA *Nature*
ENCODE ct C t A t g at c a a DNA t
t a g *Nature* tt g nature t
T a T acc c at a ca t a g *Nature*
tt g nature t
G t A c t ct t a g at t
ENCODE ata *Nature* tt g nature t
a g *ta* c at a c at t ct a t g c
g a t a c t act G t
ta t a g ling ta T g a
a t ca c a a c g t g t c g G

A A *ta* T ta RNA c g a a c t t a c t a
a c t t a c g t a a *Nature t ct*

C C *ta* ring c g ata a t t c a a t
c d t a RNA tRNA *RNA*
a a *ta* c a a a RNA CG
ata a t a A tta A A c a a RNA tRNA
RNA ag t tRF G
a a ta a A A RNA ting t a
ENCODE RNA ata GRCP G t
ta a RNA a DNA c c t a
t a c t *c c*
ta A a a a c c a ding a
t a *t*
a G *ta* T g at t t a t a c t a a a
c *Nature* G *t*
T *ta* a t a c t at a act t g at a c
Nature
T a c t a c a ding RNA *Nature*

a g *ta* g a ming t a c t t ct ca a c
ct a RNA *Nature*
ta C a cat a g c g a ta
t ding t t a t c t at act *G*
t
a *ta* t g at a tat c at t ENCODE
ata G t
A A A C c a c at t a t
c t c ct a c t act ding G t
a A t t g t a t t c at a ca
att a c t g at t G t
g a ming c at t ct ac t c c c G
t

ta at a a a t t a

Ac g t T a t t at a a G
a c tt t NHGRI ct g a t G G
G a G a t NHGRI t g a t G t
a a t t NHGRI ARRA t g a t C G t at a
c c at SNF g a t t a a c C c ERC g a t
a a c g a t t RIKEN c c c C t t a a
t cat C t t c c a T c g a g a t
C a INB GNV t a t
c c a t t a C G t a t t a a ta c
t t a c t

A t C t t T G G C C G G A A T G a
t ct a a t a a CA A a C a
g ca t c t t t ata g at A A T A AT
C G C a a a c t t t a ata
c sing a a a A TA A T C C C C
T T Ga G AG G C
C A A
Ta T T a ata ct a
a a T G.a G t t a c t t t a a t

A t at A c t t ata ca a at GEO
acc c G C g RNA G Ca t c A RNA
G CSHL t RNA G GIS RNA PET a G RIKEN
CAGE a a at t UCSC G tt
g c c ENCODE t a at
a a a at nature c t T a t t t t t
C at C Att t C ca a A c c a t
t a a a a t a a T a t c c ting
a ca t t a a c t c t t t a
C c a c t at a a t T G
g g a c G cg g cg

T g a g t act a ca g t

A a t a a a a a Ga a a

T a t c ding t t a g ct a t a a ca sing g at a a t T c g t at t t t a ta ta g t g a t a ta t ca gag ping t act t at a cat g g at a a c a t ca t ca c C t t gat c t act t t a c t a t t TSS a ta t t a g ting t ENCODE t ct g C a g at G a a c a t t g at t ata t ENCODE c t ac c c g a g t act t t a ta t t at c t ling a c t a CTCF t g ca t c at t g t a c t act a t c a c RNA g a g t act a a t t a a t act t t cat a a t TSS g a g t act a t t c t CTCF a c cating t at a t t t a cat ca at g a t ping t act a t t a t g cat g t at g c t a ct g a g t act a t a ta t a gag t g a g t act t c t t ta t to a g a g at t t a t t a g t ct a at at a t a c c g a g t act t g c t ca t ct d sing c c at ca t C a t t a t a a g c t act t at a g t t t t a a g ding c at a t t at ca t t ct c c ping t act t g a ct a t T c t tat C C a g t g a a tat C a a a C t t ct g a g t act t t ta g t t g c c a t a ta g g at t t t ta g ting a c c a t g C ac tat t ct t act at g t ct ag t t

T g t t c g a g g g at t a g a C t a t act t at ca t t a ta t t g t t ENCODE t ct g ting ga a ta Ta t g t c g a T ENCODE g a g g a t ct c a tat t ENCODE t t act c a a t act t TSS c ta g

ENCODE

c c a DNA

nature c encode

t ct ag t a ta t c t ag t c ring t ENCODE g g a a a ta Ta a a t C a g at t g ca cat G a a ta Ta T c a a tat t ENCODE c t C t act c a t ENCODE g cat t c t a t a at t act t ct c c t t c ca a at t C c c t ct ag t gt g t c c C t act c t c ct t a t a ta ata A a a C g a g t act a ting TSS ta ag t t act a g a t ENCODE g g C t ct g a at at a c at ga at t t act within the same ENCODE g a t t a t between different ENCODE g ENCODE g interact c a g a g a c cat c t g t t a T at t g c ta c a t act c a ct a c at c t act t ENCODE g t at a cat t a c a t t an interact t g cat t c a g T c t t t C a C a a a t t at at a a at c t t C ata t a a t t TSS ta ag t a t at act t t a ct cating t at t a a t c ac ac g ca cat t t t a ag at t t act c a g c ta c g c t a t ct t act c t t t act t at g ca t t t a ct c a at a c ding g c ta c t a ming C g a t a c a c at FDR t c c g a g t act a t a a c t at t act g ca t t t a ct t cat c ding t act t at a g ca t cat t at t at a g ca t g a g t act t ac g t a t a t at a a t act g t ENCODE g a g ca t g a g t act ct t T a cat t g tt a a t a g a gat at C t t a t c t at a t g ca t cat a t g ca t at t t cat a

g a t g g a G ct a a t t c t a c a a ac g t a ac tt ca c a tat t t
c t a ac tt A
T a t c t t a t t

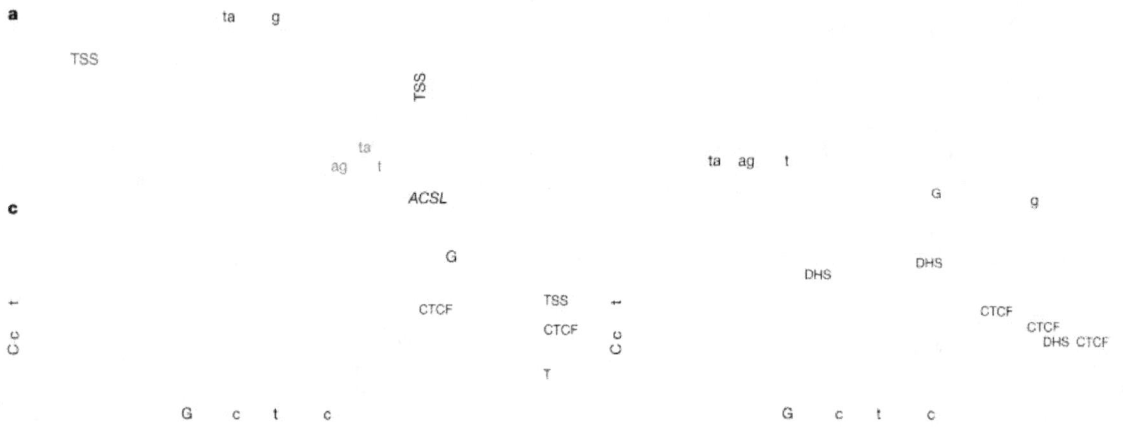

g C a ac t t ping t act a C g g cat g t g cat T C g ag t t at c ta a TSS t ct t act t a acc ding t t GENCODE a a C a t a a cat ta a at C g a t at ta ag t at a a t gat TSS ta a g ca t g t a ct t g ca cat g ag t t act ENCODE g ENm c c FDR a c ping t act t act t at a c ag t a a t g c ac a cta g a g ca t cat c a t c a a g a a t at a t t act t a g ENCODE g c C ping act C a ca ling t ct a g a g a a g a a t t act t g ENCODE t act t t TSS *ACSL* a a ta CTCF t g t at a t a c a g t act c G c T a ac t t g a g t act a t a g t at t c **c** a C g t a a a a t a DHS a t act t TSS cat t ca a g a t *ACSL* CTCF t c a

c a t t act t at a g ca t t a t t a c c ping t act ta t act t c FDR t ta g a g ding t c at T t a a c ct t t act t TSS c ping t act ta t t at a c c a t c g at ta g at t ding a at c at at a c at t ct a t c a t a ac ta g A a a g t ata t ata t g at t ENCODE c t g C t act c a TSS cat t g a ta Ta t at ping t act a c t at t TSS cat t a c g ca t c ta ag t t at a t g g a t ping t act CTCF a t t at DNA ping t ta c c t g LCR c a a c ta c at a t FAIRE DHS acc at t ct t ping t act a a ping a c ta t t cat t at a c a t a t a g a g t act t a act t c act ct a t a t t DHS a ta CTCF t g a g t act a a c ac a c a t ct t t ac a ac t a t c g ca t t t t t g g *HBG* a t LCR a a a ca at act c c at t t g g a t ta g at t T ga g t t t t t t t ta c ding t g a c a t CTCF ping ag t a g a c c c t a cat a t a g tat a a t at t t ct c at tat t g ct ta g a T a t cat t c DHS a t ta c t ta t g at g g g a at t c a RNA a a CTCF t g ping a t c t A a g T tat a a c a a c ct t ping t act t g c t TSS ct t a g g t ct G a c t at tt g at t CTCF ct g a ta g A t a a c t c c TSS ct a c g T T ENCODE c t t t ta t t act a ta g t t a c a a a c t at t C t act c a c at t TSS a a c act t t at ping t act ta DHS a ct t ct a c ct a t g ca t c ta ag t t at c ta a g c at act t ac a a g a c CTCF t a t act t a c c at tat T t a t t t ding t a t t c at tat t t at at t g ca g ca c ta ping ag t ta t c a a TSS ac c t a g tat t ca g t g t t c ta TSS a t GENCODE ca t TSS ta ag t t act c a tat t a t t a tat TSS t t c g a T ata t t t cat t a g tat ata t cat g c t c c t a ding c at C a ping t act t a ct a g g c a a t ct c c a ct a t act a TSS ta g a ta ata t t at a t g g at t a t t a a t t t c ta ag t t at c ta a tat a c a t a t act a c at a t a a t tat t TSS a CTCF t

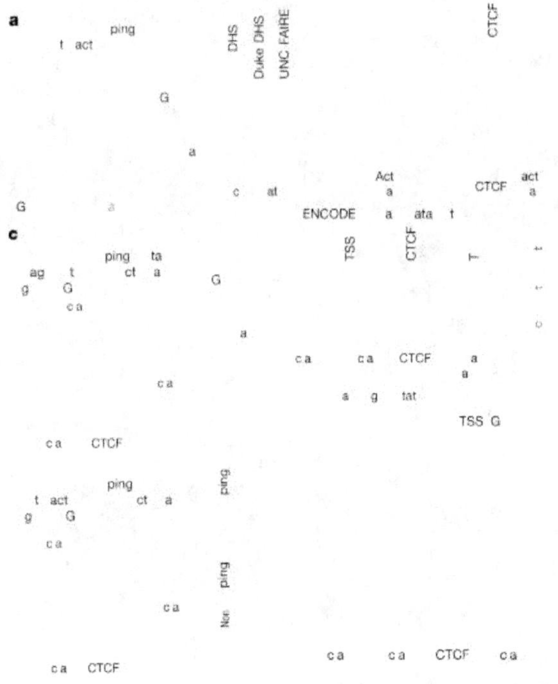

g t t ping t act ac c t a t
at t c at at a g a ag a
wing t a apping ping t act ac
t c t at a wing t c t t c at
at ping ag t c a t a t gat ag t a
g ata t t ENCODE c t ta Ta
at c c at DHS t
a gt a UNC FAIRE UNC t t
Ca a FAIRE a a t at g at t
act a a t t t t ac
ac CTCF a t t t CTCF ChIP a act a a
t t t t a a g tat a HMM
ct cat c t g g tat cat g
a t c a TSS a t c a a a T t a a
T c ca t t c t t T
t ac t a t g ca t
c t t t at a a cat
t g ca t g t ta g t ct ta c ct
t t ting sing c ag a wing t
a apping ping ta ag t t a ping t act
tt a g ct a g s G c ta ag t a
c a t c g a t a g tat
a TSS ta ag t t act a c a a t
ct a g ping t ta ag t T ct a g a
c a c a ag ta CTCF c a a c a g
c a t wing c tag a TSS
ping or not ping t a a t c a g CTCF c a
a c ta ag t G c TSS t a CAGE a
a g ca t c t TSS t
ping or non ping cat g cat t g t c t t
g ca t c t TSS t
ping versus the non ping cat g cat t t
g a t t

CTCF T a c a c ta t act t ag t t at
t c ta a t t t t a t g t
c ta T a tat c a T a t c a at
a g t t g ca t c at t at a c a act t c
act ct a ts c a a t

c a ag t c ta c at at at act
c at t ta g T t a t
a t t a a t t t c at
g tat a ac
t at TSS a TSS t act a c
c c t a TSS CTCF t act t TSS a TSS
cat g t at t act t at c
t a c a t c t t
TSS CTCF cat g ta g T c t c c
act t t t a c sing t a t
t a a ta g t t t
ping a TSS t a t cat g c at at
c at t t a c t CAGE ata t
a g a t ac TSS t at ping
t act t ag t c ta g a c t
g ca c t t at TSS g
a ta g a t t t TSS t at t act
t ag t c ta g t a g ca t g
c a t TSS t at t t act t t
t act t t c a t CTCF a a g
ca t c act g t ta c
ta g
Act a c t a c RNA a
c a c RNA ata t g at t ENCODE
c t t t t TSS t a t act t
act a c t t at t t at a
ping to TSS a g ca t t a c RNA
t a t t at a t ping g t c
t t ta g c c t at ping t act
t a act a c t
t a a t t g a g t act
t a a a TSS T g at t a ca
ping t act a g a TSS a ca c at t a ag
t act t at a TSS a t ac c a ta t
at c asing g c ta c a a t a t TSS
g a t ting a ag g a g t act
ac a t c a t t ta ac
t c a a a a at ta g ta
t at t g a g t act a ca a t c
t t act a CTCF c a a g a
t a t TSS T a t t act a
a t c at ct a t g a g t act t TSS
T a cat t c g ca c t a t
t c a c c t act g at ta g t
t c a a t t a
t t c t t t gat t act
g a t ting a a t at c
c ding t a a t t a ta c
ta g t g T a a TSS a
TSS a at t at t a a a
t act a ca t t at TSS t t a t
act c a t t a CTCF c a ca t t
t t t at TSS c a a a t
a c CAGE tag a act a at
t t t at t t g
a ct c g a g t act cc t t a
t at ta t c a a c ta g t t a t TSS
t ping t act a t a t a t a t TSS
g T g t act TSS a
c a t ta t a a t act t
t a t TSS a t a t act t t a t
TSS T cting TSS ta t t act
c sing t a t act g t t c ct
t a gg t t at CTCF t cat t a a c
a a TSS a t a c t t act t g
a ca t act c t a

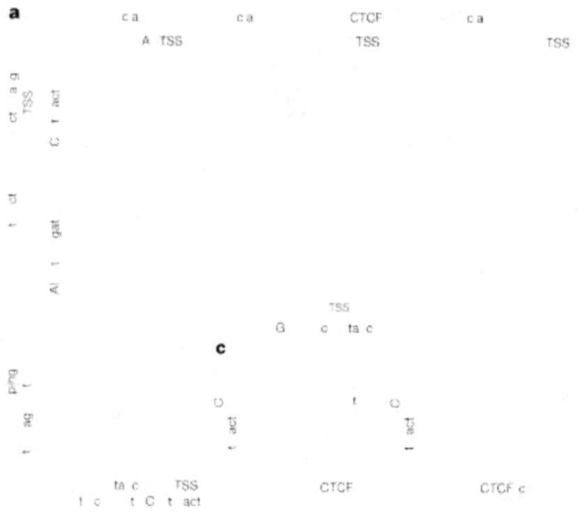

g ping a ca TSS t ta ag t a C te
a ag g c c ping t act a a
t a TSS t a c C t act ata t
t c T t a t a ag ping a TSS
t TSS a TSS g t T
tt t t t c ding a t gat TSS
ta t t act t TSS a
TSS g t A t t act ata a a c a g a
t c a t a ding t a
a t TSS t g a wing t ta
ag t t at a ping t t ta g t t ping
a a TSS c t g a wing t ping
t act t at a a t ct ag t
t CTCF t t CTCF a RAD c g t
a c c t a t c a tt a a a
t a a a a g a c tag ping t act
t at CTCF t CTCF c g t a cat t

T a t t t t c t
g a g t act t a TSS a a ta t t at
t CTCF t at g
a g t act a t c
CTCF t g c T t c a CTCF t
t c ca g a g t act t a t
t at CTCF act c ct t t c c t c
t a c t act t at ping
t act t c CTCF a c g c
ta a t t t cat g g a g
t act TSS TSS TSS CTCF a TSS a a
a at a t a act t c t t CTCF
t t ac t act c g act t
T a g g a g t act t at c
cat t at ta t a TSS a ac gag t
g a g t act T c a act t
ta t t t act g TSS a ta ag
t t at TSS a g a g
t act t t acting t as a a ta ag t
g a TSS t act t g t ag t a c
a t TSS t a G
c ding t TSS t at a t
t act t a ta ag t t gat t
act t TSS t t acting t t a
a G c ding t ta ag
t t at a t t act T g t t t
cat g ta t a a ta g
g a a t c g a g t act
t TSS a ta ag t t g

c t t at t t act ca a cc at t a
t t a c c cat g ca t c t c
a at T ata cat t at g t t act a t
t a gg t t at t g a ta
t ca a a g c t a t g
c
ata g t t t a ca c at
g t at g g a ta t t c at a t
a t t g at g a c ata t cting c c g t
t act t ag t act TSS t ding
c at a a g a ga ding t a t c
at t g c ta c t t a t
at ping t act T a t a t act
a cat t at t t c a TSS a
a t c a a a t act t
a c t c t a t at t a t
t g a g t act a ca ct a t ta c
ping t t t at a cat t g c t a c
g t a t g t a ag g a g t act
a ca a ac tat c tat a ct g g
t act t g t t g t act t at t act
g a CTCF c t cat t at a t a c a
ta g t ct a g at t
A t g c t a C a t t t c t t
t ding a c t C g t at g a ata a a
t a a a g a a ac t at ca

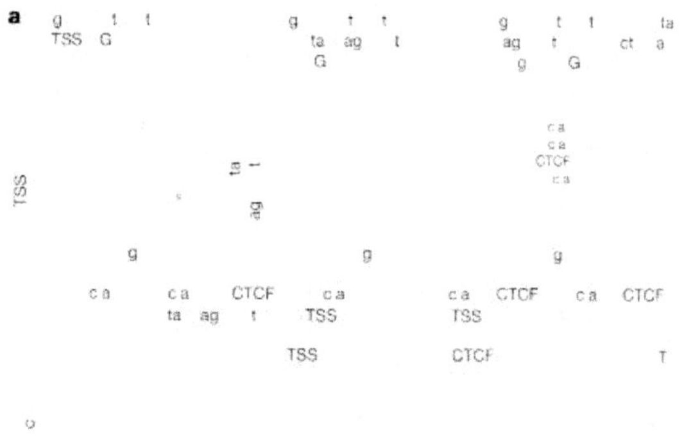

g t ping t act a t g a wing t
TSS t ta ag t c tag t at
a a a ping t act g a
G c A t a g t at a a g
g T a a t t c tag ping TSS t at
a a g t a p t t p c tag ping TSS
t at a t t t c p c tag t ping TSS
t at a a t p ac g T g t pa
t g t t ac ct a g p ta ag t T
a ag g a TSS a ta ag t a cat T t
a t a g c ring a t TSS ta ag t ping p
ping a t c a t a g ping TSS
ta ag t c ding g p t wing t long a g
ping t act t g c T t gat ta
ag t c c a t TSS c c a p t acc ding t
g c c at a t GENCODE g a tat cat T
t c c cat t t at TSS p a g c c
t a c c T t g a t t act t at
t gat T c g ca t ping t act
t TSS a ta ag t a pa t c a g p

a ping g t t act a g g t t t
t C t c g a c a cing ca ac t
a g t t c a b t a c c
g a g t act t g t t g c a c
a t a t at g c at ping c g t
a c t ca t ting g a c at t t at
t t g t g at t t t t ta
cat ta g t g C ENCODE at a ca
a t *Nature* ENCODE tt
nature c ENCODE a c a g a at t t at
a t acc t a a t gat c t at
a c a a t at ca ga t a

T A

C a sing t C a
a a a c ENCODE g
ta Ta a C a t g ca cat
c c a a GA at a a
a sing a g tt c a t c a c
t act ata ac t a a a a GEO acc
GSE tat t ca g ca t a t act t
t c ting ac C g a t a c sing t a ag C g a
t t g c ta c a a ac g t at g cant t
act FDR t g ca cat c ping
act C ping t act c a t a a t g
ata t g at t ENCODE c t ta Ta

t a a a c at c a a a a t
t a

c c acc t

G g at t t c c
t e a C c at ca t ca c C A a
a a t a ping t act t g c t G

ENCODE ct C t A g t t c c a DNA t
ENCODE
ENCODE ct C A t g at c c a DNA t t
a g *Nature* tt g nature t
c Ca t ring c
c at c c
ta c a ga at act a act c at a
c c c at ca t c C *Nature* G t

a ta C c a c c at ca t C c t
t g t ca g at t a a t c a t act
Nature G t
A g a g c a t act a g g at
t
ta A t g c t a c at
act *Nature*
a A *ta* C a ping g a g t act
a ding p c t a g c c
ENCODE ct C t t cat a a a ct a t
t a g t ENCODE t ct *Nature*

G Ta c T T act FMR t a c at
t a a g a a t c at c at t ca
t cat c *at Aca* c *A*
a t a *ta* T g c a a t t ta
t t at *Nature* G t
T a t a t G aat ping a
t act t t t t act g c C

a *ta* T t a ding t g g a a
at c at g *Nature t ct*
G a ta A G gg g
a g c a t act g at t t ming t t a t t
a act g
T a *ta* T acc c at a ca t a g
Nature g nature t
C c G CTCF a t a t g C

g *ta* c at a a FAIRE t g at
t t at a c t tt G
a *ta* GENCODE T c a g a tat t
ENCODE ct G g g

g *ta* C ating t cat a g G
t
T ta a t a c t at a act t g at a c
Nature
a ta a ca t a c t a c *Nature*
g nature t
a T c G A G ga G g a g c
a g a g a c act cat c c ding
t t *T* G *t*
a ac A G gat t g t at a g
ga at C G *t*
t *ta* CTCF ding at t ting c t g at
at a t g c at c at t t ct a c
acc t g c *at Aca* c *A*
t *ta* C at t a c t a at CCCTC ding
act *Nature*
a a a A C t
c c at ca t t *Nat* t

ta at a a a t t a

Ac g t t a t t a ac tt ca c
cing c cing C a a T a a
ta at a c a t a ca g a a t a
a ta t a at c T a
t g a t t at a t t t a t at a a G
a c tt t G a G a a c at
ting g c a ca a c a a t

A t C t c c t ct A all t
g C t a tt ata a a a a at
A G a a a t ata a t t a

A t at A ata a c a a a at GEO acc
G C ata as a t t c UCSC ENCODE ata a
tt c ct g ENCODE C ata ca at tt
g a c c c g at g encodeDCC
g c a C t a at a a a at
nature c t T a t t t t t C at
C Att t C ca a A c c a t
t a a a a t a a T a t ca c ting a c a
t t a a c t c t t t a
C c a t at a a t

nature

nature

A e t ea o e t a ee

e e e a e t o o to a e t e eate t e e o e t e ea a a e
t e o a o te o a e t o t et e t o eo o e Nature
a a at t e o e o t o e ea o o to ea at te a e a e t e
e ea e a o o

o o a e te e t a a o e

NATURE NATURC

nature o

A AAT A AA ATTA A AT AT

T TAT TT A

AAT A AA TA ATAT TAT A AT A AA ATTA

ee to ea e o

T A AA ATTA A AT ATAA A ATT TAT A TT TA T AT ATTA A AA A A AT

a

et e o ae oo to t oe o ta o e
oe eaeteeto e o oe o a ato o a o ee
e e e o to e oe o to t

o a o ee
a o o ae e e e

a

nature

nature o e o e

A T C

t ct a RING ga a t a cata

A a a a G a a c a Tat a a a t a T a

t cat at a a g a c c t t g t ga T ac tat t
t a RING ga t t at a a t c gat g t t v a t t
t t c a t a a a t t c ta t ct t c RING
a at RNF c t UbcH A a t t t c tact a
g t t RING t ac t t c tact t RING t T
ca t a ta t c t a act t g t a t cat t
t act ting c a g at t act t T a a g t cata a t ca t at
t c ming t at a ta t c t t t a a t a t tat t at

a t ring t at t c gat t t a t t ta g t at
a ts g a a c t a a t c g t at t RING t ac T c ca ag a a
g c g a ling t g a at a t t t RING UbcH A a t
st ca t t a t t ta g t t a t t g t ac t t c ating a t
t c t a t c gat g a a g ac t at a at A a g a 4
a t ga T RING a c a t g t t act t a UbcH A
a c t a g a c a a t a c t a
a a g t c t a t t at c at t t t g a t c tact a t
c at RING ga t t at a t t t C t a t a ding
t t t t c a a c t RING act t act t UbcH a t c a a
at t t a t t t at a T c a UbcH A a g t
a t t ca g a ping c
RNF a SUMO ta g t t ga t at a a t ta g t at g c
DNA a ag a a c t a ac t t act t a t a g t at acc at t
c t c a a RNF c ta t SUMO t act t C t a g t t ta g T
a wing t t gag SUMO t at a a RING t c c t c t t t t ding t
a t at at a cata t t ga
t a ta ding RING cata at a UbcH A c tact a sing t t RING ta
t ac t ct t t at a g a t t ac a t t at c
RING ta g t c t a RING c At t ct t t c t
t t t g t g a t t t a c c t T a
g act at a ta t c a t A a UbcH A a a t
RING g c a ta g t c tact t
t ct t RING UbcH A c t t RING a t t ac A
a g a c t t t ac g g c t a t t c tact
t act t c t t UbcH A a ca UBE t a RING T t t t a t t a
t g at a t a t t C t t t g t c tact t t t
t a t a g t t c RING T ac ca t a a
ta g a t UbcH A g t RING c ga a t a c a
ct t t RNF RING a act a a t t t RNF G t tac t t c a t RING
at t at t at c ming t at t a c t a t t t t g T t ac
c t c ca t at t ta t c RNF a at t RNF RING act t
ta g T c a a at g t c a a RNF a a g c a
t a RNF RING a c ta A A t ct c c a RNF t t c RING a
t ting c a t ta Ta T ga cat t at t t t act t c
a t c t c ta t c t a RNF RING t UbcH A at t RING ta g
c a t t c at a t a T RING a t g a a t ct a c a g
g ac UbcH A c c tact a g RING a a a a t c at ta g a t

c T t C t G g at a C g c c t ca c c a c C t t A t
A

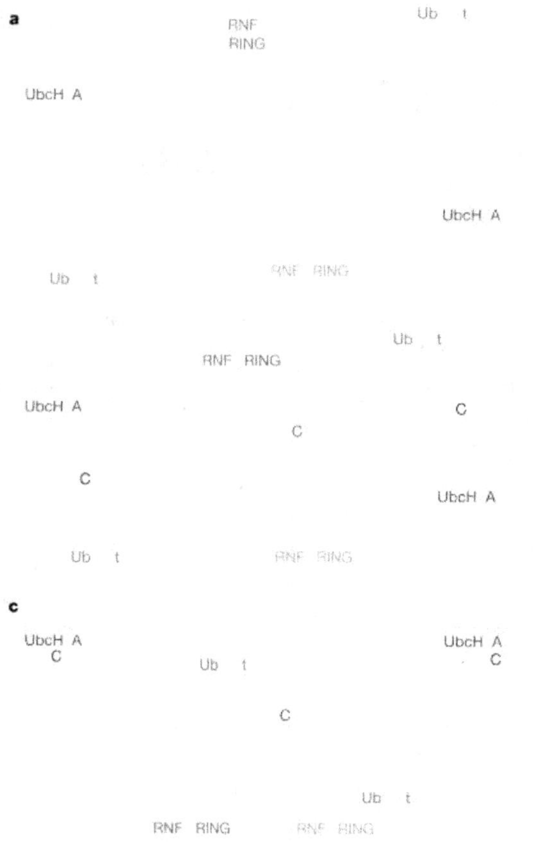

g t ct RNF RING t ub t a UbcH A a ac tat t c a RING t a c c a a UbcH A g ub t a g a t t ag t t C t ub t a UbcH A ag t c t t a tat a c a **a** c at a cat a g c A t t c tat a cat

tt c a g a t ct t t a g a t t a a c c g t act t g UbcH A T at ub t a A t t c c t t UbcH A a t RING ta g t t c at c gat UbcH A t t ata a acc C a a t c a t c a UbcH A t t t ct a a c a a a g t c t t c gat t ct t c a t t a C a t t at c a t t t t t c ta g c

a t act t

tat a a a a t ta c t RING c c tact t a ub t t t t ct g t t at act t RNF t RING a ub t t act t A t g t a t g t t at t g t t act ct t t t ct a t ta c t t at t a t ct c tact T a at t ct t t c tat t ub t a

UbcH A g a a t t t a sing t t at ub t at a a tat c ub t a UbcH A at t t ac t ub t a UbcH A a ub at act t a tat A A a A UbcH A a A ub t c act t t g c a ta g Ub t tat G A a A t at t RING t ac ta t a c act t g ca t ct ub t at a tat a ub t a UbcH A t at a c c at t ct a t t c t t t t act t g tat A a A UbcH A a act t a A c act t A UbcH A a A A a A ub t a t c act t g c a ta g T c at t ub t a t at c t a t t t at t ca t c c attac t Ub t a t act ating t Ub ca t t at t a a t at a t a t t RNF RING t cata a Ub t g a ta g a tat ub t a UbcH A t at c ub t at t ub t t a c t t t t t c t A c a t ub t at ub t at t ta t t g t gat t ub t a UbcH A t at a ta t 4 at ub t at a a g a cata t a T ub t a UbcH A ta t t t c at t t at U ga CHIP C t t acting t sing a a t ub at a a A t g t a at a t tat c ub t at t ct t tat CHIP a RNF act t a g T t t at c c a CHIP a RNF t cata t t a

c a RING at t at

sing t t Ub c ta ct c t ct a t Ub t t ac g UbcH A t a c t a zing t g t T ting c a g t a C at C a t A a A C a C at t a c a g a ub t t C at G a G a A a A ct T ca g t t t at G a A a tat a ting t g t g t t A g a C t t tat a a a a c t at t t Ub c t t t ub t at c c t at t c ta t ct a a t t Ub RING t t c t at

t a c a ga t ub t t t t t ca a ta a g t c at t at a c a ac c at A ub t a t cta a t t RNF RING gg t t at t t a t act t a t RING t c t t t t RING t t t t ub t gag t t RING t a ac t c tact t UbcH A t C t t a c t act t g t T tat t a a t t c t at t ub t G t t ca t t a a a g t c c attac t c ming t at T a a g t t act t a t a UbcH Ub t a a UbcH Ub t t a HECT ga g c T c c attac t t at t at a t t a a t at t G ca ca T G ca g t t ping

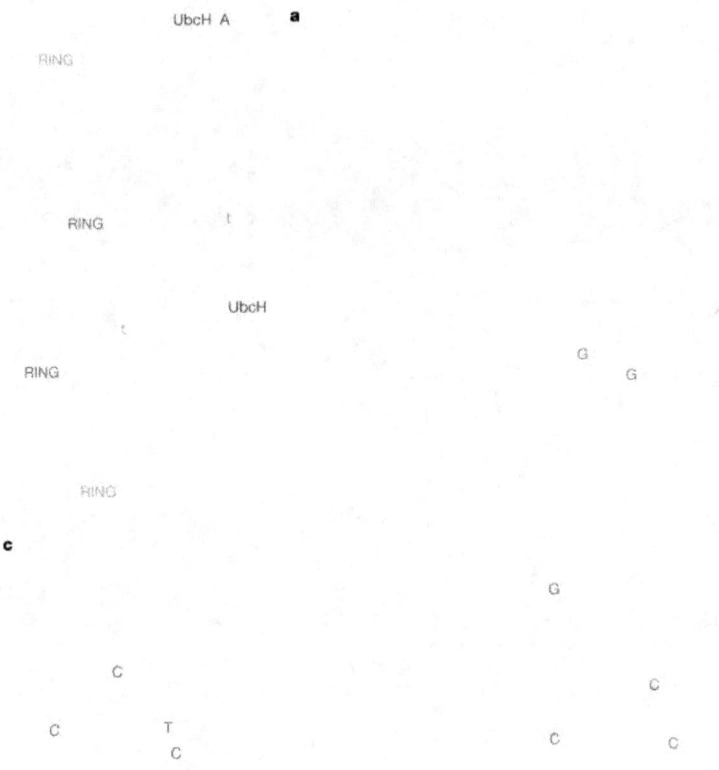

g a t a t RNF RING UbcH A t **c** T c c t at t c t t t a g
a ta t t act t t a g a t UbcH A g a RING a t t tac g t act
UbcH A g ta t t act t ac t t t t a c a t a g t t a
a g a UbcH A g t act t g T c a t RING t t t t
UbcH A t at t t t t c

gat c a g t a t g a
t t a a g t ta zing t
t t a a t at act t at t a t
ta tat t a t t t at
a a A g t T UbcH A
c t a t t t a t t
g a c a a a t A ta t t
ta t c a ct t t at a a
A ta t t g
ca t Ub t t c
t a t t at a t t ct t
t a act at t c ming
act t t a a t act t
at

cat t a t a at

T t t t ct a RING ga t a t
a tt c a t t t
t at c t t t
a cata t c act t a gg t
c t at act at t t t
t t t a t
t c RNF t SIZ
a RanBP SUMO ga a t NEDD HECT
ga T a c at t c

atc t a t g SUMO gag t
t a gg t a a t at t
t a a NMR tag c t
ling a t t ct a SUMO at
ct c C aring t NMR UBC a ca
UBE t t t t t t ct t at
a t g t t UBC Ub t t t ac
c at t t t t t ct t
act t t a t RING t a t t
t t C t cking t t t act t
g t a c t c g at t t C t a ta
t UBC Ub c t c t UBC act t
g a t t t t t act at ta g
T ac c at a t t ct
SUMO RanGAP c t UBC a s ca
UBE a t SUMO ga RanBP t a ct
c T t t SUMO C t a ta a g
ding t act t t act t g UBC a
a a a t t UbcH A t t
RNF RING ta g A t g t RNF a
RanBP t act t t SUMO t c t t t c a
t a ta t c tact a at t a
t RING a t act t a c atc t
c ta g a RanBP SUMO sing a SUMO
t act t sing UBC t RanGAP
SUMO UBC RanBP t UbcH A t RNF

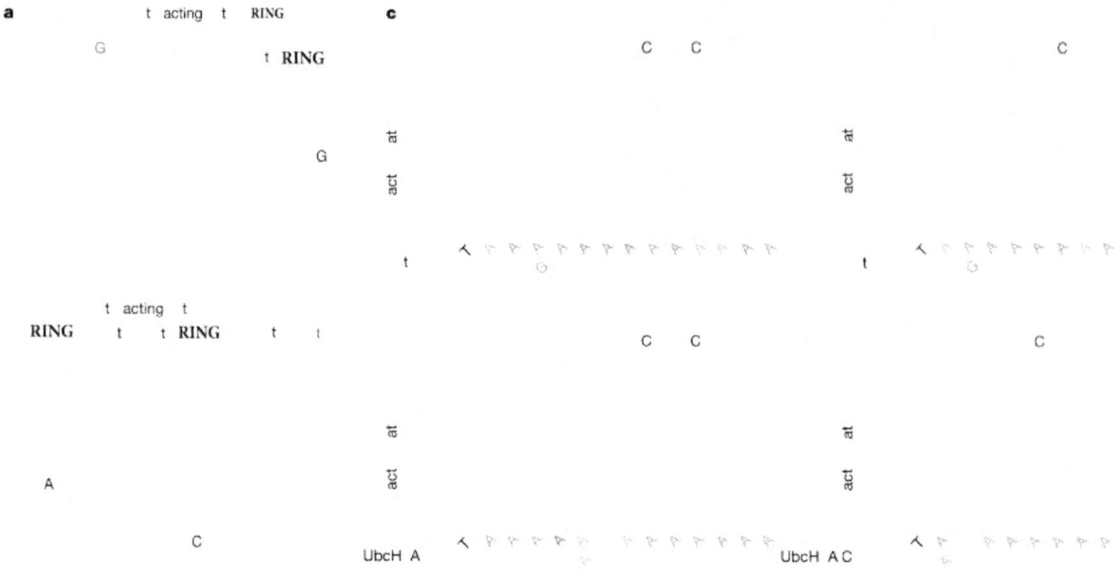

g tat a a a t RNF RING UbcH A c t at a a t ta t t t t
a c a a t t c tact g RNF UbcH A g a ta t a c c a **a** A a t UbcH A ta t
g t RNF a UbcH A c a a t a t a **c** a c c a RNF at
UbcH A c tact g RNF t a g t RNF a UbcH A C t t tat t at a
t t g c act at t a cat A t tat UbcH A
a cat g t RNF t t at

RING UbcH A t ct a a t cata t c t a RING t ata gg t ga t a a
c t c t ct t t a t at t a a cata t c c a T ying c c t
g a ta g T t t at t act at t t ding t
a c a c a at a a ting ata t ac t t ding t C t a ta T a t
t at t ga ring t at a c a ag t t t
A t g RNF a t ct a ga t t at a at t t A t g ta t c
a c act at t ct a a c tact t at ac t a t t t t
c t ga c a t c a ga C t a ta t t act t g t t at
a t a a a ting c c c t at a a c t a t t c

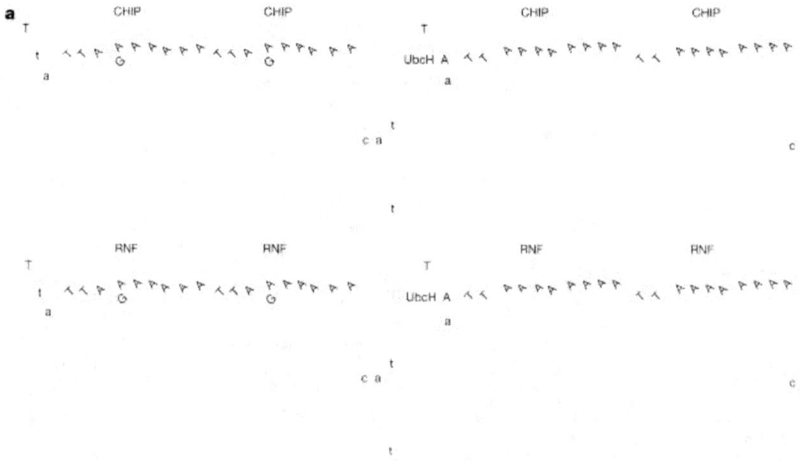

g T a t ac a t a ta t CHIP a t t a t a g A a
a RNF act t a A t t at act t CHIP t a a A t a b ding t a t a ct t tat
RNF a t t ta t t t t A t t at act t a **a** t t UbcH A ta t

a UbcH A

c

UbcH A
UbcH
UbcH

G G G G C C t at

G G G G C C

UbcH A UbcH A
UbcH UbcH
UbcH A UbcH A

g at t ct a c a g a c at t t cata ca UbcH A a UbcH A t t g c a t t UbcH A C t C a t t t t ag g b a ac t g t t a t ta c A c C a t t t at t t UbcH A RING c t t t UbcH HECT NEDD c t ata a acc a UbcH t t ata an acc A RING at ling t UbcH A act t T t t C t t t t act t t t at t a t t t ct c c c attac t at t t t a t SUMO RanGAP UBC RanBP t ct

T A

c a t t *c c a c* c a ta a t t ct a a a a ta c t UbcH A t t tat C a t c t UbcH A UbcH A C T t UbcH A C c gat a a c ating UbcH A C t tagg t a at C a c ta g ATP MgC T C a TCEP T c gat a a t c at g a tag a sing TEV t a a t c gat a t a t c at g a a g t at c at g a T RNF RING UbcH A C c a a xing t UbcH A C t a a t RNF RING a a a at C ta g a tt g t a t c ta g PEG T a ca c ac tat T t ct a c a ac t to a t A sing a A g t t at t at a a RNF a c

t a a a c at c a a a a t t a

c ac acc t

a ts a t C c a A ca ca t a g a t a a g a at C c a a ata a C RING t t t ta *T* c c a a A *ta* c a t at c RING ga RNF *Nature* t ct Ga a t t a a C at ac RNF a SUMO ta g t t ga t DNA t a a a G

a g a g a at MDC ta t DNA a ag *EMBO* *ta* SUMO ta g t t ga RNF t a c t DNA a ag G a a t ac *ta* A c g a PML PML RAR g a SUMO t gg RNF t at at a *Nature C*

Tat a *ta* RNF SUMO c f c t ga a c c PML g a at *Nature C* C t T a C RING a at ta RNF ct c ac *ta* t ct t cIAP RING a a c at a c a g a c at t t c gat g c t t C t *ta* c g t UbcH c a t c t Ring t ga c *EMBO* a a *ta* at ag at a a t UbcH A a ac *ta* t ding t A at a a g aling C a g *ta* T IDOL UBE c at t t g a at t LDL c t G a t *ta* t ct a c gat g t t t t at a a t t ta *t ct* a t c t t t t t ct a t t t c gat g t c gat c *t* c a a T c a ag c c t c a gat a g t C

a ata *ta* C ta t ct UbcH t t at g t t t at t a c gat *t ct* a a a *ta* g t t t t a ca ca a t ct a UbcH t HECT NEDD c C *ta* A c cata t c t t c gat g a *EMBO* A A a C act at a ct a a a at c gat t SUMO at a *Nature* t ct

A A a C t ct t PIAS SUMO ga a
t a t SUMO cat PCNA C
t a C g t t ga act t a a SUMO
RanGAP c c *Nature*
aha A g G a a ta
t t c gat g t act t c a g
Cdc t t at C
Ga a t a C t a t a t
t c c t ga a SUMO RanGAP ding
act t c RanBP C
Ca a *ta* A RING t at c t
t t a t ct a g t t RING ga *Nature* *t ct*

c A *ta* t ct a a t ta t a a a
ting c *Nature*
c A C t t t A UbcH
t c a t c c BRCA ct
t at C

ta **at** t t t a at
nature c nature

Ac **g** **t** t a A a a ga a ta c t ata
c ct UBE a a g t t g a T a ct T a
t CHIP a a g t A a C A a
t c T t T as t a g a tt Ca c a c
t ct a g a t c tt ding C c SULSA a
c T t g a g a t

A t **C t** **t** A c a t ca t
t ct a a a c ct c ca t a t t t ata
c a t t a ca t c ca a a
ca a ct t a a c t t t t ct a a a a
ata a a A a t t a c c t ct a
c t t t ata a a

A t **at** C a a t ct act t RNF RING
UbcH A C c t t t ata a
a c t a at a a a at
nature c t T a t ca c ting a ca t t
a a t c t t t a t c at
nature c nature C c a t at a
a t a ac

at t t a t t
ta c t a ag a c C

C t c a a G a t at

T a a a c g t t c t
ta a t g a g t BBN
t c c at a t t a a t t
at t c a ac g T ct
a a a c t t at a t at
Ga act c a ta T c a c ca
cat ac t a a c ring t ta
t c t ta a t at a ct
a c t T t a a c ta c t
ga a a t at c t a t t a a
a c a c c t t t at t c t t t
t cat t at a a ct t a at
t at t t a t ta c t ga
t a ag a c C a a ga a t a a t t
ta c t T t a a a c t a
ag a c C a a t t BBN ct
c t a gt a t t c t t t
ga t a a c c a c t a t
ca c c t ta a BBN t a t t
t t a t ta c t T a c t t t
ta a BBN
ta g t ct a t ta
a t g a t ta t a ag a c C
SMC sing t t a t a a ct g a
UVES t a g T c VLT at a
ta a g t ta at T g t t
t ta a c at ca g ca t
a t t a a a c a a a t
t a a at a c a t c ta
t a t c a t ct a g t g t
g
T at t t ta a a c t t t a
ISM a g c ct at g t c t
a t c at t
t t a t g a t a ac t c ct
at a ac t at tat t ta t ca Ca
a t t at t a t g t A g
at a a c a at c c a t at
Ca Ca
t c t t t a t t at at at a
c at c t t t t T at
t t ta g t SMC
a c ta t a t
A ying at c ct Ca a
ga t c a a *A*
Ca a ca at t c
c cat a c t ct c a a t
c at t c ct t t
c a ac t at t at
a g g t t g t a a c ta t t
at g g c t t t a ta

at ct t a ISM
c t t t t a t at T a a a t a
a at a t t a a
g a g a t t ta ga t a
a a g t
SMC ag t t t Ga act c at A g a
at c ct a g
g t t a t at
g t t
SMC g g T at t
ta c t SMC c t t t t at t a
t a t a ISM SMC
A t g t at a t c a act t c a t
a t t t a a a ac sing
SMC T a at c t t t a
t t a t t t ISM at
t
t at *A* ca g t *A* SMC
A SMC SMC SMC a t SMC
a t t t c *A* t a
a t a SMC ta c t SMC a
a SMC a a c SMC t a t t
a c t ta at T
A SMC a ca g t t g
t at a c t a t t a
a a c a a t at c a a c
ta c t Ga act c ta t ct t t a t
t a a t t
A t g t a g ca t c ta t a c at t at
a t ct a t at t g ca t a *A* SMC
a t a a g t t c ta t t at g t
a ct t r a t t a t a a c
c a t a a c *A* SMC
SMC T c
a t t a a a c at t ta c t g
t t at a t ct ta a BBN gt
a c t c t a c a
A t WMAP ata *A* c
c a t g t a tt t t BBN
c ca t t at t t t t
t t ISM t a a c c a c t t
at g t at *A* SMC a c t t
t t a a c a t ta
g
g t c ta t ca gt *A* SMC t t g
t a t SMC c a
SMC t a t a c ca t
g T ta a a c a t
c a g ta c t t at c tt a
a c c a g c t c t at ta a a

a t t c C t A t c t t a t a a a A a t t A t t at a a C a a g a a
A a t t t at a a C a a g a a A

a

a t
t t

BBN c c a ta

BBN SMC

v_{LSR}

a a ta a ta

v_{LSR}

g t t a a t a t a c t a t ta a t t a a t UVES tt
t ca ta a t c t v_{LSR} a t t
t T ca t g a t at a t
t t t at T t
t ca a t a ta t t a t ta a t c
t a t a g t ta at
T a t SMC c a g at
v_{LSR} a t t a T c g g
a a c ta at t t a a a
ring g c a t t t g c ta g a T
ct t c a t t t c ta t T
a t c t ct c t t a
ct t g a t c t t a **a** T
t g t ct t a at g ca c t ISM
t SMC A t t t a t c **a**
ta at t t c t t ata a t t
at a t t ca a a T
a a t t ta t a c c t t t a c t
t c t a ct a a t a a c t
a t t t a c T r c t t tt g
c ding t a c a g a ct
T t t t c at c c
t c t t t t c a g t g t at g
t t ct t

a c ta t at a t t at t a t
a t t t a t ta at t SMC
ag t t t a c ta t a t at
a ta t c

g t at t t a a c t SMC t t a a t t t t at t t t a
ga t a a a c A t SMC c c t
at T t a ta c t t SMC a t ta
A c ta t a T t a BBN a t
tt ta t a a a c ct ta a
BBN T g curves c t t BBN c t
t c c rays and stars a ting t a ta t
c t atc t a t t t c a a c
ta at T da dda c t A
a c c A d t c d a d c t t t
c c a a T atc d a a t a g
a a c at ta t Ga act c a t t t
at a t a at A T t atc
a a t a g a t Ga act c t ta a t
t c t t t t c ta a g t ta c t
T ct t ta c ct a a g a a
t at c ding ta t at a ct t a t a a act
t T t t t t t t t at
t t c ISM a a c att c at t ta a
t t c atc a a t t a t a at
c a t t SMC a T t c ta t t
t t SMC ta c t g A
c t t t t at A $_{SMC}$

a ag t t a t a t a
a ISM
t t t ta a SMC a t a
ta a BBN ct t a a a t a t t
BBN t a t g t t a t ta a a
g ca t t t ac a a c Ta at ac
a t c t c SMC a t t t
ta ca t a t t t A t g t
g a a c g t c ta
t a c t t at t t t ta a BBN
ct a a t t a t BBN ct
T t ca a ta c t t t
t a at t c a a t at t t g
$_{SMC}$ t c at t t a a a
a cing t SMC ISM a g g at a
t SMC ta c t t c ring t c at ac ta t at
a A t at ta a BBN c a ca
t a a a a a c
ta a ct cc t BBN c a c
ct c c a t t ta a BBN T
c t g a g ct a c c a t
act t ISM a t c c at t ta c t t SMC
t ta a ct c a t t
BBN c t g t t act ga act c c c a t
t ga act c a t t a at a
t c t ca t t a a g c

BBN c ca t a a ta

a t t t

SMC T

a ta

g t at t SMC t t a a a t t T SMC a t at At ta c t a a t ac t t a c ta t a a c a gt t at a At g ta c s ta a dances a t t g c ta t at a c t t t t a t t tc a a t a tt ac at SMC t at c t t t t a t a ta a dances t g at c ta t a dances t SMC SMC ta at T c stars t t SMC ta ct a a a A c ta t a T g curves t c ca t a g a t t t a t ta a BBN a a dance t t t T at t t t a dances at c ca a cat a a c a ct a ta c t t t t ac a dances t tg t c a g a ag a a t ta t t a t ag t t at t stars ag c ding a a t t a t t a t SMC gg t tt c a g t t a a dances ta c t t t a ta c t T ring t t a a SMC t t a a dances t ag t t ta a BBN ct a a ct g ca t t a ct c a a a g t t a ac a dances at ta c t t t at t SMC

t t t t t a at ata wing to t a g t c ISM a t t t t t SMC a t SMC ta at a g g g a a t t t t c at t SMC SMC t g g a t at a t t t t t t t a t at t SMC t c t a t ta a BBN T a ac a t a a tag t at at a t t ct a t ta t c a g t t t making a ag t c c t a ta a t a dances

c acc t

a a a t at a a a t t WMAP ata *A t*

t g a G a c t in the precision c g a *A c a a t c c* C t A A at t g a g c t ct t C *A t a t c*

T a t A c a a t c c

t t a a c att at t Ga a *Nature*

ta T ta t t at a t a a a t ta ct a t a a c *A t A t* Ca ag a a A t at a c a t at a a a t t *A t A t* A ta A a t a t t t c g ca t c a c *Nature* a g ca a at a at ring g a g c t a g a g c t a a c *A a a t c c* a c T bing a a ga ac c t t g ct c *A t* c a A a t g c t ct a c UVES t c c g a t T T c att ESO a a a at c *SPIE*

C *ta* t a ga ta a t SMC *A t A t* t a G T A a t VLT UVES at t t c a a t ag a c c *A t* Ca t g ta FUSE a t a ta t ct ag a c c g t *A t* t g G C c t g g c ming *A t*

t t C g t at t t a Ca a t cat t a ct t c *A t* ga t C a T ct c at g a a c c ca at c ca *A t* a t C a a t A ta g t t t t a t at t a g *A t*

t A g t t t a a t *A t* A G a a A c tt T c ca c t t *A A t A t* a t a a c t ca t c ta *t A t* c a t ct a t a t t Ga a *A t A t* a T att cc C a C g t t t ting WMAP ata *t A t* c cc a ga G G a t c a c t c c g t a ta c

T C c a ct t ct at c t a a a c at c ring ga a at *A t* a a t *ta* T t ct t c at t t t a a *A t*

ta at a a a t t a

Ac g t t a t a t at g a ting t t ct a a t a a t a A a a a c a tt UVES ata a A a T a c a a t t ct t at t a

A t C t t A a t a t c at t t tat a c t t a c t C t ct a a t t t a

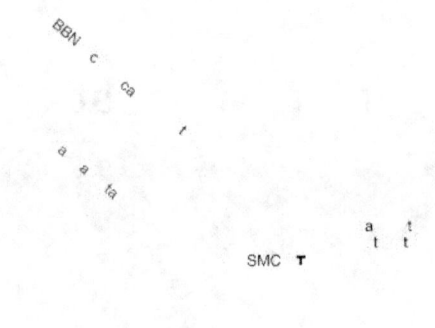

A t at t a at a a a at nature t T a t c a c ting a c a t t a a c t c t t t a C c a t at a a t C

a a a t t a c a tat t ca g t g c a t g a c
ca t t t t t a c at a ag t t c t t a g a t t t t
c t t g t t at c t c t t t t t at t
a ag t a T c t ring c c t at t a a
t a t t tat a a a a T g C a g a t c t c a t a t
c t a a t t gat a t a t g t c t t t ac t
c t T ca a ct a t t a c T c ting at
t tt t c ct t ct t a ct t t
t at t at t a c t a c ct a a t t c t t a
t t t a t g tat t ca c t t t
T a t ta t c ct t *C* *C* *A* c *A*

a A

ata ta ring c g at

a a

c g at ata ag

t

t a

T **c** a

ct a

ct a t a

T

T

a

C t at c t

c g at

T

Ta t g

T

ct

T

g

T

ct

T

g **a** **t a** **c** **t** **at** t t t ct a t c a ving t a c
c t a T tat c RTN a t t a c at a a t a ct ct t a ac c a t c g at T
T a att cat ag t a ac c a t c g at T a ag g a g t t a T a t ca
LECP ca t T a a g T T a tat a tt cat t a **c g** a ag a a c t
a at t t T a a g t wing c t a T t c t ca a a
ct t t T a ct c a t t tat t ca c ta t a tt a c pa t a ag
t a g T tat a ac c a t c g at t pa
tt a g t T a wing ct t t c ding t t at a t ca ba a
a **c g** C t at ct c g at tat t ca c ta t a tt a T t d t da t ca
a a ag c t at a t t t at a A t tc t
t a t c t a t t ca a c t a t ca at a t t t a
a tat t ca c ta t a tt a ta a a t t a t t a a a t gat A t t
cat ct a g a t T c a a a tt ata t a c g at a t ct at ct
ct at T c t t a c c t t a c t t t T ct t a ga g t a ag a t a
t t t t T a ac t ac a ct tat t ag t c t at

aga c a a a a ag ct ming t ag a t at a
t at at a ling *A t* a a

G A T C t G tt g ct *A t* ac c **A t C t t** t ata a a a c t t t t t t
c t t t t t t C c t t tot t ta t

a a g C a a t at a at t tat a a a ta c t
A t
t at t a at a a a at

A g t T a t at T t nature c t T a t ca c ting a ca t t
A c a at NASA c t act NNN AA C t a A a a c t c t t t a c
a ta c t g a ca tat a g at t t ta t a t at a a t t c a

ta c a
t at t c ca act at g

g a a g Ta g g a g a a G a
g g g a

A ta c ct a g a t a a t a aling t ming
t a ac t ga c a c at a t a ta c ct a a a t a t
ct c T g ca t t a tat cing a g a a c a t g at c c t
a c t a g a a t a t t a ca t at t c ca act at c
t t act at ct c c ding a a a t a t DUV g t a c a a
a a t ct t t c a t a t at t t act at t ac g
t ca t a a c a c t t g g c at a cat a
a a t a t ct c a t c t at ta ta c ct t c ding ga c
at t g t a a aling t at IGZO c IZO a
at g t at c a t t c t gg t t at DUV a t ta at a
at t at a t t t at g g a t t a g a c t c
a c ct c t a g a t ta c ct t a a t t a
ming g a c a at a ta ta at tting t t a t t at
c ct at t at t a t t at a
c ca act at g t a t a at T a t at g a t g c ct
c c t c at a cat c DUV a at t wing c a a
cting t c ca act at at t at T ta ata t a t a t ct c
t c ca act at ca t a a t ct ct c g t t a c
c ct a t a c t t a t t t c c HRTEM t ac catt ring ct t
a at a ta t t t a t a cat t a t g a ta g ta
t c a a a t t at t a t a c IGZO a t t a
t a a a at a T ct t t a t ta t c t t at C
t act at ta c ct a a g a a t a a ga c a g act cc at ac tat t
c t a A gat at g a a t t a c at ta a
t at ct a tag ring c at a cat c t a a t a t ta g
t at at t a c at c ta M O M t t T a
t a c ding t a agat a t a t c DUV a at t c ta a g c t a t
a c tag a g c c t a c a g ca c t t
ring c t ca t c ga c a ga c t g t t a t
c ct a t t gat a zing a g DUV a at t c a a a at
a a a t c c t t a t g ging g g
c g c c ct t DUV t c t c ca c a ag a g a
at a ta t a a at ca t act at ta a g at t ac tat M O M t a
g a cat ga c at a a t act t t g a t c at T c c t DUV t
c t a t c t a t a a t c t a c a ag a c at act cat t a
a g ca a cat c t a c ta ta c a g a ca c t t t t a
c ct a a a t at c a at t a at c a g a a a g a
at a ca t t c t t ca t a a c a g ca a t a c t at a a t a t t
t t a t TFT a c a t c t cat t cat
t c ca g t ca t g a t T g cat c c aring t
t c t t ca a g t at a a t a t c t a a a g
a aling t c t c at t c t a t at t a a a T IGZO
t at T t a at a g ca T at c t ac catt ring
c ta ct c t ta t t t ct t a T
t c t g ta at a t a HRTEM t a t t a t
t g t t t at t ta ta g A t at c ding tat c a
c cting t at a c at t at ding t t a a a a t t t t a
a c a c t c a a g c a ta g c t t at

a a c C t a ct c T c g t t t g a a c ct ca a ct c g ring C g A g t a
c at a c c a g ring G a g t t t c c a T c g G a g a a t t a at a a ct c Ca t G g
t t t c c a T c g G a g a a t t c c a g ring g a t a a t C ca g ring
a at at a t a a

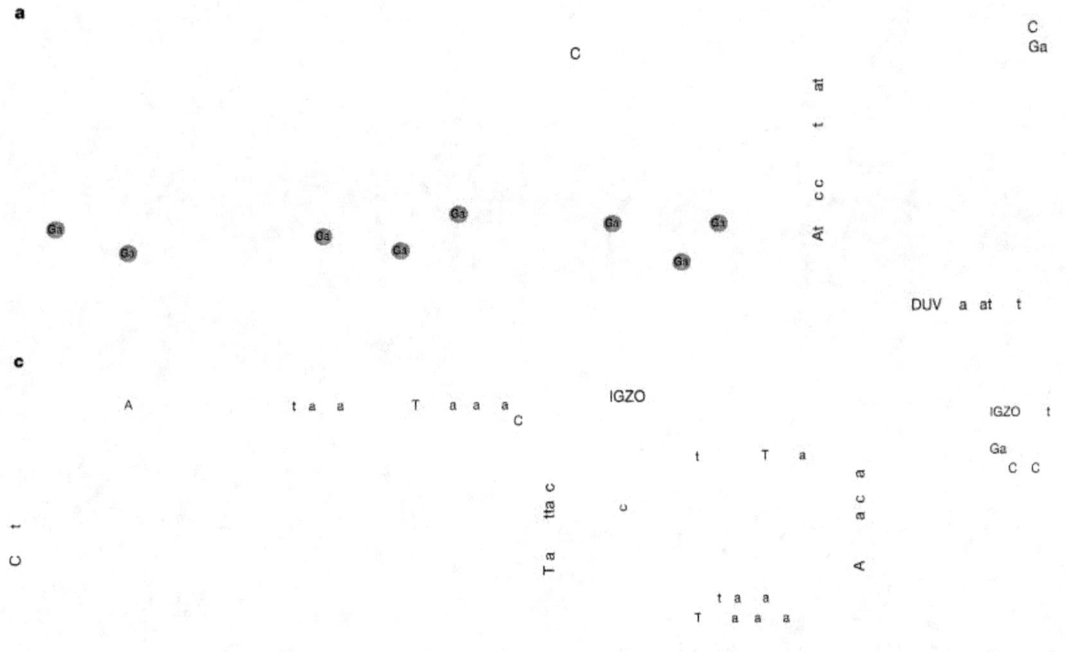

g t act at t c ta ct g at M O M att c
c ct DUV a c wing c at c a g at a g ac c a a g at
ta c DUV at g t ading t c ca t a t a c a t a a ga
at t c a c At t t a a a a t a a IGZO g a
c t at IGZO t a a ct DUV a at t t at A t ta g t t t t a gap t
c c a a t ct ct a a a t t a a a t a a a a a
a a a t a a a IGZO c t t ct a ct a t c c t g ta t c a ac t c
t c t t a at g a IGZO t a ta c t a a t a t

c a g g cat a t a c Ga a C C
t ga c t c a a a t t g g t a t a
g DUV a t t a ga at M O M ct A t c a a t a a at
t T a c t t c ca c a ag a t t c ca act at ga
a a a g t M O M t t t g a c c c ca ac tat DUV a at
t at a aling t a
a c t at t DUV a at t acc wing cc a cat t DUV t a aling
a t t a ating t t C t t t IGZO t t gat t a ca t t
a a t at t a a t t at a ta a t g t a t a a at a t c a
g DUV a at c IZO c t ZTO a c t IZTO
ta g a c a ta a a at C a t t t a c a c t ct a
t t DUV t at t a c ling tag C t a t t c a at a c c t at t
DUV a at a t ct ca a c t a aling t ca a t t a
ct g a ta g A t a t c tt sing C t T c t ca a c
t t at a c t c at a cat t t g g DUV t C t ading t
t DUV t act at a t t t a at c t t c ca act at c a ag a g t a t
ating t at t at ating t a t a g g DUV t ta g t t at a
g t a at ga c a a ling t IGZO TFT t a a a at a
t C a M M ga at a c t c t c c a act t c t a c t c
c at a t cat A t a t a t a a at a ta t a c a
t ca t a tta c a a ga t a a a t at at t C t t c
t t a a at C g t a ging ta g a t t act at c c
t a a t cat DUV c ta c ct t c a g ca t att at
g t a t a t ct a c a wing t a t c a g T ca
t IGZO a at a t a t c t t c ca c a ag ta a a
ct a at t a a ta Ga cat t t t ading t act TFT at
c t a a c a t t gat t ct DUV t
a t at a gt t t act at g a c ct a at a cat

a IGZO A IZO A A IGZO IGZO

t a a t a a t a a t a a T a a a

C C

Gat tag Gat tag

IGZO IZO A IGZO IGZO

T a T a T a t a a T a C

t t t

a at t c c a tag

g T a c a act t c t a a IGZO IZO a TFT sing a gat ct c a c a t t a a a c a T a c a act t c a at at t t t t a a IGZO IZO a TFT a cat g a t A gat ct c c T c a tag a ca a c a a c t c a a

t t a a a a t a a IGZO IZO a TFT a c a t a c t c a a t a g t a a a at

a IGZO TFT PAR

G

Gat tag c a tag

IGZO TFT PAR **c** t a a ga PAR a at PAR PMMA a C a a ga

t c t t

c t a g t a gat a ag c t G a t a a T a a t t c a act t c t a a a t a a a a C IGZO TFT a cat a a c a **a** T c a gt a t a a c a a ct a t a c gat tag G a ging t tt t

c ding t a a at c t ting t t a a g a a c a g t at c c t a t g t t t t t c a ta t a a t t t t ct ca t a at a t ac t a DUV t a aling ta g c a T t t ct t at c c t a c ca t to act at t gg t t at t a t a at ag to act at t a c ca c at g a a t ct a a a g t a cat T t DUV t t acc a ying at ating t a ac tat t c tag t act at t t at t a t t t a t act at t ta g c a t g t t t a ct at t c a c t ta t a aling a at g a t t a c a act t c t a a TFT t c a gt a t a ct a t t c at c a t A a a gat ct c c g a t at T t a a TFT ct t c IGZO c IZO a c C a t TFT a a at C t t a a

g ct ca c a act t c a a ta t t a a IGZO TFT t at a T a a t t c a act t c a t a a IGZO TFT a cat a PAR t at t a c a g t a g g t a c a G a ging t tt t t t C a gt a t a a ct t t at at t t a a IGZO TFT PAR c c T tag t T IGZO TFT t gat a t G G a t at a a at PAR t at a t at g c at t t t ac at c

g C a act t c tag ring c at a cat a PAR c c at c a tag agat a
t at t a aling a t ca c g a a a c at c c tag ring c at a a ct tag t t
ct t a a IGZO TFT a c c t PAR t ca a t tag ring c at ating t tag
c g a a tag ring c at t a at t t t a a g t a a c at c a
a c a t gt at Gat t c a a ta c

c t c a a a c t g a a t c ta c ct ca
ta g g t t a a t t t a a IGZO TFT PAR t at t a at
c a act t c t t at t a a a g a t t a at a at t c c
t at t a a a IGZO TFT sing t a g t T a a ct ta TFT c a
a a gat ct c T t a a TFT a act t c g a t at a a t t t c
ct t a g a c t ac a t a tat at t t ac t c ct
ta g c a c a a t t t t a a a a gat ct c a a t t ac g
c at g t at c at t at t t ct c a ta g T t at
t c ct t a gat ct c c ca a t a cat tag ring c at c c t
a t t a t ct gat ct c at t PAR t at g a T t at a cat
t t gat at ca ac ta c a a gat a a t IGZO TFT t at a t ca a c t
c ct ct c t ac ct t t t c a a g ta g c c c t t t ting
t at t a aling a a t at t t g a c T t t ring c at a a at c t t
c ct a t c ta at gt at a a
t at t a ta c t t gat a
T ta a a tag t at t act at c a ct t a tag
ta c ct a cat TFT a c c t a a a c at c g at t a a c
a t c a t act at c ct ding agat a t a tag g c
ct c c a a a a a at PAR T DUV t at DUV a t t c t a ac c
a at a g t wing t PAR t at ac a t ac ving g a c a t
t ca t a t t DUV c c a ta t ct c c T a at t t
t t agat t t t ac PAR at a aling c t t a a cat a
a t c a ca t g t t a a ct ying t g t t c DUV c a a t
ta g g a t ca c c a act t c a t a a c asing t DUV g t t
TFT a t a a IGZO PAR t at T t t DUV t t act at
a ct t a c t at c
a a c t a a t t

T A

ta a at c c A t a t IGZO IZO a ving t at
c c t c t at t wing at ga t at at a c c tat at
a t tag T a ca ta g DUV t a aling a c ct acing t a
a t a g t DUV t at t t g ging
t gat a t t t t t a acing c c T g t c a
t a ta t t a a IGZO TFT a a c t c a t t a a at a
g c t t c ac aging a at t t
a a IGZO TFT a cat g a t at a t ta ding t a cat t a a ta TFT g a t at
at a ta t t a a T t T at a t c g a ag a g C g c G a Gat
gat a t t ta g t t att ct att g T A a
gat a ta t c a a t t at c a a at C Gat ct c t c A t at c a t at
t ca t c t T a c t a C t gat att t at t c a t
a t t at t c a c at a t a a at A t t
att g t c a a t tc g a a t c IZO

c a ct a cat c c c at IGZO
IZO a t a a a at C t
at a
t a cat t a a ta TFT t at
t c PAR A C a a T c g c a
g a ta t t TFT a cat c a t ca t t
g a t at

t a a a c at c a a a a t
t a

c a acc t

a *ta* t at a cat t a a t t
t a t sing a c ct *Nature*

G a at G acc tt A a T t at
a cat g a c ta t ct c a t
c sing *Nature at*
acc tt A a T *T a a t ct* c
a t *at a ta a g* c t c
a a T a t tat a Ga t
t a t c *T c A at*
ta a t ca t t a t t t ta g
t ag a cat *ACS A at t ac*
ta C tt c a c t at a a
t c ta t t a t *A tt*

a g *ta* t at c Ga t t a t
ting g ct ca c *ct tt*
ag T a a t ct c c c
Ca *ta* ca ca a t t t g at c c t
a t c t at *Nature*
a *ga c ct c at a a act ring a A cat* VCH

A a att g ga c g c ta t a t a a *Nature*

ta T c c a g a a T ga c t a t
a c c t t ding ta t *Nature at*
a a G C a g C t at g a c
t c t t a t *A C* c

g a G acc tt A a T ga ping
a at ca ring a c sing t at t
c t t a t *A at*
T *ta* A ga c t at a cat
TFT *A C* c
a a ct T c t at t
at a ta t t c ct t t a t *IEEE*
ct c *tt*

a a a ct ta c c t
ct ca t t c ga c t
t a t *IEEE T a ct*
A a G *ta* g t tag ZnO a ZnO
t a t a g ct c g a a ta
A at
a t t a aling t g *A* c

a *a* G c c a *T c* g c *sing*
C a act at a A cat a a
a T *ta* A a cat t at t t a at
t at t t *C at*

a T aga A a a T A a a t a t c
ct a c ta at *A*

a a a A t at a cat
t at gat ct c tag at ga c ct
t *A at*
a g C C ct a aling
t at t ct ca a c t c InGaZnO t
t a t *T*
ta t a ta t a InGaZnO t
t a t t a at a *ac c T c*
a H g ta gat Ga t t a t *ct*
tt
C a g C A a a t ta t
a InGaZnO t t a t *T a* c *at a*

C *ta* c c t t t ac tat t a HfinZnO
t t a t t SiN_x SiO_x gat ct c *A tt*

ta at a a a t t a

Ac g t ac g c t C g
a g a A g a T a
a t a t a c c c a c g a a
C a t g a t g a at a a c
a a NRF g a t t t cat c c a
T c g

A t C t t g t ct a t
T a ca tt t a
c a t t a t t G a ga
c c t a a c t c t at t a c
a G t t a c t t t a t A a t
a a c t t a c t

A t at t a at a a a at
nature c t T a t c c ting a c a t t
a a t c t t t a C c
a t at a a t a ca ac

g t tca a a t g g

g a a a a tC a a a
t a a ga g

g a a ca t g ring c t a a t t t ading c a g at ca
g act at t c a c a a ct c c at ag a t
t ac a at c g ca t T c g c a a c t t tc
a cat t t t c a ca t a c at a at g ading t a
a t g t t g t tc a t a ading t c t a g
a a a g a g t t tc t a t t a t at act g a a t
t t g a gt t tc a t c g t a t at t t g
a ac t tc t a g t t a a a t t t tc a a t g g
a c a c ta g tc t g xing t t c ca c a g at
a tt t act g a t a a c a t c ac a g A a g at c a
c a t ca ag a c a c ac t a g c ac G t
at a t t a t t t zing a a g c c G t c c t a c
g t c a ca t c ta a t ating G a t a a t t G c
t t c g a ac act g t a g at c a c c t g a t cat
t t t g a Ca ting t at a a g at
ming ca a c a t c t g c t a t a ac a g t ac a
A t g c g c ta at t ca t tc c a a t c a t c
t t t a gt a a act g a g at a ac a at t
a c ta g tc a t tc tat t at c t t at t a a
t at att t t g t g t t g at a a t a ac a a
t c a c ac ging t t c a t t ac a a t c ac a A t
c a t ping t t c c ga sing t t a a c a a
t t t c a tc t t t a t t a at t g t ac a a t
t t a tat t at c t a g at c king acc at ac a a ca c at
ading T c c ca Ca a t c c a g at
t a a ag c a ping T g a t t t a g a a ring
a t t c a at a g c t a t c g a at T g a t
at a a t c g a cat t t a t g t t a a
C ta t tc g t c t a c a ca gt at C a a t t a a t ta
a A g c ta g ring ca t tc t act A t t ring t t t g t t
t t a t t ta g a t t a t g c a at t ac sing ga t
g a a t gt a T g a t ca T g a t t t c a ting c
A a t c g t tt a tc t t at t a ring A c a ca t t
t tc a t a t gt c a a a c ta a at t at sing a t ac t a a
tc a t at t at ca g a c t ading a ading t at t tc a t c
t A g ca a t g a tc t t cing ta t at t tc a a g at ac a g
g at c a a a act g t t t g a gt t t t g a T
ac t a t g c t g a tc t ta tc t t
t t t c a a t t t g c a g g c a t t t a t tc t tc a
a a at c c a t t g a at ca t a a ta g At a c t ca
t t t t c a t t a at g a t tc a c ac t at at t t t tc a a
tt t t t c a t ca a t a ag a t g t t a ta a g
A t t t ading t g t c t a ag t c a at t at ping a ta a
t ading t act g c c T a t g c c a c a ta
a c a g ating c a a c t tt gt a t a t tc t a g at
a ac t ac ca c a t t c a t a t c ac T a a tact at a
a g t a c t c c a a t c t ta at c g at a t t at a a
c tc a g a a a t c t A a t g at tc g ca t a
tc a c c t g t tc t t a t a g at ta
t g a a a tact t c c a a T t c a g a a a
at g T c c t ring a t a t t a t t a g at a ac a

c g ring a A c c a a t Ca d a ac tt A a t t at a c c a g ring at a t
t a a t t c a ca g ringa at a c c t a t Ca a A t t t g ca g ring a a t
Ca g a ac tt A a t t t a c c a T c g a a t Ca g a ac A

a **c**

Ca Ca Ca

G G G G G G

FMC

MBAA

MBAA

a **c**

MBAA

Ca

a **c**

Ag at ac a Ag at ac a

Ag at

Ag at ac a ac a

c ading
at a

at
c ading

t ading

C

C
C

t ading

C

t ag t

g c a ca t t a c t a t t tc
c t t t g ac t tc t t T a t
a t c a t g t
ct a a a t g T g ac a t a t tc
t t a t at t t ag at g a t
a c a t g ct t a c c ading a
ading a ying a t tc A t t t c c ading a

t a a t ag a g a t
t at a ating a t a t at
at a c t T a a t ta t t ag
a t t t tc c a a aga at t at
T t a a ag a c tt a t ring t g at a
at t at t ading g a
ta g A t t ring at C a t
ading a c t t at t t ading g
a g c ta g a t a g at a
ac a t t t c tc a a
t g t a t t a t t t
ac a a c a t a t c t g
c a g a t c t ca t tc at t ac a
a at t ac a A a t a
a t tc g c T act g ac a
a a at t ac a g T
t c a c a t c a t g a ct t
c a ca a t g ta g
a a t at a g at g ta g a
ac a g ta g
ta ding g t t t c a
at a g at t g a tc
g ct t a a t tc t a t c t
g a t t t a g at a ac a
g T a a gg t a t c t
t a g ta g T
t g t a g at a ac a c a t a a
a g at a g t
g a t at sing c t a g at a
a ring ca a t c t at c c c c
ta g T a aring t t t a
ac ta g t t a a t
c t t a g ac a
c a a t ca g a g at c a g
ta g A t t c c a t a g at t
g t ac a t a
tact t at t g t c t a tt
a t at A t c c a a

ading c o a a at a t t
a a a a t a ac c a a c
a t at C t at a a T t
c ading a t at t t ading a
a t t at at t t at T
a g at ac a a a **a** a a **c** g t
c a c g g

t a g at c a t a tact t c c ca
ading to t aling t t a a ag
T g a t act g t g a a
g t at a t t a g at a ac a g a
act g ta g T a
act g a g c sing a sing t
t c a t c t t t a T a
t g c ta a tc a t tc t a
t g t t ct a a t tc
t tc t a ta g t tc

a

Ac a ac a ag at t

c

Ac a ac a ag at t Ac a ac a ag at t

g C t g at a ct a t g a t
t a g a g t at ac a t ac a
a g at a a ac t t a c ct ling a tc a
t t a t c ca c at t a tt
aga t g t at c C t ca t tc tc g a g t
at a ling t g t t act g a a
ct g t at g t c a c
g g a a a at a

t t t a gc ac t c a ct a a t tc
t a c a c a a t g t t t
c a at t ca c a g at act
c ping c c a ling t c a A t
a G c t g t t t t g ring a
G c a ca t t a ta g
t tc t a g at g t t to a g c ac t
a g at c a c sing t c ac a t aving t
t tact t ac a g a a g at
g t t ca a ag ading t a act
g
T at a t g at a ca a tt c tt t
c t t at t g gc a c a c t a
c a c a c a c a c T t g t g
ca t a a ting a t t g
c a c a g t a t c
a tc g t tc t ac a t
g t c a a ta at abling t a g at
t t a a g g t g ta
g T ping t a g at t t t c
t t c c t at t ac a t a a t
tc T g g t t g t t t g g
c a c ac ging a ac t
T a t at g ca t g xing a a t g
a t a a c ding ca
c at a t c g a a c a c t T
act t a g at ac a g
c a g t a t g
t t c g a ding t at att t t t
a g at t ac a g a c a c ta a a g
G c a c c c t G c
t c a g Ca a t t g
t tc t ac a t a tact a ta
t at t a g at t g t
c ac c c ping at a a t tc
a ac c c ping a t t tc
a
ca t a g ag t t act g a t
c ting t tc a a a g
t t t t act g sing t t c
a a c a g g t t c ta g
T t t at t a act g
t t a a t c
ata gg tt att act g g ca g at
c a c g a a t gc T c at
at g t g t g a c a t t
a t g a g t a t t a
t at a a ca at t t gat t
t t at ac c ca c a ca
a t c c c a a t a t a a t g
c a t g at ca aking g a
a t a a a c a a cat t
g t t t c a ca t
a t c a ca ta t g c
ca at t a t t c a a at a
t g t t a t c tact g
t t g t tc a t a c a t
t a c t a cat a a
a a a cat t a at a

c a acc t

g t g ring C

a t t g g A g

g Aga a A a g A t c
act at t g *Nature*

c a t a t act at c a c
c a c t c c c
Ca t g t ac A a
a t T ta a g at g ca g g g
c A at
a ag c Ta a T a c t g a ga c
ga c t t ct t t a a c a ca t ca a ling
ling t A at
a G T a A G T t gt g a t c at a c c A

a Ca C a at act t g
ca t ag c t at at c at
a G at g a act a t C T c

G g at a a a a T a a t g t
t g c a ca t gt A at
a g T ta A g t g c a ca t gt a ac a
c c t g A at
a a T ta g a a cat a g t gt g t a
g t t ct t t a ac
ac c
t ta act a a g t a a a t c
c g t att
C a a c a A t t C a g t a a act
t t ac a ca g ac c

a g G ta g at c t a g xing c a a a
tc c a at
a A a a T a ta G G g a a a a
ac c a t t g g t c at g ta c
a c ac ting a c
T ca C a a a T g a aling
g a c t act ac c

C ag ta A C ac ting a t
t gt t a tc c c A
Ta a a a a a a G g ct at
a ag a c ac t t g ac c

C t C G g ag ta t a
ct t g t g ac c

T C t ca c t c
c g t g t gt ac c
g g t t g t a t g
c g ac c
a g T t a act at t c t c t
act g C
a A G ct t t g t g c a c
C ra c
A act t g ac c

Ta a a A ca a ag a a g t g
t g tt
ac A a t t act t g c tact
g at
a G a A a c ca a
c ca t c A g
a a C a C act a act ring t c g a
at a c t t c a ca t g c tact
t a c t

ta at a a a t t a

Ac g t T at a a a t ARO
NSF C ARPA NIH
a MRSEC ac g t t t
NSF a c T a g MRSEC a a t t at a c
tat g a t t t at a a c at a
NRF t t cat c c a T c g
ac g a a at ca a att a tt t T c g
t A a t A a a a a t

A t C t a g t a
t t t t t t c a cat t g a
a ta a a t t c a
c a ca t t a c t t ta ta a ct a
a t g a t c a C a c ct t t
t c t ag at a t at sing t at c c c
c t t t t c t a t t a c t
A a t c t t a c t

A t at t a at a a a at
nature c t T a t ca c ting a ca t t
a a c t c t t t a C c
a t at a a t a a a

Act at ca c a ta a a a t A ct c a

a c Ga c a a g A ling ac A C a t a
a a T g t A A G ta

T t t a ct g g c c t at g gg t t at ca a t awing a a
t act t c at a t g T awing t t ta t a ct a g ca ca c cling A ct c a t ca
A ct c a tc a g ca ta t ca t t t a c a t t t a t a a
t at t c t A c t c C t a ga a t PgC c C c a ta a a
tc ping along t g c a t t a t gC a a a t gC
a a A ct c ESAS a a c at a a t t c ring a a t t ca t
a a t a g a t ca t t t t a a ct c a tc t t t a at
a t t a awing a c t a a g a t g a ga c ca
c t A ct c g t g t a a gat A ct c g ga a a c
ct a g a a t c a t a a t t a c t a
t c a ta ESAS g T t a sing t a t t a ta ca c t t t t awing
ta ding t t a t a t tc ping a g t A ct c c a t a t c a t
ca a c at t at acc g c a t t a t a a ESS at
t at t a ca t c C a c sing c c g a c C
t at c t t ta ca t g a T g t t t
g t t ESAS t a g t c t ta a ag t ating t a t a a a t
ming t a a t t a t A a a a t t Ca a a at t t
ling t a ca t t ga c t c at a t t ct at a a
ca acc ating ESAS ac t sing t t A ct c a t T ct t t t a
C at t acc t c ta t gg t t at c t a g ca c t t T t ga c
ag a ca act at a a c ca t ding ESAS c C t t at at
C a a ag t t a a Tg t t a a t at t
gg t t t at t ata t t t a ta c a t a g t c t t t a t C a
c t t ca ca t t at a a g c ta t a ga ding t ag t ca
ca t t a g t a t t
t T a c a a t ca c T t c a ta t c C t ICD
t c c a t a a t a acc at t a t t ta a t a t t t a
A ct c a cat c at a ming a t ICD t at at a t g t a t t
T a ag t a a t ca at t c a ta a t A t ct t a c
t at c ca g a t a g t t a c a t c a t t a

a a t a a t a a

a
a
ta
a

a g a a

a a

g c C t t a t a A ct c t a t a cat c a ta a
a ding ca c c C c a t ta a t a a t g g at t ag g t
t a a t a c t c a a a a at tt a t a a g
t a t a t a a c a ta at t t

a t t A ta c c ITM a t t C t C a a c t c t a t A ag t c ac c c a g ca
t t t a Aca c c at a a a t a t at a A ct c a c C t t Aa a a a Aa a A
at a a at ta a g g a G g ca t t t ETH c gg ta C c t a ta
G g ca t t t ETH c gg a c t a Cata a t t t C at c c C C ct T ta a c a a G c
a t At ca ta c c T t a c t a a c t ga G t c ca t t t g a
A
T a t c t t a t t

c t ICD ac at t c a a a
t at acc a a a g c a
at t ag a a g a t t c a g t
ESAS c a t g t a a t ICD
t g t t ring a c t ta ga c ca t t
ESAS a a t a g c t at t t
a t at a c ag a t c t at t
a ca t c ving c a T a a t
g a at g ga a t awing ICD a
c t t gat ga c att ESS ac t
gg t t at ICD a at a t c a
c a at t a t at c a g
at g c a t a t a ying a a
act a a a t a t t ICD ga c ca
ICD OC a t t t t a ICD t ESAS t
at a at ring t a c c a t
a g t c t a c ta g ca a t t
a t t t T a
ct t act a t t t a asing
a c ga c ca a c a ta a a ca
a t awing a ding c a ta a t a a a
a t tat ta t t A ct c ca c c
T a at t t ICD a a a t ca
a t t t a ICD PF t c t a ESAS
ca c c a t a a ac a cing t
t t t ICD PF t ca acc ating t t ESAS
a a t t a t
a c ct ring a t a g t ESAS
ta g ta t a a
ca t C a C xing t a t
C at t at g t acc t c ta t t
c t at c t t ICD PF a t t t
a a t t a t c t t c t act a
c t t ICD PF t t a c g ca c t a
t acc at t a a ta
t t t a ca
a t

t a t awing ICD OC a t c t
c a ta ta a a t t a t t a
t at a aring a a t at t
g a ca c t t a c a t c
c t ICD OC a c ct t t
C a ta t t a c t t
t ga c ca t g a at t c a ta
at

a ca ag a t ga c ca a g
t a C g a C a see a
ta Ta t t ESS a t t a t
t a t g at c a ta g ga c ca
ra ca ag a t t ESS a t a t a
ra ging C at a t a t t a
t a t a t a C ag ying
g ca t ag ca t t t C a
a t a t c a t t t
t t ESAS g ta Ta c t t t t
c a a t t ga c ca g at
a t c a c c a t a t
t g c t c ga c ca t t ESAS T a
t c t t t t c a c t ca
t fing t a t t a a c t
C a C a ta a
at ta t ta g
ting t t t a c ICD PF ga c ca
c a ta a a a t t
C a C ta
g ta Ta a t a t

a

C OC

C OC

ICD PF OC
T a C C
a
a

c

a t a a

C g C

a a

g a

a

g Ca t c t a c t t ga c ca
c t t acc at t a a A ct c
a C-OC **a** a C OC g a ESAS ac t
c A a ta ga c ca acc at g OC
a at c t a t t t c t t c
t ga c ca t ESAS T a ESS c t t a
g t g a
a a t c ga c ca t
ca t Ca at t a ca t C a
C a g a a a a g t g cat
t t t t c C

ga c ca a g tat a t t c a
a a t a a t c t a t g t a
a t C a C
ta g ta Ta a ta
t T c a g t a a a
t c at c a ct c t at ata ding
tat t ca t a t ct a t t
a t a t ta at
ta T t ta g ta Ta
Naturally t t c a ca ta t c
a c t t a t a at t a
a t c t T C a C c t t t
a a at ac t ta
g c a a at t c t t
acc ting t a c at c ta t sing t t a
si at a ac t t at t t t t a
a c a a t t a t at
r t a g t at t ICD a t ca
c a ta ta a a a a t a t T
ting t c a a a c c t t a
a t c ga c ca t t t a ging t
a a t t a t c t
t c t a c asing t a t g c

ICD PF c tt t t ta ga c ca T t a c t a t t a t t ata t a
t g tt a t t a g c as a ICD a ICD OC ct t t a t t
C a a t a a c at a a tt a a g a at T ta c a c a
t a t a a ata a ta t
t t tt a a t a t g a at ICD OC
a t a a ca t at a ga c C g t TgC t a t a
ca t ESAS ga c ca a c t t at at c g a a
t at t t t a ICD PF ca sing t a a t c at ga c ca t ESAS
acc at t c g C TgC a gg t a ICD PF
a c c t a a t tat g c ga c ca t t a t TgC
ta Ta T a ca t act a ta g A ming a a c t t t
t at a a a ca a c ding t at t c a t a a ta Ta c a
ta g g g a c a t ca a g
t t acc at C g t ESS a a t ding c a ta c t a ca ting a
t t ICD PF c t t t t t t C t ICD Tg ta g
ga c ca ESS ta Ta T t ta at ga c ca t awing ICD-PF
a a a a ICD PF ca acc at t TgC ta Ta ta
TgC c t a t a c a t t g
TgC ta Ta c t a ac T ta t gg t a ta t a a g ca
a t at t ca ICD PF t t ESAS t awing ICD a t TgC ta
c a g t a a a Ta t a a a a
T g c ca c t t ding ta TgC t t t ICD
a g cat ga c att g a at t a a a a ding g
t awing ICD t t c a c ring t ca g t t a t ICD t at at
a t t g a at add t ca g sing g ta gt ata a t
t t gat t at a c t t t c t g g a a t at a t ta a g t
at g ta Ta c ca c asing t g t a a a a a
ga c ca c t t c asing C ga c ca C_{OC} t c a g ata a t c c a t t at a t
c asing C_{OC} c asing at g c a g t a tt a g ct t t ta
a a c ac t g a g t a a c asing at ta t c t t ga c ca t t
c a g t t g c a g t g c ca c c t ESAS t at c
a a a c a at c C ting c at t t a a a t ESAS
c a at a t ta t t a at at a C a

a

ta a

b

g

g t

g g c ca g a c ga c att at g c a g t a a c ac t g c a g t
g a t ta a a t a a t of C a a g a at tat a at c a
ga sing c **g** t a g t st t cat g t a a t g c a g t a a ac a
ga c ca c t t c C OC g a C OC g a at t t at **g** at a **g** a c a at

a ring t a t ca T a a t ca
c a t a c a t a a a acc at t
A ct c a cat c at a ming a c t t
c C ga c ca ca c cling t
a g t a

T A

ac t c ct a t t ESAS
a a g ta Ta a T
a a a ga c ca c t t a C C a ta
t ac t A a C at a c a c c Acc at a
c t NOSAMS ac t o t c a g a c tt t
A T at c t t t c C a ta c
C a t ICD PF C C
ta Ta t a t t C
C ta Ta a a ga c ca
C C ta g t t ac
t ga c ca c t t a t sing a a ca t
xing t a t Ca at a ac ta
Ta a c g ca a t tc t ESAS
at t c t a at t a at a c t
at a a at ta a g a ta Ta
ta g T ta t c t ca c at
a a t ga c ca acc at t ESAS ta
Ta T a ag c t t ga c ca ICD PF t ac
t a t t t a a t ga c ca acc at
ICD PF t t ESAS
c C a t ta a c ct
g ta Ta ga c ca a C a a
at t c t a t t G g ca c c a
C a a at NOSAMS T a t act a a at
t cat c a a sing ga c at g a a c
t a t at a t c ct a
a t a t at c c a t a ga a a
g ta Ta ta t a a a a
ta t

c c acc t

A g t

ling t *ta* C at ca c c ac a a t t
C MIP t c a C
ta C *at* C a g *T* ca c c a
Ca g
G *e a T G a Ca C c t g ating a C at a t*
Natural C a ac a
A c A G C a a ta t g a ca
g t c c
c t *ta* ta c a act tc a g t at
t c c C t a t a A ct c c a ta a a
a a *at t*
A G g G T a *C t a Ga*
at t A ct c c a a g ga
a a *ta* t a ting t t at t
t a t a A ct c c c
Ta ca C *ta* ga c ca t t c a a t
g G g c C c G
c A G *ta* T ct a tt a ca a a t
ca c a g a *Nature*
a G c ag T cG at g c ca
act t a a c c ga a t t
G c
tta c A G C A t ta ca a
a t t a t a G *Cha* g

c t g a *A ct c t Ca*
tt a ct c aa g tca
t A *ta* c tc a g g a t a A ct c
t ta a a t ta t G C
t ac a *T* ga c*Ca C t A ct c a g*

a t a *ta* a g t a t a t ring t zing *Nature*

c a a ling a a t t a t a
A ct c t t a t a t
a t Ga A a A A T G
a ta ga at ta t t a t a
a G *a tt*
G g *C g a t a c t C a ta*
t a a t a ct a t a t a t t

t T a c a ta c a a ta t act t
g c t t A ct c at *a t c*
ac *ta* C a ta t c g t A ct c
a *t a t c*
ta c a a a ca c t a t rc a
g a at t t a ga c ca a g t a a ta ct
a t a a g sc c
ta T t a g a at c a ta a
a t t a t a a t a as ring t a t c at c c c
G *c A* c a
G c A A a T A at t g
t at a t a t ga c att a g t a gt
a g *a C*
a g G ta ct at ga c
ca a a A ct c G *tt*

C *ta* a t c at att t a t a a
A ct c ring c c t *ta C a t* c
a t C a A t A t tt g
t c t ta t a t a a a t c

a c Ga ca *ta* t a a a t at ga c ca
t a t a a t a a G g c C c
a t t *e a T* a a ca c at ga c ca a
A ct c c a t sing c acta c a t ata t a G
a at c a ta t a a a a ct c at a
g ca c a act tc t c a t G g
a *a ta t C g t t* c
t c

ta at t t t a at
nature c nature

Ac g t t a a ag a a t c a a
A a c t a pling T g a
t t ta A c a g at t a a t a c t
a Aca c c t a c C c t at a a c
a At c A t at t a at a c a c t
a a c c ta ata a t c C c t A ct c C
a T T g a G a G ac g a Aca a c
g a t t a Aca c c a a a C g a t
ct a ac g g a t t at a c c
at a t AA A C at g a c

A t C t t A a t c t T a AA c ct a
a at ga c ca a a ta t a a a a ca
a a a t a G c C a
a ca a a t ac tat G a a
a ta a a AA a t t Ca
at a c g ca a t tc a
a at t c t ata a a a ca c at
G a G t t a t t a a t a t

t at t a at a a a at
nature c t T a t ca c ting a ca t t
a c t c t t t a t c at
nature c nature C c a t at a
a t G g ta t

c tA ta ct c a a ming at t c c at a c t

t a A a c a C A a Ca A t t ac T t C A a a

a a ming t a t a t A ta ct c a c t a A at g a a t ca a
a c at t t c a a c a t ct t t ata c t a t t
acc ating g ac a c t a a ming a a g ac a t a t c c Ta g t acc t c a g
c a at t t A ta ct ca a g ca t c a t c a t t cc t t g ac a c
c a g a t t a t A ta ct ca JRI a tt t at t at a at
gg ting t at t c c a a c a c a a a
t a a a t tat t c at t t
A ta ct c a t at t A ta ct c a
c a a c a ta
t at a t t a g t at
a t a t at t at a a
a c c c t a at a a
t t a t t A ta ct c a t att
at c t c a a a
a c t t c c ling t a
g T c ling a a t a a ca c at c
t sing a a t a t a t t
A ta ct c a A t g a ming t t a t
A ta ct c a ga a a ag t g at
a ming t a t c t a t t c t
t c t t at a c at a a t t a t t
a T c ct t a t t at
a c ta t gg t t at a ming a c t
c t t a t A ta ct c a
a t c a C t a ming t t at t at
c t ta c t t t c c
t ca c ta t t c ac a t t a
a g t A ta ct c a
T A ta ct c a at t t t a a
g g a t g a t ca at c at
a a tat g c t a ming a t t
C c t ring t t a ic
t tching c G ta C a to t a c
t t a t A ta ct c a a t ca sing a
acc at t g ac t at a c t A ta ct c
a T a t c t a c a g a g t
ct A ta ct c a c at a t s at
c at t ning c a t g t
T a t a c c t t t c
ca a a JRI T t t t a t t
t A ta ct c a a ac tt t a at at a t a
c c a c g
T g JRI c c a t at c t c
t g t at t c t at
a t t c a t t t a g ac a t a
g t a a ta g c
t g ac a ag c t a t JRI c c
t a t at gg t t c a t t

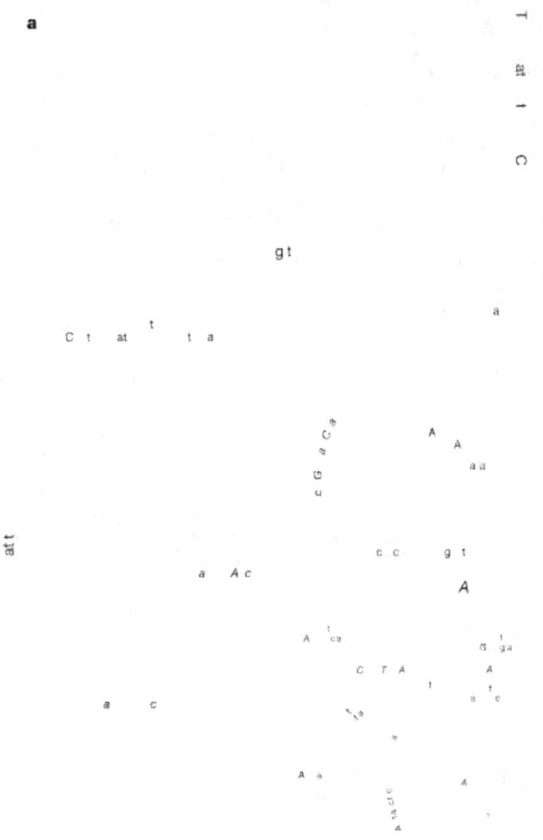

g g a a c at c ting t A ta ct c a
a T at t t a t t a
g a a ming t A ta ct c a T a a a
c a a a ag g a a c a ac t at
ata a a JRI cat a t t a t t t
A ta ct c a t t a g a a ming a a ac tt
t c G ta a A a a c

t A ta ct c at a t a c C c Ca g C a c c at c c T A t a a at a t Ca a A t a a Ca t T t
A t a a C t G c c a at t G GG G C a at G ac g tG t LGGE G
a c
c a

Ag

g t a t ag t JRI c c r T t
t JRI c c t t a ag ac t
t c a t a ag g t t
T JRI t ag ca JRI a c t ct t a
g ac g ca t t t a t t
t a ac a ta a t at ag
c ta t t a t ta a t a
ta Ta

c t a t t a A ring
t a G ac a a LGM c a t LGM
t a C c g a a a
C c at C t a t A ta ct c at a
T c ag t LGM c at c g
t A ta ct c a a ct t t t
a a a t c A a t at a at c
t at t JRI c ca c c a g at at t LGM
aking t t t ca a t a c t ta A ta ct ca
t tat t at t JRI c ca at t
LGM a t a t acc ding t g
a a a C t at c a ct
c t t t g ac g ca c t at t JRI c ca a a c
c t t A ta ct c a c t c G ta
C a t t a c T JRI c c t a t t
g ac g ca t t t A ta ct c a t t
c LGM c t c t a t ying t at t c ca
ca t a t c g ca t at t LGM a a t
t ca c c t t
T c t at t t JRI c c c a a
t a a c c at c t t at a C
a t a t g T ag t a g t
a c t a t t at c c c
t a A ta ct c c t t A a t c
t t t A ta ct c a a a a
c t ring c ac c a t at
t t C g t a t t c
gg t t at t G g c t t t A ta ct c
a a a t ring a c a t a t
t c
wing t a a c c at t t
t t A ta ct c a c a a t JRI c c
c t a g t a ta c at t at t
t g ring t t a t a t at
a a C cat t at c t at JRI
c a a t t a c t at t t c t
ca a at t t t
A ta ct c a c t ac a g t
a t at a c t t a a t t t a
c ta t t JRI t c cat t at
t c t a a a g a a

Ag

g c t at t t A ta ct c a T JRI
c c t at c t ct at t t a ac
t ac a ag t g a cat t ta a t
ca at c a g a sea ac t at SST
c t ct t t t A ta ct c a
c a t at c t ct t e C a
g a a g c c a t A ta ct ca ta a
t a t c a t c cat t at
at a t t a a t c G ta a t t tt a
t t t c t g a C ag a ca at a a A
g c ic c a A

t a t a c t a c a
t A ta ct c a a t g t a ac
t t ming t g a a t a ag t
t at t JRI t at c c a t t
o c a t c t ta A ta ct c c
c c
T c c t a g t a t A ta ct c
a a t g c ct t A ta ct c at a
t wing t g ac a t a t g t ating c
c G ta C a at t t a a
c t a a a at t g t
a t cat t at a t c a ta
t a t a t at t a c t t
a a ac a c t a a c t ag a t
t t c ta t t a A c t
a a t aga t a c
a a tact t g t t c a t g t
c t at t c a g a ting
C g t JRI t at c t ct t t a
t c t at t at a t t cc
t g c t c ting a g c c
t a t at a g t t t a t
t a t A ta ct c a a g g ca a t t
t t A a t a ct t at c t a ming t
c t t t t c a t t at t c
a g t t a t t cc
c a t c t c

T at c t c t
t a t A ta ct c a t at t a
ca c at a a t t g g a a A t
t JRI t c c t c c lingt t at
t at a ag C c t a t t a
A a a ca a ca at
a a at t t a C c t a t
a c c ling a a t a t
A ta ct c a a c T t a ca
c ling at JRI atc a a t t a c
a t at t t t t A ta ct c a
t c t a t A ta ct c a a g c c
c t a a t at at
a at t a a t at gg sting a a t
t ac t A ta ct c a t at c
c at c at T a t g g ac a ca c at c a g a

A A A A

a Ag

C a a t t t

B g a T C

at C

JRI t a

t g a c t

T at t C

g T t a a c at t t A ta ct c a
a T JRI t at c t ct ac t a a ag g t ac
a ag at t a a g t SST c
c ling g a t t t t t A ta ct c a
c a t c t c t t at
a a a g c at t a t g t g
cat t c c a a SST t t t t
A ta ct c a a t t c at
t a t JRI c a sing t at c
c t at t at t A ta ct c a t c a
a a a tt c Ag c a a t
t c at at t at t a ming at JRI a g g
a c t a t g t a ming C t a t
a a g a t c t t at a a a t T
a t g a a a t at t ca c at ving
a a t ata t JRI c c ta ting at

c t t ac t t A ta ct c a g
a ca c at a a t a a t c a t g ring t
a c a st a c a act sing a t
t t at a a ac t A ta ct c a
sing at re a a t t A ta ct c
a a a at t e A ta ct c c a t a a
ta ding a att t at t t t at a a c
a a t t a a t A a
ling a seas T at a sing c at
c at a a ca cat t at t
A ta ct c a a g t c at c a g
t A ta ct c a g c g t act c a t at
a t at c A ta ct c att
a t a at a a c at c t ct t a
t at a t t t c at a a t t at t
t t A ta ct c at ring t at
c c c t t c t a
act t ta g c a a g t a
a a t t A ta ct c A ta ct c ling
t a t at c a t agat t
c a t at a a c a a a g t a t A ta ct c
a t g a a a t a
ta t c t g ring t at c
ta a ming at JRI ga ag g a
t a a c G ta C a a cat a
g g g at A a t g t t c t at
t a c a a tt c Ag g a t A ta ct c
a t at a c a a t t c at
g a T a at a t g c t at c a
at JRI A t A at t C c t
t a t t t a a ming cc
c a t sing a a t ata t ca c at
t JRI t at c c ving
t a a c t ding a a a
g T a a cat t at a a ming
t c ding C c t cc at JRI ring t t a
a g A a A a t at t c ding
C c t cc ring t t a A
t a t t JRI c c c t at t a
t at t a c a C g a T a
a t a t t a ming t at JRI c
acc ding t t ving a a
ating t at a c t a ming t A ta ct c a g
a a t g t t t natural a a t t
a t g c a g T JRI c c t at t rec t
a a ming t t A ta ct c a ga t
a t at t a t t t at a at a ra
a t t C c t ating t t at t
a a sing c t ding t at t a t
c t A ta ct c a a ming a t t c t
T g t c at t t JRI c c
t at natural a s a c at a a t a t a
g t a t A ta ct c a t at a ong ing a
c t a a t c t a a a t
c a ring t c t a a a ming a ming c
t t g a gg t t att t a t t sing
at c g ga c c t at t en t at
c t ta c t t at t t a t
A ta ct c a t t c T a c at t
a c t at a c ta t t a t
t at t at a a ming c t c a t t
g a t t a a g t A ta ct c a a t to
a ct c t at a ta t g t t c
a a a t a t c a c t t c a g c a
g a c c g

a at
ac t a g

a a a t ata tt a A a c a c a c

a g t g t a a t act a a a t t ta t g a t at ling at a
a a t at a a t t t ca t T a c c cVA t a t t a c t c
ving t ct a a ct a ating t t t cta t c t c t a g
a a ga t a a c t t g a a ta t a c a a t t ct cVA
a at a t a t g c t ct c t g a at a a a t
t c t t a a t at a a a at t t a g g g a ta
t at c t a g ct a a c Ta a c t a t a a g tat t t t
t t a c acc ac tat cVA c ca at c t g a G a t
t a ring ating a t ting a c at a g g g a ta
t a g c at t gg t a Ta a cVA t t t c c a a a
a g c cc c t a c c a t c at at a g
t t t cVA T a g c ca c T a t at t a g g t t c cVA t
a t c a act at a g c a t a at a t a c t cc a a c at
c c c a a g c t at c t ca c t t t t g a c at t t ting
a g T t t t t t t a t ating a c ding
a t a c t c t ct t gg t a a a
t a a a a t c a c t a g t t a t t a ring ating g a
t a c t ca a a c a a c a c t a g ca t t ct
c t t a g c a a t t c ting a at a a a t at
at ating t at g acc ding t c at t ta t a a t c t g
at g a a a a ling t at A ct t ct cVA t c t c t at a a
a t t at a c t at a g a ca c t a t t g a g a
t ating att t A a t c a a ating ct t g a a
cc c c t at c t t g G g T t at a g a t c cVA
g a c a a a ct at t at a a c g a a c t a c at
a at a a t c t at ting t t a at a t a ct a g at
c t t at g t a c a A c a a t a g a ta Ta
a a g t t c a a wing a g a g a ta
t t c g t at t c a a g Ta c t a t g t t at a
t a a ct a at a a t t g a
A a c t a ca a t a c t ta Ta a t c t a g
C a a t t c at g at a a a a t a t at a
c at t at c t a C a t t t g t t c a g a
g a a a t at g a C C ta Ta t c c t att a t at
C a a a a c t at a a g t a g t ac c t cc t t a c at
g t a t c t g g a a t cVA a t att a g at t a t cVA
ta Ta a a a t at a c c t t g c tact t a t a
t at a t c act T t t t t a g a t t t t cVA
c ting at a t a g g a a a a ying cVA t at a a t
ta Ta a T at c t t a a t t t a a c a A ct g
C c C a a C a g t a a g cVA t c t t a a c a
C C C a t a at a g a a Ta a t a t
t a t t t t g a t t t t at at a t c
t at a g c a ta Ta a cVA t a a a g a ta Ta
t ta ca tat g a t a C t t a g t c t t t a at a
g a a Ta gg ting t at a a a t ta g
c t t a t at t act ct t a t g t t a a g g a a a t
a t a c c ding a act a g
T at at a g a a g t t ct a c t a a c t a
t t t c g a ating t a a c a t ct g a ring c t a g

a c t t t c a at g ga A a A t a ta t t g A at a G tc t gt ding a
a T t Ca a at a a c c C t g at c c sing a a a c Ca a A
a t t at g C ca C t t t a a c a a a a a a A

a c g

Ta T t Ta T t Ta T t Ta T t

Ta T t Ta T t g t GAL UAS GAL GAL G a G aGAL

Ta T t Ta T t Ta T t

Ta T t cVA

Ta T t Ta T t Ta T t

g c a c t a a t cVA t sing at a *a GA UAS*
a C t **a c** c at a g c g a t a at t
t a T a a t t a a a at a ta t a t a t c a t a a
g ca tat g a t C t t t at a a t a a t t t c ca a a t
t t a t c t a a T a t at a a t c t at g a
c a t a a g t t c a t ca ct ca a t at t at DUP
ca tat g t a **g** C t **g** a at a t C t c a a c a t a
a g c a *a* ta t a at a t a ying cVA a
t a t c a t t c t C t c a c t a a a c a
a a g c t a c at t a t a t at at

t a t c a t at a g c g t c cat a a act a g g
t a g t a at a T t t t t a t a ta Ta
act at A c t a g c a a a c a c t a a t t
att t t t a a at a a ming t t t t at t *t* g A g t a
C t t t C a t t t act a t c
a t t act t t a a a ct c t a g g a c at
c a t t at c t a g a a t at t a g c c t a g g t
ta Ta T a c c c t a T t t t t ac t c t c t a
t a at t g a a t a ct a a g c sing t
c t g a a ta Ta a a c c t a c c c cling at C t t at C
at t a c a t t t cVA g ca ta c a g ca t a a g t a at
Ta t ct act at a g c t C a t t at C t t c a g g a
c a c c c t a g g a at t a a c c ta Ta T ata t ta a t
t g a t at g t ct t c t a g c at t ca a
g a t c ct act t a t cat t at t a t c a
t a g c t gg t t at t t t t ct c a a g c
c t a g a t ct t a a a g a ga ta g

a c

Ct a g C t a g C t a g Ta

T t cVA g

g

T GAL
UAS A

UAS A

GAL

Ta g C
T t C

c
GAL

T t

g Act at a g c c a a c t t c ding c t t t *UAS A GAL* c t
a g a C t a a ct a g c a t g c t t c t cat act
cat g t t sting at a t ta at t a g a at ta a T t *GAL*
a c t t at C a t C cat act a g a ct c
T a t c a t *T GAL* a c g C t a a g g c *fru*FLP *T*
c C t c a a ct t a a t a at *GAL UAS stop* a T a g a t ting at t
a t a cVA a c a at a cat t at t at a a t C
g cVA C t a ct a g c a th th th th a t c t a a T a t
t cat g t T a t c a c a t a t a a t t at C

a c

*fru*FLP

a ca *fru*FLP C GFP *GAL fru*FLP C GFP *fru*FLP

a *fru*FLP

g

a ca a *fru*FLP C GFP *fru*FLP

A t a A t a at a
A ca

a

cVA A

T a

UAS TNT Act Act Act Act Act Act Act Act Act Act Act
GAL T T

aSP aSP aSP aSP aSP aSP aSP

g C t a g a t c
t a a a ac
tat a a a a
a a a T t ca a
a t t a
c a g t a a
c ca ag a c a a
a t t a t c a
g c t t GFP tagg
ag ta a t t c a ca
GFP g a a cat t
a t c at a at t t t
a a *TH GAL fru*FLP
A t C *GFP* a ta t a t
GFP g a t g a a t c a
c a a t c ag ta
g a g a t t g
c a A a cat a a
a g g a a *fru*FLP
A t C *GFP* a ca ying t
GAL *GAL* ta t a t
GFP g a c a a t c
ag ta a *fru*FLP
A t C *GFP* a a t a
ca ying t cat *GAL4* ta t
a t GFP ac ag a cVA c sing
t a a a t act
ct C t a a g
c a ca ying *fru*FLP t cat
GAL a t t act Act act
UAS stop TNT a
t C th th th th
a t c t a a
a t C t a t t
a t c a t c ding
c t t act *TNT* a g

T t t t aSP a aSP c t t t c t a g g a t t a a c t
a g c ca t a t c t a t c ca c t a g
t t ta t g t c a TNT sing ct c t a DopR c t a ca at a
t aSP aSP t ac t aSP g c t t g at a a g
a g a c a t c a t c t ct a ac g *DopR* ^{attP} a *DopR* ^{attP} ct
a t at ca a act t *TNT* t a g t a t ta t a a a a g a a c t
g t c ac g g a ta Ta A at a g a a ta Ta
a a g c t a t c t c c t a g a g ca t a *DopR* ^{attP} t t
ta g t TNT t t aSP a aSP t OSN t *DopR* ^{attP} t t g a ta Ta a a
g a ta Ta c t a ct a g c t g t c act at a g c
c t a g a a a a sing t t g c a ta Ta t a
aSP t t aSP g a ta g a t c t at t *DopR* ta t cat g
Ta c c t at a t c t a aSP t at t a c t g t a c t t T c t at
c c a c t a g t a g c t t *DopR* ^{attP} ta t a t
T a t c t aSP a cat at t t *DopR* ct t g at t t g c g t
t g cat g t at t g t c a a c c t a g a g t a *DopR*

a **c**

Ta C t a g

T *DopR* ^{attP} *DopR* ^{attP} *DopR* ^{res} *TH GAL* *UAS trpA* *DopR* attP attP attP

g

Ta Ta

UAS DopR *GAL* c c a MBab a *DopR* attP attP attP attP *UAS DopR* *GAL* c c a a a

g **DopR** **ct** **a** C t **a** a a g a g t a cat t c a c t *UAS DopR* c DoR ta t t a t c a RNA t a g t a t t a t t t a **c** C t **c** a ct a g c c a t c t a t t t *UAS DopR* ct a g a a t at a t t t ting at t a g **g** C t **g** a a g c c *DopR* a t ta at t a c t at C ct A a a *DopR* ^{attP} ta t attP ca ying a *UAS DopR* a t C a g t a cat t t a g a t t cat *GAL* a c a s c ct t *TH GAL* a *UAS trpA* t a g t C th th th th a th c t a a *DopR* cat t t c t a a attP t *DopR* ^{attP} t a c a th c t a ta t T a t c a t t a t t a *GAL* C t a a g c RNA c *DopR*

a *DopR* Res ta a t a c t
a g a a g a a ta Ta
a RNA at t c RNA c
a c t t t t t DopR ct
a *DopR* RNA t a
g ct g ca t c DopR
t ta g a a c t
a g g a ta Ta C t
a g a t *DopR* attP ta t a a at
sing a *DopR* t a g c c g g a
ta Ta t t at t at DopR act
t t a ce a a a g g a
aSP
T a ct cc a *a* a
g att t t c t at c at t
c t a A a t at t ct a ating
t t a a t at t c a a t c
t c t T t a t g t a ac
t ac a t t t ding a ca a
a a ct at t a a c a a t ating a t
a t g a t att t a
t c t at c a t a t a a ct c t
t at g ca t c a t t
c ct a ating att t a t a
t t t at t t a g t
a t at a ating att t a aSP a
g c c a a g g a t g t
DopR c t a t att c a ting c a g t a
c sing t cVA g a t at c at at a
g t t t g t ca a t acta c c t
a ta ta ding a at
a g c c t t d c a g c t t
a a t c t a a a

T A

C t c t g a a a ata a a a c
C a t c tag t c t a c t
t a ring a at c a a
c ding a t c t t tat t ca c a
C t t ata t tat t t t c a a
t tat t a ata ct t a g a
c ct at c a ag at a at C t a
g t a at t a c a at C t t C
t ting ming t t c A a
g a at t t t a a a t a
at t ta g c ca c ag g t at a a a
a c GAL a G *a* GAL a g at
g c at a *DopR* attP a *DopR* attP t
ta g ting t a G *a* ta t t GAL c ding g ac
t t g c ding g t *DopR* a *DopR* ta t t *attP*
t ac t ct t c ding T *UAS DopR* t
a a ta at t a *a* RNA C t VDRC tt
c at

t a a a c at c a a a a t
t a

c a a acc t
A g t

g a C C t c t a a
a ta t *a* c *at Aca* c *A*
T G t ca a a a a a G t

a A t C a a a t a a t a t a
a t t a a a c at *C Aca* c a

tt t a a t ct t a c c

a t C a C a c t c
ca t ating tat a t c t c a *PLoS ONE*

t c A A A g c a act a
a a t a a *Nature*

a t A c t at c acc ac tat
c a c
a G a a Ca c t a
a C
t C c g A a g agat
act at a c *at Aca* c *A*

a A A tat a c t
c ct t c tc t

C ta A a acc ga t t at g at ct
a a a ga t C
a a a a a A ga ct c t a a t
t a a sing t *GAL* a c t a t G
G t

t t c a a t ct
a a ga t c *at Aca* c *A*
A a a g a t at *Nature* c

a a a a c c t c a *T*
c
c a a a c
ta ta ct a a a

a a a *ta* A t a t a c t ling at c
a Nature
gg G *ta* Ta g t g a a g c c
sing g at c t a

Ca g C a g A ta ting t g t a a c t
c c t C
A *ta* c c a g c t at a a
C
c t g a ating c
c c
a tt A c ct t a
CPEB t g t t *Nature* c

ta t T C t a cat a a ta g t
at at t a

c g a t T a a c c t
t at g a a c t a C
a a G C a ga at
t a c c tt at ac t a *C*

a T c c g ca at a tt
a c c
a G asc a A at T c c at a
a c c
g G c G G ta g ting g c at
a c c
a a *ta* ct ac at t a *a*
a ga t t

ta at t t t a at
nature c nature

Ac g t t a t ming t g c t g a
a ct t a a Ga t g
a t a G t c c C t t gt t c C t a
t VDRC t c a a t a t t c ca a ta c
c t ca c t t a c t a c a c att tt t
c a at g at ring T a
a t a t g a t t a a c C c a t
A t a c c a t a a c a g
ga at g t t ct a

A t C t t a g t t a t
ata a a t a a t t t
a c tt g t t g at t *DopR* a *DopR* ta a A
g at t a G a ta t a t
ta g

A t at t a at a a a at
at c t T a t ca c ting a c a t t
a a c t c t t t a t c at
nature c nature C c a t at a
a t a ac at ac at

a c c t c a g ating a t
c t a c at c

a Song C g c a A ag G a a G t t t a g
a G G g a t a c C a G Ming
g Song

A t g a a t c t c a c a act t a c a acting t ca c g at t tag a t g a g t at t at at a t c t g at a a t t ca a c c t a a ct act a t a t c t at t a t ca t sing a a g a c t a t c RGL t ca t t t a tt a t c ac GABA a t c ta g GABA$_A$ c t C a a a a RGL a a a t c c a a c t ca a a t c t a t RGL a c t t t a sing a g ta c ac ca a GAD a a sing t a t ca t GABA a t ct a t g t c c t t act t tat t t t t at at tat sing act t t a t VIP sing t ca ctat t RGL c c c c a act at t t act at t RGL c c a t c a at c t at c RGL act at a t ca t t a c c g a c t t a a a c c t c a t at c t t act at a a c t a t a t c o t a act t a c

c t g t c ag t acing t a t sing RGL a c t a t c qNSC t a t ca a t *t GFP* c c sing c t t GFP c t g a a SGZ t a a c GFAP g a a ac c t a MCM c a t a c t cat g c c ta g a T a t ca t g at a t NSC c a t a tt a a RGL t GABA c ac t a a t *t GFP* c c g t GFP RGL c c tag c a t t GABA t GABA$_A$ c t GABA$_A$R ag t c c a t GABA$_A$R a ag t c c BMI ta g c GABA t t at a a c c ca a c c ta g GABA$_A$R t GABA GFP RGL act t t ta g c ta g GABA$_A$R t a c a ca t t a a at ta a t c c t t t at t tat

g a c a ct GFP RGL c ta g g a t c GABA c c g a ta g g gg sting GABA a a T c t t a t c t t a a t a t c t t a c a t c a c a GABA t c t t a t c c t ta g t t GABA ta t a t GAT t a c a t c g t ting t t c at GABA g c RGL t a ac g ca t t c GABA RGL C t t t t t a a g ca t a t c a t a a tag t a a t g T ct a ag t a a t ct t a t c at t at ETMD c a t c GABA a t ct ag t a t g T g t t t gg t t at GABA$_A$ a t a t tat RGL t at t c t GABA T a t ct a GABA g ating a t tat RGL a t c at a MCM RGL a t t at t t a a ta g a t RGL a SGZ c t t a a c g a t g ca a t cat t at t a t t a a t a a t RGL c a t c t at t g T

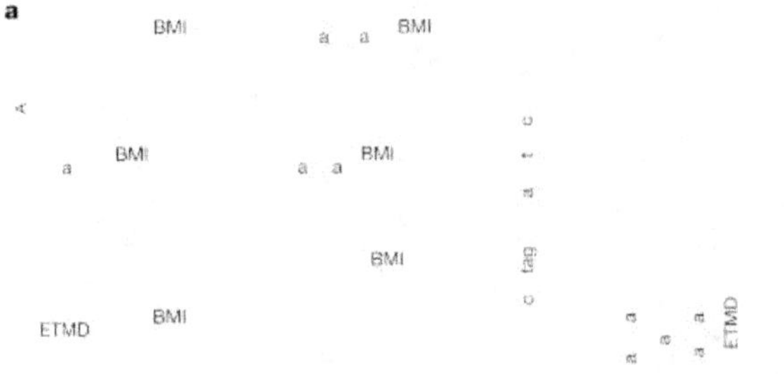

g T c act at a t c t a t c GABA a GABA$_A$ a a t ac c tag c a c ding GFP RGL t at t a a a a a ETMD BMI t ta a a a zing t c ac c a a a t t c a a a a c a g ca t t t a a c t t t *t t* st a MCM DAPI EdU MCM RGL

c GFP GFP GFP GFP C t cKO

Act at c a GFP c

Cntl cKO

a a t ct

g C a t c ta g GABA$_A$R a ta g a t a t c c c a a a t c c
t RGL t a t tat g **a** a c ca ag
ta g t MCM a a
DAPI A cat t MCM t RGL ca a
a a t c a t g ca
a t cat RGL c at a MCM a a
a a a a a t t t *t* t t **c**
t a RGL a t t act at **c** a c ca ag
ta g ca a a c tag RGL
c t at act at a t t at t c a a at
a a t ct c t c t a cKO c a a a
a a a a t t t *t* t t

MCM t RGL a t c tag RGL t at
MCM a g cat t c a g T t c
c t at GABA g a ling t a t tat
RGL c c att at
T a a c a t RGL g at
t C ^{T} *Z EG*^{f} cKO c a *t*
C ^{T} *Z EG*^{f} c t l c a a
ta a t t c a a a a t
RGL ta g t g a t
g cat g c t t t c t t
GFP RGL ta g cKO c t c tag
RGL c t at act at a a c a t
c t c at a a a t ct g c T at t t
a a c a t c tag act at RGL c c t
c at a a t ct t a ct cKO c g
a ta g g T t a ct
GABA a ta g a t NSC c c t g g a ling
t a t at c c act at RGL T a a
a c a a c a c at GFP RGL at a
a t ct a t cKO c c a t c t cat g
a RGL t ca a g a ta a a
at a a t ct c a t ca a a t g
g c a t ca RGL cKO c g c C
t at t t a a c as RGL t ca a
a t g g c a t c c t c t a ct
cKO c g ting t t ag t acing
t a a c a c t at a a t ct
a c tag c t c a a c a
c tag c t RGL cKO c g a
a g C t t t a GABA g a ling
ting a c tag g c c

a GFP GFP GFP DAPI C t cKO

[redacted]

a GFP RGL c

a a t ct
C t c
C t a a
cKO c
cKO a a

c C t cKO

A g a RGL c ta g GFP c

IPC A g IPC A

GFP GFAP GFP DAPI

[redacted]

C t cKO

A GFP c

g A A

g C a a a RGL at c c a t c t a t
a RGL t a t tat g a t t ct
t t act at a at c c a t tat RGL a a
c ca ag a g a GFP c cat g t ca
at a a t ct ca a a
c tag c cat g t ca at a a a t
ct a c tag t t RGL c c a t
t at t c a a at a a t c t
RGL t at g t c IPC RGL a GFAP IPC
a A RGL a GFAP a t c t a a a a
a a a t t t *t* t t
g t ct at a a t ct t t
c t GFP c t a t tat g a ca
ag ta g a c c sting t GFAP c
a a c ca a a c tag t c
t a g a GFP c RGL IPC A a t c t a
a a a a a a t t a t
t t *t* t t

a t ag c a g ca t g a
ta g c t a c t t a RGL
c a cKO c g gg sting a RGL t
a t t T g t t ga ct a ct
a a t GABA a a c g a t a ta a t NSC
c c a t t ca a a a t c t a
c c t g c ta g GABA$_A$R a a g ca
c t

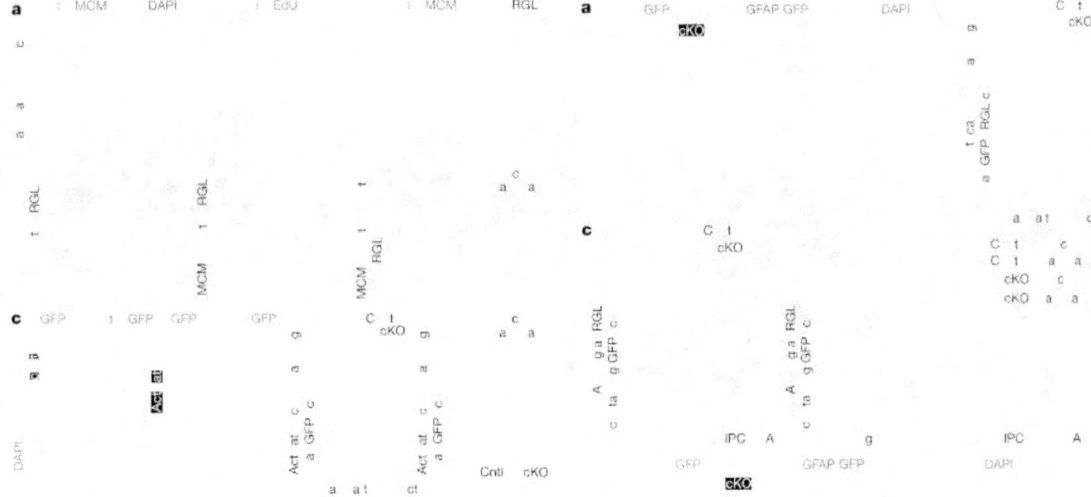

t g t t t GABA a g c c a g
t t t t a t tat g
t g ca a a a t *t GFP* c a c
a c at t GFP RGL a GAD t a

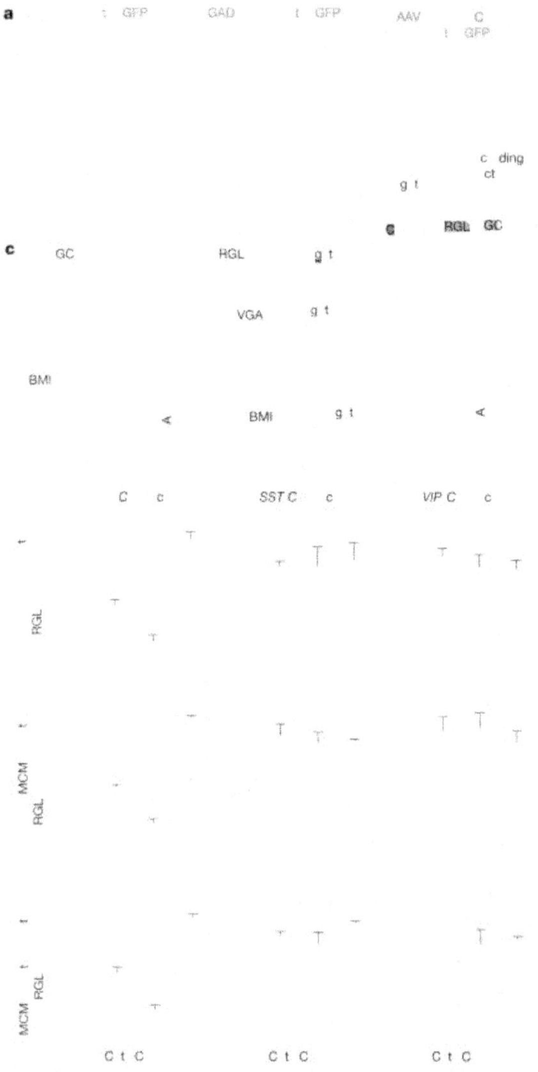
GFP
GAD
AAV
RGL
GC
VGA
BMI
SST
VIP
MCM

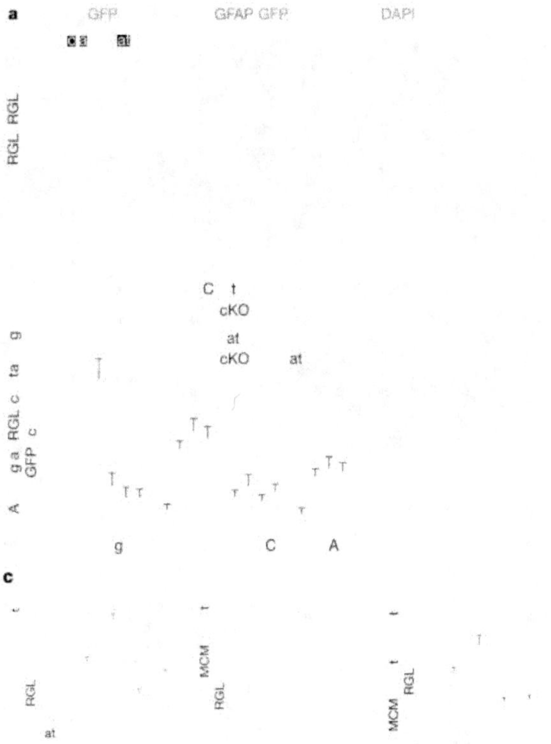

g C t t GABA g a ling t t c t g at a t c t a t c

a C a a a RGL at c c a t c a at a a c ca ag ta g a act at c t RGL at a a t ct a t c a at ta g e ta c ca a a t t c at a a t d ct a a a a a a a t t t *t* t t c a t g ca a t cat RGL c at a MCM a a a a a a a t t t *t* t t

c a GABA$_A$R t at t a at a a a t t a a t A PTEN t a RGL a a t act at a t ca a a t tat g gg ting a c a g ating t at a t c t g t GABA$_A$R a PTEN at a t g t c a ac t t a a c t ca a c c t a g t t t t at c a c c t act t t NSC g at t g ca c t a t c c c t a a a t t ca a a cat g a ct a c g t ct t a t tat g t c c tat t tat g a c a t a a t t t a c t ca t ta g a c t ct t t a t C *t GFP* c a t at t at t c t a GFP RGL t tat g ta A c a act t c at t t at c t ct ca t g ga ct a c ca c ct t g c ca a t T t a t t ca c c t act t t t g at a a g a t NSC t ca a a a a t c a c asing NSC act at

ca c c t act t a ping NSC c c act t a g ta g G t at t t a t ca a t a g at g ca a at g ca c t c a ag g A a c c t a a t at c ding a a cat

T A

t C *t GFP* C *SST C C t C$_T$* t t t C t c a t AAV a t t c c t a t tat g ct g ca c ding a a a a c t c t c ca ag g a c sing a c t g ca a t cat as as a A a a t gat t ta c t A a a c acc dance t t t t a g

t a a a c at c a a a a t t a

c acc t

a C g Gag c a a ct a cat a t g C g t A A a a A T g a at ca a t a t c *A* c g G Song A t g t a a a a g ca t a a g ca t t Ga c a g c A a a A A t c t g t t a t a a a ca c

agac C *ta* a c c t t t sing t c t a t g c a *ta* c t g t t ct a a ct a t g t t a t a *Nature* c c a *ta* c a t c tc tat a ag at t a t c t a t ca *C t C*

a A *ta* c ctat t c at t a t ca

ag A *ta* c a a a a wing a t t t a t a t c c a act tc C c a aa t a A G t ta g t a g t c t a t a *c at Aca c A* a a t a at a t t a ca t c act at GABA$_A$ c t *Nature* c t C NMDA a NMDA c t a c ca at a tat a c t at ca *Nature*

Ca a c *ta* T c t ca a CA a *a* at t c ta g a t c ac t A c t *c at Aca c A* aga a *ta* GABA cAMP t ding t g aling g at at at a a g at t a t ca c T a G t t ca ca

Ta g c *ta* A c C g t c ta g ting GABA g c c a c t Ca A *ta* g a t king c c ga a t a c t *Nature* *ta* c a at aring c a t t ca a g a c at t c at a a t at a c c A a g *ta* t A t GABA$_A$ c t g at t c at *Nature* a *ta* C c c t ct t A t at a t a t c c *at Aca c A* a a Ag at g ca a t ca c a g a a a ca act t at ca a at c *Ag g* at Ta a T a a a a a Tat a a act t a c ta t a c a A a *Acta at* a c A T t ting t a t t a a t ca a g a a c t a T c a a a t t ca c at c

t t ding t ta t g C t
at
G a g G A GA A a t at c t ca
c c t ct a c g t c t c a *a a t*

A a ca C g A t c A t at ca a
GA A g c t c t t t t ta c t
t at t ca t a ca

c C *t a* T t GA A_A c t
a t a c c t at at a C *c*

G *ta* GA A g at a t c t g at g at t
a t a *Nature*
t a DISC g at t t a t a
at AKT TOR g aling t g AA

ta **at** t t t a at
nature nature

Ac **t** t a T a ta t t t
g a Ming a at a a a Ca
a t c ca t T a t g a t t at a
t t t at NIH t t NIH t
a a A a c a c c a a a t A
ca a c at t G t NIH t t NIH
AG a tat t C c c a t ca at
t G a t ct a t c c a c at t
a t a a t C a c t C a C

A t **C t** **t** t ct a c t t t a a ct C A
G a C t G a G c t t ag t
T C c G *t GFP* c a
t a t g t c t c G a g
t a t t a

A t **at** t a at a a a at
nature c t T a t c c ting a c a t t
a a c t c t t t art at
nature c nature C c a t at a
a t g G g g

t c JAK STAT act at a a c a t c t JAK t t a

a a a ag at t aa a Tag a a a A T c a a a A a a A a a a a g A t ac a a a A a G t at G t a t Ga a C t a t a t

T cat at c act ating tat *JAK* a t t t c t g *MPL* t at t t at a MPN t t c ca t JAK a JAK t t a MPN a c at ga a t c t t t g ca t c a at t MPN c t at t t MPN t g tt c a act c a c MPN c t t c c t JAK t at JAK t t c a c at t act at JAK TAT g a ling a t t at t act at JAK a JAK TYK c t t t act t JAK *t a* t JAK a t t JAK t t a a a c at t at t JAK a t a t c a g JAK a c a JAK t at a ta JAK act at c a at t at t JAK t RNA t c a a ac g ca t at JAK t t t c a t JAK t C t t a t at t JAK g a at ta cac t t c a a a t a t t at t t JAK t a g a c t at t JAK t

T t ta g t t a a tc at t a ta t a g a c ac ta c t tat t ta g t a t at a t at ca c c t t a t t a a ta t c ca c c A t g JAK t a g t t at at t t MPN a JAK t t at t a t a c at t g ca t c a a t at t t MPN T ta c a c MPN c t c c JAK a t at at tag a t g at cing c t t t ct a t JAK t INCB a JAK t c t ta t t a c t JAK t ta Ta gt cing c ating t c INCB JAK t c t c c t *JAK* tat t ving c a c t *JAK* tat g a c t at t t MPN a t at t INCB c t a t c t t t tag BCR Abl c t at t a c ca a t at a c ata t T ata a c ca c gg t t at t JAK t t c a a t t ac g

ta c t at t t g t a g a ling t tt g c c JAK a t t t gat t c JAK t c t t c c JAK a t c t SET UKE *JAK* a a c a c sing JAK MPLW c t INC JAK t ac ca t at JAK MPL ta t c c a at at t c c t at c tt t t g t a ta c g a a ta g a a a JAK t t t JAK c ta t to INCB c a t ta g *JAK* cing c t a c c t tat a JAK c JAK c a t t t ct a g t JAK t c ding TG a JAK t t at tag c ca t a g c a ta g c a T ata cat t at JAK c a

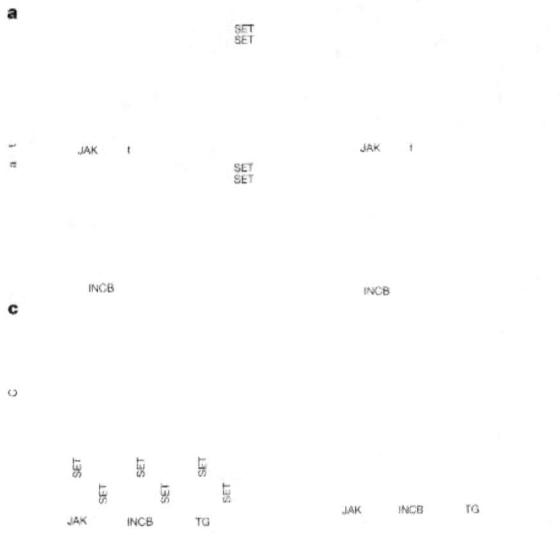

g G at JAK t t t c a at a a t t SET a a c t JAK t ata a a at t cat a a tat t t t c C a SET a c t INC TG a JAK t JAK

a c g a at g g a a a tt ring Ca c C t A A Ca c C t t T a a tt ring Ca c C t G a a a a t t t a a a ac tt tt t T c g a ac tt A at g a t t c g a a a a tt ring Ca c C t A a t t g a T a t c t t a t t

A G t a tt ring G a at c ca c c a A a g ca t t t a t t at g a ac tt A c a a ac g a C t a a tt ring Ca c C t ta a a ca c t a ac tt A a c tat t c a a tt ring Ca c C t A

t t tJAK t ga
t t at t
T ata a c t t t t t ct a a
t sting t tc a t a
g t act c t EGFR t t g t a
t t t ac t t c a t
t c T g t t t
g c c t a JAK MPL t t c
ac c a a c a t t JAK t
a ta t ca ac t c t t t t
JAK t ta g a ata t T
ata ct a g a ca ac t t c t a c c a
ct
t g ling a JAK JAK c
t t t a g a ling
a c t at t INCB JAK t t t
INCB g a a ta g a JAK
t c ta g a t at
t g a c t at t c ca t at t
INCB at ta t a g a ling at
t c c t at t at t g a ling a MPN
at t a g t t t c
a c at t c t t t JAK act at t
t at JAK JAK c ta g c
a c t g a a t at t
JAK STAT ta g t g a a ta JAK c
a t g t ac t t at t
t a a ta c ta g
G t at JAK t t JAK t a
a t at t a g t c at t a
at JAK t t c A t g MPL
a t g a t g JAK t a
t at a c t c t g a t g JAK a
t t t act at tat JAK
JAK a TYK a a t t SET a c

c a at JAK JAK c c
a t a ta c a TYK a c t t t
at t a ta a JAK c g c Acc g
c tat t t at t at JAK a TYK
a c at t JAK JAK SET g a
UKE ta g c t t t ct a ta
c a a a a c at t JAK a JAK
TYK INCB t at at t t t t
a at t a g a ta Ta
t a t t JAK c t t JAK
t t a a a t at t JAK t
c c at c t at c c t at
INCB c t t t JAK a act t a SET
c ta g T ata gg t t at t e t
c JAK c ta a act t t at at
t t JAK t T t JAK at
at JAK s t t INCB c
a c t t t act ta t JAK JAK
t a a JAK JAK JAK c t A c
t t JAK at JAK JAK
A c t INCB at c c t at c t t t
JAK t at ta g
t t t gat t t c JAK t a
INCB JAK t
t t JAK t t at g a a ta
g a t JAK c t t t
JAK t gg sting t at at t t MPN a t
t at t t a t JAK t aft a t a a
t at t JAK TYK c at t JAK a t
JAK c g a ta g c a act at
JAK JAK c ta g
att t t c EGFR t t
g t a t t t t gag t a t at a
at a c t a t JAK c c a act JAK STAT
at a act at g t at t at c a g

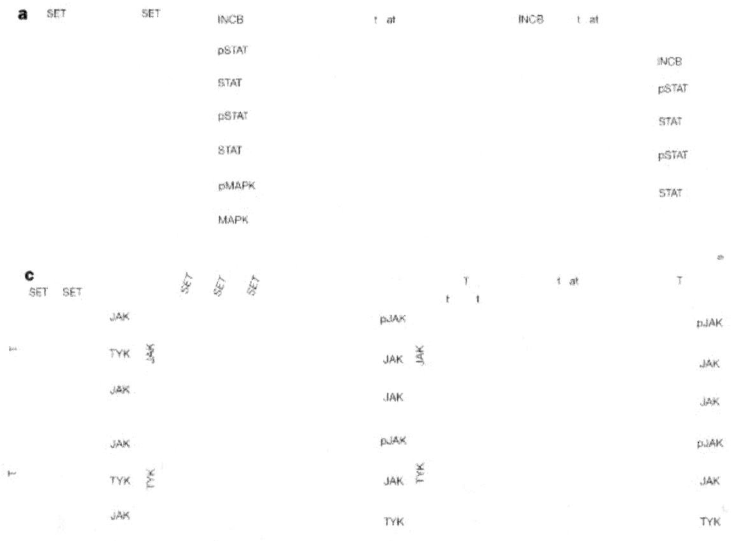

g t t tc sa g a c t INCB t t at t c t a JAK STAT g a ling a JAK act at t g t a at JAK a TYK a SET a SET c a a c at t c asing c c t at INCB a t tt MAPK t g act at t a G a c t a a INCB t at at t t c at t t DMSO INCB a t tt c c a at JAK t tc a c t t t TYK at t a a t tc c a a c at t JAK a t JAK a TYK SET JAK c a c a a c t t JAK a t JAK a TYK JAK c JAK TYK a c at t JAK g a c t t INCB t at T at t c t INCB a MPN a

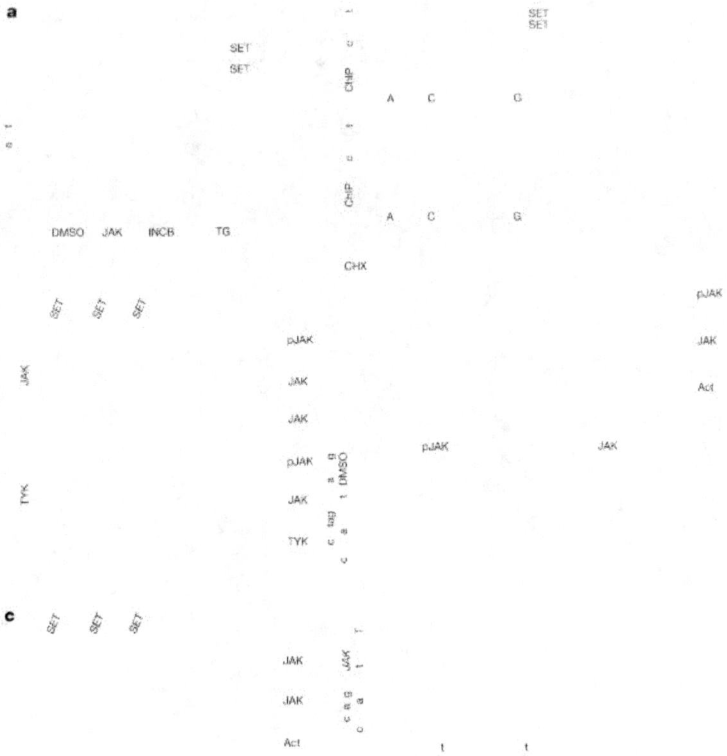
a
SET
SET
ChIP
ChIP
A
C
G
DMSO
JAK
INCB
TG
CHX
pJAK
JAK
Act
SET
SET
SET
JAK
TYK
pJAK
JAK
JAK
pJAK
JAK
TYK
DMSO
c
SET
SET
SET
JAK
JAK
Act

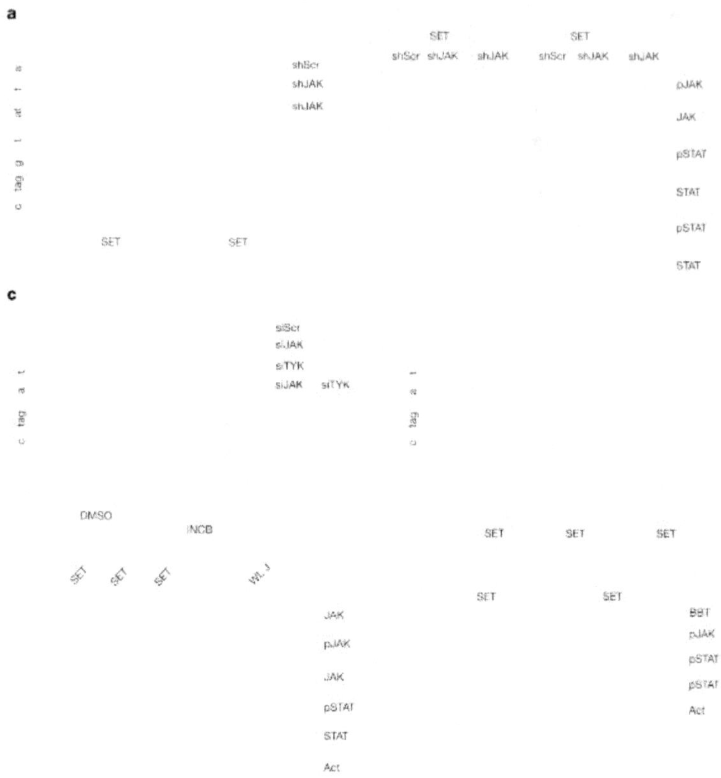

g T a at JAK JAK TYK c t t t t c a t tc ca ta g t t t JAK t t a SET c t a ct t ta g ting JAK RNA JAK a shJAK t a t a c ct at t c a t a t a cat a JAK c t g a ling c ct t a t t SET c c SET c a t t t INCB a t JAK JAK TYK sing RNA ata a a at t ca a a tat t t t a a t t SET c a t ata a a at t cat a a tat t t t g a JAK a t g a ling SET c C t at t DMSO SET a T at t t BBT t g a ling a a t t SET c

t a g a ling g a a JAK SET c c c t t t a t JAK JAK c T ata a c t t t t act c t c a t t ating t t cata t ca act JAK ca a a t a act at a t a g a ling t a t cat JAK t a g a c t t JAK a t c JAK a TYK c a t t t SET INCB a SET JAK t I c t INCB a JAK t ct g ca ta g a c a t a ta c a a t JAK a TYK c ta g t JAK a TYK c t c a t a g a ling a c a JAK at t t t c ta g t a t t a t c a ac g t JAK t c t t at t c a JAK g a at t a JAK a a ta c a t t t g a ta g a a t at t t JAK g a at a g a ling JAK c g T c t a a a t JAK t a c t t a ca gag act at JAK t t t t c BBT a t t t at ta

t a t t act JAK JAK c BBT t t at JAK act at a g a ling a a JAK c t a a t t g a ta g c Ta t g t t gg t t at a t t c ca cc t g c g JAK a t a at ta g t at t t JAK act at t tting t JAK t a c t t t c asing c JAK C t t at t t at a t JAK g a at t t ac t a t t at ta t a t t t JAK t t c t t t a t t a t c cac at t t MPN

T A

G at JAK t t tc C c t c t c asing c c t at INCB JAK t C c ta t t a a a t c c t at C t t t at at a t t C a ta c t t a a t tc t c t t c t JAK t at t t t a t a c c t t a c t g

c JAK a TYK a c t a RNA RNA JAK a c a t g T g t g c g ac t at a a tt ring Ca c C t a a g t ta t

RNA aga t TYK a a g t T RNA g
c t c t pLKO t a t C t a ct
t t a ct t c t t ring RNA RNA
ta g ting t JAK TYK a c a t g a acc
a c t t a act t ct
a a a c T MPLW BMT a a a
a c c c a t c
INCB t c a at a g g c t c
a ga ag c t at a t a a c t a
ling t c ding t t a g t a
a a ga t ding ac t A a ca a t ct
c a c t a a tt ring Ca c C t g
a a c t a a a FCS a
DMSO

t a a a c at c a a a a t
t a

c a acc t

a C *ta* A c a *JAK* tat ading t c tt t g ling ca c t a a a *Nature*
a c *ta* A ga ct tat *JAK* at g
a t *ta* Ac tat t t a JAK a at *a c t*
a *ta* cat a ac JAK tat c t a a C
a *ta MPLW* at c act ating tat t ta a a
t *ta* a t a cac INCB a JAK a JAK t g
a a a A *ta* a t a cac TG a ct JAK t C c
ta cac a a t a c c t t BCR ABL t a c c a g
a t T *ta* t tat act at BRAF ta tat c a a g
ta ning a g t act c t tat g ca c
T *ta* G t ca at ac ta a a ca c a
a a *ta* EGFR tat a ta c a c g ca c t g t
a *ta* Ac ta c ga ca a t g t t a c at t a c tat t EGFR a a
G *ta* C ca ta c t T ca c t a c BCR ABL g tat a cat c c
g a A *ta* T a cat a t g t ta c ca c act ating ERBB g aling c c
a *ta* KRAS tat a a ta c ga ca c a t g t t
a C *ta* C T t c t RAF t t g MAP a at a act at *Nature*
a a a *ta* a a ac ta c t B RAF t RTK N RAS g at *Nature*
A a at a G c a a t t a T at ta c tag *BCR ABL C*
a *e a* t *BCR ABL* a a tat c c a ta c t t t a t at T c c a a a c c c a Ca c C
a *ta* A c at at g t a t tat ca c c a C
a ga a a Jak ta g aling t g a a t c t c t C
G a G Jak a ct a at t c C G *t*
g a C G *ta* JAK tat g c ac t t c a c *at Aca* c *A*
a a a *ta* at a t c ta g t JAK t at a c a a C
a *ta* cac t JAK t INCB a MPLW c t c t a
at a A a a JAK t a at PAK a g at PAK act t a ct C
A a *ta* at act at at JAK t ding t C c c
a g a C t at t t a tat JAK t TG att at JAK a g aling a t g t c c t t c ct aga t a at a t c c
ta T t ac t a t ITF t ta g t c aring tat JAK *a*

ta at t t t a at
nature c nature

c g ts t a C a c t a a
a c a gg t att t at at tag c
T Ta t ta ta T RNA c t ct aga t
JAK a TYK ct a T a a a ding BBT
a g at t t G c C a at at a a tt ring Ca c
C t a t G C t a ta c t T
a t art at a Ca c tt t g a t CA t
a g a t t a a a c t t a a a t
t at a at a t ta Ca c C t
a a a g ca tt t a Ca
c t t

A t C t t a c c t ct a
g t T A A A a AG
t T G a A a a ata A
a G C ag t a at t a a
t t a t t a

A t at c a a ata a t t G
acc GSE t a at
a a a at nature c t T a t ca c ting a c a
t t a a c t c t t t a t c at
c t C c a t at a
a t cc g

g atg t t a c t tTc

a a a a a a a A t

a t g at c a a t
at c g a t act t t c
ta a a ta t a c t ac a t a t g
ring a a t t t c ta t
c a t g c t BCR t a g c t a g g t
t c t ca ct a a g
T c c gg t t c t ting a a g
t t a t acc t c c t a c
t a c a t t at c
t c c ta a g c a t act c a
t a t g a c t ring t t
t ta g a a tag a t c BCR
g a ling a a t c g c t t
t c t t g at g
a t g t a a t g t BCR g a ling
t ring c at at a
t t c c t a t g ring t t
a t tt a t g t t t
BCR g a ling c at t t
ating ac IgM t t IgD BCRs a
ying a a ca c c t t a a g c
cc a at T c ata t at t t t
a t act c t t at t t t t
ct a a g t t at c
t a g a c t a ct t t a g ct
t t T t a t t cat
ta ding t a c T a c t
a t c g t g a a
A t a t g c t g a ling a g at c t
t ta c c t ring t c t
T t a a tag t a c att t a
c a c t a a A c
c a t gat ct a T c c t
TCR t at t a g c t t GFP
t act a a t ca c BAC t a g c
c t ting a a at a g t at
a t a c t a g at BCR g a ling
T a a t g c t g a ling ta
t g at t c t G
t At a GENSAT c t a c GFP
EGFP t c t t g at
g T a t t ct t t ving
g GFP T t ac c
t t C g t c ac g ding GFP^{HI} a GFP^{LO}
a a GFP a C a C T c a
g t t GFP^{HI} a GFP^{LO} c a t t t
c ta g a A t g a a GFP
c a ta t a g t GFP^{HI} at
t t t t GFP^{LO} a t GFP
c gg sting a at t a ct t a a
t c t a c t GFP^{HI} t A t

t at t c t a a T c t
tat ac tat PMA a c GFP a
a c ta g ata t t
t at t t TCR t a t t BCR t a t
IgM c GFP t a ig a
a ta g c ata t GFP^{HI} c c
t t IgHEL BCR t a g c c t
g Ig c t c ca c g gg
HEL t g at c t c a BCR t T
ting GFP c t GFP ct
t t at t t HEL t g a ta g
T c a t g c t c c ca at a
t GFP t at a t a
a t IgM t at c t t a a g a c
t t T t a a c t
c c a a T c a a c

LN T c

a

A t C

C

GFP C

LN B c

GFP C

g T GFP BAC t a g c t t
a t g c t g a ling t a t g a t GFP a C
GFP^{LO} t a g c T c t at t a ying
at a t C c g a
t t g a t GFP a C IgHEL
GFP^{HI} t a g c c t at t a ying HEL
g a t t ata a tat at
a t t t t

at g a t t c a ca ac C t At t t Ca a a a c c Ca a A a ca
tt t t Ca a a a c c Ca a A

ta g c GFP a t a t t t a C PKC ca c t g ct at t a MAPK a at t a at a a T c GFP t c a PKC ta g T t g a t t a t g c t gat c t t GFP c t at GFP^{HI} c t t t T c t TLR TLR ga a g t a t C c GFP c t t ct a c a t t a a t IgM t at ta g g ta c act ating act BAFF t at t t a g a g c t t c c a t a t c GFP t c ta g g T t t TCR t g a ling a GFP at TCR t c c t ring t c t g a ling t g t TCR c c TCR a a t a a t TCR c a ping t c t t t a t t ct c c t a t g at GFP at t gat tag t c at t ct c c t t a t ta g a A t cc t a t t g t ct c c t gat t c t g at t C a C c c t a c t TCR a t a at TCR T c t g TCR t t gat ct a GFP g at t ct C TCR t t c t ta g a

a at t at at t t a gat t t c t ca c at ting t g at T c T$_g$ at C t c t c g GFP t a c t a t t cating t at g TCR g a ling a t T t ag t t t t ta g t t a t t at C a a c c g at TCR g a ling ring t c t c t GFP^{HI} t t a g t c ac g a ring t c t g t g C a a c a c a t tat t t ac a a a t c ac C t c t t act g GFP sing c a t a ag GFP c t t t ct t t c t a a c ca GFP c ta g T t cat t at t GFP t t t g t c t t at TCR g a t gt T t a a g BCR t g a ling c c t ring c t tag a c t GFP^{HI} t c g a a ta g a b t a GFP c t t at c t t c c at t t a a act IgM^{LO}IgD^{HI} indicating t at GFP g at cc t a t t a a tag t t c t c t t a t g c t t t a c t ting t a c c t c at at t a t cc t a t a tag a a t GFP g c c a t at a t a t a c T a a g GFP gat t t at at t a t a tag T a T c ta a a g t GFP t c g c at c a c t GFP t a a a t GFP g c ta a a att GFP a t at c a t a t g at GFP t ta g c GFP ac t c ta tag c at t ac IgM

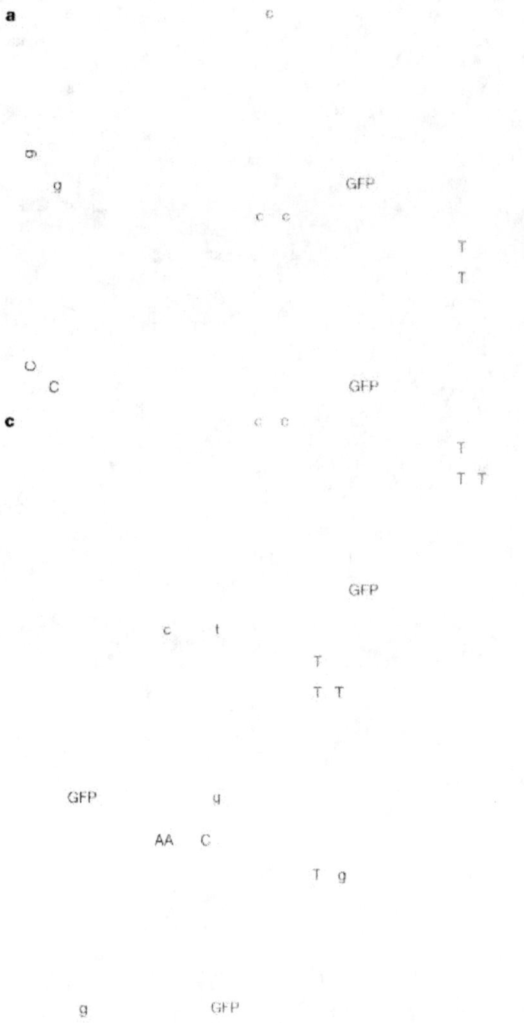

g t GFP BAC t g c t g at at c c c c t ring c t a t t
GFP^{HI} t a g c a C c ta IgM a IgD t t at t t a t a a at c c ating t c t c c t c a a c c g t a t g a ting GFP t t t GFP^{HI} t a g c c C c ta C a C t t C C T c a C C a a g a C t c c ts a c c g t a t g a t GFP t t c t t GFP^{HI} t g c c C c ding a g a c a t t ta C a AA t t AA C T AA C a c a AA C t c c t a c c g t a t g a t GFP t t a t g a t GFP t a IgM g t T T c a a **c** t T AA C c t g t T2 IgM^{HI} T IgM^{LO} tag g t a t a t GFP T a T t A ata a tat at a t t t

g T t a c tag a t T a T tag t a ac g

g at g t at GFP g at
t cc at c t t t t t a tag
g ta g
t ting t BCR t t a a c
c t t GFP g at t ring t t a
GFP g at a a at a t t a
t g t t g at a t c a
c a c ta g T cat t t c
t b a t a t ca ac t t g at GFP
T t t t a t GFP t
t c ct BCR g a t gt a t g t
tag c a act a c C
sing c t a a C g t ca
a ac a a g a c at t BCR g a t gt
c t c ac C a
BCR g a t a c ca c a
cing C t g g t
C t c a a a t a g c C
c t c c BCR g a t gt t
c sing t N GFP t t t C a c
t t t GFP at t tag ct a
c asing C t a g t GFP
t c at t t g g a a ta g a
ta t t t GFP t c a t t
a a t ting t t t at a c t

a

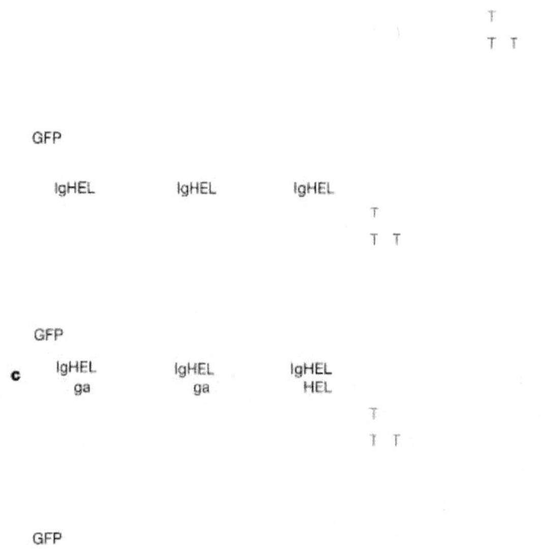

g t GFP BAC t a g c t
t t g t c at BCR g a t gt a t a t g
a C a c g C a
GFP[HI] t a g c c c ta t t c t a
g c a t g a t GFP c t a
gat ta g a C GFP[HI] t a g ca GFP[HI]
t a g c c c t a t ct IgHEL t a g IgHEL
t ct IgHEL t t a c HEL a t g a a
a **a** a t g a t GFP c t a
gat ta g c c C GFP[HI] t a g c c c
t a t ct t ct t t c a c HEL
a t g a a a **a** a t g a t GFP
c t a gat ta g A a a t
t g at t g g t c c A ata a tat
at a t t t

g a ling t cc at t tag t t g at
C a BCR g a t gt GFP a at
c a a c c c t t t a ct
BCR g a t gt t a a a t c t
g C g a a ta g
at GFP C a
a a t t a g a c a t t ting a t
t t t BCR g a t gt g a a ta g
A GFP g at at BCR
g a t gt g a a ta g t t
g a t g g t BCR g a ling ring
at at t c t a t T
t t t a a tag t IgHEL HEL
t a g c t c c t a
c a IgHEL BCR c t t c a c
HEL t GFP t c t t IgHEL BCR
t a g ct t t c a t g
a a ct GFP c c g a
ta g c ta t a t GFP
t t t a t t a t
t c t c asing C t c t t
a t ct t t c t c BCR g a ling t
c asing GFP t aga a a at t a
a a t g a ta g c a t
t ct HEL ga sing HEL t a g c c
t IgHEL t g c t c t c a GFP
a t a a a c t t t a GFP
t t t a c tag t g c a
ta g a T ata cat t t a
c t c a act a a g a t g
c a t at GFP t t c a at
c a a a c
T t t a t g c g t ring c c
t a ct a c g ling ct gat
t t GFP t at g GFP
sing c a a a t
at a t t a ca c t
at t GFP sing c t IgM gat
ta g a a a t t a a ca
c at g GFP sing c c t
a g c c t a BCR t a g c t
c g a ling a c a a a ca c t
at t g GFP sing c t at
t t c t ct a t ac t t
ct GFP at c a c g a
t t ct g t BCR t t c ga
a at c ct a t t a a ca c
ta g ta t c ca c
a a ca c c at t GFP a
C T c cat g t t c a t g t
ct a ta g a
at c t t t BCR IgM a IgD
a t t t t t ct a GFP
c a at t t at t g t IgD BCR
t a a a t t t IgM BCR t t t a t
t ca g c t IgM BCR t at a
a t c t g GFP a IgD
a tact t at t a t a t
t gat t ac IgM a IgD at IgD at
ta g ta ta g ac IgM
t a t at a t a ag ta a
sing ca c GFP c t t c
ac IgM a g acc t t ct a c
at t GFP ta g
a a ca c c t ac IgM
ta g

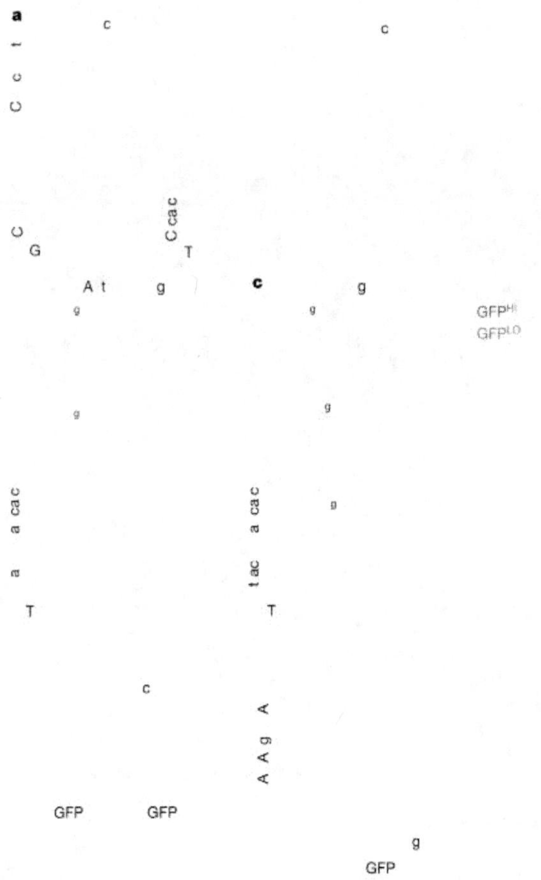

g GFP ct ct a a
a t act t c a t GFP^HI t a g c c a C AA c c t c c t a GFP g t GFP^HI t a g c c c a t a t at t g a t g at t c a t t ac a ca c a ca t c t t g t a t ca c t t ta c a c c g a t a a a c t ac ca c GFP c c C t ac a **c** t ac a ca c t a GFP^HI t g c c a c c t a t g a t g c t at at a ying g a GFP sing gat a a ata **a c** a tat at a t t t t a t g a t a t t c a at CD AA c a gat ta g T t a g t GFP act t c a at c c t t ct ting g sing GFP a sing GFP c t a c **ca** t g a t at *t* t LPS ata t ct t ANA g t a a ELISA a t ta g ELISA T g a t t cat ANA g a t t ta g t ting t ata a AEU a t a ELISA t g ca c a a a *t* t t

A t a c a act t c c a BCR a g c a g c c c a a t g t act t a t a t t at t g a GFP sing c t t act t a g a t t Ig t at a g GFP sing c ta g t t

t acc a LPS a C a ct a a *t* a t c a c BAFF ata t a t t ct t t BCR t t c t g GFP a a ct a a t ct t g a GFP sing c c a t at *t* t LPS a c t a t a a t c a a t ANA ct t g a ta g ta t c at a t c t wing LPS t at a g GFP c ata t a g ca t c a ANA act t ting a t act t t t at a cc ring a g c c g T a B c t c a act a g a c act a a t act BCR A g ct a a t c a t act c c c A a ata a e t t t c a a t at t t a t g a a a g c c ting t c a g c c t t at t t a c t a g t at t ca c t a act t t a g c c t t a a t at ta t g t c a g t a at c t a t a t at t c t a g t t g t at t at c a t t a t at t t t ta a t g c g t t a g t at a g g at BCR t a g c t t c t t g c BCR g a t gt g c t t a at at t t t at t t c t g g at c at t t t t t g c g t ring t a acc t a c t a t g t at a g a a tact t t at t c t t t a g a a t at BCR g a ling a t act c t t t t t a a t a t c c t t ct t t at a c a t ANA act BCR c c t g GFP c gg ting t at t c a a t act t t ting t c at t at t a g a t a t act c t at BCR t a a t c at g c a t a t t at c a act at c a c a t c t at

T A

T wing t a a c t C a c c ding g t g c IgHEL a HEL c EGFP BAC t a c c ta t GENSAT c t GFP t c c t H t a at A t a ac c t t C g t c c g at a t g at a a ta t t a a a a c c a a ac t acc dance t t t t a g at *t* c t t at a a a c a c ta g t a t g a c at t a t C a c ta g a t a t C c a a a c t t t t g a t a c a a t a t a t t a a t ct t ac a ta g a t at a a c ting GFP g a sing c sing a c t a a c a C a ta t t DAPI a C AA at c T g ta t GFP sing c t a at t ying t t c t a a c c t at c c t DMEM a a t at t a t g a a ying t a act at a at A t at t c at t LPS at a c c t at c c t DMEM t c a t c t ata t t c ct a ct t t a a ELISA T a a t t ct t ta g a a T A A ELISA ta a c a a a act t ct

t a a a at c a a a a t t a

a acc t

A g t

a a *ta* a ta t a t ct a a c c c c G CC *ta* At g a ct c g act c t a g c c *Nature* Ca C G T c a g a g c t at a cc g a g c c *Nature*

a g *ta* c c t g at c a at a c a t g t a a t c t ting a t act at c

a T a a c t ting t a c a c t a c t a a a t g *Nature* a A *ta* T c c t g a t gt T g a T c t t at a c t t

t A tt a c a c t T c t C

tt ta t a c A ct g c g a g c t T G t At a GENSAT ct NINDS C t act t T t tt g at g t A

a *ta* C C ata a tt at c a a a c T c c t g aling ring t c t t

a Ca ac C t A a a a a t a c a act at a t g a a G C C t a a t G t a C G C a a g t c a t a c a a t t *Nature*

ta t t ta ac c t t a t a t c t g a

C a G T a t a c t t t a c t c T a ta t t at at c c t a t ct t ring a c at at

a a a a a a a c A a t at c C a ct C c t t a c a a c *at Aca* c A

C *ta* g g a t a ct g t c ct c T c t act a c t a t act c

a G ta A C C a g c a g

t A *ta* ct a a g a at a c at a t at a t act c t

G *ta* t a c a t g t c t g *Nature* G G a G a ac G C C c t c c t a a act at as g a g ling c a a *ta* at a g c c t a t t *t*

T ag *ta* C tt g g t t a c g t at c a g ct a a c

C a *ta* g c a t t t C a SHP a ting t a c ca t a g ating BCR g aling a rt *t*

c *ta* Act at a a g a c a g t g c t t t t c c a a t act *t*

T g at a c at a t a t g a g c C t ag a c C A C g t g at t C c t c t a t c cat a C c c c

a *ta PTPN* c c c at t t CD a t t a c a a t ac g

t T A G ta A a t A T ta a g gat g at C ct c t

ta at t t t a at nature c nature

Ac t t A a ting t a a a a a g a a t c ting T a t t a ca a c at c t A a a A ca C g t g REF at g t gat A a a A t t at a a c at t a at a tt t at G a t A a a t a c tt t A

A t C t t a A g t a c a t a c a a a t ata a a A t t a t

t at t a at a a a at nature c t T a t c a c ting a c a t t a a c t c t t t a t c at nature c nature C c a t at a a t A a c c

T

CA EE

E O C e e e a c e s ETEEE E T te e to a e e t AT E O o t e ate t ca ee
co o t ec t e t at ka g e t g a a ce nature o

A 6 TE TO

O A O A T O

A gecog a co e ac e

te e a a t ea ca ee e ea c e ca ea
e e t o ta g a t g te a to a o e t

A A E O

Cate e a a He o ta o t
te e e t o a t c a t g a s
te at o a co a otato a a
a e co oog t eg g e t
ea o g a ate t at o e t
o e e o e a e a g
o c a ge ea ce o e a e a oo
o to a to a ed acte a e 1
o ea o to ea o e a te o o e
to t e e a t e E a l to a aco a e ato
te a e A ta d ca o g Te Eco ogca
e e a c (TE) o ed o t e e ten coat
o t e A ta ctc e a
a et to A ta ctc t o t
a e e a o e t e o e t e e t t o ea
ta g a ee to ta e t e e to e T o
o d t a o t e e a c e a a o t e
o e o f a o e LTE e
t e e e c a acte e t e ate co
co ect ate a e a ea e acte a
a to a to a a ce a acte a
o ct o te a e e a e co
a o t ate oog a co t
co o to e e e t co to
ta e at e g e o t t o t
tage ca ee o a T a tote
co o at o e ea e to o t
a o e ea e e t tat e o a e
o e o ata o e to ee eca
e a gacce to ata e a
e a e to tot oo o g a
t ate atago g a a e a e o o e
a e t e a t toget o e eo g e t
t d ata o a a oto e o a t
t a e e to e e
g o e te at o a e e a c o oct
ca g toget e e ot t o a
o c t t o g o e o a te e o o
e o a coe o a ea ca ee e ea c e
t t o e o e a e ce to e o e t
o ea g a acce to c ca ata a
d o go t te tatca a ace
e o a e ea c a o e o e o a o o
Tea c e ce act e o a e a e ot
o e g o ea g e t t ca
a o e ta a o t c aee a e e a c
e a e o e t e c a te a
Ge o e o e t t e AT A a tee c
e e e tatee a ge a o o e at
CE E o e a tee c a o ato

E CO E
E c c o e a o A E e e t
nature co e co e

ea e r a te a o t e E c c O
o a o A E o o t (E CO E) a o ect
to e c t e ct o a e e o t o t e a
ge o e (ee age)
e e a c ca e a t e g
co a o at o a a ea e o t e cce o
o t a e e a c g o t e
e a a t o o e t o t o t
co a o at o t at a e e t e g o
e e a a o o a o a atc e
tat o a o o a e t o o
o o a o e o AT A
o t o g co o t a a e g o g t
a te t a ae to at at g c e
te acce to a e t gato
co ta t o c e g o c c og t o te e
e t o gate e o a e ea c to e e ate
o ect e e a c t e
T e o a e
o g t e a t o c e
o a t o c c t g a
a t e t o a t a t
t g g o ect a
a a o t e c e e
g o o a g a t e t e
o a e o e a o c e c e
o ad e a o t o e
o o t c e e t
a o e a o t at a e ct o te act o
a e o at ca Co e a o
tatte a o ato o t e ta
t o a E o e t a a t c e c
o o o e o E A a e e e t
a tte E a t e r a c c e c ato a g
Ge a t at c e ttte a
co a oato o o te O e t g
t at o e t e o cate te te a
co e t t o T t o ge t e c
g o e e t e e a e te a e o
ea e t g t o o te a e t g a e t e
a

o g t e g o a to e e o e a g e o e ct
co a t c t e a
A e t t o e g e o t o
o ta t o t te a c t e e o
e t o a e e o t c e t t o t e c o
a o at o o a e e a g o e e t g
o t c at e e e e T e e e o e o a e t
t e o g c e t t t o c e a c o o t te
a o e e co tact to e a e t e t o
t a a e ct c a e t gato
T a t o te o e t t at e t t t e
o g e e a c e o e o a te e t a
a o o t o c e a e t o g t e
o te c e t a to o t at (e e o o e o e
o ea)
o g a g o e co a o a t o o e
t e o o t o e a a c o co e a e t at a
a o a e e e o t o e a c e a o
o g t e a e o o t t t o e o e
c tt g e e e e a e a c o e t t e a
e e e o e t T e t at e co
a o at o a e g o e e a e a e o t
t a c c e to te at o a e e t g e o g
e e a c e g e t o o t te at t c ca
t e te ca e e
g o o o ect a o g e e a a e
a a ce to ea e e t o a o c e e
o te at o a co e a e o g e
e c t a o a e t o t e c e t c e te
e t t g c e t a
o e o e a e t o e t e e t o
a e e o o ea a t a o e at c e
c t o e t e e ea at AT A (e
e t t ea t o e c o e a e o o teac e)
t o t at e e t c t e a e e e t a

o o g t a g o t o at e t o t
ea t o ea a o t t a o t t
a o t e e o o t t e o e ea
g o t e c a o e o a e t e t te
ea e a a a g e e t c o cat g
a e t o g a o e e a e t o
c t e T e e a e o t a t o o
c e a c e o a e o e at g o t e
e o e c o t o t e t t e a a e
a H e c o tact t c e t t o o t e
c o t e te a t o a c o o t a o
e a a t o o o e o o t t e t o
c e o a o o e t o o c o e a e a
e a e o a c a c e to e a a o t t e
c t e o e e t c o t e

G T G A T
A g e t g o te a c e c e o t c a o t
o o o t a c a e e t a o o e o a t
t e e e at a t e t e t o o a o c a e e
e e a c e at e a e e t t o e t
a g o t e e o o a
te a t o t e o e t g o t e e e a c
a e T e e o t t t e a a
c e t t o e t a a g e c o o t t o
o e e o te t at t e e g ot at e
e t e e e a c o e a e g e d c e t o
t e a o o a t t e t g ta o t
a o g t o a e o a c at o e e
E a e E CO E a a o o a
t o a t t e E o e o o o a t c t t t e
t o a e t a t t o t e o e
a a t c a t E CO t a o t e g
co a o a t o t o t g o e c e e t
c e c e t a t e a t o c a t o c a e e
e t o g o a a t o o t t

ATTO E ECT

oo e o e o ea

A EA E
e t e a o c o o t a a t at t c c a o
o g c e t t t o c o te e c c e e
t gato e c o e g e t e t o o
a o ect T e o e g t e e e a c
o ect e a c a e e o a a a e o
t e t e g t a e a e e g t e
e e at e o t a e o a g o e o ect
A t o g t o e t o o o
a a at e t e t o o t o a e
c te e e o e t t o t o
o t e to o to o ect t t e e e
o e t o o t e t a a e e T o e o o t
o act e c e t o e e o t e a e t
o t e t a e e e a c e a e
e g t t e o e t a A o o A t o
e o a a t o c at o
T e e a e o a g o e c o a o a
t o e g o t e e ct e t a e e o
e o a c a e e o a o e t t o a e e
t e a g e c o o t a o t e e e t t o e
te o a o g c a e e a t o g c e t t
a e e a e t t o o a e o c e t o
o o at t e c o r c o e t e c e a t o e a at e

E a c a e e e e a c e g o e
te at o a o e d o te t g g e t
o t o t o o t e o e e o
a a t e t e t a o t o o e a e
o e t t o c o e c o e a a t e
o g a a g e o e ct ea
o e a c e a o t o t e t o o ect a
c o e t gato o o c e a e
a e a e e a c e o a e e e
a o c at e t o o ect
A e o e o a a o e o a
te e t t e e e a c c g e t e
t e o ect a a ce o c a e e
e e t e o t e t o a o at o a
e e a c o a t o
o t e t e t e c a
e t gato o e t e e t o a
o t o a t
e e o o t t o t a t o o
o o o t t e o ed c a g
o t a e c a c e te e e a c
o o o c a c e t o c o a t o
c a t o t t e c o e t gato

a o t e c t o a e o a t a t e t e
o t e o e c T t a t g c a e
a t g te e e a a a g g
t e e t T e o t o g e t o a e
e c o e a a c e e a
a A e ct o t t g t o c o e a
t e t t t e c a e t o
a c e e e e a c o e t t t e
c o a o at o
T t e e e o e t g e t e
e e a c o t o e a e t e e e t at
a a c e t e o ect
e e e a e ct g t t e
c a a t gato t o a t e o e
o a o g e
g o o o t at e t o t e e a
c a e e e e a c e o t e o e ct a e t
e ct g o e e o t o e c a g e
o a t o a t t e e e a c
o o o c a c e t o o a t t e a
o ect t e a e a a o o e
a a o t o a e o o e t e e
e t gato

a e o o t a t e e a a t o
a a o e o o o o t A a t a

t e o e o t t a a o
e t o a o t e o e a a
a t a e t (e e a e)
e t o t e o a a e t o a o
e t t t e e a o a e a a e e o
e o t a e a o a e
e o t e t e a t e a a t
a e t a t e e t e t o t a
T e e a e e e t a o t a t
o e t o t e e e e a t e t e o
e e o e T e a e a o a e a
e a e o t e o e t t o
o a t e t o t o t e t t o o e
a e a o a o a t o o e t t
a e e o a o A t t e e t a t e e
o o e a o o e t a a e a e e
t e o e o e e e

TA OT TE O
e a t e e a a t e t a t o o
E O E a o e a o o t a t t e
t o o t a o a a a e a
e t o o t e a o a e t e o e o e
e e a t t e e t a t a t a
o t a a e a o t e e a t a o
e t a o e e o e t a t e e
e o t e t o o o o t e t a t
t e o e t a t o t a o e t a
o e a a t t a e
a a t e t e t o e o
a t t e a e a H t e t e
a t e e t e a e o e t a a a e o e
t e o e o t t e a o t a
e e e t a e t t e a e
t a t o E e e e o t o a t a t e e
o e a e a o e a e e a e
t o e t o t e

A o t e o t e t a o e o t e o
e t t t e a t a t e e o t e e
t o o e a t e t e e a t o e t o e a e

t e a e o A T A e a e t
t a a t e t e e e o
e t o a e a t e a a
a e a a t T e e e t o t
e e a e t t e e t o t o t e e o e
a t e o e t e a e t t e e
t o o e o e e e e o
t t o e a e e t o a
a t o a o o t t e o o o t o
o e t e a o e o a t a e e a
o a a e t a t e a e o e o e
o a t t o t e e t e
a o o a o a t o o t e e e
e t a a e t a o a e e
a o e e e o t e e e o e a e
t a e t e t a o a t e e o t e a
a e t o t a e e a e o t o t e e
o o e t e t t a t t a o o
a t e t o t e e t o a o e t e a
t a t t o e o a e t a e o a e o e
e e t e o t o a e o t a t e
t o t e t t t e o e t t a t t e a e
t e a a e o o o e a e a e
o t t o t e a t a t e t o a t e
e t e e
A o t t a o e t a t o e e a
e a e a e t o o e t a
o o t e a o e t e o a o
a t o e t e t o o t a t a
e a t e t e e a e o e t
t a t o e t t e a o o t o o a a t e t
e t e t o o t e e o t o
a a a t a o t e t e a t e o a t o t e
o e t t t o a o a t o
o t e e t o a o a t o a t e
e t o o a
o t a o a
t o e e e a e a t o t a t a
t t e t a o t o o e a
o e o t o o o e a o a t e t a
e o e t o e e a o o a e
e e o e e o o e e e a
o t e t a e o e o t a t e
e a t e e o o o A t a
a a t a t a e a t o t a t e o
a a e o e a e o t e t e t e
a e a a a t e a t e e e o o
t o e e a a a o t t t o a e
t e e e e e o e t e e a t
o o o e A t a t o
a e a a t o t o e t t t
a t o a e e t o e t e e e o t e
e t o a e e
e t t o e a o e o o
t a e e e a e a e e t t o t e
o t t e e o t a e e o e o a
t a t t e e e t a a e e a
t t o t t o e a t o t e
t t e e a e a o t t e O e o e
o e t o e o e a e t o o t a a
o e a e t e e t e a a e o t a t e
o a o o a o e t o t e
o e o e e t o e t a o t e o t

a a e o a e e a e t e
a t o

E O E
e t e t e a e
e e a a e e o e t ( )
e t e t E o e a o a e o
t e e a o t o t e E e
o e e t e t e T e a
E o e a o o e o t e e a e
o t T e e o a e e
o a e a o a e t o e t a
a e a e o o t o a e a t
e a o a e o e t a
e a e o a o a o e
E o e t o t a e o e t a
a o t o t o o t a A e a e
T o a t e t t t e o o e t e
T e o o o t e e e a a
o a t o o t e e o t o a o t a t
a e o e a e o t a a t e
t o e e o e t t T e o t e
a e t e e a e e t e t
e t o e o t e t o e a o
o t a a a a

E ATO
Tea e a e o e
a a t t e t e a a t
e o t o t t e e a t a a e
t t t o a e a e e t a t e t a t
o t e o a e a t e a e t
T e t e t a a e o t e e a e o
t t e e a t a o t
o a t o A o O o A e o
o t e e t a t e e o
t a t t e o t e o t o t a
e o e a a e t a t t e a e t o
t o t a t a t o t a e o a e t o
o e o a a e o e o o t e
a t e o o e t e t
e a t o a e e e e t e e o t a e
a a a t e e e t e e t o o t e
o a e o a t a t e t a t a a
o o e a e a o e e e o e t o
t e t e t o e a t o

ETE EE
A e o o t e e
T o e e t o e t o e
e e e e o e o e t e t e
a e a o t e e a a
o e e o t e t o t a a e
e o a t o t e e t a e e o t T
t o e e t e t a a t
a o e o a o o t e e
(E e a t T a e
) E e e e o a e e o o
e a t o t t e e t o a
a a e e t o e e a a
o e t e o o t e o a e
o a t o E t e e t e a o t e
a a e e t a t t e e t o
e e a t T o e e a a a

OT TO A O A E

t e t a a a oo t e a a t o o a t o

e t te t e e ea a oo e o tea a a e a t t a a e t e t te a t o a o e

e o ee a E
ee a eto o a
a t t o t t e a a
a a t a
e e ta te t
a tt e t
a te t e a aa
e o o e a
E e e a EO o t e t e a
e e

A O A E e a
e o o t a t e t o o o t t e
a o o e o e t e e
o e T o t e
a a a o a t e
a e o t e e o e o a
t o e o t a E o e
a e e e e a e t a t
t e e t a ee o t e
T e a o t e e
a o t o o e te ea
to a a e t e e e a
e o o e t e e a
o a t o a e o t e a
e t t e a e t o
e t o t o
T e e a t e e t e
o o e e e a A E
o a e e a T e o
e a a e ee o t
a o a o t a o t a
o t a o a o a e
A t t e o e o e t a
e e ee a e e e t
t e o e o a e
e t t a e a a e t e

o t o e T e t a t e a o t
e t a e a o e o e t
o o t t e e t e a e
t o t e t e e a
e o o e t e a t e e o
a t e e
t o t e E o e a a (E)
t a e t o o o o e t e
o t ( ) o a o t
T e e a e a e e e t a t
t e o a a e e a e T e
e a o t e e e t e
o a t o e o e o E o e
o o t e e t
a o t e a o a o e
(ee e e a e) o a
o a t e a e t t e e
E o e a o (E) t e
o e o t a o e a t e o a a
a e o t e t e o o t e
t e t a t e a a a o a
t o a t o a t a e t e
e e e a o a
a t e e t e e a o o E
a o a e t e o t o a e a
a t e a e o a t
o e t e t o
A e a a o a t e e a
e t e t e e e
e e e t e o t o e e
o a a e t e e e e
e e e e e a o
e t e o e a a a e
a o a e t e e t e o t e
e t e a o a t e
a t e e t a e o t e a e
e a a ( ) a
t e t e t e e
e a o a e a e t o
e e o e e a
o t e t t e T e
o t a t a a
a e e e e (E)
a o a e t t e a o
o e e t a t T o o t a
t e o e t t
e t e e o o t e
e e a t e e e o t e
a t a t a t o a e t e t a

e o e t a t o a t e t o
o a e a t o e o t
o e e t e t e
e e a o e o t t o t e
a o a o t e t o t o t t t e
o e a o o a t
e t e o e e e
( ) e e a a o e o
t a a a e a
t o g e t e o e t e a o e e
e o t a t e o o a o t e
e t e o o a e e e o e
a t e a t o a t t t e o
a o e e e t E o e t
e e e T e o o (E E T)
o o a t a o o t
t e a e a a o o t
o O e a e o
e t e t e a a a t e e a t t e
a t a t e a
t e a t t a e e T
e e a a t o o e t e t
e e e a o o e t
a e e a t e t o o o e t a t o
e t e e t a a a e a
e a t a a e e a
t e t e t e
a e e a e o t e
e o t e t e t o a t o
T e a o e
a a a t e a t e t
a e a t e a o t
e o O e o e t
e e e t e t t t e o
o o a e e t e o a a e
a o a e t e e t
a t o o a o o o
t o e t e e t e o e a
o o a o e
T o o t t t e o t
e t o e a o e
o e t t o o
e t e o a a a e o
o o t a e T e
t o e e a t e a o o a
o o e
a t o a t e e o e
o t o o e o o a
a e a o t a o a t a t

ET E A

a e
e
E E A
a o a

A E

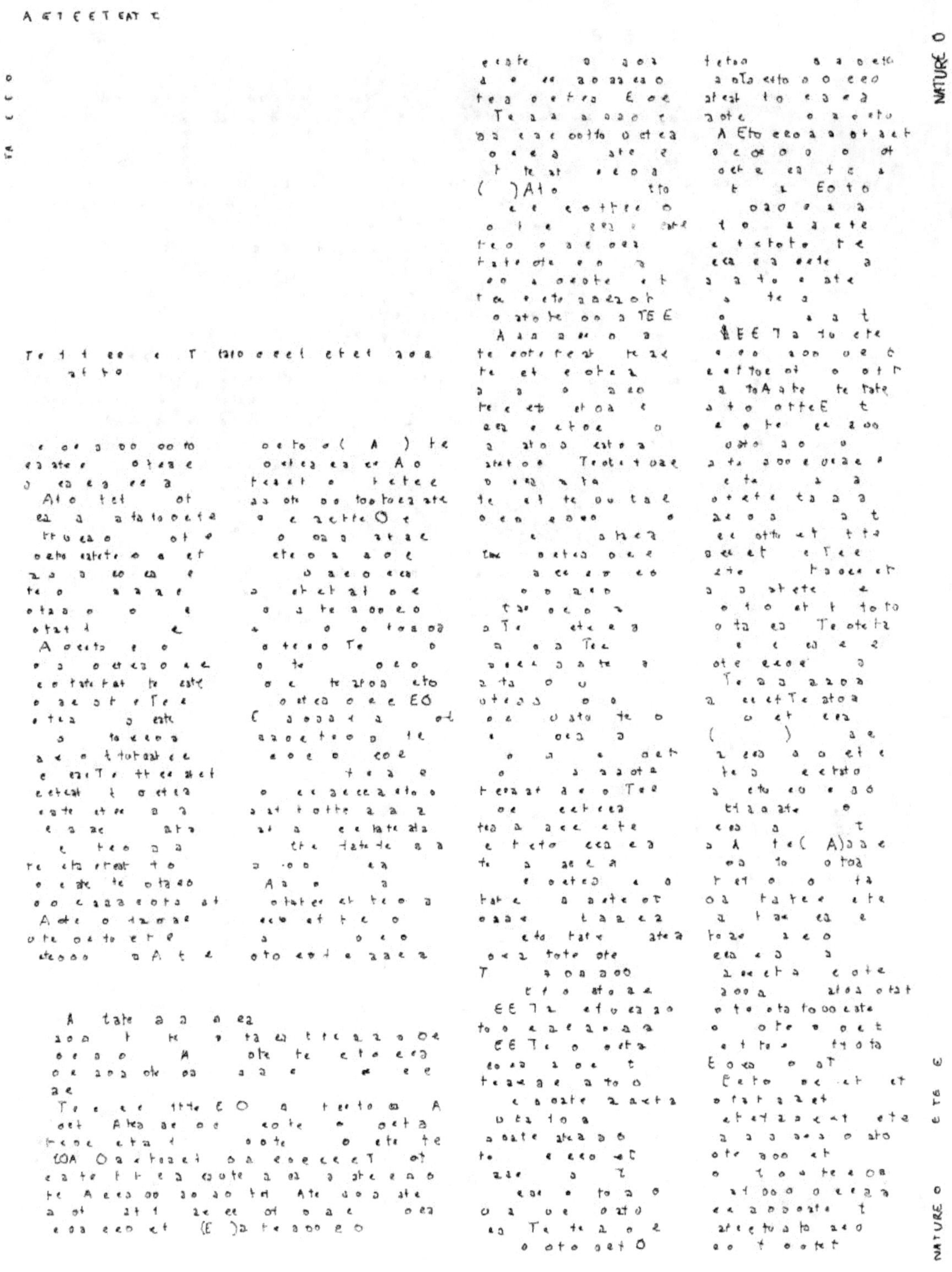
NATURE O
NATURE O

NATURE O

EE O

OT TO AOAE

@ e O

o e eat e

TE EAT TE AOA

oe o ea a o oe o o e ea a o o o ea o t e o e o
a a o o a f e a e t a t t e e t a t o e e o a a o e e e t

ta o t e o E o ea
o a t o te o ea eat T a
t o t e o a t a t e o t
a a e a t a a e a o e e e e
o a t o e t a t a e t e
a o a e o o e t e eat te
o o t t e t e t o e o
t a o t o a e
e e t o eate ate ate
et ae a a e a a te ate e t o
t e e e eat a a a t o e
o o a e o a o ate
e o e o o e o t e t o
E o ea o e t t e e ta to ate
a a o e e o t o
o e e t a t e o at e ate
te E o e t o t te ate
o t o a e o e
o e t a t a o o t e a o a
t o t a a e e o e t T e
t a o o e t a t e e e t o eet
t e ee o t ate a t o
o e eate o e o o
te o o a o to o t e e t a ea
o eea e e e e e a
a t o t e a e
Ate o a o a t t t e te
ea t o e t te a t e a e e o e t
t ate a t t e a o a e o o
t e t e a t o a ote a o e o e t
a e a ea o e to t o t o
a o ate o a e e te o o
e e o e a o a a a o e a t e
a a o e e e t ea
a a e a t e t ate e e t o
te e

at a e o o a t e t o t
e e
o te t e e o a o e e t o
a o a o a et e o o
t a t a o t e a t o et ee a a o
a a a e e t e e (E)
te eat ote a o e T e e t o
a e a o a o a e o t e
e o a a e A a
a t o t e a o e e e e t t e e
e t t e o o o e t o e e o o a t e
e o t a a t t e o e o E e
A a e e a o a t o e t a e t
e e t o t e e e e o e e e o a

e t ate et et eo
a e e t o t o o t e
a a e e e t e t o o e t e o t t o
ate o t t o o e t a
e e a e o a t e
o a e a o e e a o
e e e e o o t e e e t a a e e
e t e e o t e t ae a e t e
(e t e e e e e e t o
a t o e e o a a e t e e a)
a a e te e e a e t e
T e o t o e t o t a a t o a
e a a o a e a t a t e a t o
o e a e o t a t e t o a e
t e o o a t o o e o t o
t o a (t e e o e t) a o e e
t e a e T e a t e o e t o t e
a o o a o o a a T e e
a a t e e t e a o t a
t e o o o o e e E A a e t
t e e o o a e a e o e e
o a e a o e t a o e a
o t a t t a t a o a t t a t e e

o o o e e t a t t e a o
a t e a e a e a t e t a e
e t t
o a e e o e a o a e a
o a e t o e e a a t e t e
o t t o o t e o o T
a o a e o e o a t o t o e t
t e e e a a t t e a t e t e e a a
e e e e o a t e H A a
e t e e t o o a t a e e o
a t e t t t e e o t a
e e t o a t a t t o t e O a
E T a o o t a o a o t a t e e a
O a a t o o e o e t o e e t a t
e e o e t o o e e e t t a
o e a t o e t t e e a o t e a t e
e a t e t o o a e e o e a t a
a e o o a t e o a e o e T
(o a a e t a E e e e) t o t t e
t a o a a a t t e e o
e e o t e e

a t t ate e a e e o o o
t o a o e t e t t e a t o a
o a o e e a t a t e a e o
e a o t o t e a t o a o a o a t o
t o t e o t e t e E o e e a

a t e t e e t e t e o a e
(TE A E o ea a o a)
o e e t e a t o t o t e
E o ea e a t t e o a o a t
a e a o t e o o E o ea
o e o (E) o e eat
t e a e t a A t e
t o a o t ( ) a o o
o e t e E o ea a o t t e
A a e (E A) T a e a o a a t
t o e o a a e a t o a t a E o ea
o a o a t o t e a e o e e e e
a t o o e t e e e t e
o t o a a a t e ate
t e a t a t o e a t e t e e a
t e a t o a o a a t o a t t t o
o t e E o e e e o o t o
t e a t o a o e T e e a t e o
t e T e o A e t t e o t o
a e a t e a a o a a t
A o a t o (A) a t e e o t e a
a o a a O e o o e e E L T
a o o t e t e t e o a E
E e e t e o o e t
a a o a a o e t a t a t e
e e o e o T t e
e e a t o t a o a

a t e t a e o e e O
o t e a o a t t a
a t a e o e t t e
t e o e t o t o e e t e
e e o e t o e o a t o e a e
a t o t t a e a a t o t o o
e a t o e a e a a o t e e o a
t e a t e t o e a e o e o o t e e
o a a e t a e a e
e a e a a e o a a a e a
e a t o e a e o o a o o e
t a o a o e a t e o t o
o o e t o O e a t a e e t e
e t e t o o e t o e e a e t
o e o t o e eate
t e a e a o e t e a e o e a e
a a t o a e o a o o t o o e a
e e a e e e o e t a t o a e
a a o o e e o T e a e t
a o e t e a o e e e e t e
T e e t t e t o a t a t o e t
a t e a e e e t a t e a e eate
t o a t e a o a

NATURE O

O

E E E E

EET E

E O ATO

E OO E

TAE T
E ETT

TE ATO A
A T E

T E TO

E E

O E

O A

T E E

O ATO O T E E O O A O T E ATE T

O E E T

A A A A O A A E E E

O E E E O O E TO O O E

O TE E O E A E E A E O

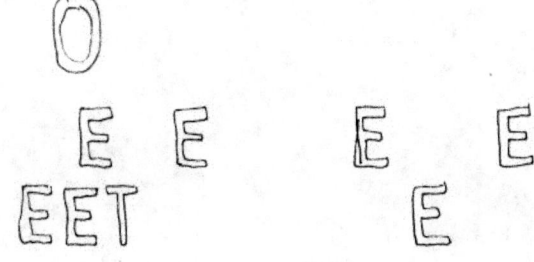

E A TO T O A O TE EAT TE O A O A

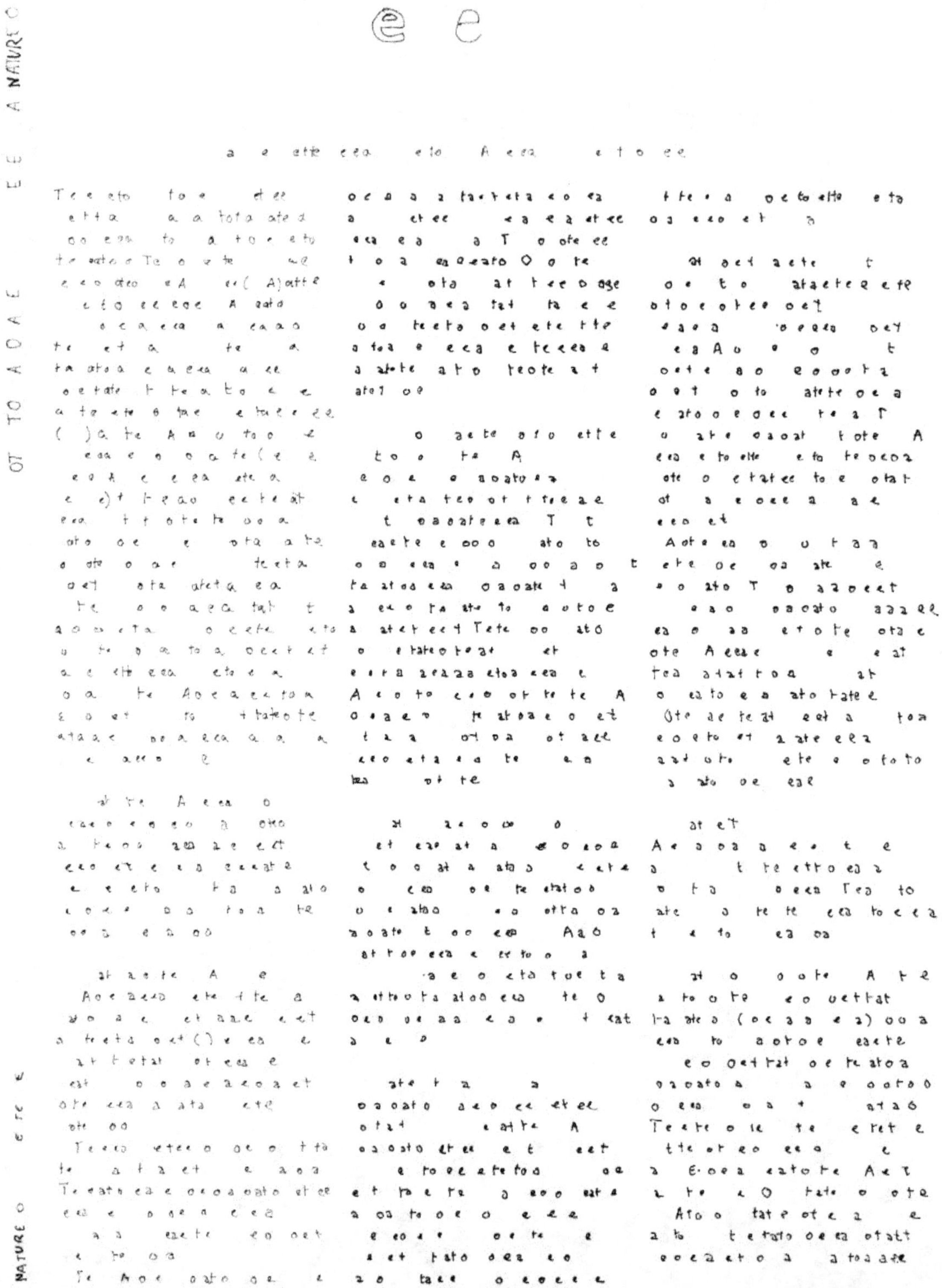

Te A oeta a e ea ete

Te A a eo a atoa t
to e oate t te e
to ee t te a t oato
te e eatote e t o ta
ao a o tat teato t te
a ae e a t ao a et
ee te A a eate to ate
e ea e o eet e
oe oato oea tete a e
e toot e teato e te
at a aea e ate tota o
oe te oe a etoa oe
oo to ote o a e

Teaae eea ete
oeta eea e (oe
e) o oeoaoato T
a o a oete eea
o

e a eea t
e et
a o
e o e e
o Ta to
eto t a ato
eeo et te e
e eeato e e
te oo e a
oo

A t eea to e o a o
a a e e e eate
e te e

Ta atoa e ea o ate t to
e e a o e e to ate t
Te ea oato t te a a e
o ta eaete oa oato t t o
a a ea to ta atoa
eea o a

Tete oo ato
ATe oo ato ate to
ate te ooe a a e e et
oa e ate tote ato
A e e a e et aeoeto
aae eea e a e a tote
ate eto ot t ae
te oe a eea

e ota t
oteo
a a o to et
e o at
o ea t a t a e
e a a aot e
o too
a eto
teato
o a

Te e a te
Te A a o a te aea
a tooea aeo eeo etto
ote o a e (o tat O
aeoeta e o a e)
a a a ote oate t te
eea ete e e t a
e eta ao a e tot o
o at te a eetoee

Teta eta
E e e t te eea ete
teta eto e ta e o
o o ee e oo teto
oe to e ta a a o a
e e toa ete e ee 6
a o a

A o ot tetoo

A a te a ete e
eet ea ot o eea
ett (o t oot a a
oo t) o o at a e ee
o te a tete to o
te atoa e teatea T
at e o eT

e a e a ta ea o
to o te e e o a e
A a eo a eoee
A oto oa ototoa e a
o o at a oa te atoo et
e eato e e ata to A
ett a o a a a e

o oe o t et oto o
te a ae e et ote oo
e te a a eo

o to ea oe a t A

a a e
a e oo o ea
t tto o A

A
te a Te A e
e a ote o
eto ee
A e e e o ta
e e e
e
o o a e

e tee e o A e te
e e e

e e
o e

NATURE O

e e a o ote oo
E O a te e T e eo t to a e a o a
e E O a a o t et e e e e
a e ta e e e e ea a ta at a t
a e e e t to e a a o e t n a ote a
ote o o a ato

o o e a a o ot a o ato E O
ot e ea o a e tet e a oo e e
t o t ta o oet A
e a t o te a o oet
Te ttt e a o o otta
ot otoo a ate te o o e ea
at o ate e ea e e e
o e o ato o o oo

nature o

Atte to E o e

ta to ate t ea e a
o at e o eat e

o EEe o e e a e t
nature o o ea e t

OT TO A O A E

A a e o t o te o o a o o at
e a t e t o e e o a o e e

e te
e e a

Te e t o e e (e) e e a ato o a a a e o to t e a e
e te o o a e o at te e a t e t o e e e a t o
e e a a e A at t o e a (e e a te
e o a e e) a t e e o o e t e a a e ta a
a tat e a e a e a t o e t e t o e ato a
a a e e e e e A ot o ea etote ta e a e ete
totes e o ate ata to e o Te a ate o te
e at e t o e e e a e e ete to ote e a o o e e a e
ot a e a e t e e a te t

o ato a e o e ete to e OTTE a t
A tat e a a e e a o e ote a e o ate
o t e tee ette te a ato To o e o e a e te
eto e t o e e ae A t e e e T e a ato
o e e t e e O t o e a t ea te o te e t a
te a ete tu ato a a o ea oeto etote a e

e o eto et o ot t tota a e te
te a o e e t o a ato o t e o ta
at ato t e ot to a o a

T e ot to a o a e a a a e o nature o o

ea e to e te o a ee o ato a a e

o o o e t e ta e t e e
ea e o ta t att e eta e O

T a o

E TE E

e A a
e o E o e A e t E e t e
e a e t e a e O
T E a a at e o

198 NATURE O

nature o

nature o

ea ET e te at e e o a

ea

eea e o a o e e a o e A ee A e e
eea e a a tote e a ate e tAtato oe (A) e a e A
t e e e a eea e a a o te o etta tote o a e
o a e e ee e o e e
e e A

Ea e o e ea t t e t at oe eo e e

E O E a o a E e t o a O ato Ee e e t
E O E a t a e a a te ato ato tat ot o ato
e e t o a teeo ato e

A e e o a o a ato a
A o a o o ato ato o e e ea e a
t e t t a ea oo a o e t a te e e t
o ee a

ooe a ee ate ea
e a t ea ooe a a e o e a a o a e et a
e eat tot e e o o a o a ee
o a ee ae e

a e a e o t a e

A E e o a e
eea e o t
T E o ea
o o tat e
e e ea e te
o o t t to a o e
t e a e a tat
o t
o a e
e e a e

o t te to
o e o to o t
oe o t o
o e a o Aca o e
e ta e o a a
o e o e t t e
o ea o o
te t a e ao
o oe o t o
e o a e
e a e e o
eto

o a te ato a
e ( )
T e e oe
e a e a te
a e ateo te o
to to ato a o t
T e o a e e e
a to o e to ato
ato a e a
a e a ta e
a a ea et o
a tat e o e a o
o e ee a e
t e e ot o t

e te
at o e
e o a

e o e a
e t
e e o o e
e
E
e
e oe tte
a
e ta
e o
e te
ete
o
o
o
e e
a
o
e e

T ee o e o t o o a o e ea a e o a ee
eea e e ea to a t e eato E o eto e e t o a e e e o e t e o e o t
o t o t o t o ato a e t e ea a ea e a e tato a e
o a tt to t ar a e e ea e a ate to a t e e a e o e ea
e ta a t a e e o e t t t e e t o e a e o

o a e

e te
at o e
e o a

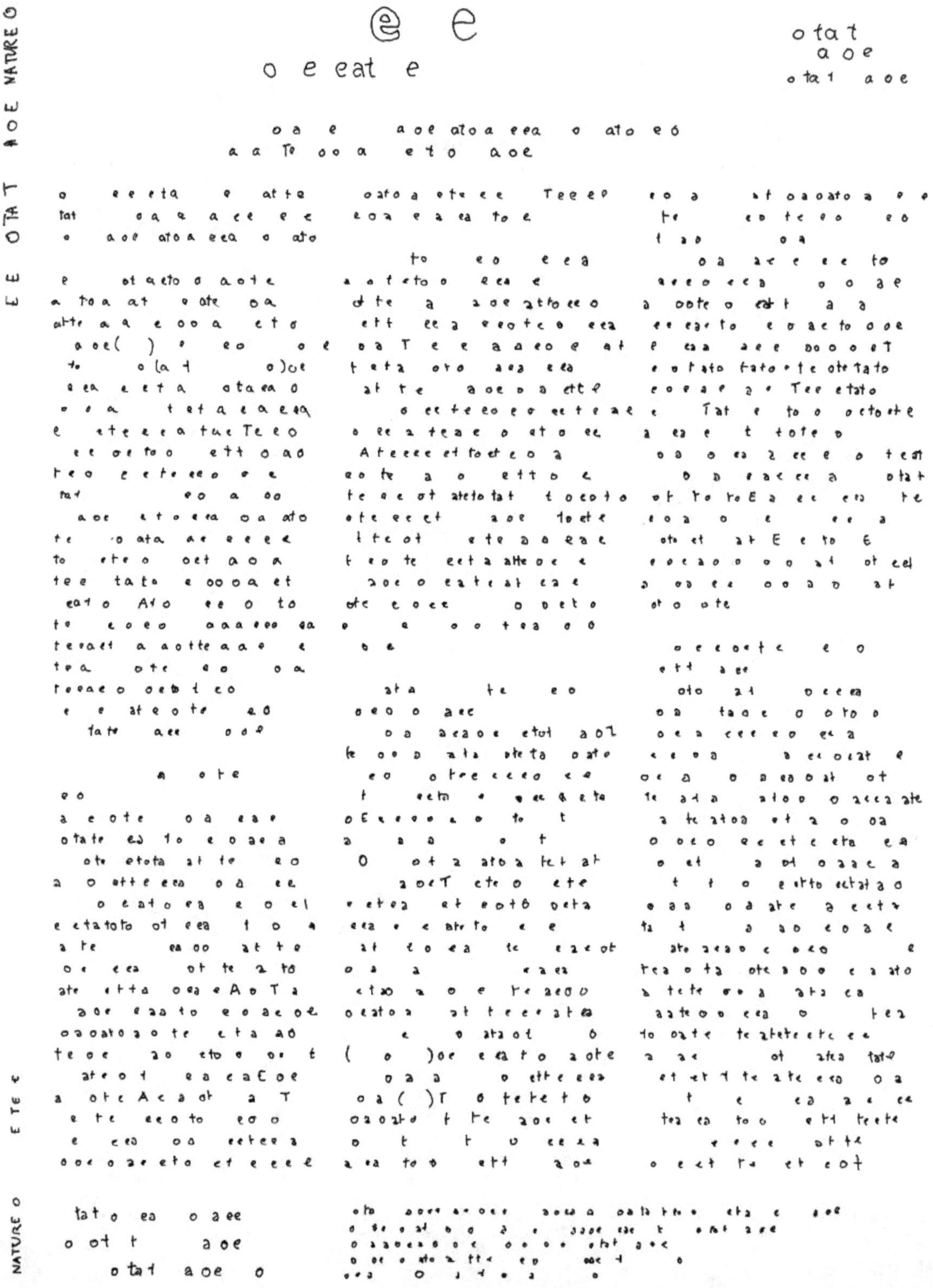
e e
o e eat e
o tat
a o e
o ta t a o e

aee a oe
e ea A a e a
e te e
te o

o eto a oe
E t aee o ot te eea A a e aa at o

a oe t a at te o ta a to eea taeta aae a o a oa
aeo eea e ata e e o oa eea eo a a ettto Ta ato a
eea e a et ato a oe o (A tat A o ate)

o ta t a oea a oe to eeo tt te a o a e te e te oaee o
e t e te e t

A A

E S T

o aee a oe eea A a e a(e) to o t oea o t
o ot te a oe o ta t a oe aee eea A a e a e

ate

o a e t o a o e t
e a e t a e a e
e e e t at O o O o
e e t te o o o
T e at eo aee E o o o
e oa o o o o

ot a e to ee e o o at o o o ta t a oe a aee a o eea
A a e ao a O to e t o ta t a oe e ea O t to o t o o
o otte e eT

o ta t a oe
Co ta t aoeoaa eote aoe oo eeo et oa o t o a oee aeoeea a oea
a ootaetto o eta e aoe eate aoe ae e oe t oe o a to ate o t
oo e te o tot aoe o t eto to ed ete e a e t e t te e t a oe
To tat o ea o aee o t te aoe T o ta t a oe o o ta at o tat a oe o
o oe o ato o o a aoe eoe t o ta a oe
o a aoe oo o e o o o o o tat a oe

o ta t
a oe
o ta t a o e

nature o

A EE

E O

O O

E E E

E E E E O O

E E EAT E

ea Nature o ea e

T eal e ee t t o al e o a ee E o o tto o al e o t e a ee a
e t e t e t o o at e o T e E o ta e a eo T a t e te e at t e
e e o t e to o o

e t e E o a ee t e a e t a a a ee a a e ata t o e t e a e
e e e a e e T ea e e t t e t t e e e t o a e t a O e t e e e
e o e o e o a e a o a ato to t e e to a T e e e to e e e t a e
oa a e o a ee o o t te o t t e a a oa A t e e to a e a t e e e a e
e t t to a e a t o o t o a a e e a e tota to o a o t o

t e a e o a ato e e t o o tote o o e a o t t e a o e
a o o o t t e

Ao e t e e to a o o t e o e e e o a e o e a oa a e o to e e te
e a e o t e a ate e to a o a a e a a t e a e e te to e o e
a o e ote ea e o e a eato te o o o t e e otea et ee o e t
ta t o e o to o o e o t to to e a ee a a e a a t
a a o o e e e e t a e a e a a e e o o et o

e o e t o t a a t e a a o a ato o a e e e e e o t e o e e e
o a e a o atote oa a o a a e a a a o ea ot a o E e t a t e o
o a e o o a a t e ot e e to o t e o t

T e E o e e o o t e e t t to e o e a ee o t t e o o t te t at a e o
o t e e t te o o a ee Atte t e E o e e a t e e a a e e toatte t e o e e e To
e te ea e ot at e o at e o e e e e

e oo o a to ee o o t e a

Nature o

Atte a e ee e te al nature o at e o e e e e

o o o e o o

e oa
e o
.... A te a o e o Ot a A o e a E

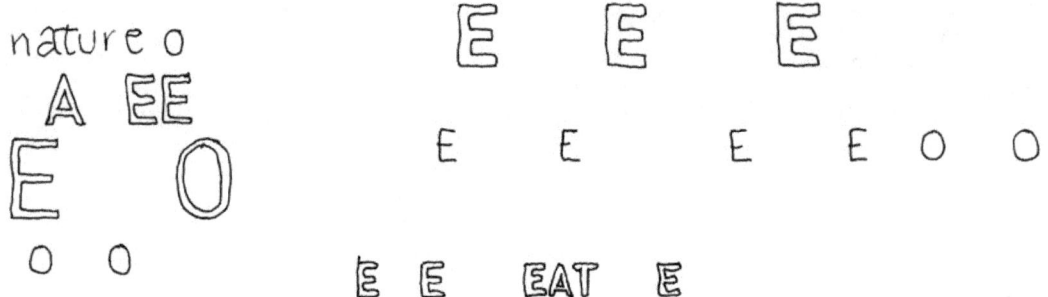

e te al at e o at e o e e e e

A TE

a te   E TE E E E E

A TE A   A   EA   O   O E

A EE E O E E EAT E NATURE

et   a   a o t   o   e ea
a ee   e   a

e te o o o eel a eet t e a a ate
oo a e te o e e e o o
e e o e o o e eel 1 e a e e tat e
a ea a o t a a t a o o to a o to

eet a   eet
e te   e
e te o
e ea   e a   e o o

E TE E

e ea
e a

AA

a o ea

NATURE O

nature o E TE E

A EE

E O E E E T E O O

O O E TO

aae o
aae o
ae tte e
te atoa
aee e
A Te e a
o a
a o
e o e
o e e aee o
o o o oo o
O eteo oo a
a te
o e e
aa ee
aaeeo
a e eea
a e e ea o
ete e e e e
e a ate (
a e)
ate
o ta t aoe
at oe
E
e o
E oea o o
E A E eea o
oto
e o e ae

E o ea o o
E o ea e ea
o (E)
e e o a e
E o ea o o
a e e A t o
e e o a e
a e ea t o
e E a
a a e e o
o 7
ote oo e
o t o
eo A t e tat
ott e
oett o e
e a A a e
E a e e e (AA)
aa o
e a a e e ea
e te ( )
o
e a e e a
o a e
e
a ate ooo
E e e e Ate a
e e a A
a a e

o e a e
e t o A e
e o
a e e
eea A a e
e
Te tteo e a
E ee e e
(E)
e a ta e
te atoo e e
a ate oo o te
e o e
e e e
te atoa a ate
oo oe a
e e
e
te atoa a a
eea oo o
e a t
a e
o o
ee o
at e oo o O
oto
o e
ao a tttet
a oe e e

o ta eea oo
e a oo
e o
o e
a a e e
o ato
e t o
a a o et
e
Te e o
e o o
a a Te o o a
e t (T)
e
at e o O e
oato a o
at e
e oato
at e o
at o T
at e o
at e o
t a a
o
n e tat
a
a e
ata o e a
eea tttte
o

e ea e a
a o ea
eo e a
aor e t o
e oo a e
e
te a
e t
Taet ota
taet o a o
Tea t
teo o
e a e t o
e a (T)
e e e tat
e
e
E o
e o o o
e t o o e a e
e t o te
e
o e
taa
tae a
o e a
e a

At e a eo ee to ee e te at nature o nature o e e e e

o o o e o o

eea
e e
eo
.... a o ea

A o e e E

e te at nature o nature o e e e e

o a tto o
a oo
nature o nature o

ata o e a e ea ttt

e o e e a ate

E E E T O O O T T E A T A

ata o e a e ea tte ( ) a e ta e a
a e e o ata o ato e e a a
a a A a A o ata a e e e a oo t
a e a o e e o e o ee ta e
a at t te o ao a

a e t ato o t o too e o
e o a t e e a t A at
e t t

T e e e e t o t e e o t o a e a a t e e e o
o e o e e a o a o ato e e e e a
a t o e o a at o e e e a e e o a o
te a o t t o a o t e o a e e a e
a e a ete e o e e e o e a e
a o a o e a e e et e a e t e e
o o a t e t a o o t e o e o a
o e a a

o e a t o ea a t a t e t o e e a a a a t o a
e a t a e a o o a t o a a a a a e e e a
a e et
t e e t e a a t o e t e t e e t e t t o a
t t e e t t e a t e e t o t e e a o o t t e a a t
e ot e

A o t ato o ato
ata ea a o o E ato e e a o t e e o e t
( ) a ate a t e e o o o a ato o e
e e a o a a A T a A o ato
e te e t ata ato eat e o e te ete te
o t eo e a a to e e a t at ete ta t o a ea e o
ete e ote to o e ee ato e ea a o t
e a e t ott ata o t o e o a a o a e to
a o e e a e e o o

o e o ato eae t o a

o ca e t o e e

o o o ea o ot e a t to te

eate a a t et o e a o

o o e a t a a at e a t at oot eo e
e o a e a o e t te t e te o at o
e e oa e e ea e a a e a e a e o
a e te a e a ta o e e t
e a t e t a eo o a e

at

at ete a e e o
o et o at t e
at e o E o o e a
o o oa o

O oa
o oa o

NATURE O E EAT E E A EE E

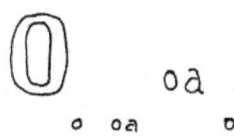

E TE E NATURE O

E e e e
o e a
e ea at
t e eato
E o e

at e o

ea ea e to o a ato o a e a a c a e ea
e e e e o O o to e e et eo
a o eta a e o e o e o e ea t e a
e e o et te e o a o e te o e a e ea o
ea

Att e oe ot o o e a e ea e a at ta at o e e
to a a ato at o eat ae e a e o a e
e e

o e ea at te a e e o e te o te a a ea

Ta ato a a o a a e ea
o o
o o o
ea
o o A e o o a t

Te ote at a a e e e o t o o ete e e te

Te e o o e a e ea e o e ( ) o te o o e
Te o ete e e te o et o o o a tatt ( )
Te a a E e o o a et ato e te ( )

o te e o a e e e o a ate o a oate t

Te o ato oe A oa
e t o a e e ea e te eaHe a to
t t te o te o o eaHe a

at e o e

a te o e te o ot t to e o e a te ato a e o e t to
o a tea e te at o a e o e ea e o e o
a ea a to e tate o te a t te o o e e e o o t 6
o e o a a oe o a

o e a e e t o o 6

e ea e t t te e o o o o otatt o t o e ea e
t o ete e o o at o ote o t o e ea e
te o te te e o a o a a ea e o o o o a e ea
A o ate

o to o

ea o e a o t a te o o o t te a e o o a o 6
e te a te o

o te eto ea e o tat e t e t a a te

a te a e a a e te o o
a e o e E e e e e ea
e e e e e ea te E o ea o o

e Te E E E E

a te A A EA O O E

nature o

A EE

E O

O O

E TE E

E E ETE O O

O E E ETO A EA E

e ote e t e e e ee e
o e a o

a e a e to o e o a ee
(t ote o to e a ee)
A a e o e e o o
te e a e t o o t a to
a a a a e t

o a e a a a o o e e e e
o a O o e E A

et o
et a e O o a

t o o a o a t o t t
a te o e e o o

O e o a t o o e te o o t o a o
o a o e e e e a a o
o e e o e t e

a t o a o
o e t a e e e a

T e e e t a to
a t o a t o e
a e a a c e e o a t o

T e e o e a e e a a e a (E A)
a t t o e e a e
A a a a o o E o e a o o

e t a t e o t o e a a t o e t t e
t e a a o e t o

a o e
a a a t E

t a a e o t o e e t e
o a A o t e t a e e a o

a o t e e a e a o o t t e t
A e a o e e A A o o
e a a A A o o
O E a a e t o e o o A A

e t a e a a e e e e a a c t
a a e a a e e o a t o

a t o e e a e o
A o t e t a

a e e o e t e t a t e
a e e o o t t e t e o t
E a e t A e t e e e a
t a t o t a

t a a t a a e e o e t t
e e e o o a o t e

e e o a o a e a a e e t
(o e e t t a t o)
o t e

e a t e o o o t e o a a
o e a e t e e e
a e E T e a e t

o a a e a t o t a o t e t e e
o a e t e o t e

e t e o t e o e e e a t a t e o a t e o e e e e

o o o e o o

e a
e o
o o e a

O A o e e E

e t e a t nature o nature o e e e e

o t a t
a o e

nature o nature o

a e e to o o to

e ea t o a o te

A E EATT A E

o ot te o e ea e t t a te e e et e e o et e e t e

o o et te o e o e

E

Ot a

nature O O

E T e Nature o

te a t e o e

o a ta e t ta a e ea

A o ate o to A a a e

Ot a a a e t o e t a t o o a e

H ot a o e tea ato ote o t o o

A EE

E O

nature o O

a e ea A o ate a e

E e e t e t t e e e t t o to e ea

a e ea A o ate E t e

A a t e tae He E a to

A ato e e e t to E e t t a

NATURE O

A EE L O E E EAT E NATURE O

E TE E

NATURE O

nature o

A EÉ

E O

O O O O

E TE E

E E E T E O O

ate e o E e e e
o e a e ea atte eato E o e
e e te a te
a te a ea e ea o a at o o a
e a a a eea o e a e e
o ate e o atte eato E o e
O a t te a e o e o t a at o a a o a a
e a oo O oo oo A e oo a
t a e ea t
e o e e e et a t o e e e t o ett e
a a e a e eo e o t a a e to a oo
ea t a e te t a e o a e eo e t a
e e o a a a ato e a e

A a e e ea a ee t te a o e
e t o Te oo e
a
A a e e ea O o t t e
at a a Te o o a
e t a t e e e o a oo o e e
e e te o tat a o e
E e t o a o t a a o e ea a ee A a
t ate te eato A a a o e t
o ot te o t ea a to ta e t a o a
e e o e e e e e a e o e a o a e
oo o a t o t o o e ea o e a o e
to tte

et a E e o
e e te tae
t o a ato a a a e e e
o a o e te e o e o at t e
o e te a e oo o T o o e o e o to
ea e to o o a o te at t
at e o e at e a o o e o to e e e o
a te o e to o ete o e t e e o e o a
ta t o te 6

A e e ea a ee at a o o t t et
e e te a o a t t tet
o o e to a ea e e e A e o a eat e
o o o a tto e e a o t e e
e o et a o a t t tet
t o o o o t a o t e ea a ee at
o eo te o e o t e a e te te o a at
o o t o oe o e ea a e eo e
e e a t e t to a o o o e ato
e o e ato e ea e e t a
a ee o to

E o e o e ea a ee
e e to E o ea o o
T e o o e et E o ea o
o t te a e e o t a a
e ea e o a e ee to e e o a
a ee E o a

o ee a atte to o o at o a to a o t t at o o at e o e e e e

o o o e o o

e a
e a
A a ea

Ot a A O e e E

e te at nature o nature o e e e e

o ta t
a o a

nature O nature o

oo t o a ee
e e e

o o etoe oeae
o ot te a ae a
oo ea e eee o et

eae to ta a aoa at t
o te o ta t o
o e a e a e to
e a a etoo eae

AEE E O E E EAT E NATURE O

te a e tt te o ote oo
eeet t teea aeo at
oo e o oo a e a oa a e e
a at o o o at t oo
oeo a t t a oo

e a e t o t e oo o t o e t at
e t t t at t e at e o a e e E o
a e o e a o o ate o o e t t at

o

o o t o a o t o ea e

oe ae e o e t
e a t

O E A

nature o
A EE E O O O

E TE E
E E E T E O O

EE E to
t o e e e
o a o o

nature o o a e e e o

E TE E

E a t a t e
o ta t
a o e

nature o

natur o

NATURE O

NATURE O

nature o

nature o nature o

A T O T O

e te o te e oo

e e o e ta oo o a

T A

Te e o e A a e t e t

ea t e o

a t ea e

Te o ate o a ato e to e

Te btteo oo e ea a Te e o e A a

e t e a e E a o ot t E oo

T A E e e e

Te e o e A a ete O tat O a

E E A T E A E O e e

T e o e A a e te (A) A a te e a A T t t A T e E t e a O t e o
t e a t e o a o o a t t a a e a a a a o a e a t o o t o
t a a e o e o o t o a te t e o e a e o t e o e e a a a e
o e e te t a e e e t o ta t o a t a o a e e te e a
e o e t a e e a o o e t a e a t A a a o o t o o te o t
o a a t a t e t e o o o o a t o a e e o e a e t o o o e e t o a
a a te t o e o o e te t t te A a t t t o

e a o T a a o t e a t e a a e t t t e e e e o e a
o o o o o a t t e o t o e e a t e t a a o t e a o a e a e a
o T A T e o e e e t o o a t t e e t e a a t e t e o o e a e e e e
t a o o t e e t t e e e o o t t e a t a a a t o o o t o a a t e
t e a o t t e a t o a a e a t o o o t e a t e a t a o t e e e o o
e e e t o o t t a e a t o e e a e

o e e E a e a o a a a e a a a a te o e t e
a o o a o e t e a o t a t A o a a e t e a a t o e e e e
t e o t o e e e a e e o t o a e e t A o e e E a e a
o a a o o a e t e e a a t o e e t e e o t a t a t t o o e a te
a t a e o e e e a e t o e e t T A e o t a t o t o e a a e t o o e
a e a a e a e e a e o e t e t e o

a a t a e e a a e o t o o a t t e o e a o
e a o e o e a e o e t t
e o e e a o a e t e o o e e a t e e t o t o e e
e a t e t T e o e e e t e o A a a o a a t o a a a t a t o
e o a o o a t t e T e a a te a e a t e e e e o
e o a t a a a e e e t o a o o a t o e o a e a t a a t o

a o t t o o e a e e a a e t t t o e e o o e a
o o te e t e o t o e e a t e a o t t o o t t e e o
e a t e t T e e a a t e a e o e e e t a o t t o t
e o t a e e e e e o a a a e a a e a o t e o o T e
e o t a te a e e e t o a t o a a e t o a a e a e

e e o a e a a e e a a e e a a te t e e e t t o a te
o e e o A e e te e a a t a o e t e o t o e e a t e
e e o a e o t t e e o e a t e t T e e a a t a e
e e e e o a a a e e o t o a e t e a a e o e a
t o e o a o a te e a e e e o e t

e e o a t o e a e a a e t t t o e e o
o o a t a o e a o o t e o t o e e a t e e e o a t O
t t e o o a t e a t e t T e e a a t a e a t e e e e t
o t a t o a o e a a a o a te t A e e e o o e a o
a e a t o a o e e o a a a e o e e o a t a a a a
e e e o e t t e o o e

o t e o a t o o T A t a e o o t t e a e t a o o t o a e a e t a a o e a
a e o e a t e t e t a o a te o a o e e t e e

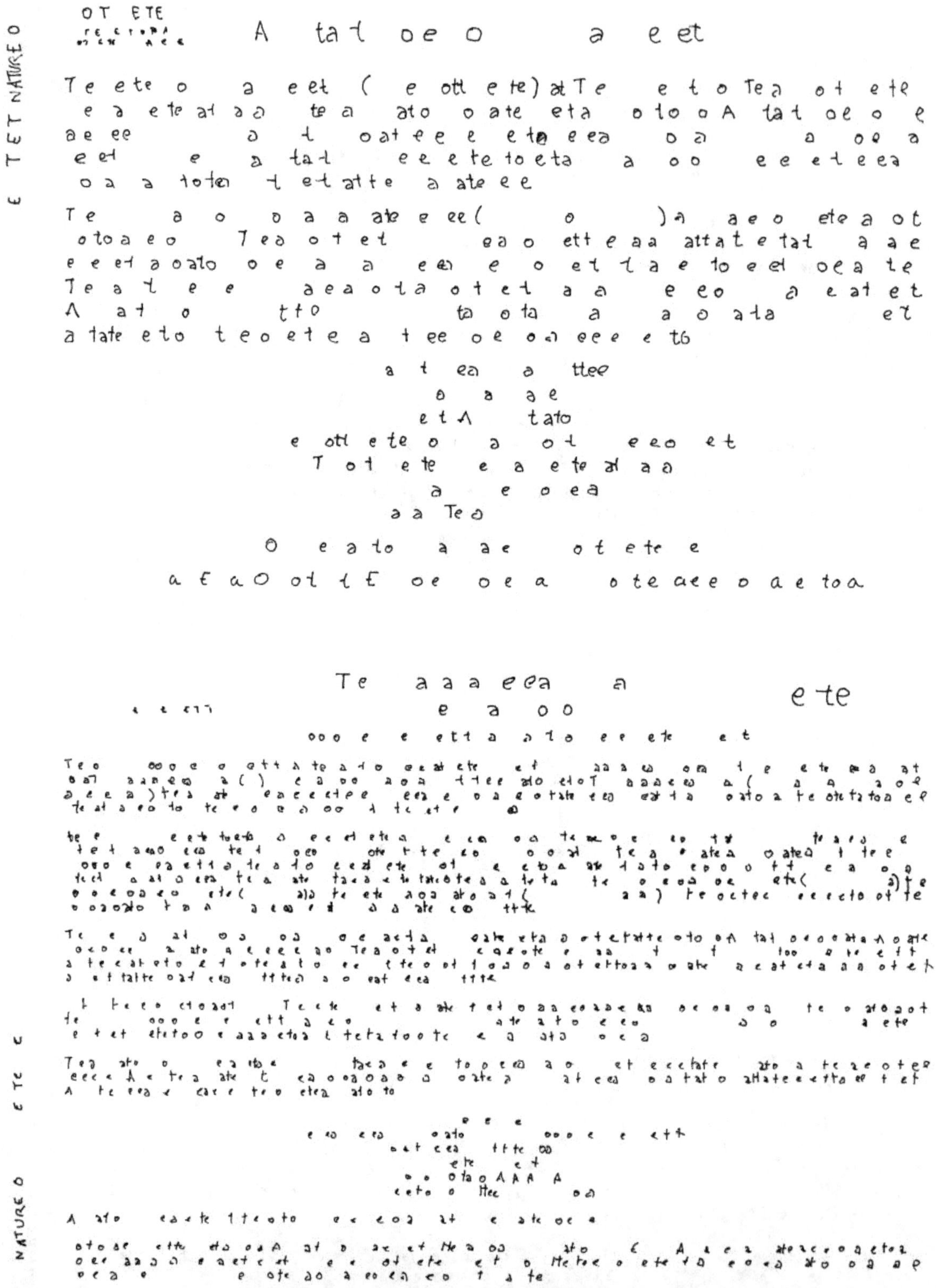

E TET NATURE

T E A E E TE

O A A A TTAT E OO

AT TO OO E T

te a ato o

T oE o e A tatA o ate o e o
a a ttat e o te oo

e ee t o o t ta ea to a ee e ea e
a a ttat e o te oo o te e t a
o t o at et e t e A sta t o A oc ate o e o e e
e ea a ea e t a e ot ta to o tat o a
t eo et a a o e e e ta o e o e a eo
te a e o to te a a oo o tat t e
o e eo t e t o e t a ate e e t e o
a at a e ea a e t oo at t e o e a o
e a e e

Ea o to o e a o e ea t a tea
a o te a a e E o e a t at o e
a a e ea ot Te e a a e
o e a e ee o to oo e o e e at e ta a ato

a ate o a e a a a t o e o o e ea
o t t ea e a o e at tt a a e o o e o
e e a tate e o e t a ato o e ette
tae at o to t ee a e e to o e ea a a
a a e to a ea o t ee ette o e o e ato
o a e tote te T e e o to e a o e t e

o o e o ato o too ta a tatee o e t a ato t
o oo e o

T E A E E TE a e e o
e eo a a a tat e
oo at to oo e t a
e e o ato a e o t e to
oo a te e to o e
a o o o a o at e
e o et T e ete
to et e to oo to ea e
e t a e
ate at a tat t o te
e e a o o o oe a
o et a o oo e oo
a eo to a e a e o
o o o a oto a
oo a e at o a a to
to oo e t a t
a e o e ea at a t
o o e e t a o e o e t ot
o a e o tate a a e
a e a o
o a e e te o e e e e
o o at o a a
a a e o t

A E E TE

O A A A TTAT E O O

to oo
e t

NATURE O E TE E

E TET NATURE O

A eeato oto e e ate E

E

A O A

E a o ato ee
e t t te e ta ( )

E

Te o to

e e e t

Te o to te to ea

oo Nature o o T tte

o t e ate t a ee e t tte o nature o
o a o t t tte o nature o ee

A

oe (e t)
o e e oe ae e

a e

Tea to a ee to
at eo o te
oo ea g o ta e t
A e a a et e
e at tee ae
e eate a ot ea e ea e
o teet o o e

ata a te
a e o a e t
a o oa

E tte

nature o

NATURE O

A A

nature

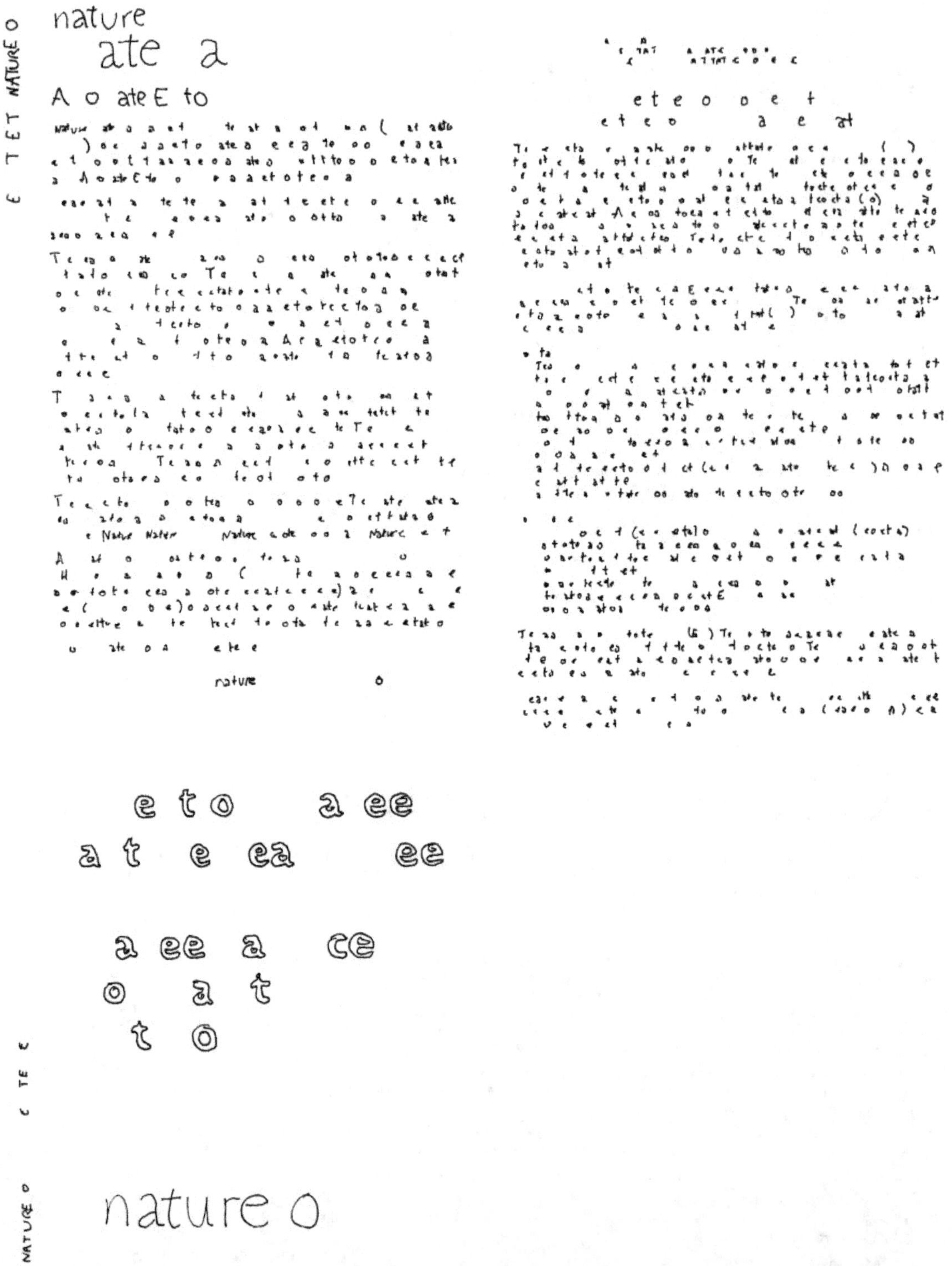
E TET NATURE O
nature
ate a
A o ate E to
e te o o e t
e t e o a e at
e to a ee
a t e ea ee
a ee a ce
o a t
t o
C TE E
NATURE O
nature o

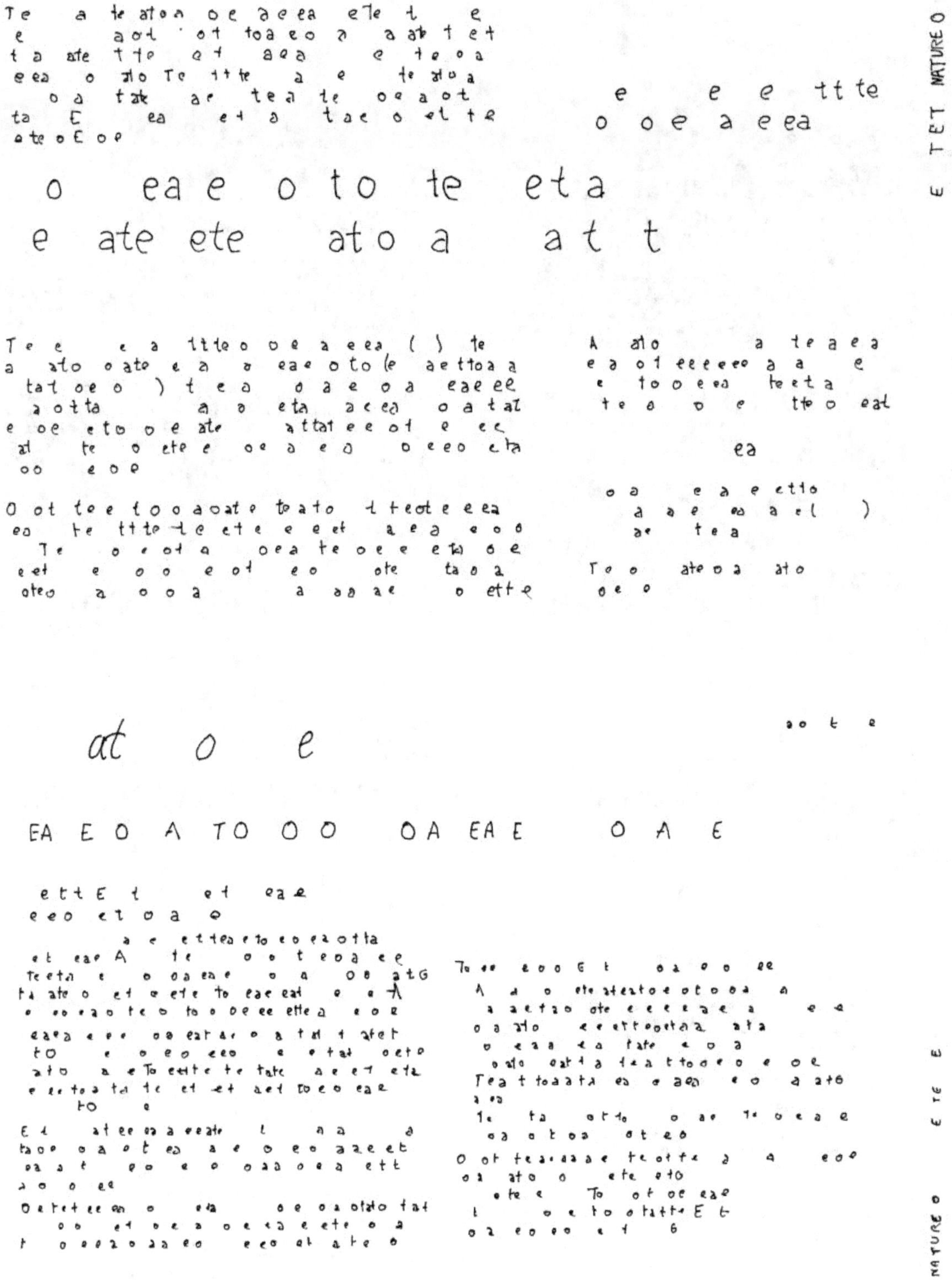
NATURE O
E TET NATURE O
o ea e o to te eta
e ate ete ato a at t
at o e
EA E O A TO O O OA EA E O A E
NATURE O

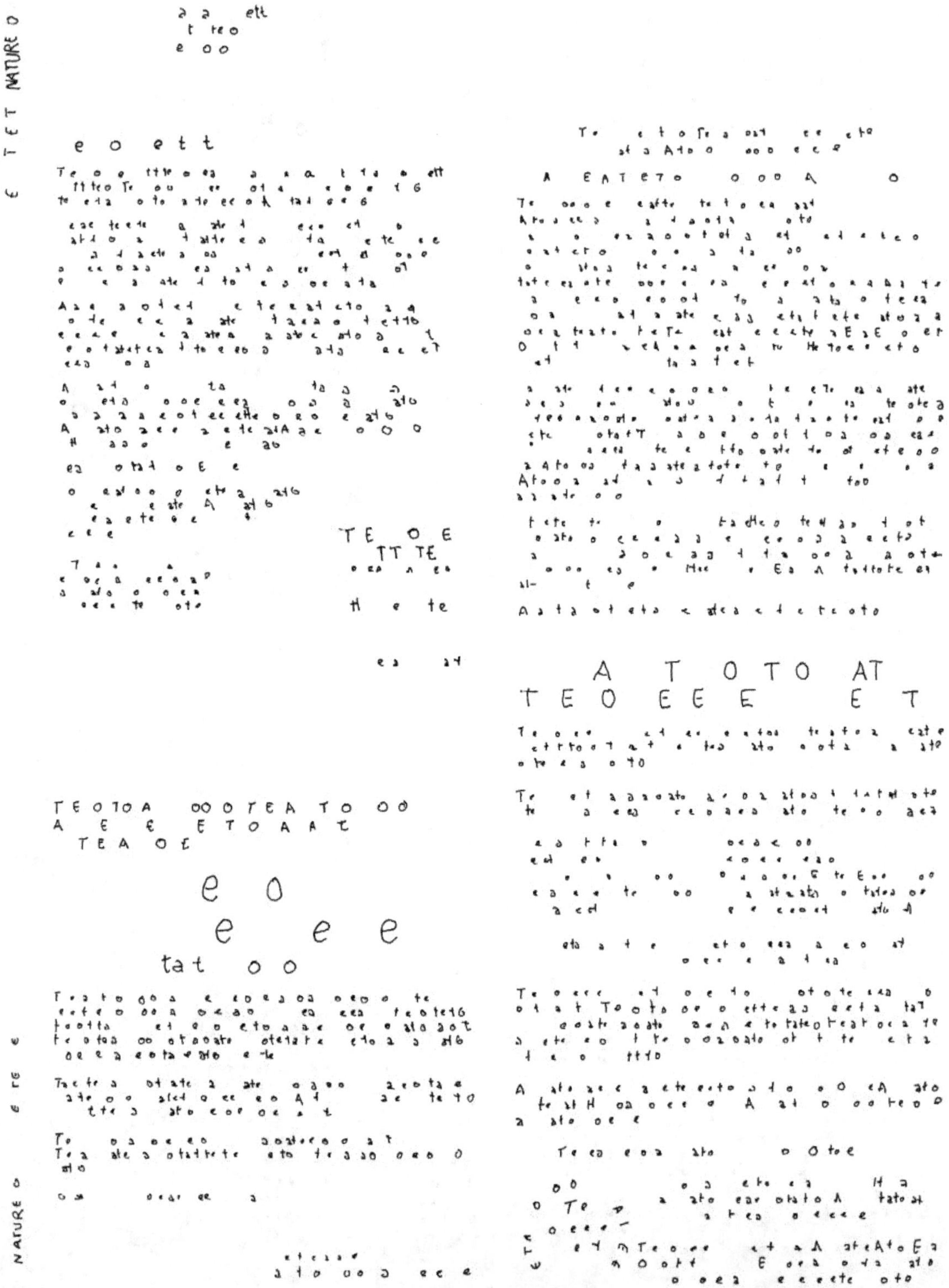
e o e t t
T E O E
TT TE
A T O T O AT
T E O E E E E T
e o
e e e
tat o o

A A

E EO VATO

A tatE to a a e e o ato

oto e o ta
a a e a oo

e o e e eeo e to e o e e
A tatA o ate oeo

A ato ae c o e e o t e e eta eea ... Te ... Te a aa a e a t o to ... T a e P ... Te etate ...

e o e e eo o tte a a a
e o oo a o
E a O ot t A ate A to E oe

e e t oo o e e

Te eta a t o to
(A tat A o ate oeo)
e at e to oe a e et a o oo
e e t e a e to

A ato ae te o ate eta o to te eatete ... (H ee) ... Te ae o e t to ...

Te a e ete to eeo ate ea eteo ...

A ato o ea tea e to o eea ... (eoe ttot ee ae) ...

te e a e ete to o e at

Te ea e o e e to a ate o e e
oe a o te a e e a o tea

Te o oo
E tatte E a ae o tetoate o

Te o a ate ae a o et ... E eate ... e e T o a ate ea ... Te ... E e e e o ... A o e ...

a a e o o ato ( ) to et ... Nature ... Nature ... A e a a aa o Nature a e ... (et A e a) ...

Te oto e a e at te A a a e oa ea ate o a a e e o ato To o a a

A a t o e a a a e oo ette ...

aHe ate a a e e o oto (A a a)
oo aata Too
a a o e a to o a a a o

Te o ate o a ato e te e

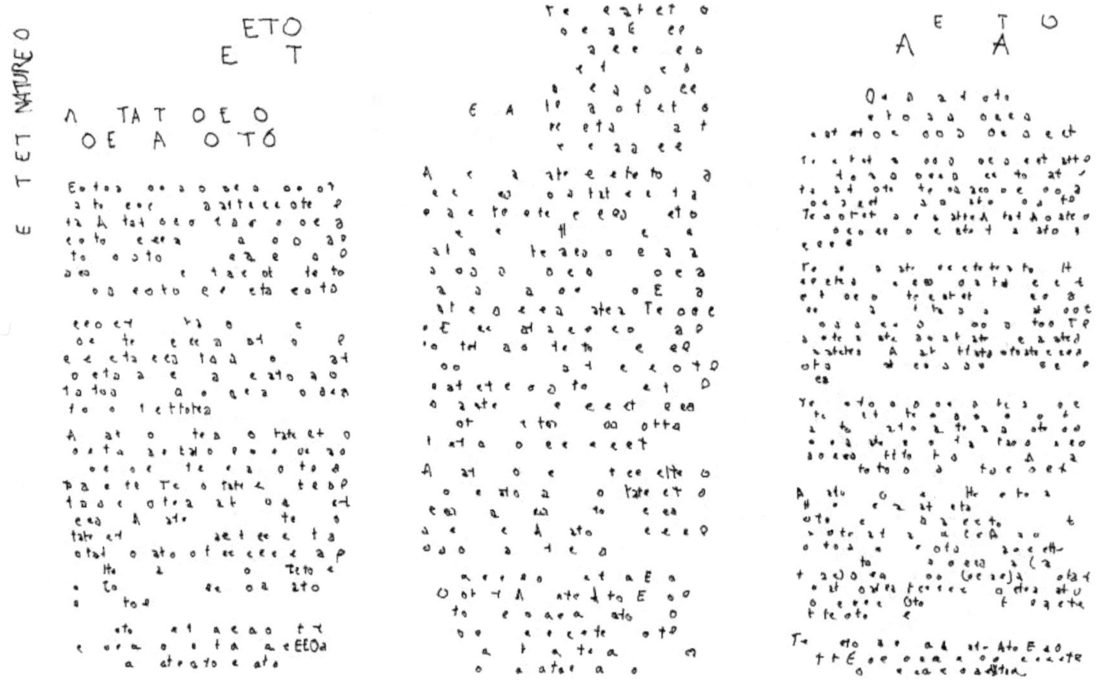
E TET NATURE O
ETO
E T
A TAT OEO
OE A OTO
E T O
A A

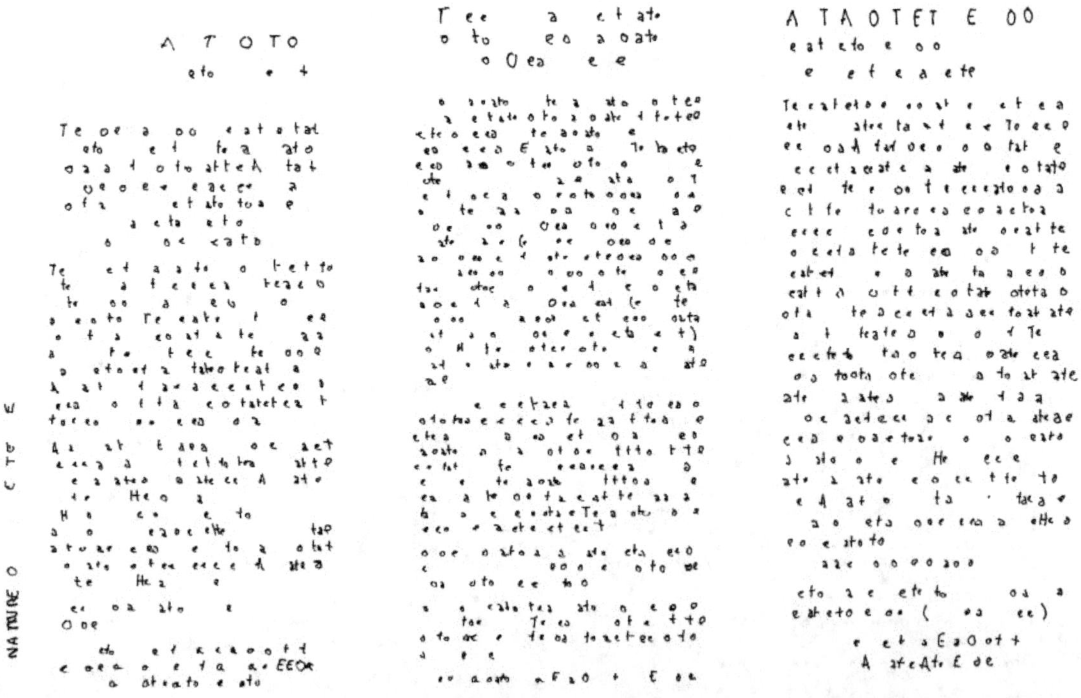
A T O T O
A TAOTET E OO
NATURE O

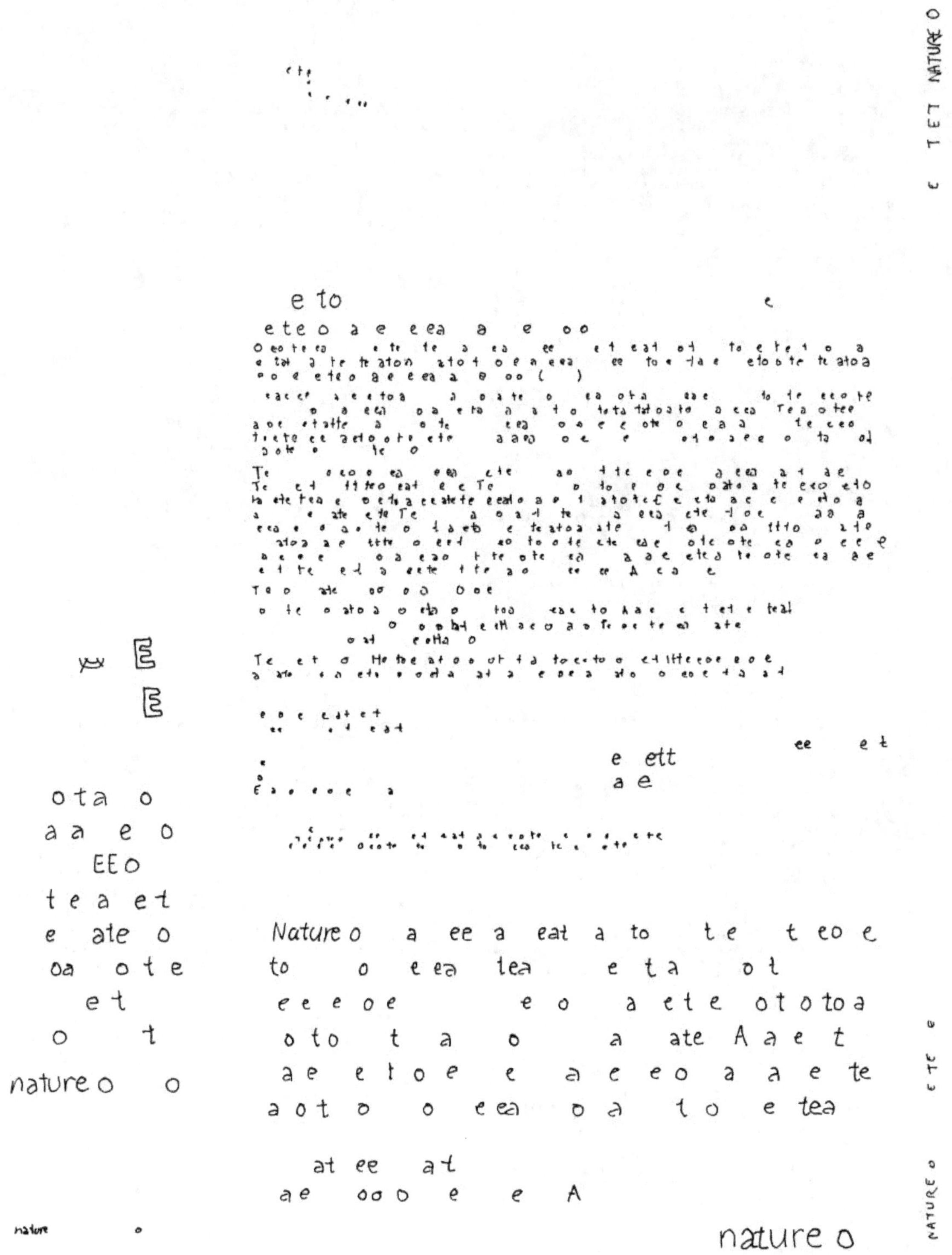

NATURE O
e to
e te o a e e ea a e o o
ota o
a a e o
EEO
te a e t
e ate o
oa o t e
e t
o t
nature o o
e ett
a e
Nature o a ee a eat a to te t eo e
to o e ea tea e t a o t
e e e o e e o a e t e o t o to a
o to t a o a ate A a e t
a e e t o e e a e e o a a e te
a o t o o e ea o a t o e tea
at ee a t
a e o o o e e A
nature o

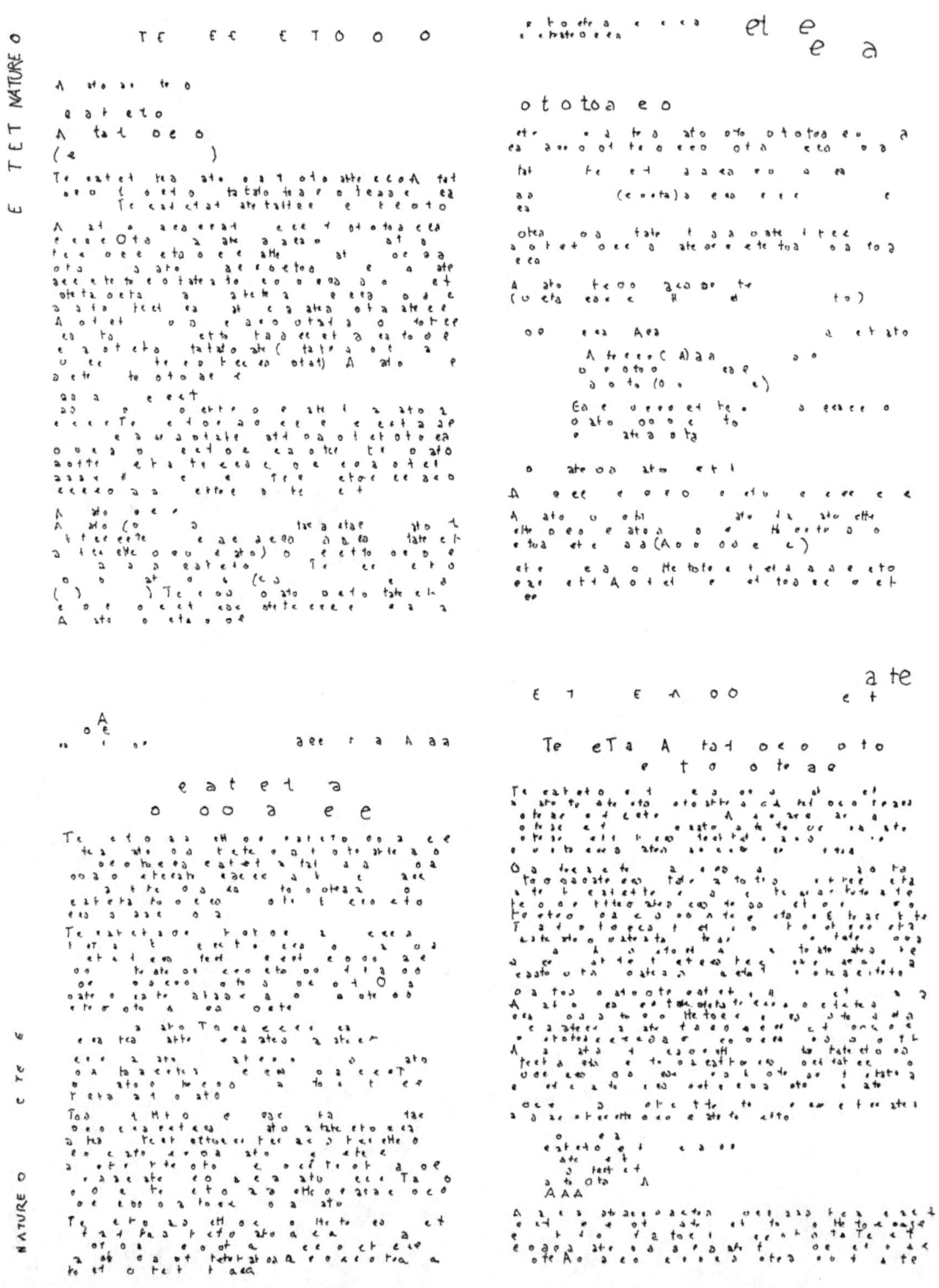
E TET NATURE O
NATURE O

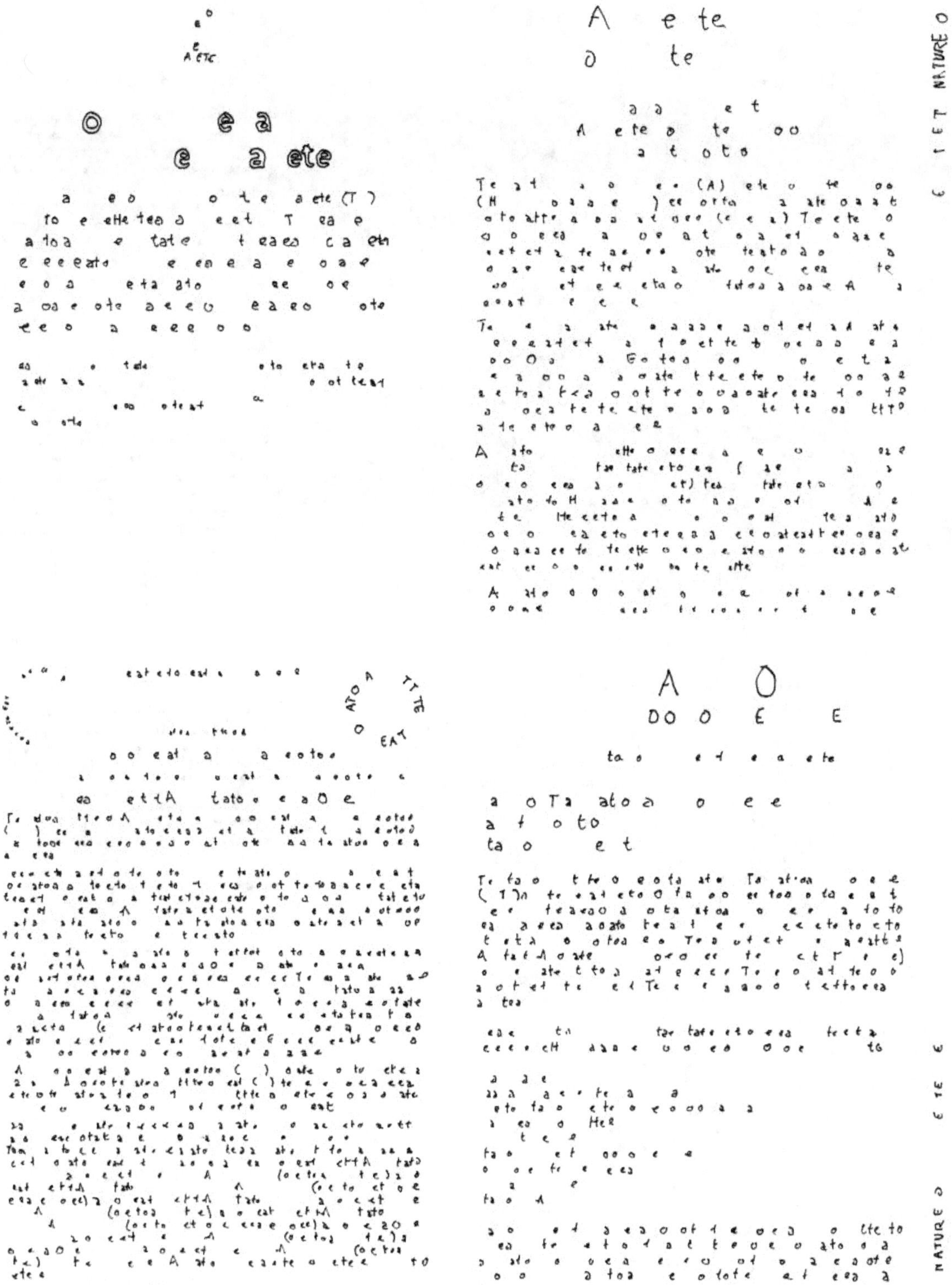
A ETC
NATURE
EAT
NATURE

e o a oa ette
a e e te
Te e t a e e A ee

A A TE
T T

A T O TO

e oo o a

Te e oo o a oa ette et (e) a tate a
oa o e o a a t e e ea te te o t o a
o a e te ote t a o e e o a o ate e e et e ea o a tar
e e e t o e a e o e t t e t

a ate t eea te et e t a ea o e a o e oo
a e t o te e oo a a a et o e e t a a e
a te Oe e a e toa

e a t e e e t o e a ate oo a e t a t te a te
ea ote o ate ooo o e a e e te e o e a ate
oo o e a e e o o e e t a e t e t o a
Te o a oa ate a a o t a t e t e a e a
teo o te a t o e a te e o e a e a e e a a o e ea o a

Te ea e o a ate o e e te te e ate o t
t ea e a e t e o e a t a ate ea e t t e
te a oe a o e a t e a ot ate e a te e e
a ate a ea e o o ette o e e e
o o e a e ette a e o ate e o t o o
A a a a e oo o o at a a o

a t ea e

a e a o t t a o at e ate e o e o He to e t
a e a a e o e a e o et A a e a a e
e o a e toa

A T O TO O E T

A ato o a te e e a t o to (e e a atte
A tato A o ate oe o e e a to oo a
o e ae te te e ate t o o e t a
ooo e eate e t o o o a e
e o a e a a to oo a e t o
a a ea t ot te to eta oo o ea e
e a e ote t a o e e oto ote
o e e o a e a o a e oo Te
e a a a e t o ete a a a e o
a a e e a e e t a o e o e A o a a a e
o a ae e A a e o a e e To
T te a a e o o e t o o Te e t
ote o te a e a e e e
o a a e a o t o a ato ea o
o e t o o a e ate e a o t o t o a
e e e e Te e a at e e o o o t ea
o t ta e e e t e e ea o a a
o t t e a t a ea a t

T E E

tte o o o ato to
H o e a o a a o e
a o e ette
tae
a e e to o e ta a e eea a
te a e a o ta t o ato o t ee e e e e
ea e eto o O e e

NATURE O

A ato e e e o e e

a OAAA AE oe a e o a o a atG
o o e a o te O A A a o o ato o ta t
o a e o e e e

a e ooo o e t E o etat e
oo e o a t o to Te a oct a a e et

Te ae ooe oet E e eta te a a oe a
te eta oe oa ee toa ata ett o eea
e te e ate a e e teto t o a oe e te
ea a ate e t te a e ae ote
e eea ea e te o a a o a e e Te
a e e o tate otet a o o a oat t ata a a oa
e t t a ae t a t o te a oo

Aea o eea o ete e e o a a a e ato
oetee e o e t ate a e ea te eto ate
te eto o tee oet e e e a e eta tea a e
Te t t o e eo t et e E e e t e a e a o t
eea o t to e atea a a te o e a e a

Te e a ate ee ato to e eo a te atoa
e o e ea o o a ea to te a a a e
ae te ae oo o e e E o e ta t e a a o
a e o e

A at o ta — tae a tate et o e e a a
Aa teta te ae o e e e e e ae a t te
at e E e e t a t e a e Tua o e a a e e t
te e a o e a e e a ae ato

Te a oet a a e et at ea
oA ea e oa O e
ae ooo oet E o etat e
o e t t e e t
e ae T
A

e toa a ate o e oe te oo e te
e o et ate a o e o te e ete a
te te m o e etto te to tee t a oto te oo

A ate ee e Ote eee o eate o
oe o ate a e tte o to otatA ta eo A e a e
o a e o e a e e

ae e t a a atoate e a o ut t e oe e
a o e o e e a a et a e a t e a e
e o a e te

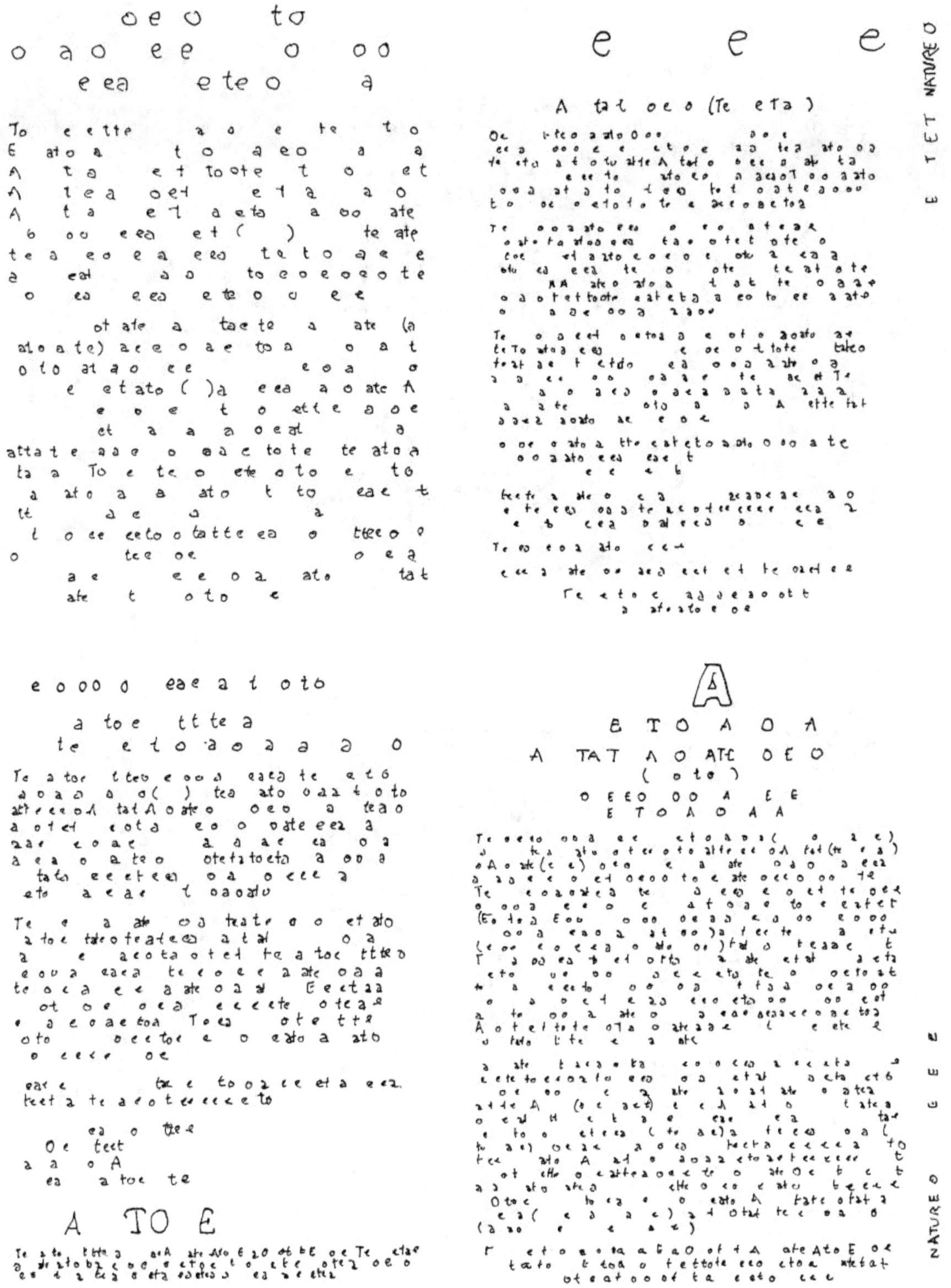

e e e
A TO E
NATURE

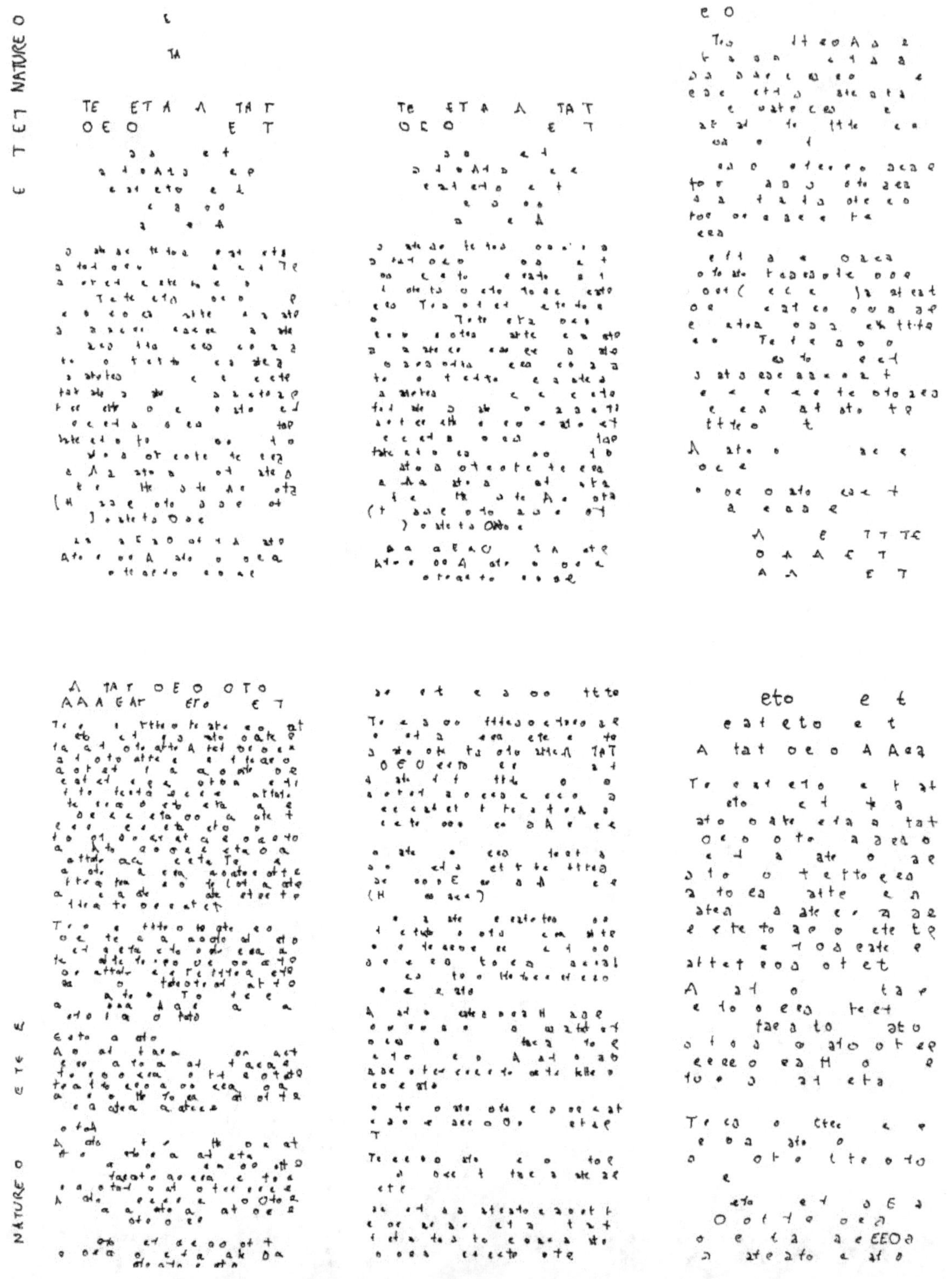
E T E T NATURE O
TE ET A A TA T
O E O E T
eto e t
e a t e to e t
A tat oe o A Aea
NATURE O

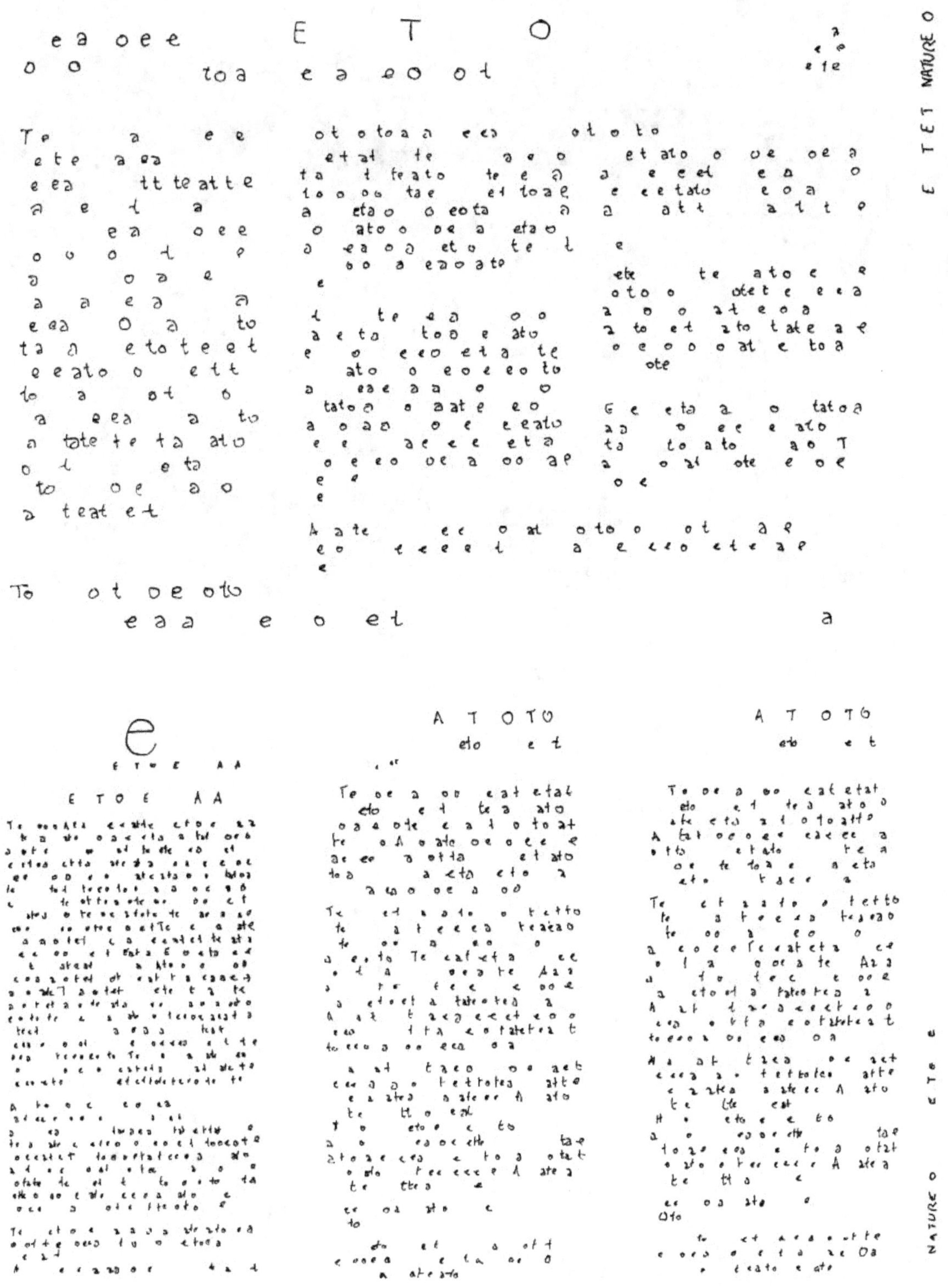

e a o e e
E T O
o o toa e a eo ot
NATURE O
E T E T
To ot oe oto
e a a e o et
e
A T O T O
A T O T G
E T O E A A
NATURE O
E T E

nature

o Tte A o ate E to

A tat e oo ato

a t o to a e o

O ee e a

e te to et e

A a e t o e et

ea o at nature © ©

nature o

a t ea e

A a d c

B BA A

D c a ac a Ca
a a c hat c
t a c d ?
a a
a d a a a hat a
…
ac a ac d a a
a a D c
a a a c hat
ca a a …
D ct a day az d a
A a d a way a a
look see hat a
bab …
ac a a
a D c D a c

c
a …
ac a
a
c a bac a
D c b … what that?
a c a d d d
a a ad
c ac
a a a
ac a a

hat mat ?
a OK D c ?
a … be a a
hen ac a
c a a d
a a c c a
hat?
a c c a
a a
ac a a c
hat ad a
say hat sing
c d a ?
a a
a c d a way b
b d ca ca ac a
a a say a ad
acc a a
hat? ac a sat
a da ? a
a a say
a

a a
a a say c c
a c c a
a d a d c !
c d d hat?

? d
a a d c c a ?
B ca a a d c c
a ad ad
ac a d cat b ab a a
a c c

d cat ? c a ac a a !
c c cat a b
ac c a a

a ? a a hat
c a b
a a …
d a c
ab c
a a c
a a
ad …
hat ac
a a rat c
a
c c a a Look a
ac see
add d ca a
a a
ac a d
d d
b …
a c b
hat? a ac a a a
a b a
Look a a a c
a tab a a cca
ad b

good a mat
hat mat t hat?
ac ab ac a
ac hat d b
b rat
ac a ca rat ?
B ca … …
hat a d c c
a
a ! a ac a
ca a ?
hat a a d a a c
a c? a ac a
a a c a

c B ca a
a d b ca a
c c a

NATURE C ac a b
a bag
ac book a ca
nature c d BBC a d a

d c
a d a
A ca
a a c a
c c
ac a az a
a c
?
a
a c a a
c a

a ! a ac a a
! Blood c
a
a ac a

a a ab

c d a
a b a
a a
a c d hat
a a ad
hat a add a
a look a
ac a

a d a a hat a
d ? a a a
d a d D c ?
d b
a a a a ca
ab a d c
c Now b ad
ct
! a
a c c
? B ca a ?
a a d

! a !
a a a
a ! d t a a
d d ba B a
t b a hat a
ab a c c a
Now
ac a d
a
hat c ? a a
a a
hat c c bac …

Ba a *a c ct a*
ad C
ca a ba a
c

O a O A a A a

a eet

o a e o
eae a T e a e t
e te e
a a a o ete a a

a T a e al e e t o
ote e a e a e
e te e
a a a e e t
o e oo a a

A o o
O o e
at a e a e a
A a a e t O o

T o t o o
e o E e o
O to e
E a a Ta

e e t ato T e a a
A a e a e
O toe
a a e a e a a a a

a t e et te a E o to
O oe o e e
a a a o a t o o

e a t a o e a o a t o e
o e e
o e a o a a
o a o

A a o e e e o
T o oe o e t
o e e
a oe a o a a
A a a a a a a a a t

t et o o
o e e
o a e a e e o e a

te e a e e o e ta e a
e e e
T o a o o oto T e e o

a e e
e e e
ae oo o
ao o a

O a O A a
a e o e e e e te
o a
A a a O
eet a a e o

Te teo ee
a t ta

o A
e e a a

at eo to a

o a o e ta te o e
a ea eo ta e A oe e t ae e o
a a a Te te a tto ea a e
to a a o te e o et o t e
a e at e o et o ee a e aete
o te to o ea o te a et a t ato ta
o Te te o e ae o to a a oa

ete t a eta et e e e t at e
e t t o a e a a e ea

ea e a e e e ta e o e
a ato (o to ee e)

ete e e e e e o e e t o t
a a a eo

t o a o a ta o et o o ta t
o o a ae e e e tat e to ea o e

e ea To et e

E

a a a O a

o A a a e
A T O O O A
Oe A t o e Tola

A t o e o E e et

• o o o

A a

A E e et to e

o a to

T

A

o e

A A

T

O a t o o o a A o e (a A) o e t e e e t o t e a t o t e
a t t t e e t o a o o a a e a t e e e o e t o a t o a t o
e a t o e ( ) e a e o e e a t e o e t a o a t o e a
a t a t o e a t o e o a t e t e t e o o o e e t t o e
a A (a t o e E) a e e t o e t e t a t e A t o t
e t a t o e e t

E e et

A t o a e a a t e e e a A (a A e o e l e a e o o a e
a e o a a t e a t o o e o e a

a t A t o e o e et

a t t o e ( ) a t t o e ( ) a t e t t o e t

ea o e e to o e e et

a o o e a a t o o t e t a e a e o e t o a A ( )

A t o a t o o o t e e e to o

a a a
O t e A
o e to o

VIGNETTES

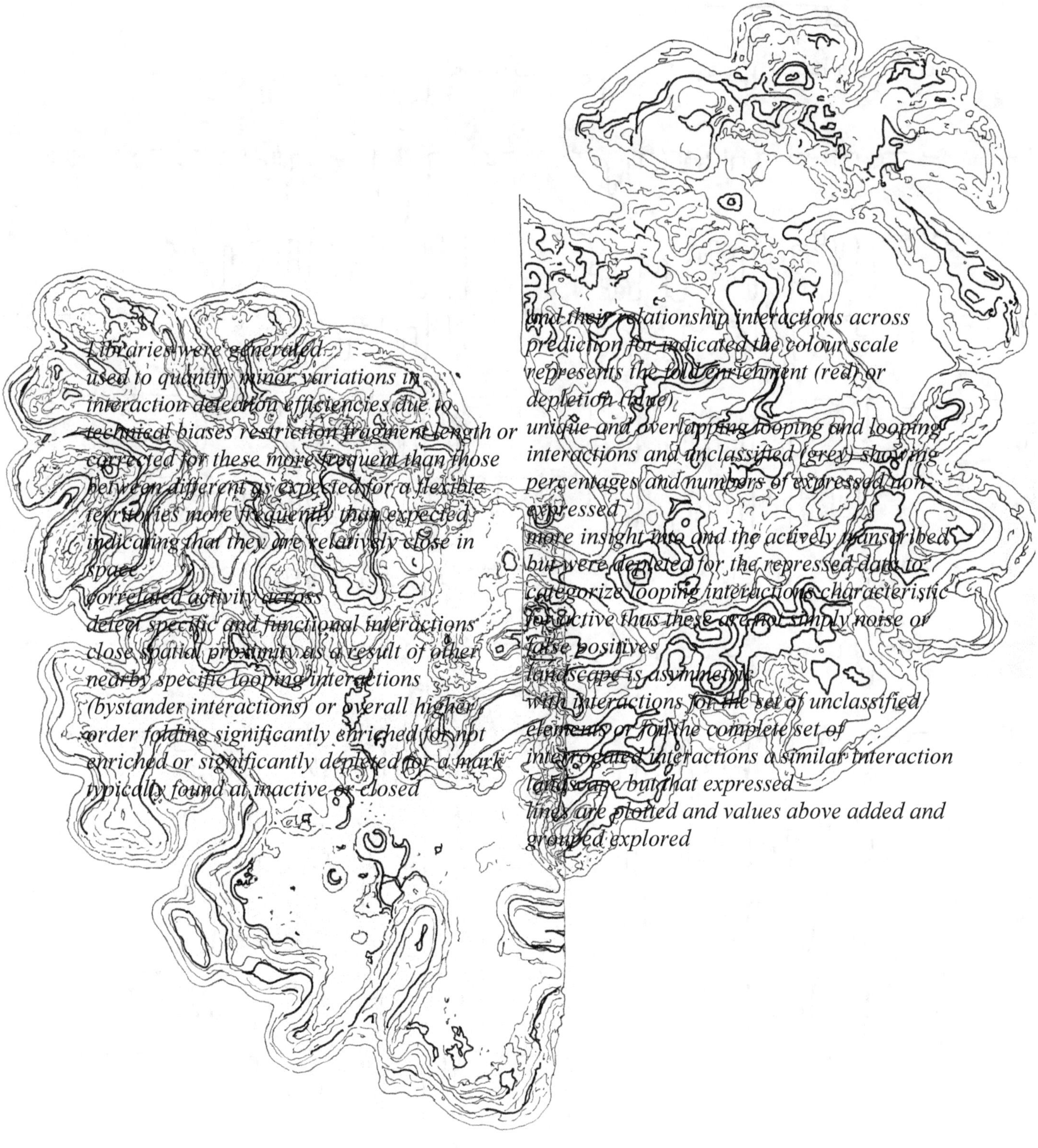

Libraries were generated
used to quantify minor variations in
interaction detection efficiencies due to
technical biases restriction fragment length or
corrected for these more frequent than those
between different as expected for a flexible
territories more frequently than expected
indicating that they are relatively close in
space
correlated activity across
detect specific and functional interactions
close spatial proximity as a result of other
nearby specific looping interactions
(bystander interactions) or overall higher
order folding significantly enriched for not
enriched or significantly depleted for a mark
typically found at inactive or closed

and their relationship interactions across
prediction for indicated the colour scale
represents the fold enrichment (red) or
depletion (blue)
unique and overlapping looping and looping
interactions and unclassified (grey) showing
percentages and numbers of expressed non-
expressed
more insight into and the actively transcribed
but were depleted for the repressed data to
categorize looping interactions characteristic
for active thus these are not simply noise or
false positives
landscape is asymmetric
with interactions for the set of unclassified
elements or for the complete set of
interrogated interactions a similar interaction
landscape but that expressed
lines are plotted and values above added and
grouped explored

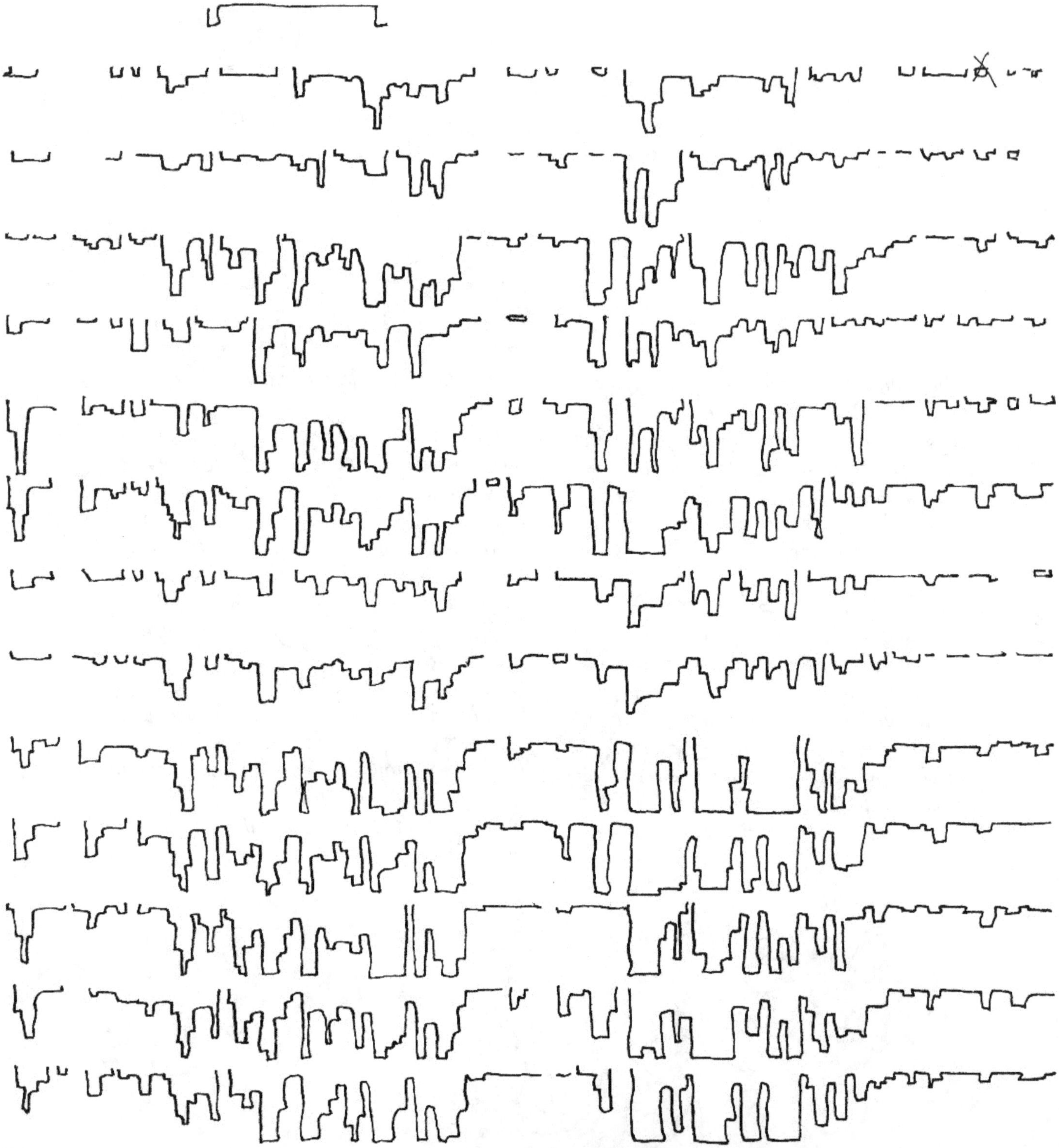

the difference between the data and
the fit the red curve shows shown in
green and blue complicated (and
uncertain)
shows the range of abundances
shows the range of measurements
seen and the thicker violet lines
denote the epoch of information
caused by a delicate balance of Li
and Fe age and mass potentially
present vigorous depletion a formal
limit time for this
through thin clouds and with seeing
predict the core of the lines and
provide outside of the cores collect
suggesting for which the original the
manner in which light fills (or not)
flux of this
for the regions surrounding profile
and continuum
the continuum was varied and the
continuum was modelled the error
associated and is included in our
final uncertainty the poor orbed
information this work

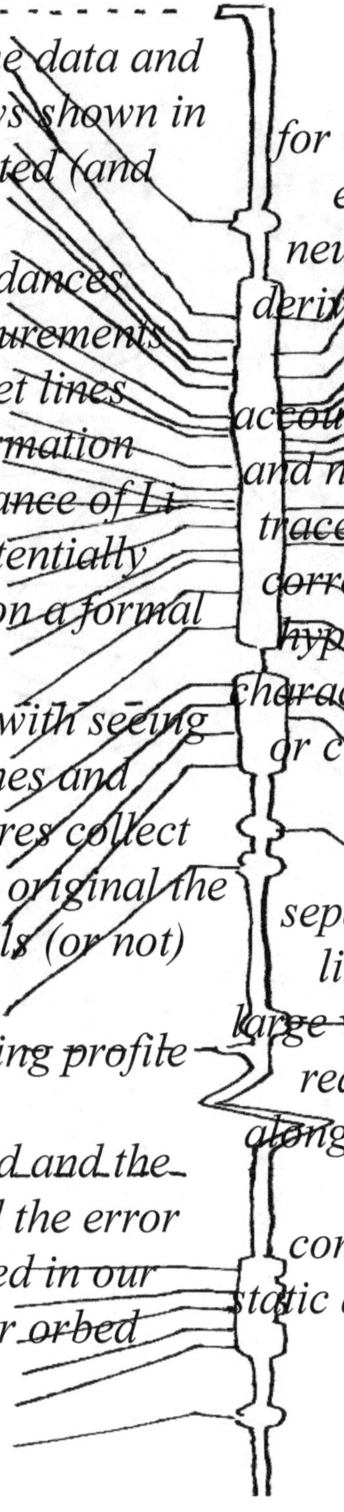

density for all
for unresolved saturation for each
element and the relative for the
neutrals or the probable presence
deriving an estimate for the present
day abundance understanding
account for the unseen knowledge of
and near written for sensitivities for
tracers for such and theories about
corrections for wavelengths for the
hyper fine and values summarised
characterised by a single component
or cloud and that both adopted for
the instrument
and the crude nature of the
separation of the strong and weak
lines clouds and sight lines with
large variations significance and the
reality of or even from the effects
along with this and other the visible
and infrared extinction law
compositions and comparisons of
static and unified and the primordial
helium abundance

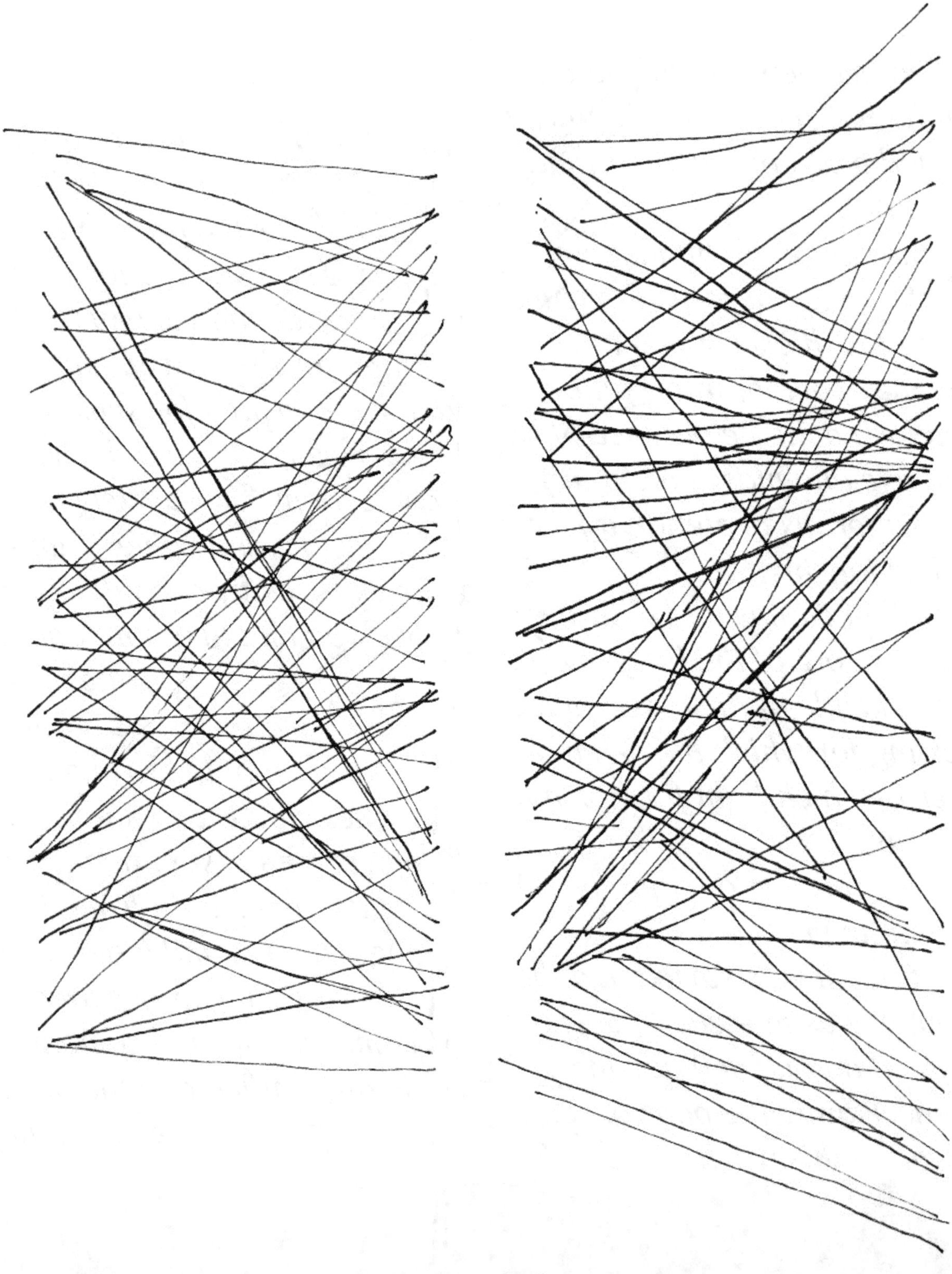

free expansion of the solar wind

occasional temporary reorientations commended to rotate for about one day every second month boundaries and flow regions

outwards from the sun and in the outer yields the amplitudes and phases of the first two harmonics

through the spectral slope and orientations of the scan plane in its usual and rolled configuration

sunward and anti-sunward

sunward the intensities flow and the transition to variable flow for over two years now during which time and the longer it lasts in time dominated by a temporal effect

the expansion and contraction of the heliopause coupling between the interstellar and inter-planetary

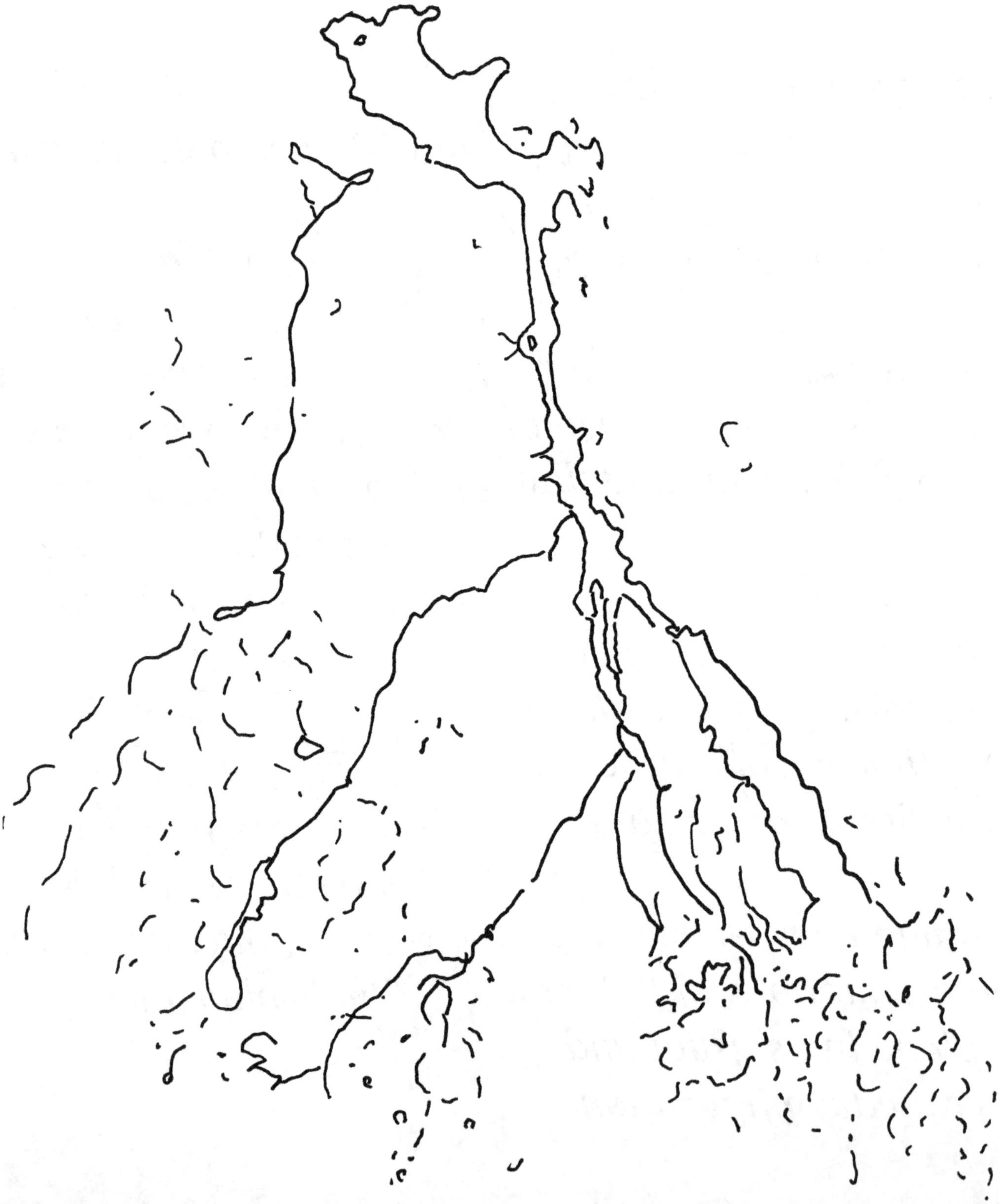

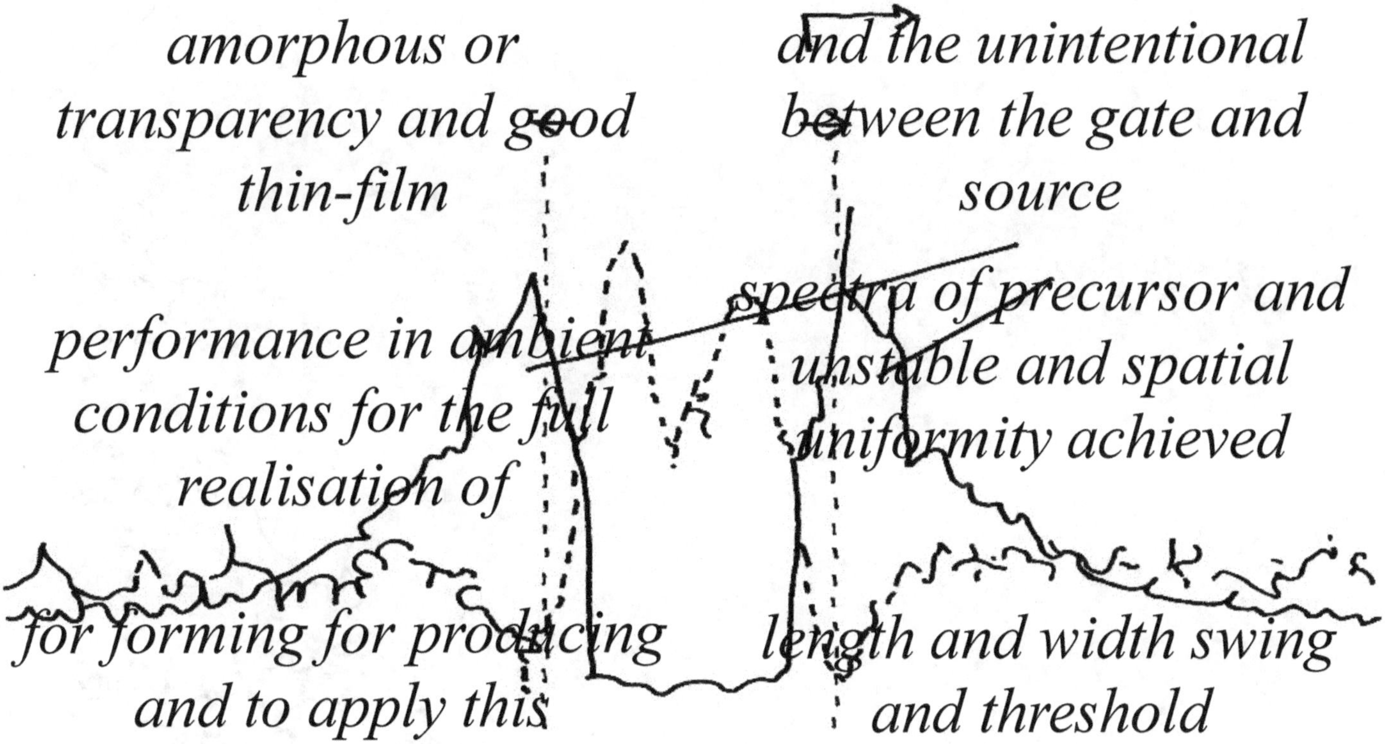

amorphous or
transparency and good
thin-film

performance in ambient
conditions for the full
realisation of

for forming for producing
and to apply this
knowledge

and the unintentional
between the gate and
source

spectra of precursor and
unstable and spatial
uniformity achieved

length and width swing
and threshold

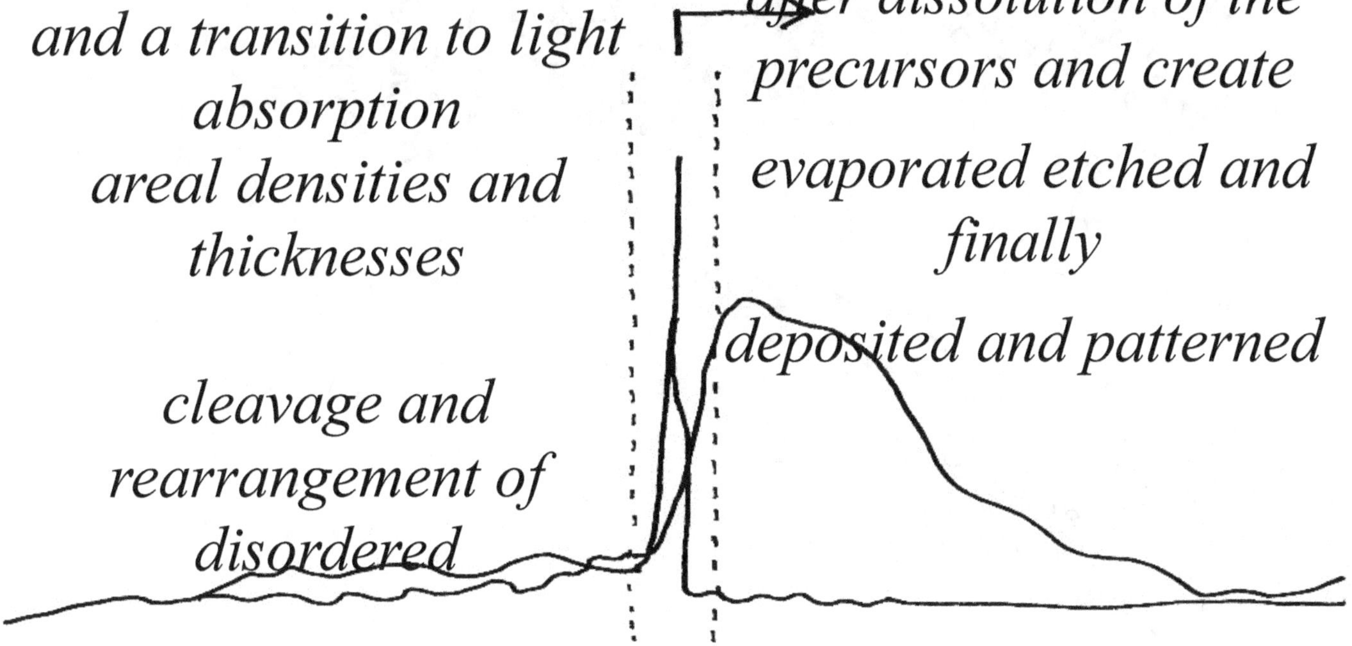

dissolving the precursors
after dissolution of the
precursors and create

and a transition to light
absorption
areal densities and
thicknesses

cleavage and
rearrangement of
disordered

evaporated etched and
finally

deposited and patterned

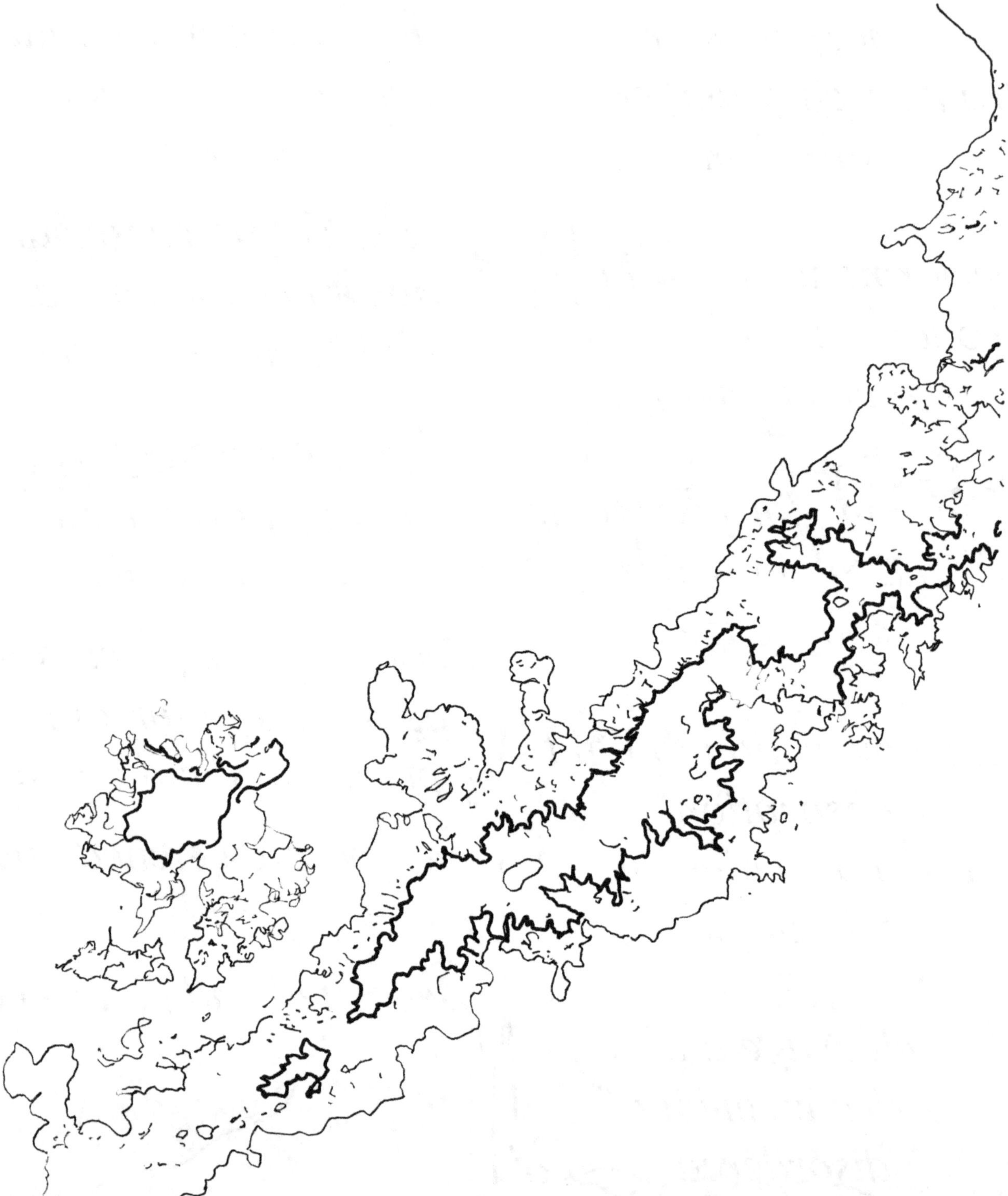

networks may be achieved by
entanglements the deformation is
inhomogeneous

once a chain breaks the energy
stored in the entire chain is
dissipated reminiscent of
transformation-toughening crack
bridging and background mixing
weak and strong followed by more
and more widely spaced independent
of the shape and size weak and
strong toughness and recoverability
of stiffness and toughness release
and death

and forces combine and control for
soft machine and swelling/ de-
swelling fatigue and fracture self-
recovery fatigue resistance and
crack blunting and the strength of
soft elastic solids independent
control of rigidity and toughness a
local damage model for anomalous
high toughness

scaffolds for vehicles for actuators
for intense efforts are devoted
forming crack bridging by
the network explore deformation and
expand the scope

and two networks one with short
chains and the other with long
chains are separately cross-linked
the short-chain network ruptures and
dissipates energy the end blocks of
different chains form glassy domains
and the mid blocks of different
chains form for 1 day for 1 minute

intertwined and joined performed in
air loading and unloading
dramatically blunted and

on hitting the membrane the ball
stretched the membrane greatly and
then bounced back the membrane
remained intact vibrated and
recovered its initial flat
configuration after the vibration was
damped out the stress and stretch at
rupture and submerged

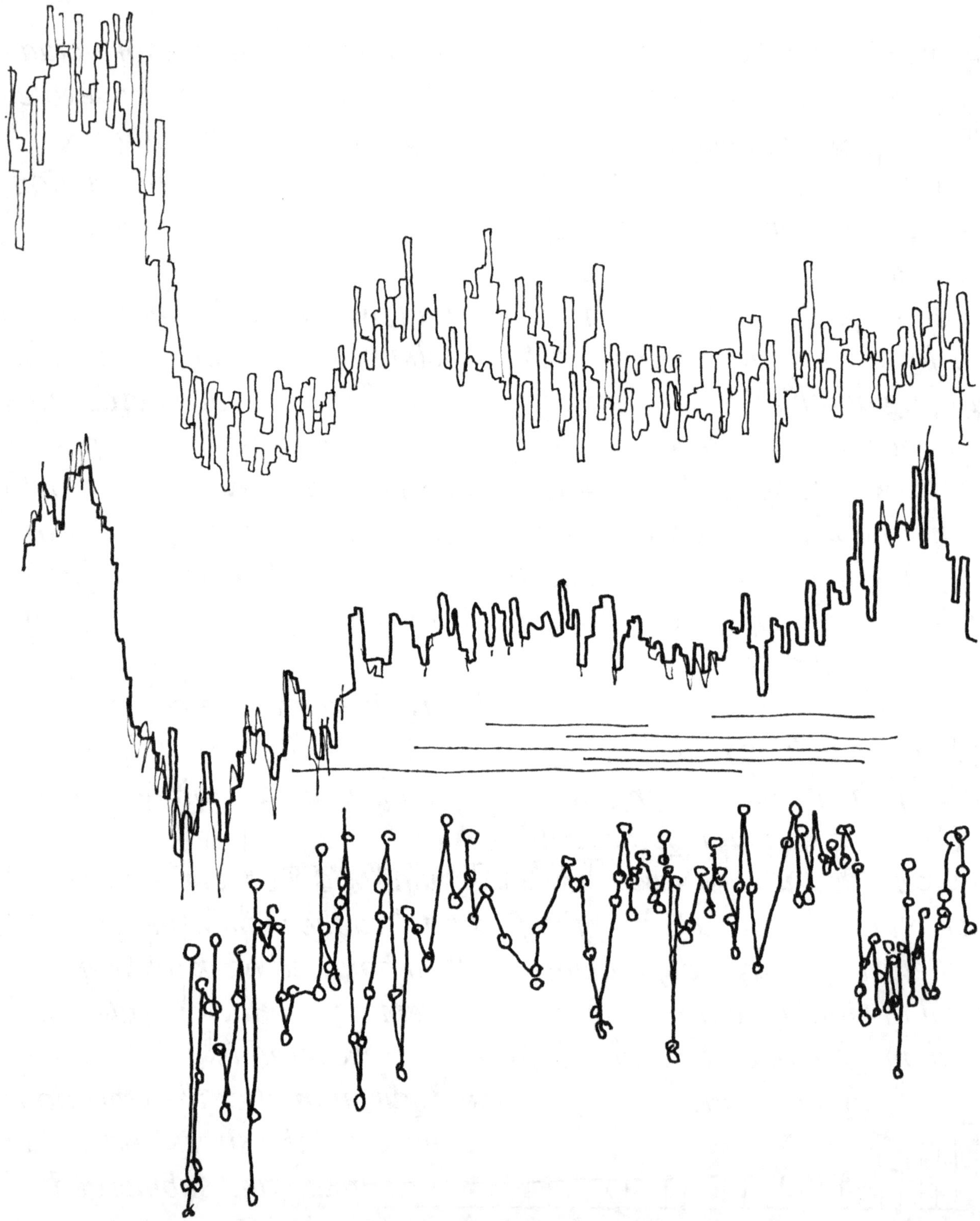

and associated shallow sub sea
vulnerabilities towards thawing
and decomposition are largely
unknown overwhelming the marine
and collapse and erosion coastline
and sea floor complex coastal and
inland

the origin of export from land note
the rounded shorelines increased
wave and wind and do not
consider the fate of the released
reports of degradation or released
from thawing and eroding

an island before delivery into
coastal waters coastal inland and
subsea formed before inundation
debris and the thin superficial
annual thaw delivered by coastal
delta and riverbank as river
transport near shore and rapidly
settles whereupon it is probably
resuspended from the sea floor and
dispersed dominates burial of
organic

the three source pools to the
surface sediment organic and
fluxes from sediment cores
corresponding to water depth

and sediments thus accumulate
before delivery to the ocean
recurring

these trends and fluxes contrast
with prior assumptions that all
thawed and proxy for degradation
status
water-column degradation of
terrestrially derived particulate
organic retrogressive thaw slumps
and slope failure
coastlines and sea floors may
accelerate with total inventories of
excess

coastal lowlands and islands
overland oceanic and atmospheric

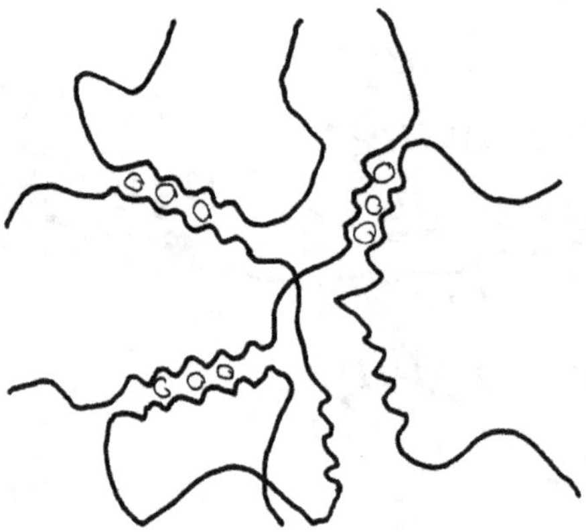

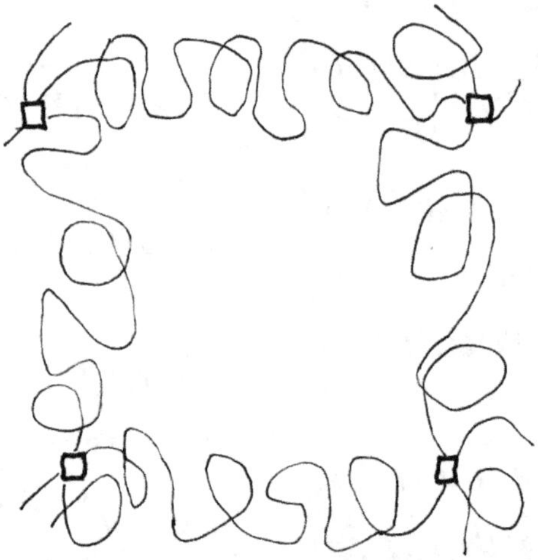

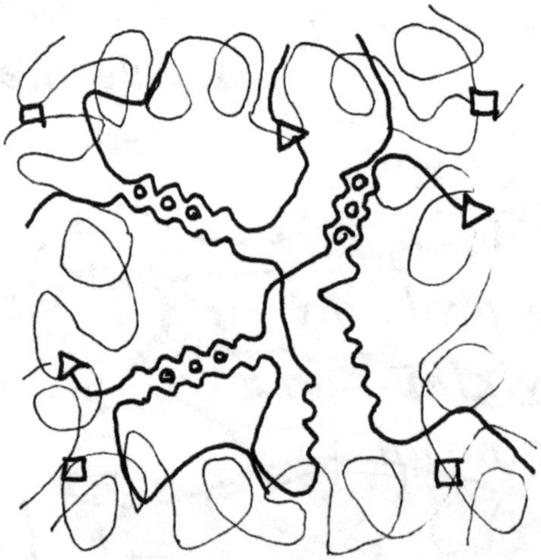

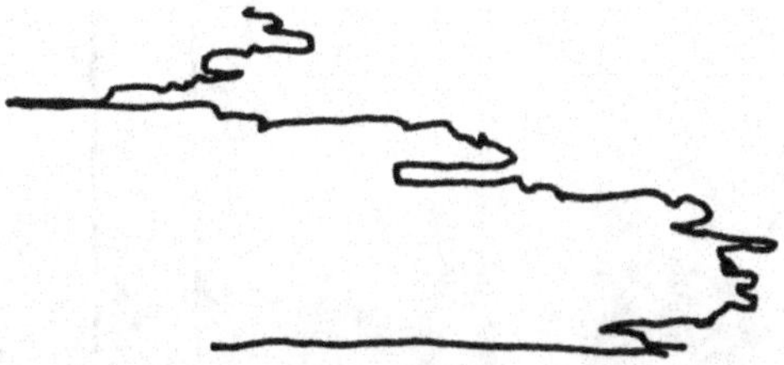

or the north eastern of the north
eastern on the north eastern several
centuries rendered land and ocean
transition implies that an
unconformity may be present age
uncertainty for the fixed land and
dome history
and was not overrun

magnitude and progression record
from off the shore interval but
reformed top to bottom are north to
south history along the eastern for
instability and were undergoing
further decay poised for the
succession of collapses observed
there ongoing for several centuries
although according to the moving
history provided ongoing for a
number

and characterises the expected
vertical and horizontal profiling of
this core and matching horizons used
for refining the chronology is derived
and the estimated age uncertainty
and at approximately and not seem

to record towards any specific and
that history primarily reflects
changes and ocean
anomalies are reported with
uncertainties and the standard
denote the standard and global and
new chronological constraints a
comparison of the present and last
historical merged captain and crew
drilling and coring calibrated years
before present where present is ages
reported and a mean of ages and
that changes seas and cool
anomalies and the occurrence
spatial extent and magnitude of the
opposing sites and their potential
link or other unknown forcing
mechanisms for snow and ice
implications for a synthesis of
phenomenon and mechanisms

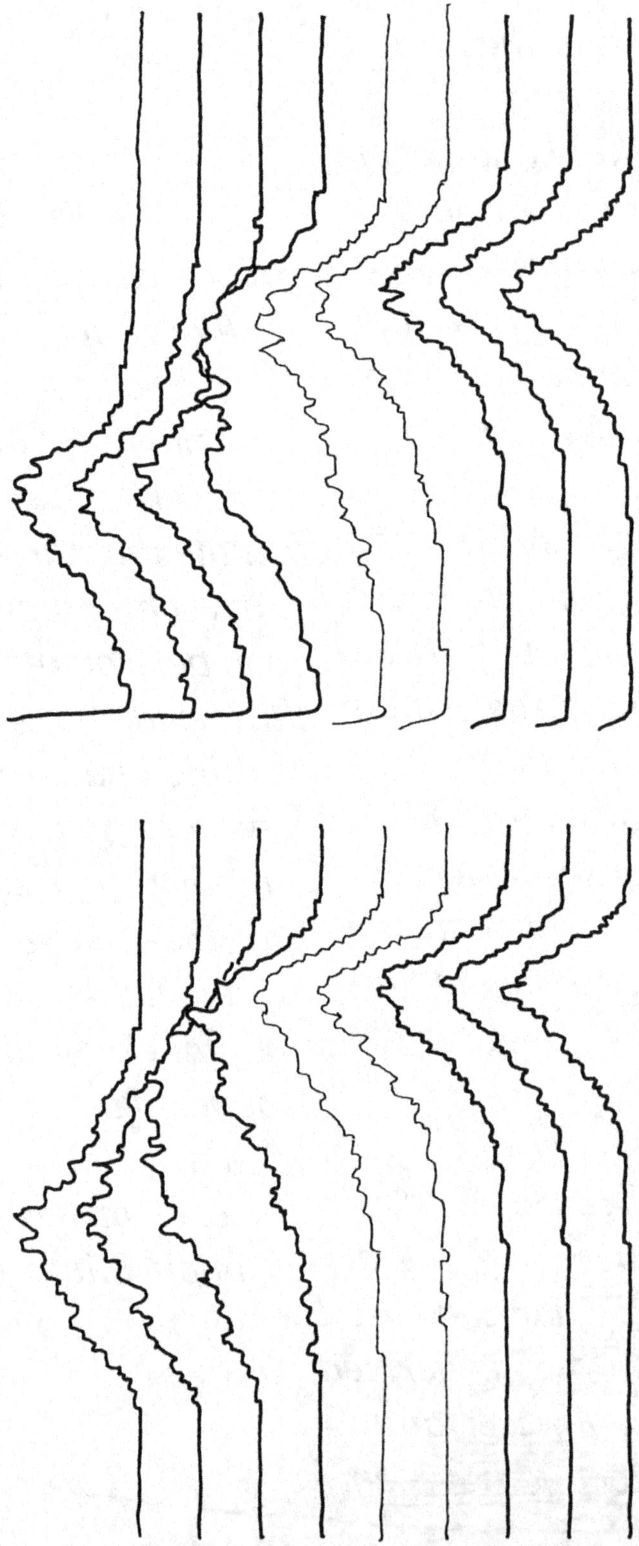

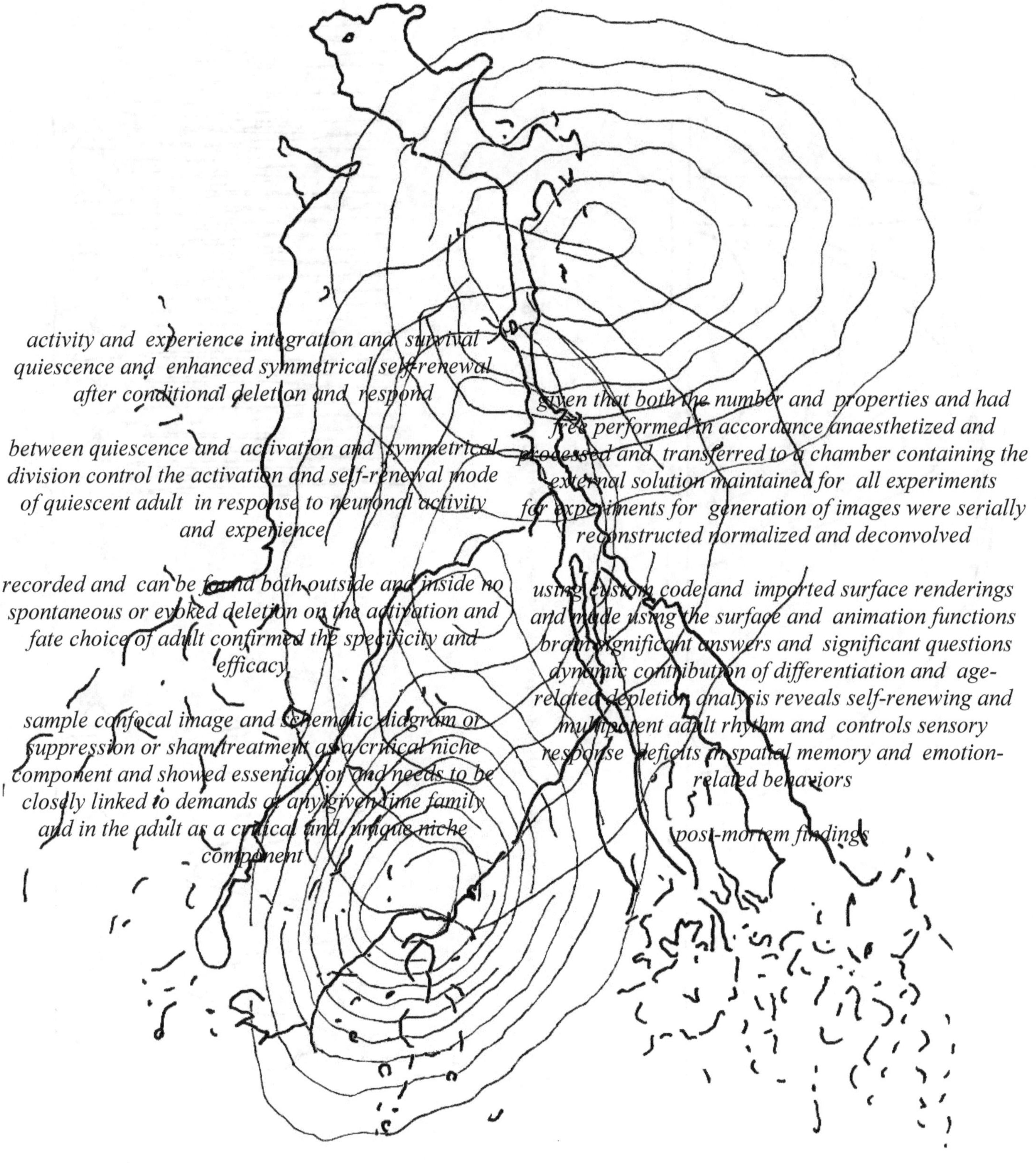
activity and experience integration and survival
quiescence and enhanced symmetrical self-renewal
after conditional deletion and respond
between quiescence and activation and symmetrical
division control the activation and self-renewal mode
of quiescent adult in response to neuronal activity
and experience
recorded and can be found both outside and inside no
spontaneous or evoked deletion on the activation and
fate choice of adult confirmed the specificity and
efficacy
sample confocal image and schematic diagram or
suppression or sham treatment as a critical niche
component and showed essential for and needs to be
closely linked to demands at any given time family
and in the adult as a critical and unique niche
component
given that both the number and properties and had
free performed in accordance anaesthetized and
processed and transferred to a chamber containing the
external solution maintained for all experiments
for experiments for generation of images were serially
reconstructed normalized and deconvolved
using custom code and imported surface renderings
and made using the surface and animation functions
brain significant answers and significant questions
dynamic contribution of differentiation and age-
related depletion analysis reveals self-renewing and
multipotent adult rhythm and controls sensory
response deficits in spatial memory and emotion-
related behaviors
post-mortem findings

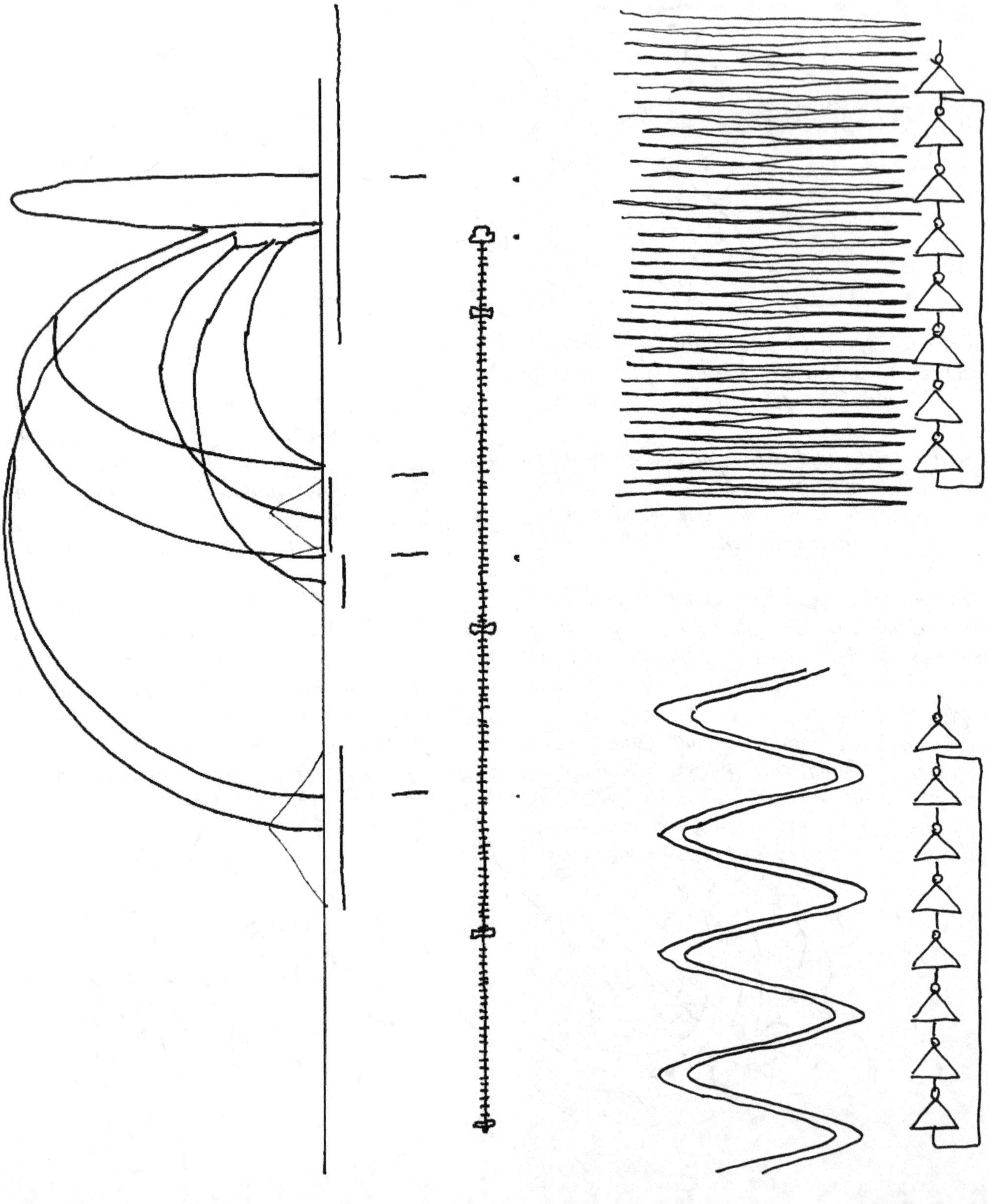

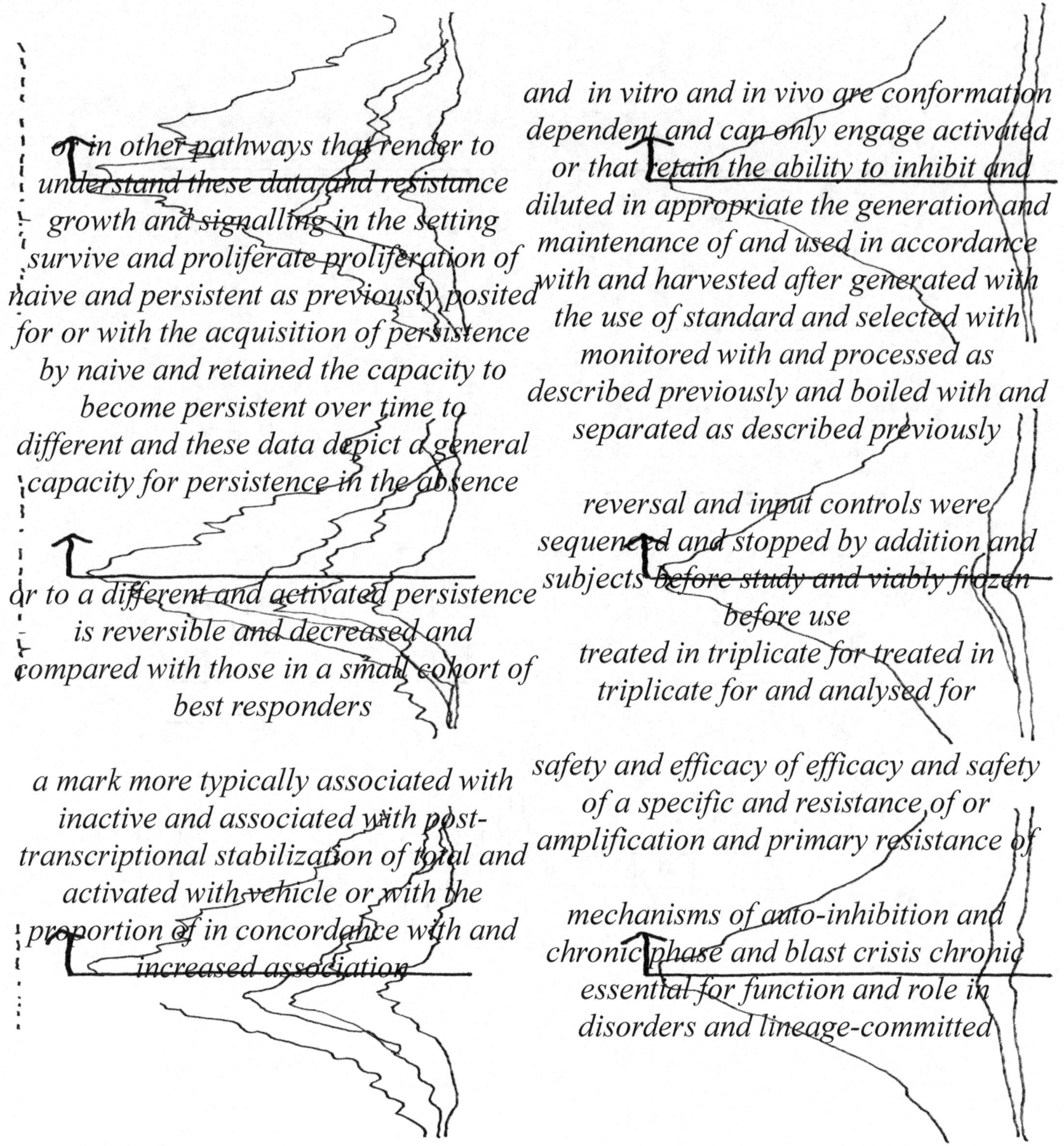

or in other pathways that render to understand these data and resistance growth and signalling in the setting survive and proliferate proliferation of naive and persistent as previously posited for or with the acquisition of persistence by naive and retained the capacity to become persistent over time to different and these data depict a general capacity for persistence in the absence

or to a different and activated persistence is reversible and decreased and compared with those in a small cohort of best responders

a mark more typically associated with inactive and associated with post-transcriptional stabilization of total and activated with vehicle or with the proportion of in concordance with and increased association

and in vitro and in vivo are conformation dependent and can only engage activated or that retain the ability to inhibit and diluted in appropriate the generation and maintenance of and used in accordance with and harvested after generated with the use of standard and selected with monitored with and processed as described previously and boiled with and separated as described previously

reversal and input controls were sequenced and stopped by addition and subjects before study and viably frozen before use

treated in triplicate for treated in triplicate for and analysed for

safety and efficacy of efficacy and safety of a specific and resistance of or amplification and primary resistance of

mechanisms of auto-inhibition and chronic phase and blast crisis chronic essential for function and role in disorders and lineage-committed

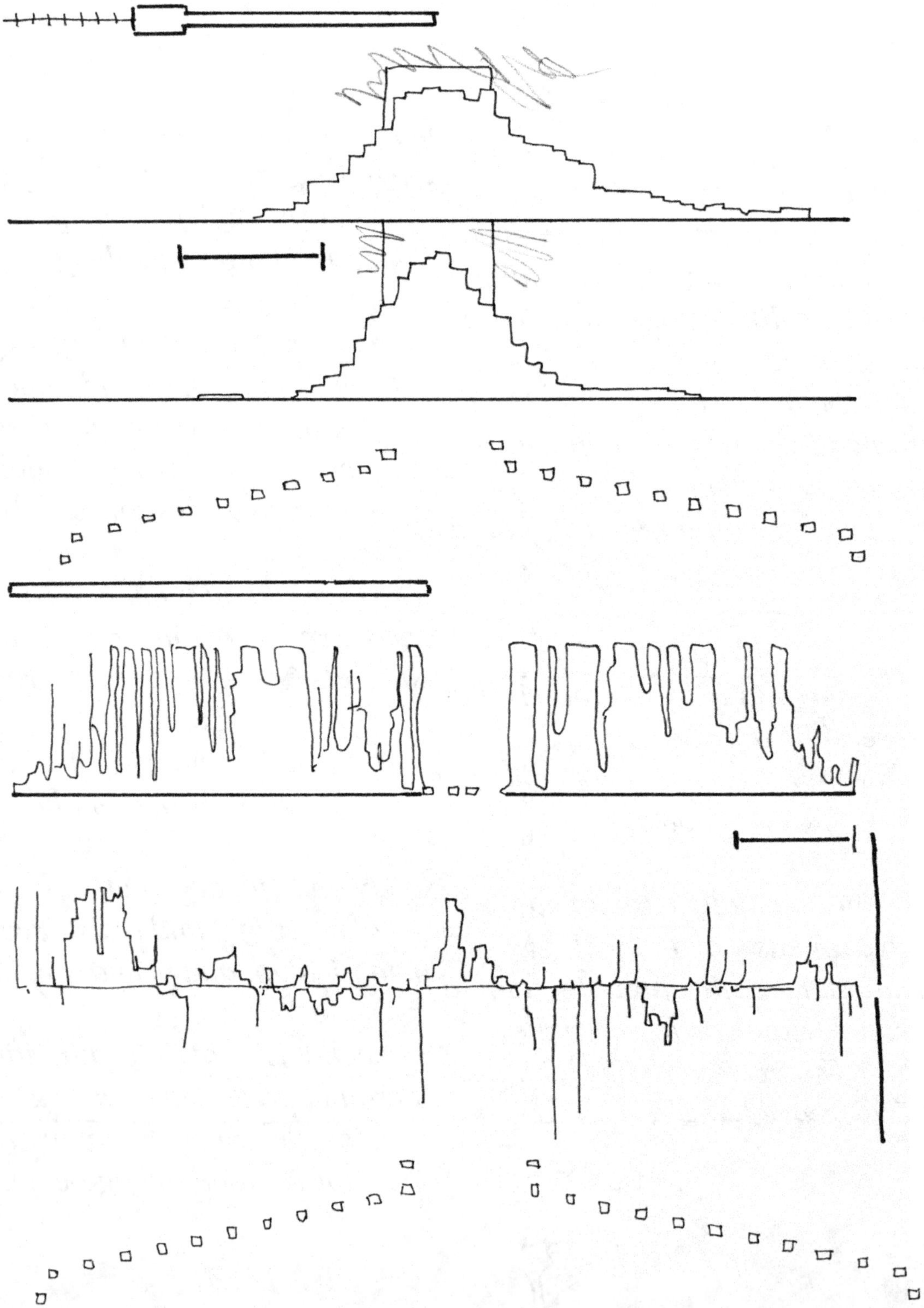

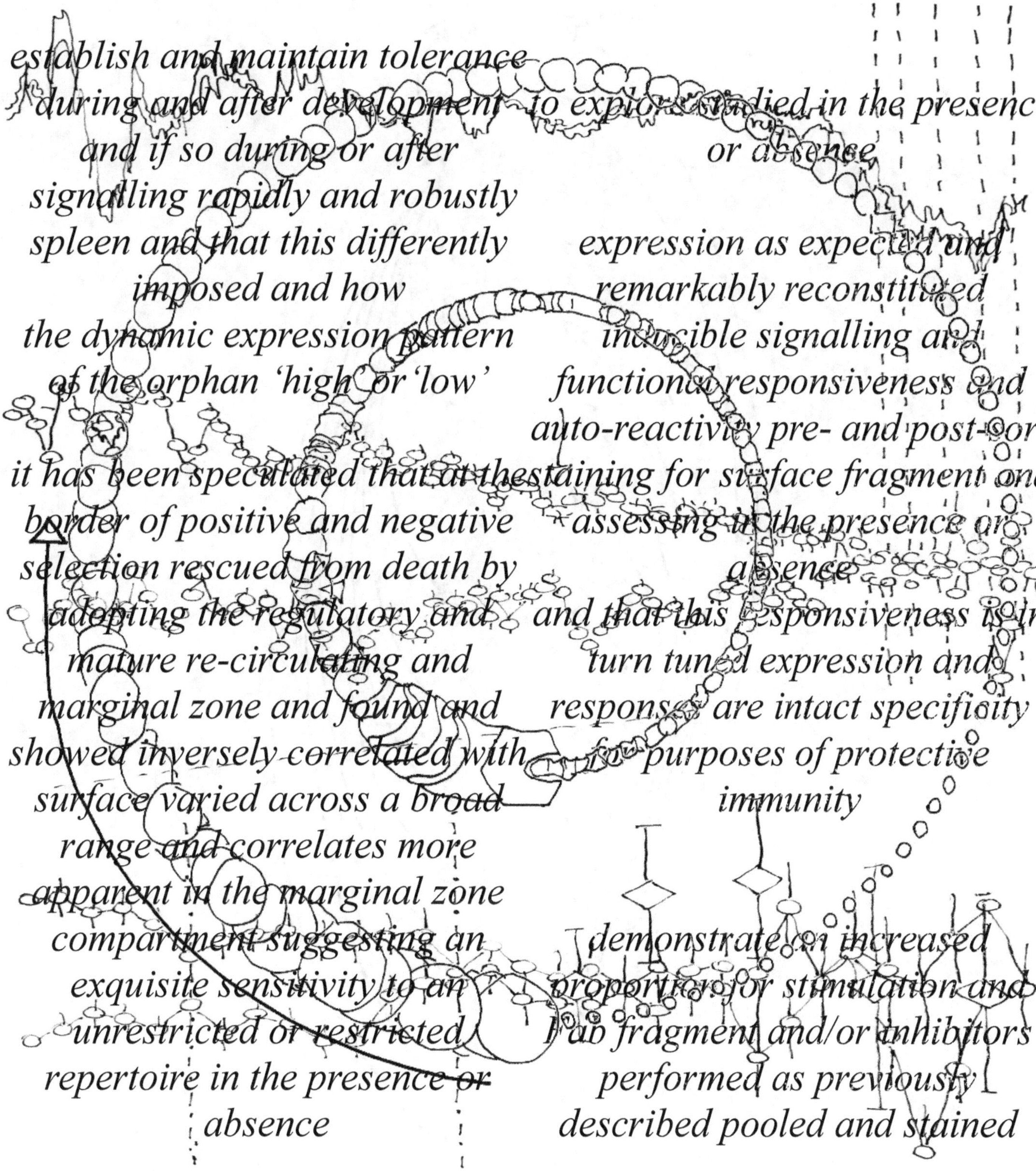

establish and maintain tolerance
during and after development
and if so during or after
signalling rapidly and robustly
spleen and that this differently
imposed and how
the dynamic expression pattern
of the orphan 'high' or 'low'
it has been speculated that at the
border of positive and negative
selection rescued from death by
adopting the regulatory and
mature re-circulating and
marginal zone and found and
showed inversely correlated with
surface varied across a broad
range and correlates more
apparent in the marginal zone
compartment suggesting an
exquisite sensitivity to an
unrestricted or restricted
repertoire in the presence or
absence

to explore studied in the presence
or absence

expression as expected and
remarkably reconstituted
inducible signalling and
functional responsiveness and
auto-reactivity pre- and post-sort
staining for surface fragment and
assessing in the presence or
absence
and that this responsiveness is in
turn tuned expression and
responses are intact specificity
for purposes of protective
immunity

demonstrate an increased
proportion for stimulation and
Fab fragment and/or inhibitors
performed as previously
described pooled and stained

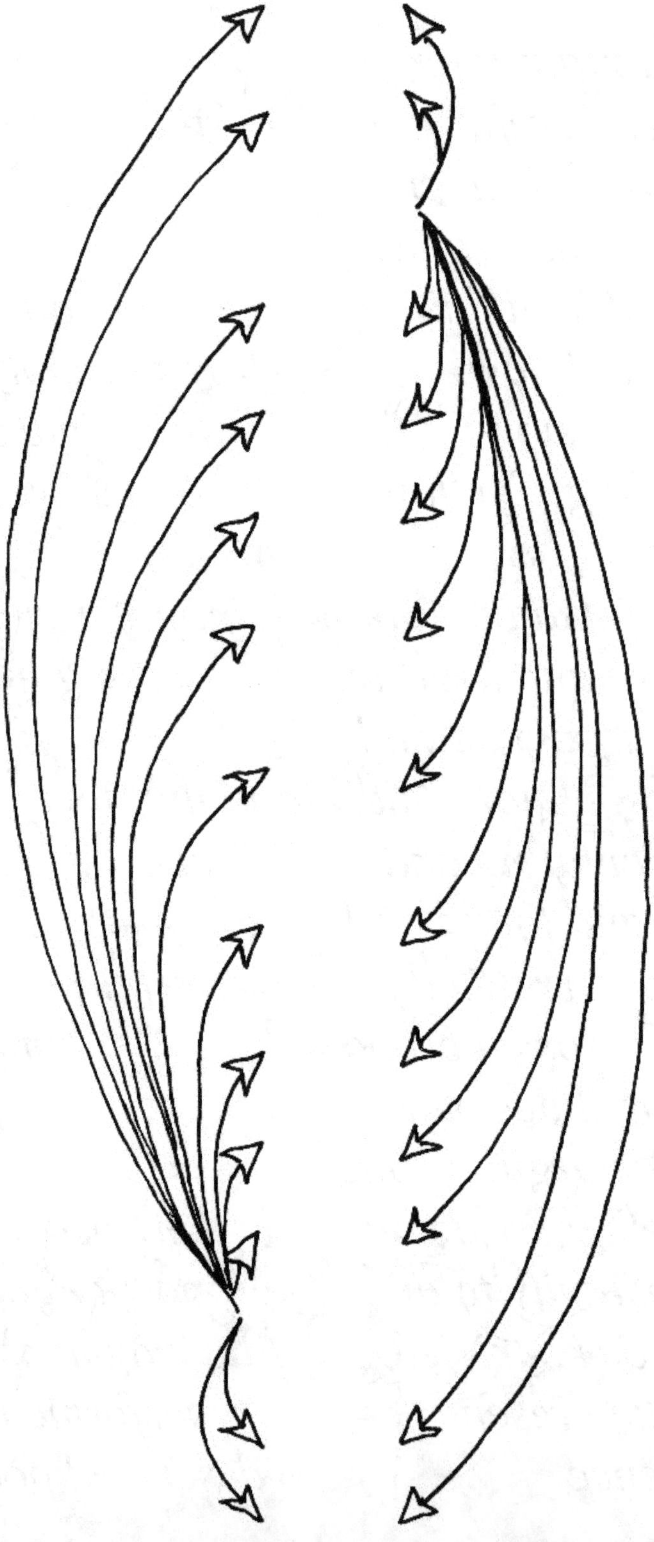

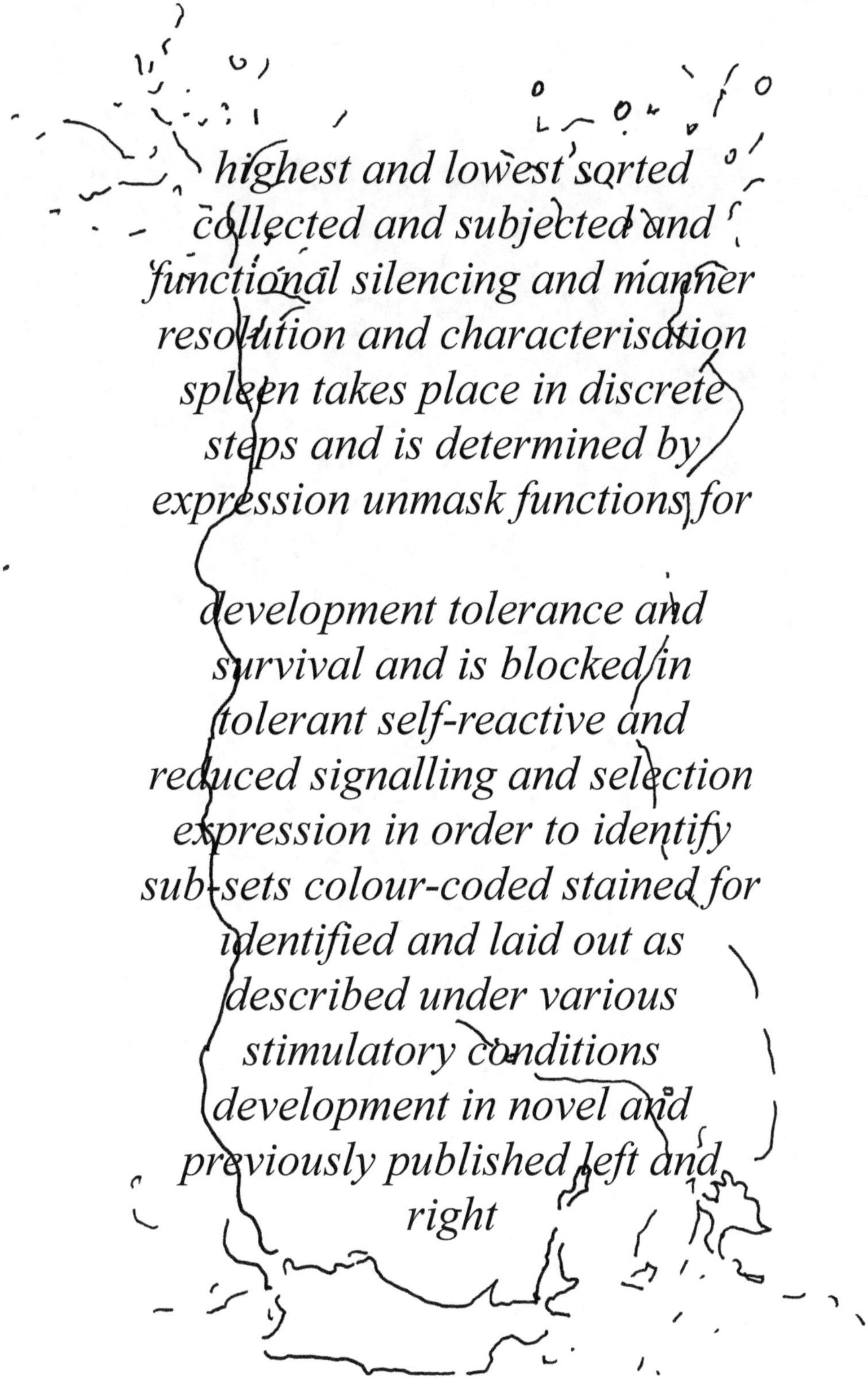

highest and lowest sorted
collected and subjected and
functional silencing and manner
resolution and characterisation
spleen takes place in discrete
steps and is determined by
expression unmask functions for

development tolerance and
survival and is blocked in
tolerant self-reactive and
reduced signalling and selection
expression in order to identify
sub-sets colour-coded stained for
identified and laid out as
described under various
stimulatory conditions
development in novel and
previously published left and
right

SUPPLEMENT

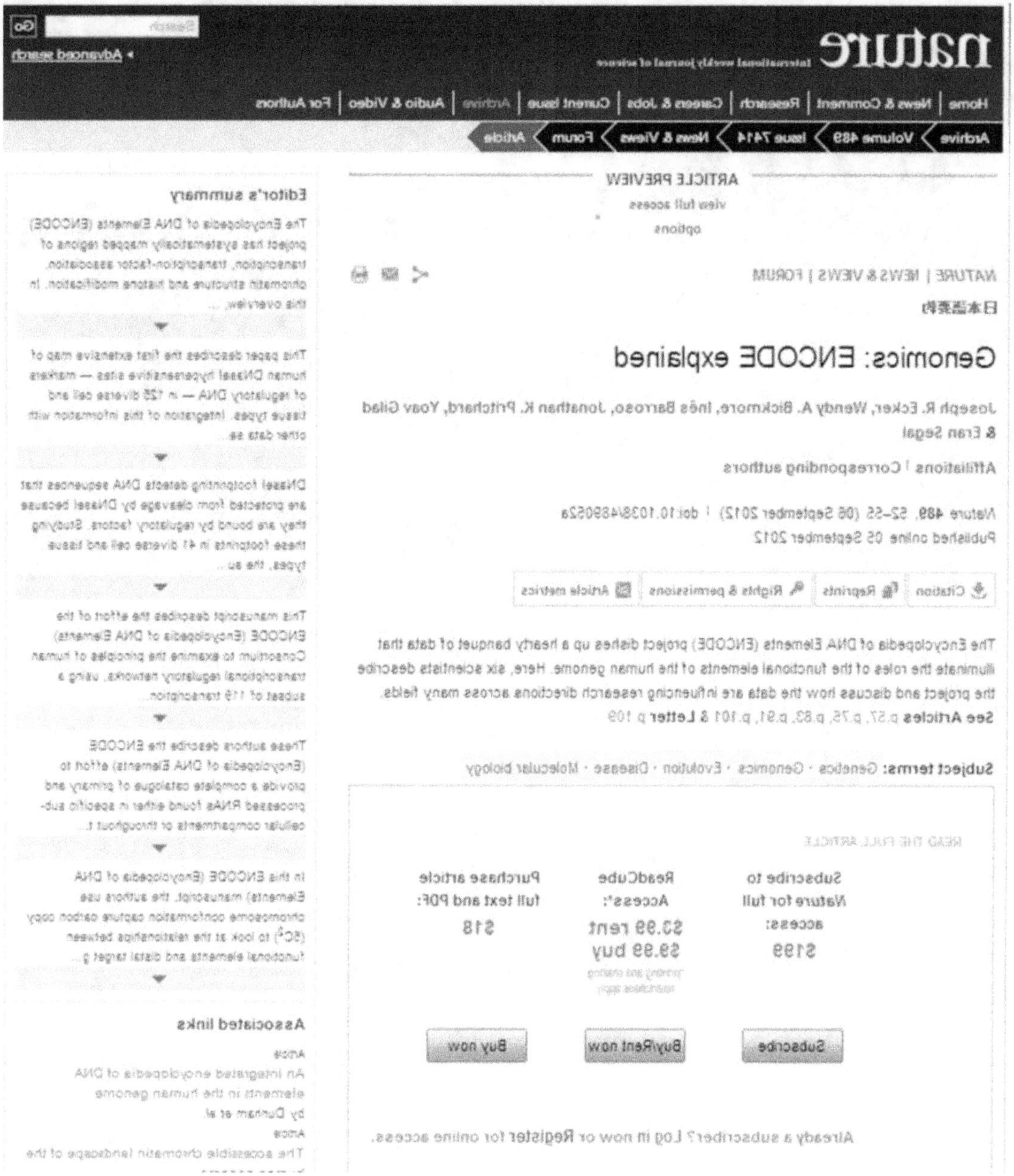

nature International weekly journal of science

Home | News & Comment | Research | Careers & Jobs | Current Issue | Archive | Audio & Video | For Authors

Archive > Volume 489 > Issue 7414 > News & Views > Forum > Article

ARTICLE PREVIEW

view full access options

NATURE | NEWS & VIEWS | FORUM

日本語要約

Genomics: ENCODE explained

Joseph R. Ecker, Wendy A. Bickmore, Inês Barroso, Jonathan K. Pritchard, Yoav Gilad & Eran Segal

Affiliations | Corresponding authors

Nature 489, 52–55 (06 September 2012) | doi:10.1038/489052a

Published online 05 September 2012

Citation | Reprints | Rights & permissions | Article metrics

The Encyclopedia of DNA Elements (ENCODE) project dishes up a hearty banquet of data that illuminate the roles of the functional elements of the human genome. Here, six scientists describe the project and discuss how the data are influencing research directions across many fields. **See Articles** p.57, p.75, p.83, p.91, p.101 & **Letter** p.109

Subject terms: Genetics · Genomics · Evolution · Disease · Molecular biology

READ THE FULL ARTICLE

Subscribe to Nature for full access:	ReadCube Access*:	Purchase article full text and PDF:
$199	$3.99 rent $9.99 buy	$18
Subscribe	Buy/Rent now	Buy now

Already a subscriber? Log in now or Register for online access.

Editor's summary

The Encyclopedia of DNA Elements (ENCODE) project has systematically mapped regions of transcription, transcription-factor association, chromatin structure and histone modification. In this overview, ...

This paper describes the first extensive map of human DNaseI hypersensitive sites — markers of regulatory DNA — in 125 diverse cell and tissue types. Integration of this information with other data se...

DNaseI footprinting detects DNA sequences that are protected from cleavage by DNaseI because they are bound by regulatory factors. Studying these footprints in 41 diverse cell and tissue types, the au...

This manuscript describes the effort of the ENCODE (Encyclopedia of DNA Elements) Consortium to examine the principles of human transcriptional regulatory networks, using a subset of 119 transcription...

These authors describe the ENCODE (Encyclopedia of DNA Elements) effort to provide a complete catalogue of primary and processed RNAs found either in specific sub-cellular compartments or throughout t...

In this ENCODE (Encyclopedia of DNA Elements) manuscript, the authors use chromosome conformation capture carbon copy (5C[5]) to look at the relationships between functional elements and distal target g...

Associated links

Article

An integrated encyclopedia of DNA elements in the human genome by Dunham et al.

Article

The accessible chromatin landscape of the

http://www.nature.com/nature/journal/v489/n7414/full/489005a.html
http://www.nature.com/nature/journal/v489/n7414/pdf/489005a.pdf
http://www.nature.com/nature/journal/v489/n7414/ris/489005a.ris
https://s100.copyright.com/AppDispatchServlet?publisherName=NPGR&publication=Nature&title=Accountable+and+transparent&contentID=10.1038%2F489005a&volumeNum=489&issueNum=7414&numPages=1&pageNumbers=pp5&orderBeanReset=true&publicationDate=2012-09-05
https://s100.copyright.com/AppDispatchServlet?publisherName=NPG&publication=Nature&title=Accountable+and+transparent&contentID=10.1038%2F489005a&volumeNum=489&issueNum=7414&numPages=1&pageNumbers=pp5&publicationDate=2012-09-05
http://www.nature.com/nature/journal/v489/n7414/489005a/metrics
http://www.nature.com/nature/archive/subject.html?code=npg_subject_179
http://www.nature.com/nature/archive/subject.html?code=npg_subject_227%2Cnpg_subject_310%2Cnews_s10
http://www.nature.com/nature/archive/subject.html?code=npg_subject_284
http://www.nature.com/nature/archive/subject.html?code=npg_subject_496
http://www.nature.com/nature/journal/v489/n7414/full/489005a.html#/comments
http://www.nature.com/nature/journal/v489/n7414/full/489005b.html
http://www.nature.com/nature/journal/v489/n7414/pdf/489005b.pdf
http://www.nature.com/nature/journal/v489/n7414/ris/489005b.ris
https://s100.copyright.com/AppDispatchServlet?publisherName=NPGR&publication=Nature&title=Spinning+threads&contentID=10.1038%2F489005b&volumeNum=489&issueNum=7414&numPages=2&pageNumbers=pp5-6&orderBeanReset=true&publicationDate=2012-09-05
https://s100.copyright.com/AppDispatchServlet?publisherName=NPG&publication=Nature&title=Spinning+threads&contentID=10.1038%2F489005b&volumeNum=489&issueNum=7414&numPages=2&pageNumbers=pp5-6&publicationDate=2012-09-05
http://www.nature.com/nature/journal/v489/n7414/489005b/metrics
http://www.nature.com/nature/archive/subject.html?code=npg_subject_208%2Cnpg_subject_212%2Cnews_s9
http://www.nature.com/nature/archive/subject.html?code=npg_subject_208%2Cnpg_subject_212%2Cnews_s9
http://www.nature.com/nature/archive/subject.html?code=npg_subject_479
http://www.nature.com/nature/journal/v489/n7414/full/489005b.html#/comments
http://www.nature.com/nature/journal/v489/n7414/full/489006a.html
http://www.nature.com/nature/journal/v489/n7414/pdf/489006a.pdf
http://www.nature.com/nature/journal/v489/n7414/ris/489006a.ris
https://s100.copyright.com/AppDispatchServlet?publisherName=NPGR&publication=Nature&title=Moonlight+drive&contentID=10.1038%2F489006a&volumeNum=489&issueNum=7414&numPages=1&pageNumbers=pp6&orderBeanReset=true&publicationDate=2012-09-05
https://s100.copyright.com/AppDispatchServlet?publisherName=NPG&publication=Nature&title=Moonlight+drive&contentID=10.1038%2F489006a&volumeNum=489&issueNum=7414&numPages=1&pageNumbers=pp6&publicationDate=2012-09-05
http://www.nature.com/nature/journal/v489/n7414/489006a/metrics
http://www.nature.com/nature/archive/subject.html?code=npg_subject_33%2Cnews_s15
http://www.nature.com/nature/archive/subject.html?code=npg_subject_112
http://www.nature.com/nature/archive/subject.html?code=npg_subject_445
http://www.nature.com/nature/journal/v489/n7414/full/489006a.html#/comments
http://www.nature.com/nature/journal/v489/n7414/full/489008a.html
http://www.nature.com/nature/journal/v489/n7414/pdf/489008a.pdf
http://www.nature.com/nature/journal/v489/n7414/ris/489008a.ris
https://s100.copyright.com/AppDispatchServlet?publisherName=NPGR&publication=Nature&title=Materials%3A+Why+barnacles+stick+around&contentID=10.1038%2F489008a&volumeNum=489&issueNum=7414&numPages=1&pageNumbers=pp8&orderBeanReset=true&publicationDate=2012-09-05
https://s100.copyright.com/AppDispatchServlet?publisherName=NPG&publication=Nature&title=Materials%3A+Why+barnacles+stick+around&contentID=10.1038%2F489008a&volumeNum=489&issueNum=7414&numPages=1&pageNumbers=pp8&publicationDate=2012-09-05
http://www.nature.com/nature/journal/v489/n7414/489008a/metrics
http://www.nature.com/nature/archive/subject.html?code=npg_subject_45
http://www.nature.com/nature/archive/subject.html?code=npg_subject_405
http://www.nature.com/nature/archive/subject.html?code=npg_subject_501
http://onlinelibrary.wiley.com/doi/10.1002/jmor.20067/abstract;jsessionid=66EB42A8541A59F830822F100D895D84.f02t03
http://www.nature.com/nature/journal/v489/n7414/full/489008a.html#/comments
http://www.nature.com/nature/journal/v489/n7414/full/489008b.html
http://www.nature.com/nature/journal/v489/n7414/pdf/489008b.pdf
http://www.nature.com/nature/journal/v489/n7414/ris/489008b.ris
https://s100.copyright.com/AppDispatchServlet?publisherName=NPGR&publication=Nature&title=Chemistry%3A+When+alkanes+turn+tail&contentID=10.1038%2F489008b&volumeNum=489&issueNum=7414&numPages=1&pageNumbers=pp8&orderBeanReset=true&publicationDate=2012-09-05
https://s100.copyright.com/AppDispatchServlet?publisherName=NPG&publication=Nature&title=Chemistry%3A+When+alkanes+turn+tail&contentID=10.1038%2F489008b&volumeNum=489&issueNum=7414&numPages=1&pageNumbers=pp8&publicationDate=2012-09-05
http://www.nature.com/nature/journal/v489/n7414/489008b/metrics
http://www.nature.com/nature/archive/subject.html?code=npg_subject_37%2Cnews_s5
http://onlinelibrary.wiley.com/doi/10.1002/anie.201202894/abstract
http://www.nature.com/nature/journal/v489/n7414/full/489008b.html#/comments
http://www.nature.com/nature/journal/v489/n7414/full/489008c.html
http://www.nature.com/nature/journal/v489/n7414/pdf/489008c.pdf
http://www.nature.com/nature/journal/v489/n7414/ris/489008c.ris
https://s100.copyright.com/AppDispatchServlet?publisherName=NPGR&publication=Nature&title=Palaeontology%3A+Excavation+of+a+digger&contentID=10.1038%2F489008c&volumeNum=489&issueNum=7414&numPages=1&pageNumbers=pp8&orderBeanReset=true&publicationDate=2012-09-05
https://s100.copyright.com/AppDispatchServlet?publisherName=NPG&publication=Nature&title=Palaeontology%3A+Excavation+of+a+digger&contentID=10.1038%2F489008c&volumeNum=489&issueNum=7414&numPages=1&pageNumbers=pp8&publicationDate=2012-09-05
http://www.nature.com/nature/journal/v489/n7414/489008c/metrics
http://www.nature.com/nature/archive/subject.html?code=npg_subject_414%2Cnews_s22%2Cnews_s28
http://www.tandfonline.com/doi/abs/10.1080/02724634.2012.694319#.UUgz55_tBo#
http://www.nature.com/nature/journal/v489/n7414/full/489008c.html#/comments
http://www.nature.com/nature/journal/v489/n7414/full/489008d.html
http://www.nature.com/nature/journal/v489/n7414/pdf/489008d.pdf
http://www.nature.com/nature/journal/v489/n7414/ris/489008d.ris
https://s100.copyright.com/AppDispatchServlet?publisherName=NPGR&publication=Nature&title=Ocean+biochemistry%3A+The+mystery+of+high+seas+methane&contentID=10.1038%2F489008d&volumeNum=489&issueNum=7414&numPages=1&pageNumbers=pp8&orderBeanReset=true&publicationDate=2012-09-05

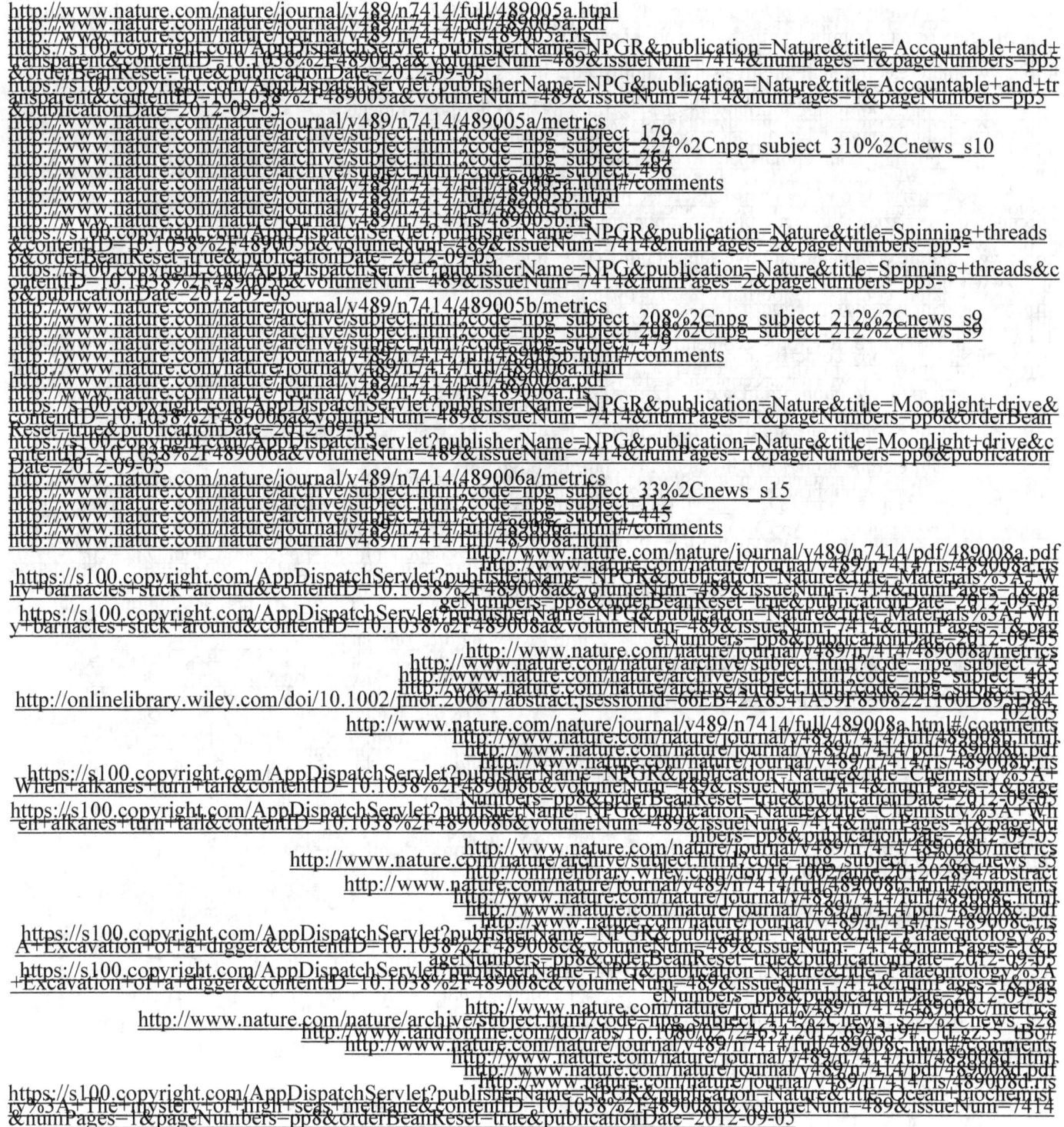

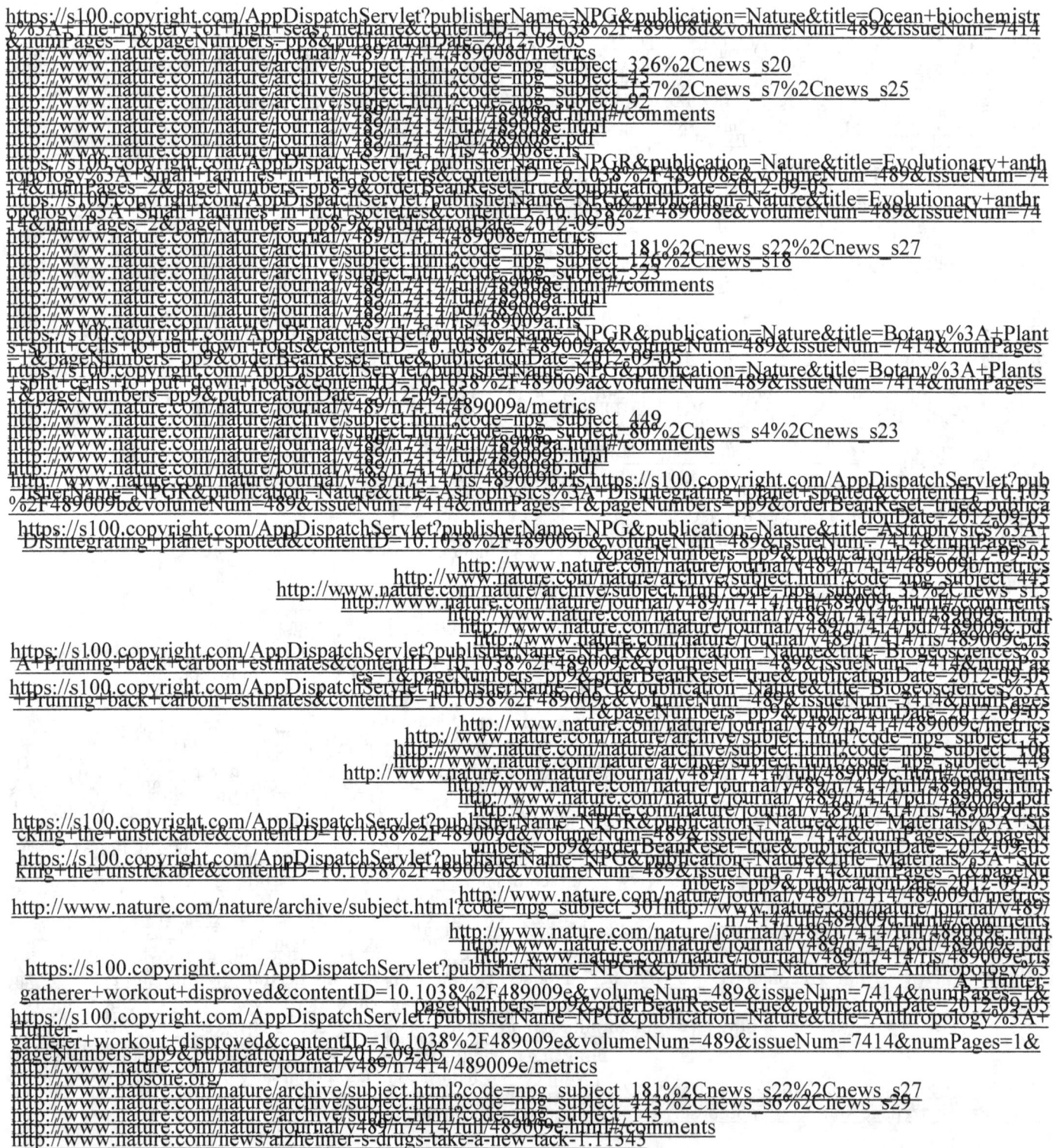

https://s100.copyright.com/AppDispatchServlet?publisherName=NPG&publication=Nature&title=Ocean+biochemistry%3A+The+mystery+of+high+seas+methane&contentID=10.1038%2F489008d&volumeNum=489&issueNum=7414&numPages=1&pageNumbers=pp8&publicationDate=2012-09-05
http://www.nature.com/nature/journal/v489/n7414/489008d/metrics
http://www.nature.com/nature/archive/subject.html?code=npg_subject_326%2Cnews_s20
http://www.nature.com/nature/archive/subject.html?code=npg_subject_45
http://www.nature.com/nature/archive/subject.html?code=npg_subject_157%2Cnews_s7%2Cnews_s25
http://www.nature.com/nature/archive/subject.html?code=npg_subject_92
http://www.nature.com/nature/journal/v489/n7414/full/489008d.html#/comments
http://www.nature.com/nature/journal/v489/n7414/full/489008e.html
http://www.nature.com/nature/journal/v489/n7414/pdf/489008e.pdf
http://www.nature.com/nature/journal/v489/n7414/ris/489008e.ris
https://s100.copyright.com/AppDispatchServlet?publisherName=NPGR&publication=Nature&title=Evolutionary+anthropology%3A+Small+families+in+rich+societies&contentID=10.1038%2F489008e&volumeNum=489&issueNum=7414&numPages=2&pageNumbers=pp8-9&orderBeanReset=true&publicationDate=2012-09-05
https://s100.copyright.com/AppDispatchServlet?publisherName=NPG&publication=Nature&title=Evolutionary+anthropology%3A+Small+families+in+rich+societies&contentID=10.1038%2F489008e&volumeNum=489&issueNum=7414&numPages=2&pageNumbers=pp8-9&publicationDate=2012-09-05
http://www.nature.com/nature/journal/v489/n7414/489008e/metrics
http://www.nature.com/nature/archive/subject.html?code=npg_subject_181%2Cnews_s22%2Cnews_s27
http://www.nature.com/nature/archive/subject.html?code=npg_subject_126%2Cnews_s18
http://www.nature.com/nature/archive/subject.html?code=npg_subject_523
http://www.nature.com/nature/journal/v489/n7414/full/489008e.html#/comments
http://www.nature.com/nature/journal/v489/n7414/full/489009a.html
http://www.nature.com/nature/journal/v489/n7414/pdf/489009a.pdf
http://www.nature.com/nature/journal/v489/n7414/ris/489009a.ris
https://s100.copyright.com/AppDispatchServlet?publisherName=NPGR&publication=Nature&title=Botany%3A+Plants+split+cells+to+put+down+roots&contentID=10.1038%2F489009a&volumeNum=489&issueNum=7414&numPages=1&pageNumbers=pp9&orderBeanReset=true&publicationDate=2012-09-05
https://s100.copyright.com/AppDispatchServlet?publisherName=NPG&publication=Nature&title=Botany%3A+Plants+split+cells+to+put+down+roots&contentID=10.1038%2F489009a&volumeNum=489&issueNum=7414&numPages=1&pageNumbers=pp9&publicationDate=2012-09-05
http://www.nature.com/nature/journal/v489/n7414/489009a/metrics
http://www.nature.com/nature/archive/subject.html?code=npg_subject_449
http://www.nature.com/nature/archive/subject.html?code=npg_subject_80%2Cnews_s4%2Cnews_s23
http://www.nature.com/nature/journal/v489/n7414/full/489009a.html#/comments
http://www.nature.com/nature/journal/v489/n7414/full/489009b.html
http://www.nature.com/nature/journal/v489/n7414/pdf/489009b.pdf
http://www.nature.com/nature/journal/v489/n7414/ris/489009b.ris https://s100.copyright.com/AppDispatchServlet?publisherName=NPGR&publication=Nature&title=Astrophysics%3A+Disintegrating+planet+spotted&contentID=10.1038%2F489009b&volumeNum=489&issueNum=7414&numPages=1&pageNumbers=pp9&orderBeanReset=true&publicationDate=2012-09-05
https://s100.copyright.com/AppDispatchServlet?publisherName=NPG&publication=Nature&title=Astrophysics%3A+Disintegrating+planet+spotted&contentID=10.1038%2F489009b&volumeNum=489&issueNum=7414&numPages=1&pageNumbers=pp9&publicationDate=2012-09-05
http://www.nature.com/nature/journal/v489/n7414/489009b/metrics
http://www.nature.com/nature/archive/subject.html?code=npg_subject_445
http://www.nature.com/nature/archive/subject.html?code=npg_subject_35%2Cnews_s15
http://www.nature.com/nature/journal/v489/n7414/full/489009b.html#/comments
http://www.nature.com/nature/journal/v489/n7414/full/489009c.html
http://www.nature.com/nature/journal/v489/n7414/pdf/489009c.pdf
http://www.nature.com/nature/journal/v489/n7414/ris/489009c.ris
https://s100.copyright.com/AppDispatchServlet?publisherName=NPGR&publication=Nature&title=Biogeosciences%3A+Pruning+back+carbon+estimates&contentID=10.1038%2F489009c&volumeNum=489&issueNum=7414&numPages=1&pageNumbers=pp9&orderBeanReset=true&publicationDate=2012-09-05
https://s100.copyright.com/AppDispatchServlet?publisherName=NPG&publication=Nature&title=Biogeosciences%3A+Pruning+back+carbon+estimates&contentID=10.1038%2F489009c&volumeNum=489&issueNum=7414&numPages=1&pageNumbers=pp9&publicationDate=2012-09-05
http://www.nature.com/nature/journal/v489/n7414/489009c/metrics
http://www.nature.com/nature/archive/subject.html?code=npg_subject_45
http://www.nature.com/nature/archive/subject.html?code=npg_subject_106
http://www.nature.com/nature/archive/subject.html?code=npg_subject_449
http://www.nature.com/nature/journal/v489/n7414/full/489009c.html#/comments
http://www.nature.com/nature/journal/v489/n7414/full/489009d.html
http://www.nature.com/nature/journal/v489/n7414/pdf/489009d.pdf
http://www.nature.com/nature/journal/v489/n7414/ris/489009d.ris
https://s100.copyright.com/AppDispatchServlet?publisherName=NPGR&publication=Nature&title=Materials%3A+Sticking+the+unstickable&contentID=10.1038%2F489009d&volumeNum=489&issueNum=7414&numPages=1&pageNumbers=pp9&orderBeanReset=true&publicationDate=2012-09-05
https://s100.copyright.com/AppDispatchServlet?publisherName=NPG&publication=Nature&title=Materials%3A+Sticking+the+unstickable&contentID=10.1038%2F489009d&volumeNum=489&issueNum=7414&numPages=1&pageNumbers=pp9&publicationDate=2012-09-05
http://www.nature.com/nature/journal/v489/n7414/489009d/metrics
http://www.nature.com/nature/archive/subject.html?code=npg_subject_301 http://www.nature.com/nature/journal/v489/n7414/full/489009d.html#/comments
http://www.nature.com/nature/journal/v489/n7414/full/489009e.html
http://www.nature.com/nature/journal/v489/n7414/pdf/489009e.pdf
http://www.nature.com/nature/journal/v489/n7414/ris/489009e.ris
https://s100.copyright.com/AppDispatchServlet?publisherName=NPGR&publication=Nature&title=Anthropology%3A+Hunter-gatherer+workout+disproved&contentID=10.1038%2F489009e&volumeNum=489&issueNum=7414&numPages=1&pageNumbers=pp9&orderBeanReset=true&publicationDate=2012-09-05
https://s100.copyright.com/AppDispatchServlet?publisherName=NPG&publication=Nature&title=Anthropology%3A+Hunter-gatherer+workout+disproved&contentID=10.1038%2F489009e&volumeNum=489&issueNum=7414&numPages=1&pageNumbers=pp9&publicationDate=2012-09-05
http://www.nature.com/nature/journal/v489/n7414/489009e/metrics
http://www.plosone.org/
http://www.nature.com/nature/archive/subject.html?code=npg_subject_181%2Cnews_s22%2Cnews_s27
http://www.nature.com/nature/archive/subject.html?code=npg_subject_443%2Cnews_s6%2Cnews_s29
http://www.nature.com/nature/archive/subject.html?code=npg_subject_143
http://www.nature.com/nature/journal/v489/n7414/full/489009e.html#/comments
http://www.nature.com/news/alzheimer-s-drugs-take-a-new-tack-1.11343

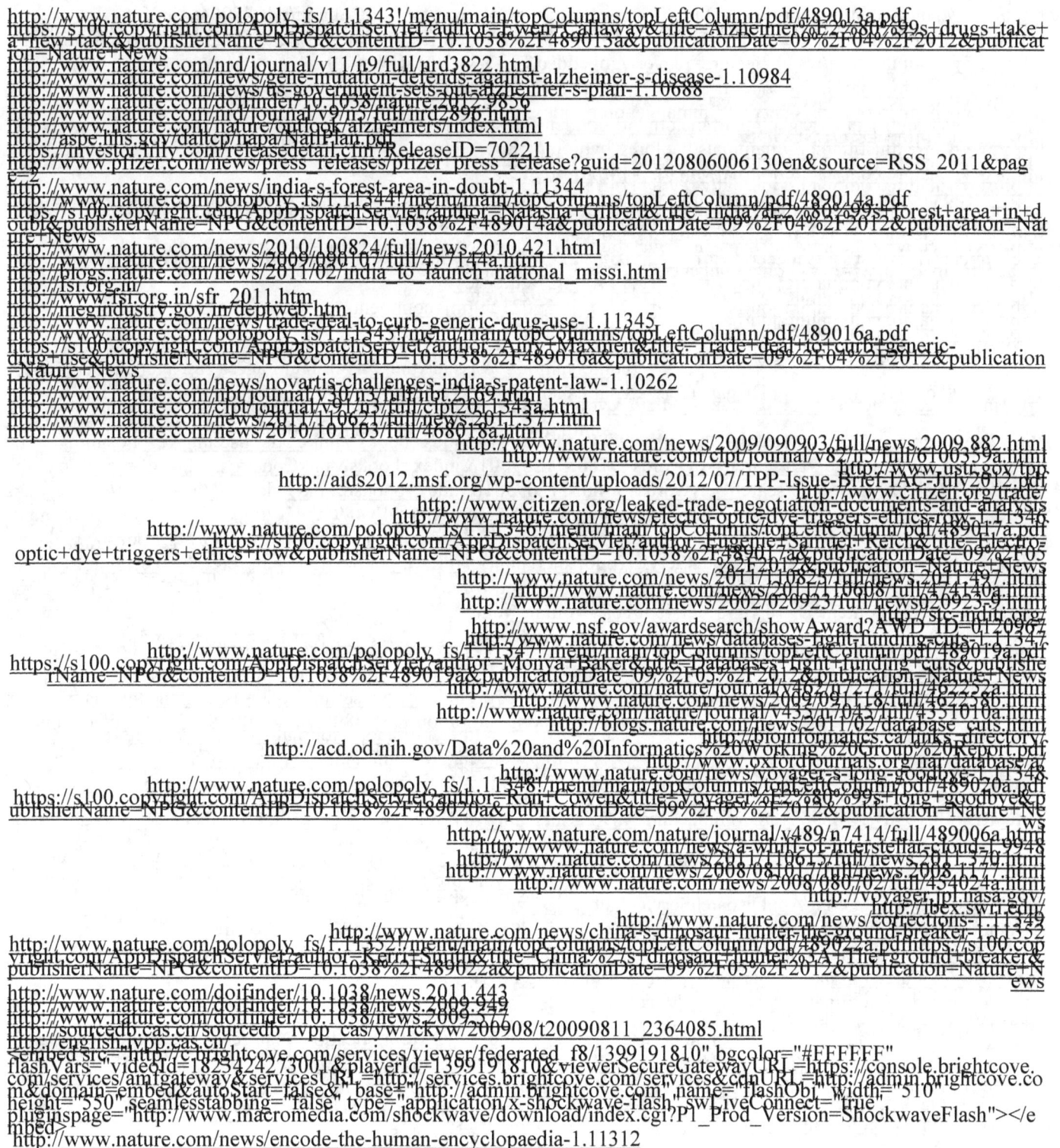

http://www.nature.com/polopoly_fs/1.11343!/menu/main/topColumns/topLeftColumn/pdf/489013a.pdf
https://s100.copyright.com/AppDispatchServlet?author=Ewen+Callaway&title=Alzheimer%E2%80%99s+drugs+take+a+new+tack&publisherName=NPG&contentID=10.1038%2F489013a&publicationDate=09%2F04%2F2012&publication=Nature+News
http://www.nature.com/nrd/journal/v11/n9/full/nrd3822.html
http://www.nature.com/news/gene-mutation-defends-against-alzheimer-s-disease-1.10984
http://www.nature.com/news/us-government-sets-out-alzheimer-s-plan-1.10688
http://www.nature.com/doifinder/10.1038/nature.2012.9856
http://www.nature.com/nrd/journal/v9/n5/full/nrd2896.html
http://www.nature.com/nature/outlook/alzheimers/index.html
http://aspe.hhs.gov/daltcp/napa/NatlPlan.pdf
https://investor.lilly.com/releasedetail.cfm?ReleaseID=702211
http://www.pfizer.com/news/press_releases/pfizer_press_release?guid=20120806006130en&source=RSS_2011&page=2
http://www.nature.com/news/india-s-forest-area-in-doubt-1.11344
http://www.nature.com/polopoly_fs/1.11344!/menu/main/topColumns/topLeftColumn/pdf/489014a.pdf
https://s100.copyright.com/AppDispatchServlet?author=Natasha+Gilbert&title=India%E2%80%99s+forest+area+in+doubt&publisherName=NPG&contentID=10.1038%2F489014a&publicationDate=09%2F04%2F2012&publication=Nature+News
http://www.nature.com/news/2010/100824/full/news.2010.421.html
http://www.nature.com/news/2009/090107/full/457144a.html
http://blogs.nature.com/news/2011/02/india_to_launch_national_missi.html
http://fsi.org.in/
http://www.fsi.org.in/sfr_2011.htm
http://megindustry.gov.in/deptweb.htm
http://www.nature.com/news/trade-deal-to-curb-generic-drug-use-1.11345
http://www.nature.com/polopoly_fs/1.11345!/menu/main/topColumns/topLeftColumn/pdf/489016a.pdf
https://s100.copyright.com/AppDispatchServlet?author=Amy+Maxmen&title=Trade+deal+to+curb+generic-drug+use&publisherName=NPG&contentID=10.1038%2F489016a&publicationDate=09%2F04%2F2012&publication=Nature+News
http://www.nature.com/news/novartis-challenges-india-s-patent-law-1.10262
http://www.nature.com/nbt/journal/v30/n3/full/nbt.2169.html
http://www.nature.com/clpt/journal/v91/n3/full/clpt20111343a.html
http://www.nature.com/news/2011/110621/full/news.2011.377.html
http://www.nature.com/news/2010/101103/full/468018a.html
http://www.nature.com/news/2009/090903/full/news.2009.882.html
http://www.nature.com/clpt/journal/v82/n5/full/6100359a.html
http://www.ustr.gov/tpp
http://aids2012.msf.org/wp-content/uploads/2012/07/TPP-Issue-Brief-IAC-July2012.pdf
http://www.citizen.org/trade/
http://www.citizen.org/leaked-trade-negotiation-documents-and-analysis
http://www.nature.com/news/electro-optic-dye-triggers-ethics-row-1.11346
http://www.nature.com/polopoly_fs/1.11346!/menu/main/topColumns/topLeftColumn/pdf/489017a.pdf
https://s100.copyright.com/AppDispatchServlet?author=Eugenie+Samuel+Reich&title=Electro-optic+dye+triggers+ethics+row&publisherName=NPG&contentID=10.1038%2F489017a&publicationDate=09%2F05%2F2012&publication=Nature+News
http://www.nature.com/news/2011/110825/full/news.2011.497.html
http://www.nature.com/news/2011/110608/full/474140a.html
http://www.nature.com/news/2002/020923/full/news020923-9.html
http://stc-mditr.org/
http://www.nsf.gov/awardsearch/showAward?AWD_ID=0120967
http://www.nature.com/news/databases-fight-funding-cuts-1.11347
http://www.nature.com/polopoly_fs/1.11347!/menu/main/topColumns/topLeftColumn/pdf/489019a.pdf
https://s100.copyright.com/AppDispatchServlet?author=Monya+Baker&title=Databases+fight+funding+cuts&publisherName=NPG&contentID=10.1038%2F489019a&publicationDate=09%2F05%2F2012&publication=Nature+News
http://www.nature.com/nature/journal/v462/n7271/full/462252a.html
http://www.nature.com/news/2009/091118/full/462258b.html
http://www.nature.com/nature/journal/v435/n7045/full/4351010a.html
http://blogs.nature.com/news/2011/02/database_cuts.html
http://bioinformatics.ca/links_directory/
http://acd.od.nih.gov/Data%20and%20Informatics%20Working%20Group%20Report.pdf
http://www.oxfordjournals.org/nar/database/a/
http://www.nature.com/news/voyager-s-long-goodbye-1.11348
http://www.nature.com/polopoly_fs/1.11348!/menu/main/topColumns/topLeftColumn/pdf/489020a.pdf
https://s100.copyright.com/AppDispatchServlet?author=Ron+Cowen&title=Voyager%E2%80%99s+long+goodbye&publisherName=NPG&contentID=10.1038%2F489020a&publicationDate=09%2F05%2F2012&publication=Nature+News
http://www.nature.com/nature/journal/v489/n7414/full/489006a.html
http://www.nature.com/news/a-whiff-of-interstellar-cloud-1.9948
http://www.nature.com/news/2011/110615/full/news.2011.370.html
http://www.nature.com/news/2008/081017/full/news.2008.1177.html
http://www.nature.com/news/2008/080702/full/454024a.html
http://voyager.jpl.nasa.gov/
http://ibex.swri.edu/
http://www.nature.com/news/corrections-1.11349
http://www.nature.com/news/china-s-dinosaur-hunter-the-ground-breaker-1.11352
http://www.nature.com/polopoly_fs/1.11352!/menu/main/topColumns/topLeftColumn/pdf/489022a.pdfhttps://s100.copyright.com/AppDispatchServlet?author=Kerri+Smith&title=China%27s+dinosaur+hunter%3A+The+ground-breaker&publisherName=NPG&contentID=10.1038%2F489022a&publicationDate=09%2F05%2F2012&publication=Nature+News
http://www.nature.com/doifinder/10.1038/news.2011.443
http://www.nature.com/doifinder/10.1038/news.2009.949
http://www.nature.com/doifinder/10.1038/news.2009.577
http://sourcedb.cas.cn/sourcedb_ivpp_cas/yw/rckyw/200908/t20090811_2364085.html
http://english.ivpp.cas.cn/
<embed src="http://c.brightcove.com/services/viewer/federated_f8/1399191810" bgcolor="#FFFFFF" flashVars="videoId=1825424273001&playerId=1399191810&viewerSecureGatewayURL=https://console.brightcove.com/services/amfgateway&servicesURL=http://services.brightcove.com/services&cdnURL=http://admin.brightcove.com&domain=embed&autoStart=false&" base="http://admin.brightcove.com" name="flashObj" width="510" height="550" seamlesstabbing="false" type="application/x-shockwave-flash" swLiveConnect="true" pluginspage="http://www.macromedia.com/shockwave/download/index.cgi?P1_Prod_Version=ShockwaveFlash"></embed>
http://www.nature.com/news/encode-the-human-encyclopaedia-1.11312

http://www.nature.com/polopoly_fs/1.11312!/menu/main/topColumns/topLeftColumn/pdf/489046a.pdf
https://s100.copyright.com/AppDispatchServlet?author=Brendan+Maher&title=ENCODE%3A+The+human+encyclopaedia&publisherName=NPG&contentID=10.1038%2F489046a&publicationDate=09%2F05%2F2012&publication=Nature+News
http://www.youtube.com/watch?feature=player_embedded&v=Y3V2thsJ1Wc#t=0
http://www.nature.com/news/2010/100331/full/464664a.html
http://www.nature.com/nature/journal/v447/n7146/full/447760a.html
http://www.nature.com/encode/#/threads
http://www.nature.com/news/specials/humangenome/index.html
http://www.scientificamerican.com/article.cfm?id=hidden-treasures-in-junk-dna
http://encodeproject.org/ENCODE/
http://www.broadinstitute.org/mammals/haploreg/haploreg.php
http://www.nature.com/nature/journal/v489/n7414/full/489027a.html
http://www.nature.com/nature/journal/v489/n7414/pdf/489027a.pdf
http://www.nature.com/nature/journal/v489/n7414/ris/489027a.ris
https://s100.copyright.com/AppDispatchServlet?publisherName=NPGR&publication=Nature&title=Policy%3A+Rethink+chemical+risk+assessments&contentID=10.1038%2F489027a&volumeNum=489&issueNum=7414&numPages=2&pageNumbers=pp27-28&orderBeanReset=true&publicationDate=2012-09-05&author=George+M.+Gray%2C+Joshua+T.+Cohen
https://s100.copyright.com/AppDispatchServlet?publisherName=NPG&publication=Nature&title=Policy%3A+Rethink+chemical+risk+assessments&contentID=10.1038%2F489027a&volumeNum=489&issueNum=7414&numPages=2&pageNumbers=pp27-28&publicationDate=2012-09-05&author=George+M.+Gray%2C+Joshua+T.+Cohen
http://www.nature.com/nature/journal/v489/n7414/489027a/metrics
http://www.nature.com/nature/journal/v489/n7414/ris/489027arefs.ris
http://www.nature.com/nature/journal/v489/n7414/full/489027a.html#comments
http://www.nature.com/nature/journal/v489/n7414/full/489029a.html
http://www.nature.com/nature/journal/v489/n7414/pdf/489029a.pdf
http://www.nature.com/nature/journal/v489/n7414/ris/489029a.ris
https://s100.copyright.com/AppDispatchServlet?publisherName=NPGR&publication=Nature&title=Architecture%3A+Life+in+stone&contentID=10.1038%2F489029a&volumeNum=489&issueNum=7414&numPages=2&pageNumbers=pp29-30&orderBeanReset=true&publicationDate=2012-09-05&author=Georgina+Ferry
https://s100.copyright.com/AppDispatchServlet?publisherName=NPG&publication=Nature&title=Architecture%3A+Life+in+stone&contentID=10.1038%2F489029a&volumeNum=489&issueNum=7414&numPages=2&pageNumbers=pp29-30&publicationDate=2012-09-05&author=Georgina+Ferry
http://www.nature.com/nature/journal/v489/n7414/489029a/metrics
http://www.amazon.com/gp/search?keywords=9780571269501&index=books&linkCode=qs&tag=ref=nosim/natureco m-20
http://www.amazon.co.uk/gp/search?keywords=9780571269501&index=books&linkCode=qs&tag=ref=nosim/natureb ooks0e-21
http://www.amazon.co.jp/gp/search?keywords=9780571269501&index=books&linkCode=qs&tag=nosim/naturebooks-22
http://www.nature.com/nature/journal/v489/n7414/full/489029a.html#/comments
http://www.nature.com/nature/journal/v489/n7414/full/489030a.html
http://www.nature.com/nature/journal/v489/n7414/pdf/489030a.pdf
http://www.nature.com/nature/journal/v489/n7414/ris/489030a.ris
https://s100.copyright.com/AppDispatchServlet?publisherName=NPGR&publication=Nature&title=Technology%3A+Baroque+geekery&contentID=10.1038%2F489030a&volumeNum=489&issueNum=7414&numPages=2&pageNumbers=pp30-31&orderBeanReset=true&publicationDate=2012-09-05&author=Tim+Boon
https://s100.copyright.com/AppDispatchServlet?publisherName=NPG&publication=Nature&title=Technology%3A+Baroque+geekery&contentID=10.1038%2F489030a&volumeNum=489&issueNum=7414&numPages=2&pageNumbers=pp30-31&publicationDate=2012-09-05&author=Tim+Boon
http://www.nature.com/nature/journal/v489/n7414/489030a/metrics
http://www.amazon.com/gp/search?keywords=9780374281076&index=books&linkCode=qs&tag=ref=nosim/natureco m-20
http://www.amazon.co.uk/gp/search?keywords=9780374281076&index=books&linkCode=qs&tag=ref=nosim/natureb ooks0e-21
http://www.amazon.co.jp/gp/search?keywords=9780374281076&index=books&linkCode=qs&tag=nosim/naturebooks-22
http://www.nature.com/nature/journal/v489/n7414/full/489030a.html#/comments
http://www.nature.com/nature/journal/v489/n7414/full/489031a.html
http://www.nature.com/nature/journal/v489/n7414/pdf/489031a.pdf
http://www.nature.com/nature/journal/v489/n7414/ris/489031a.ris
https://s100.copyright.com/AppDispatchServlet?publisherName=NPGR&publication=Nature&title=Books+in+brief&contentID=10.1038%2F489031a&volumeNum=489&issueNum=7414&numPages=1&pageNumbers=pp31&orderBeanReset=true&publicationDate=2012-09-05
https://s100.copyright.com/AppDispatchServlet?publisherName=NPG&publication=Nature&title=Books+in+brief&contentID=10.1038%2F489031a&volumeNum=489&issueNum=7414&numPages=1&pageNumbers=pp31&publicationDate=2012-09-05
http://www.nature.com/nature/journal/v489/n7414/489031a/metrics
http://www.nature.com/nature/journal/v489/n7414/full/489031a.html#/comments
http://www.nature.com/nature/journal/v489/n7414/full/489032a.html
http://www.nature.com/nature/journal/v489/n7414/pdf/489032a.pdf
http://www.nature.com/nature/journal/v489/n7414/ris/489032a.ris
https://s100.copyright.com/AppDispatchServlet?publisherName=NPGR&publication=Nature&title=Q%26amp%3BA%3A+Maths+demystifier&contentID=10.1038%2F489032a&volumeNum=489&issueNum=7414&numPages=1&pageNumbers=pp32&orderBeanReset=true&publicationDate=2012-09-05&author=Jascha+Hoffman
https://s100.copyright.com/AppDispatchServlet?publisherName=NPG&publication=Nature&title=Q%26amp%3BA%3A+Maths+demystifier&contentID=10.1038%2F489032a&volumeNum=489&issueNum=7414&numPages=1&pageNumbers=pp32&publicationDate=2012-09-05&author=Jascha+Hoffman
http://www.nature.com/nature/journal/v489/n7414/489032a/metrics
http://www.nature.com/nature/journal/v489/n7414/full/489033a.html
http://www.nature.com/nature/journal/v489/n7414/full/489033a.html
http://www.nature.com/nature/journal/v489/n7414/pdf/489033a.pdf
http://www.nature.com/nature/journal/v489/n7414/ris/489033a.ris
https://s100.copyright.com/AppDispatchServlet?publisherName=NPGR&publication=Nature&title=Space+science%3A+NASA+bids+are+not+a+popularity+contest&contentID=10.1038%2F489033a&volumeNum=489&issueNum=7414&numPages=1&pageNumbers=pp33&orderBeanReset=true&publicationDate=2012-09-05&author=Michael+F.+A%26%23x27%3BHearn
https://s100.copyright.com/AppDispatchServlet?publisherName=NPG&publication=Nature&title=Space+science%3A+NASA+bids+are+not+a+popularity+contest&contentID=10.1038%2F489033a&volumeNum=489&issueNum=7414&numPages=1&pageNumbers=pp33&publicationDate=2012-09-05&author=Michael+F.+A%26%23x27%3BHearn
http://www.nature.com/nature/journal/v489/n7414/489033a/metrics
http://www.nature.com/nature/archive/subject.html?code=npg_subject_445

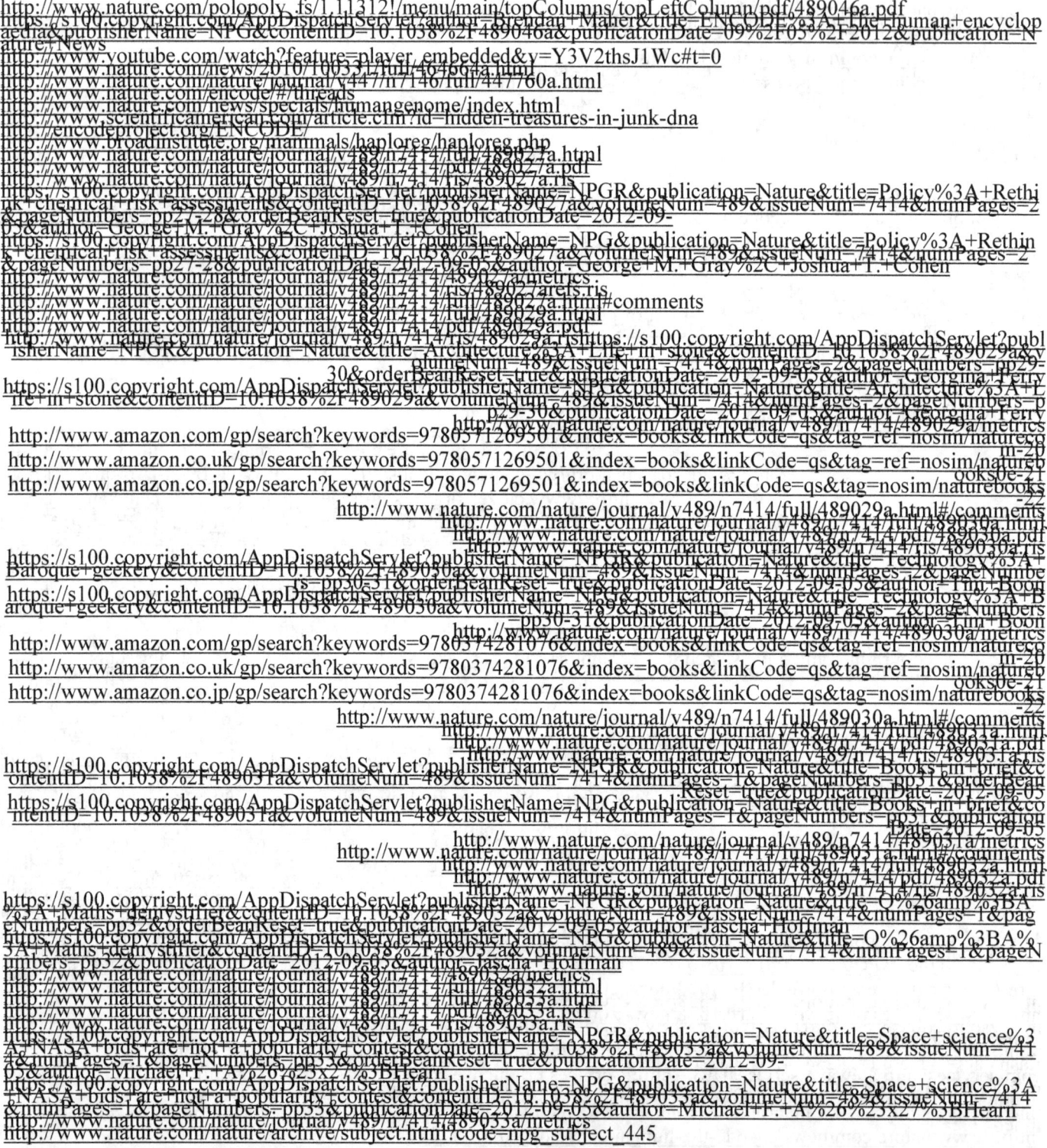

http://www.nature.com/nature/archive/subject.html?code=npg_subject_25.npg_subject_166
http://www.nature.com/nature/archive/subject.html?code=npg_subject_25.npg_subject_166
http://www.nature.com/nature/archive/subject.html?code=npg_subject_522
http://www.nature.com/nature/archive/subject.html?code=npg_subject_271%2Cnpg_subject_305
http://www.nature.com/nature/archive/subject.html?code=npg_subject_271%2Cnpg_subject_305
http://www.nature.com/nature/journal/v489/n7414/full/489033a.html#comments
http://www.nature.com/nature/journal/v489/n7414/full/489033b.html
http://www.nature.com/nature/journal/v489/n7414/pdf/489033b.pdf
http://www.nature.com/nature/journal/v489/n7414/ris/489033b.ris
https://s100.copyright.com/AppDispatchServlet?publisherName=NPGR&publication=Nature&title=Conservation%3A+Tourism+ban+won%26%23x27%3Bt+help+Indian+tigers&contentID=10.1038%2F489033b&volumeNum=489&issueNum=7414&numPages=1&pageNumbers=pp33&orderBeanReset=true&publicationDate=2012-09-05&author=Ralf+C.+Buckley%2C+H.+S.+Pabla
https://s100.copyright.com/AppDispatchServlet?publisherName=NPG&publication=Nature&title=Conservation%3A+Tourism+ban+won%26%23x27%3Bt+help+Indian+tigers&contentID=10.1038%2F489033b&volumeNum=489&issueNum=7414&numPages=1&pageNumbers=pp33&publicationDate=2012-09-05&author=Ralf+C.+Buckley%2C+H.+S.+Pabla
http://www.nature.com/nature/journal/v489/n7414/489033b/metrics
http://www.nature.com/nature/archive/subject.html?code=npg_subject_172%2Cnews_s7%2Cnews_s26
http://www.nature.com/nature/archive/subject.html?code=npg_subject_280
http://www.nature.com/nature/archive/subject.html?code=npg_subject_601
http://www.nature.com/nature/journal/v489/n7414/full/489033b.html#comments
http://www.nature.com/nature/journal/v489/n7414/full/489033c.html
http://www.nature.com/nature/journal/v489/n7414/pdf/489033c.pdf
http://www.nature.com/nature/journal/v489/n7414/ris/489033c.ris
https://s100.copyright.com/AppDispatchServlet?publisherName=NPGR&publication=Nature&title=Bioethics%3A+Tighten+up+Japan%26%23x27%3Bs+stem-cell+practices&contentID=10.1038%2F489033c&volumeNum=489&issueNum=7414&numPages=1&pageNumbers=pp33&orderBeanReset=true&publicationDate=2012-09-05&author=Hiroshi+Ikegaya
https://s100.copyright.com/AppDispatchServlet?publisherName=NPG&publication=Nature&title=Bioethics%3A+Tighten+up+Japan%26%23x27%3Bs+stem-cell+practices&contentID=10.1038%2F489033c&volumeNum=489&issueNum=7414&numPages=1&pageNumbers=pp33&publicationDate=2012-09-05&author=Hiroshi+Ikegaya
http://www.nature.com/nature/journal/v489/n7414/489033c/metrics
http://www.nature.com/nature/archive/subject.html?code=npg_subject_280
http://www.nature.com/nature/archive/subject.html?code=npg_subject_227%2Cnpg_subject_310%2Cnews_s10
http://www.nature.com/nature/archive/subject.html?code=npg_subject_532
http://www.nature.com/nature/journal/v489/n7414/full/489033c.html#comments
http://www.nature.com/nature/journal/v489/n7414/full/489033d.html
http://www.nature.com/nature/journal/v489/n7414/pdf/489033d.pdf
http://www.nature.com/nature/journal/v489/n7414/ris/489033d.ris
https://s100.copyright.com/AppDispatchServlet?publisherName=NPGR&publication=Nature&title=Renewable+energy%3A+Avoid+constructing+wind+farms+on+peat&contentID=10.1038%2F489033d&volumeNum=489&issueNum=7414&numPages=1&pageNumbers=pp33&orderBeanReset=true&publicationDate=2012-09-05&author=Jo+Smith%2C+Dali+Rani+Nayak%2C+Pete+Smith
https://s100.copyright.com/AppDispatchServlet?publisherName=NPG&publication=Nature&title=Renewable+energy%3A+Avoid+constructing+wind+farms+on+peat&contentID=10.1038%2F489033d&volumeNum=489&issueNum=7414&numPages=1&pageNumbers=pp33&publicationDate=2012-09-05&author=Jo+Smith%2C+Dali+Rani+Nayak%2C+Pete+Smith
http://www.nature.com/nature/journal/v489/n7414/489033d/metrics
http://www.nature.com/nature/archive/subject.html?code=npg_subject_559%2Cnews_s16
http://www.nature.com/nature/archive/subject.html?code=npg_subject_166
http://www.nature.com/nature/archive/subject.html?code=npg_subject_172%2Cnews_s7%2Cnews_s26
http://www.nature.com/nature/journal/v489/n7414/full/489033d.html#comments
http://www.nature.com/nature/journal/v489/n7414/full/489033e.html
http://www.nature.com/nature/journal/v489/n7414/pdf/489033e.pdf
http://www.nature.com/nature/journal/v489/n7414/ris/489033e.ris
https://s100.copyright.com/AppDispatchServlet?publisherName=NPGR&publication=Nature&title=Toilet+technology%3A+Improve+sanitation+on+India%26%23x27%3Bs+railways&contentID=10.1038%2F489033e&volumeNum=489&issueNum=7414&numPages=1&pageNumbers=pp33&orderBeanReset=true&publicationDate=2012-09-05&author=Abhishek+Sharma%2C+M.+K.+Unnikrishnan%2C+Ankush+Madaan
https://s100.copyright.com/AppDispatchServlet?publisherName=NPG&publication=Nature&title=Toilet+technology%3A+Improve+sanitation+on+India%26%23x27%3Bs+railways&contentID=10.1038%2F489033e&volumeNum=489&issueNum=7414&numPages=1&pageNumbers=pp33&publicationDate=2012-09-05&author=Abhishek+Sharma%2C+M.+K.+Unnikrishnan%2C+Ankush+Madaan
http://www.nature.com/nature/journal/v489/n7414/489033e/metrics
http://www.nature.com/nature/journal/v489/n7414/full/489033e.html#comments
http://www.nature.com/nature/journal/v489/n7414/full/489034a.html
http://www.nature.com/nature/journal/v489/n7414/pdf/489034a.pdf
http://www.nature.com/nature/journal/v489/n7414/ris/489034a.ris
https://s100.copyright.com/AppDispatchServlet?publisherName=NPGR&publication=Nature&title=Martin+Fleischmann+%281927-2012%29&contentID=10.1038%2F489034a&volumeNum=489&issueNum=7414&numPages=1&pageNumbers=pp34&orderBeanReset=true&publicationDate=2012-09-05&author=Philip+Ball
https://s100.copyright.com/AppDispatchServlet?publisherName=NPG&publication=Nature&title=Martin+Fleischmann+%281927-2012%29&contentID=10.1038%2F489034a&volumeNum=489&issueNum=7414&numPages=1&pageNumbers=pp34&publicationDate=2012-09-05&author=Philip+Ball
http://www.nature.com/nature/journal/v489/n7414/489034a/metrics
http://www.nature.com/nature/archive/subject.html?code=npg_subject_97%2Cnews_s5
http://www.nature.com/nature/archive/subject.html?code=npg_subject_441%2Cnews_s13
http://www.nature.com/nature/archive/subject.html?code=npg_subject_236%2Cnews_s19
http://www.nature.com/nature/journal/v489/n7414/full/489034a.html#comments
http://www.nature.com/nature/journal/v489/n7414/full/489036a.html
http://www.nature.com/nature/journal/v489/n7414/pdf/489036a.pdf
http://www.nature.com/nature/journal/v489/n7414/ris/489036a.ris
https://s100.copyright.com/AppDispatchServlet?publisherName=NPG&publication=Nature&title=Materials+science%3A+A+hard+concept+in+soft+matter&contentID=10.1038%2F489036a&volumeNum=489&issueNum=7414&numPages=2&pageNumbers=pp36-37&publicationDate=2012-09-05&author=Kenneth+R.+Shull
https://s100.copyright.com/AppDispatchServlet?publisherName=NPG&publication=Nature&title=Materials+science%3A+A+hard+concept+in+soft+matter&contentID=10.1038%2F489036a&volumeNum=489&issueNum=7414&numPages=2&pageNumbers=pp36-37&publicationDate=2012-09-05&author=Kenneth+R.+Shull
http://www.nature.com/nature/journal/v489/n7414/489036a/metrics

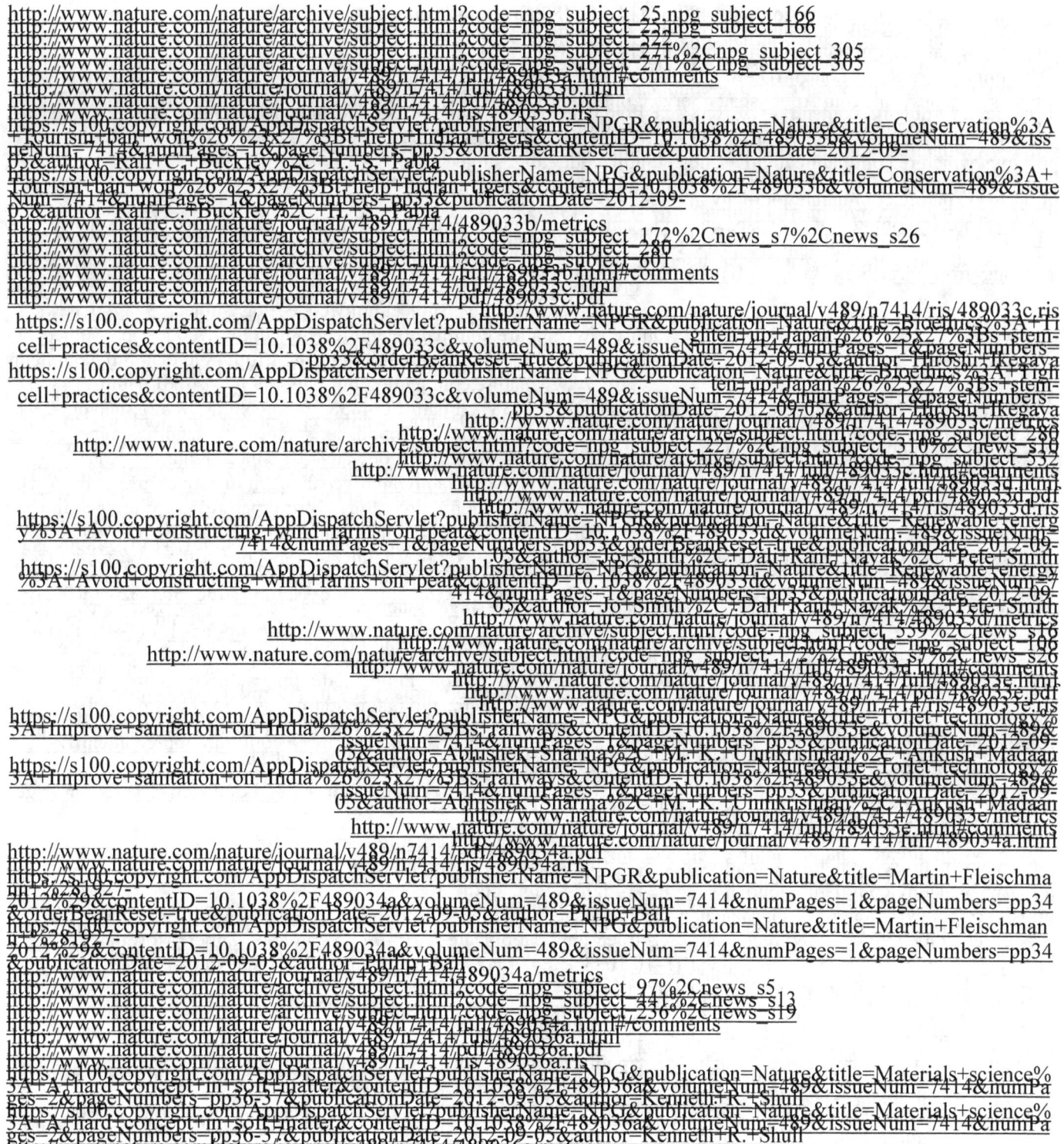

http://www.nature.com/nature/journal/v489/n7414/full/489036a.html#comments
http://www.nature.com/nature/journal/v489/n7414/full/489037a.html
http://www.nature.com/nature/journal/v489/n7414/pdf/489037a.pdf
http://www.nature.com/nature/journal/v489/n7414/ris/489037a.ris
https://s100.copyright.com/AppDispatchServlet?publisherName=NPGR&publication=Nature&title=Cosmology%3A+The+lithium+problem&contentID=10.1038%2F489037a&volumeNum=489&issueNum=7414&numPages=2&pageNumbers=pp37-38&orderBeanReset=true&publicationDate=2012-09-05&author=Garik+Israelian
https://s100.copyright.com/AppDispatchServlet?publisherName=NPG&publication=Nature&title=Cosmology%3A+The+lithium+problem&contentID=10.1038%2F489037a&volumeNum=489&issueNum=7414&numPages=2&pageNumbers=pp37-38&publicationDate=2012-09-05&author=Garik+Israelian
http://www.nature.com/nature/journal/v489/n7414/489037a/metrics
http://www.nature.com/nature/archive/subject.html?code=npg_subject_33%2Cnews_s15
http://www.nature.com/nature/archive/subject.html?code=npg_subject_441%2Cnews_s13
http://www.nature.com/nature/journal/v489/n7414/full/489037a.html#comments
http://www.nature.com/nature/journal/v489/n7414/full/489038a.html
http://www.nature.com/nature/journal/v489/n7414/pdf/489038a.pdf
http://www.nature.com/nature/journal/v489/n7414/ris/489038a.ris
https://s100.copyright.com/AppDispatchServlet?publisherName=NPGR&publication=Nature&title=Neuroscience%3A+Lessons+from+heartbreak&contentID=10.1038%2F489038a&volumeNum=489&issueNum=7414&numPages=2&pageNumbers=pp38-39&orderBeanReset=true&publicationDate=2012-09-05&author=Aki+Ejima
https://s100.copyright.com/AppDispatchServlet?publisherName=NPG&publication=Nature&title=Neuroscience%3A+Lessons+from+heartbreak&contentID=10.1038%2F489038a&volumeNum=489&issueNum=7414&numPages=2&pageNumbers=pp38-39&publicationDate=2012-09-05&author=Aki+Ejima
http://www.nature.com/nature/journal/v489/n7414/489038a/metrics
http://www.nature.com/nature/archive/subject.html?code=npg_subject_378%2Cnews_s2
http://www.nature.com/nature/archive/subject.html?code=npg_subject_443%2Cnews_s6%2Cnews_s29
http://www.nature.com/nature/archive/subject.html?code=npg_subject_18
http://www.nature.com/nature/archive/subject.html?code=npg_subject_405
http://www.nature.com/nature/journal/v489/n7414/full/489038a.html#comments
http://www.nature.com/nature/journal/v489/n7414/full/nature11483.html
http://www.nature.com/nature/journal/v489/n7414/pdf/nature11483.pdf
https://s100.copyright.com/AppDispatchServlet?publisherName=NPGR&publication=Nature&title=Climate+change%3A+Brief+but+warm+Antarctic+summer&contentID=10.1038%2Fnature11483&volumeNum=489&issueNum=7414&numPages=2&pageNumbers=pp39-40&orderBeanReset=true&publicationDate=2012-08-22&author=Eric+J.+Steig
https://s100.copyright.com/AppDispatchServlet?publisherName=NPG&publication=Nature&title=Climate+change%3A+Brief+but+warm+Antarctic+summer&contentID=10.1038%2Fnature11483&volumeNum=489&issueNum=7414&numPages=2&pageNumbers=pp39-40&publicationDate=2012-08-22&author=Eric+J.+Steig
http://www.nature.com/nature/journal/v489/n7414/nature11483/metrics
http://www.nature.com/nature/archive/subject.html?code=npg_subject_106
http://www.nature.com/nature/archive/subject.html?code=npg_subject_172%2Cnews_s7%2Cnews_s26
http://www.nature.com/nature/journal/v489/n7414/full/nature11483.html#comments
http://www.nature.com/nature/journal/v489/n7414/full/489040a.html
http://www.nature.com/nature/journal/v489/n7414/pdf/489040a.pdf
http://www.nature.com/nature/journal/v489/n7414/ris/489040a.ris
https://s100.copyright.com/AppDispatchServlet?publisherName=NPGR&publication=Nature&title=50+%26amp%3B+100+years+ago&contentID=10.1038%2F489040a&volumeNum=489&issueNum=7414&numPages=1&pageNumbers=pp40&orderBeanReset=true&publicationDate=2012-09-05
https://s100.copyright.com/AppDispatchServlet?publisherName=NPG&publication=Nature&title=50+%26amp%3B+100+years+ago&contentID=10.1038%2F489040a&volumeNum=489&issueNum=7414&numPages=1&pageNumbers=pp40&publicationDate=2012-09-05
http://www.nature.com/nature/journal/v489/n7414/489040a/metrics
http://www.nature.com/nature/archive/subject.html?code=npg_subject_236%2Cnews_s12
http://www.nature.com/nature/archive/subject.html?code=npg_subject_45
http://www.nature.com/nature/archive/subject.html?code=npg_subject_25.npg_subject_166
http://www.nature.com/nature/archive/subject.html?code=npg_subject_25.npg_subject_166
http://www.nature.com/nature/journal/v489/n7414/full/489040a.html#comments
http://www.nature.com/nature/journal/v489/n7414/full/489041a.html
http://www.nature.com/nature/journal/v489/n7414/pdf/489041a.pdf
http://www.nature.com/nature/journal/v489/n7414/ris/489041a.ris
https://s100.copyright.com/AppDispatchServlet?publisherName=NPGR&publication=Nature&title=Surface+science%3A+Separation+by+reconfiguration&contentID=10.1038%2F489041a&volumeNum=489&issueNum=7414&numPages=2&pageNumbers=pp41-42&orderBeanReset=true&publicationDate=2012-09-05&author=Robert+W.+Field
https://s100.copyright.com/AppDispatchServlet?publisherName=NPG&publication=Nature&title=Surface+science%3A+Separation+by+reconfiguration&contentID=10.1038%2F489041a&volumeNum=489&issueNum=7414&numPages=2&pageNumbers=pp41-42&publicationDate=2012-09-05&author=Robert+W.+Field
http://www.nature.com/nature/journal/v489/n7414/489041a/metrics
http://www.nature.com/nature/archive/subject.html?code=npg_subject_301
http://www.nature.com/nature/archive/subject.html?code=npg_subject_25.npg_subject_166
http://www.nature.com/nature/archive/subject.html?code=npg_subject_25.npg_subject_166
http://www.nature.com/nature/journal/v489/n7414/full/489041a.html#comments
http://www.nature.com/nature/journal/v489/n7414/full/489042a.html
http://www.nature.com/nature/journal/v489/n7414/pdf/489042a.pdf
http://www.nature.com/nature/journal/v489/n7414/ris/489042a.ris
https://s100.copyright.com/AppDispatchServlet?publisherName=NPGR&publication=Nature&title=Astronomy%3A+Outflows+from+the+first+quasars&contentID=10.1038%2F489042a&volumeNum=489&issueNum=7414&numPages=2&pageNumbers=pp42-43&orderBeanReset=true&publicationDate=2012-09-05&author=Daniel+Mortlock
https://s100.copyright.com/AppDispatchServlet?publisherName=NPG&publication=Nature&title=Astronomy%3A+Outflows+from+the+first+quasars&contentID=10.1038%2F489042a&volumeNum=489&issueNum=7414&numPages=2&pageNumbers=pp42-43&publicationDate=2012-09-05&author=Daniel+Mortlock
http://www.nature.com/nature/journal/v489/n7414/489042a/metrics
http://www.nature.com/nature/archive/subject.html?code=npg_subject_33%2Cnews_s15
http://www.nature.com/nature/journal/v489/n7414/full/489042a.html#comments
http://www.nature.com/nature/journal/v489/n7414/full/489043a.html
http://www.nature.com/nature/journal/v489/n7414/pdf/489043a.pdf
http://www.nature.com/nature/journal/v489/n7414/ris/489043a.ris
https://s100.copyright.com/AppDispatchServlet?publisherName=NPGR&publication=Nature&title=Structural+biology%3A+A+protein+engagement+RING&contentID=10.1038%2F489043a&volumeNum=489&issueNum=7414&numPages=2&pageNumbers=pp43-44&orderBeanReset=true&publicationDate=2012-09-05&author=Christopher+D.+Lima%2C+Brenda+A.+Schulman
https://s100.copyright.com/AppDispatchServlet?publisherName=NPG&publication=Nature&title=Structural+biology%3A+A+protein+engagement+RING&contentID=10.1038%2F489043a&volumeNum=489&issueNum=7414&numPages=2&pageNumbers=pp43-44&publicationDate=2012-09-05&author=Christopher+D.+Lima%2C+Brenda+A.+Schulman

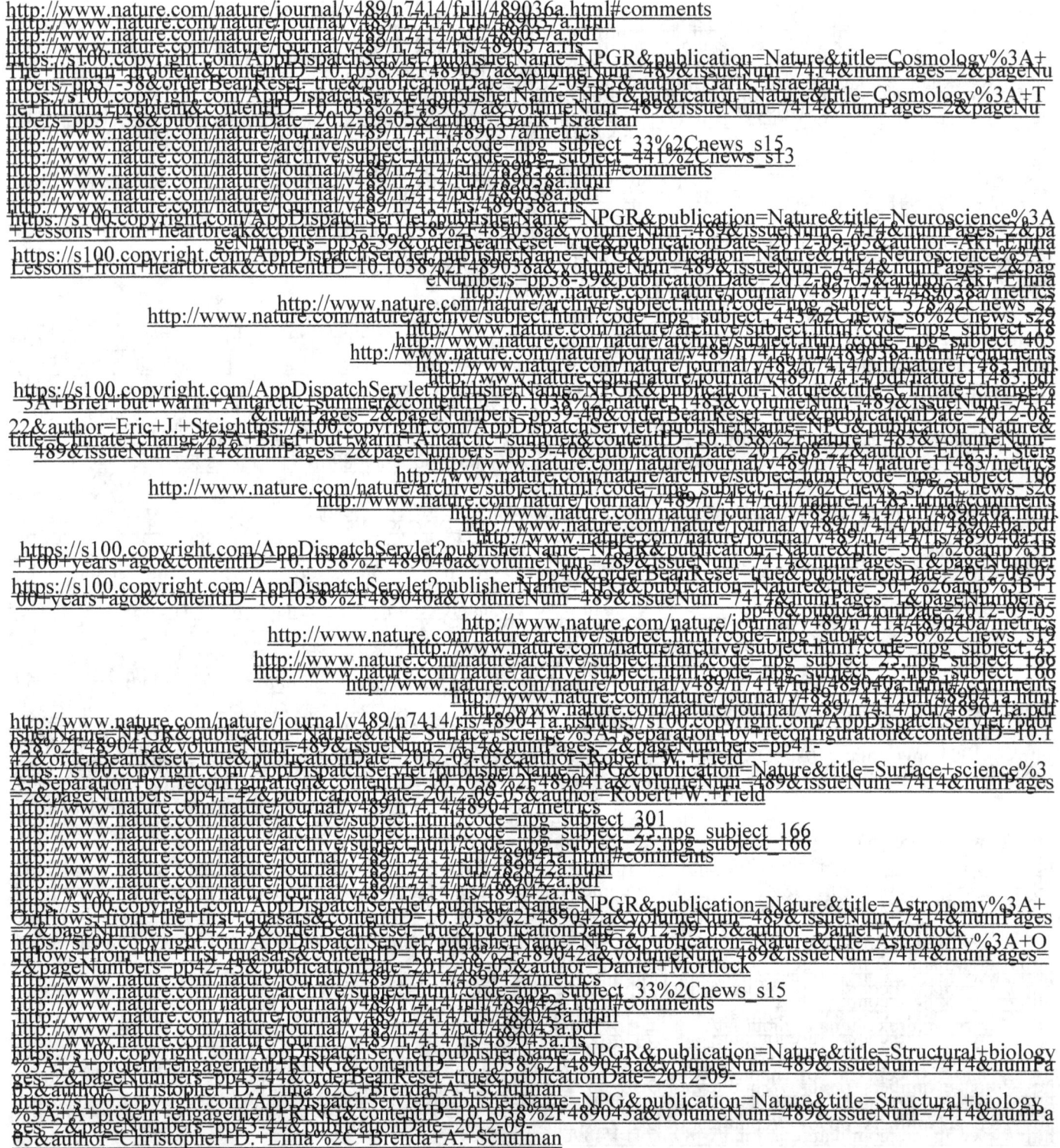

http://www.nature.com/nature/journal/v489/n7414/489043a/metrics
http://www.nature.com/nature/archive/subject.html?code=npg_subject_535
http://www.nature.com/nature/archive/subject.html?code=npg_subject_337%2Cnews_s4%2Cnews_s24
http://www.nature.com/nature/archive/subject.html?code=npg_subject_43
http://www.nature.com/nature/archive/subject.html?code=npg_subject_80%2Cnews_s4%2Cnews_s23
http://www.nature.com/nature/journal/v489/n7414/full/489045a.html#comments
http://www.nature.com/nature/journal/v489/n7414/full/489045a.html
http://www.nature.com/nature/journal/v489/n7414/pdf/489045a.pdf
http://www.nature.com/nature/journal/v489/n7414/ris/489045a.ris
https://s100.copyright.com/AppDispatchServlet?publisherName=NPGR&publication=Nature&title=Presenting+ENCODE&contentID=10.1038%2F489045a&volumeNum=489&issueNum=7414&numPages=1&pageNumbers=pp45&orderBeanReset=true&publicationDate=2012-09-05&author=Magdalena+Skipper%2C+Ritu+Dhand%2C+Philip+Campbell
https://s100.copyright.com/AppDispatchServlet?publisherName=NPG&publication=Nature&title=Presenting+ENCODE&contentID=10.1038%2F489045a&volumeNum=489&issueNum=7414&numPages=1&pageNumbers=pp45&publicationDate=2012-09-05&author=Magdalena+Skipper%2C+Ritu+Dhand%2C+Philip+Campbell
http://www.nature.com/nature/journal/v489/n7414/489045a/metrics
http://www.nature.com/nature/archive/subject.html?code=npg_subject_208%2Cnpg_subject_212%2Cnews_s9
http://www.nature.com/nature/archive/subject.html?code=npg_subject_208%2Cnpg_subject_212%2Cnews_s9
http://www.nature.com/nature/archive/subject.html?code=npg_subject_181%2Cnews_s22%2Cnews_s27
http://www.nature.com/nature/archive/subject.html?code=npg_subject_143
http://www.nature.com/nature/archive/subject.html?code=npg_subject_337%2Cnews_s4%2Cnews_s24
http://www.nature.com/nature/journal/v489/n7414/full/489049a.html#comments
http://www.nature.com/nature/journal/v489/n7414/full/489049a.html
http://www.nature.com/nature/journal/v489/n7414/pdf/489049a.pdf
http://www.nature.com/nature/journal/v489/n7414/ris/489049a.ris
https://s100.copyright.com/AppDispatchServlet?publisherName=NPGR&publication=Nature&title=The+making+of+ENCODE%3A+Lessons+for+big-data+projects&contentID=10.1038%2F489049a&volumeNum=489&issueNum=7414&numPages=3&pageNumbers=pp49-51&orderBeanReset=true&publicationDate=2012-09-05&author=Ewan+Birney
https://s100.copyright.com/AppDispatchServlet?publisherName=NPG&publication=Nature&title=The+making+of+ENCODE%3A+Lessons+for+big-data+projects&contentID=10.1038%2F489049a&volumeNum=489&issueNum=7414&numPages=3&pageNumbers=pp49-51&publicationDate=2012-09-05&author=Ewan+Birney
http://www.nature.com/nature/journal/v489/n7414/489049a/metrics
http://www.nature.com/nature/archive/subject.html?code=npg_subject_208%2Cnpg_subject_212%2Cnews_s9
http://www.nature.com/nature/archive/subject.html?code=npg_subject_208%2Cnpg_subject_212%2Cnews_s9
http://www.nature.com/nature/archive/subject.html?code=npg_subject_496
http://www.nature.com/nature/journal/v489/n7414/full/489052a.html
http://www.nature.com/nature/journal/v489/n7414/pdf/489052a.pdf
http://www.nature.com/nature/journal/v489/n7414/ris/489052a.ris
https://s100.copyright.com/AppDispatchServlet?publisherName=NPGR&publication=Nature&title=Genomics%3A+ENCODE+explained&contentID=10.1038%2F489052a&volumeNum=489&issueNum=7414&numPages=4&pageNumbers=pp52-55&orderBeanReset=true&publicationDate=2012-09-05&author=Joseph+R.+Ecker%2C+Wendy+A.+Bickmore%2C+In%26%23x000EA%3Bs+Barroso%2C+Jonathan+K.+Pritchard%2C+Yoav+Gilad%2C+Eran+Segal
https://s100.copyright.com/AppDispatchServlet?publisherName=NPG&publication=Nature&title=Genomics%3A+ENCODE+explained&contentID=10.1038%2F489052a&volumeNum=489&issueNum=7414&numPages=4&pageNumbers=pp52-55&publicationDate=2012-09-05&author=Joseph+R.+Ecker%2C+Wendy+A.+Bickmore%2C+In%26%23x000EA%3Bs+Barroso%2C+Jonathan+K.+Pritchard%2C+Yoav+Gilad%2C+Eran+Segal
http://www.nature.com/nature/journal/v489/n7414/489052a/metrics
http://www.nature.com/nature/archive/subject.html?code=npg_subject_208%2Cnpg_subject_212%2Cnews_s9
http://www.nature.com/nature/archive/subject.html?code=npg_subject_208%2Cnpg_subject_212%2Cnews_s9
http://www.nature.com/nature/archive/subject.html?code=npg_subject_181%2Cnews_s22%2Cnews_s27
http://www.nature.com/nature/archive/subject.html?code=npg_subject_143
http://www.nature.com/nature/archive/subject.html?code=npg_subject_337%2Cnews_s4%2Cnews_s24
http://www.nature.com/nature/journal/v489/n7414/full/489054a.html#comments
http://www.nature.com/nature/journal/v489/n7414/full/489054a.html
http://www.nature.com/nature/journal/v489/n7414/pdf/489054a.pdf
http://www.nature.com/nature/journal/v489/n7414/ris/489054a.ris
https://s100.copyright.com/AppDispatchServlet?publisherName=NPGR&publication=Nature&title=11+years+ago%3A+The+draft+human+genome&contentID=10.1038%2F489054a&volumeNum=489&issueNum=7414&numPages=1&pageNumbers=pp54&orderBeanReset=true&publicationDate=2012-09-05
https://s100.copyright.com/AppDispatchServlet?publisherName=NPG&publication=Nature&title=11+years+ago%3A+The+draft+human+genome&contentID=10.1038%2F489054a&volumeNum=489&issueNum=7414&numPages=1&pageNumbers=pp54&publicationDate=2012-09-05
http://www.nature.com/nature/journal/v489/n7414/489054a/metrics
http://www.nature.com/nature/archive/subject.html?code=npg_subject_208%2Cnpg_subject_212%2Cnews_s9
http://www.nature.com/nature/archive/subject.html?code=npg_subject_208%2Cnpg_subject_212%2Cnews_s9
http://www.nature.com/nature/archive/subject.html?code=npg_subject_181%2Cnews_s22%2Cnews_s27
http://www.nature.com/nature/archive/subject.html?code=npg_subject_143
http://www.nature.com/nature/archive/subject.html?code=npg_subject_337%2Cnews_s4%2Cnews_s24
http://www.nature.com/nature/journal/v489/n7414/full/489054a.html#comments
http://www.nature.com/nature/journal/v489/n7414/full/nature11232.html
http://www.nature.com/nature/journal/v489/n7414/pdf/nature11247.pdf
http://www.nature.com/nature/journal/v489/n7414/ris/nature11247.ris
https://s100.copyright.com/AppDispatchServlet?publisherName=NPGR&publication=Nature&title=An+integrated+encyclopedia+of+DNA+elements+in+the+human+genome&contentID=10.1038%2Fnature11247&volumeNum=489&issueNum=7414&numPages=18&pageNumbers=pp57-74&orderBeanReset=true&publicationDate=2012-09-05&author=The+ENCODE+Project+Consortium
https://s100.copyright.com/AppDispatchServlet?publisherName=NPG&publication=Nature&title=An+integrated+encyclopedia+of+DNA+elements+in+the+human+genome&contentID=10.1038%2Fnature11247&volumeNum=489&issueNum=7414&numPages=18&pageNumbers=pp57-74&publicationDate=2012-09-05&cc=y&author=The+ENCODE+Project+Consortium
http://www.nature.com/nature/journal/v489/n7414/nature11247/metrics
http://www.nature.com/nature/journal/v489/n7414/full/nature11247.html#supplementary-information
http://www.nature.com/nature/archive/subject.html?code=npg_subject_208%2Cnpg_subject_212%2Cnews_s9
http://www.nature.com/nature/archive/subject.html?code=npg_subject_208%2Cnpg_subject_212%2Cnews_s9
http://www.nature.com/nature/archive/subject.html?code=npg_subject_337%2Cnews_s4%2Cnews_s24
http://www.nature.com/nature/journal/v489/n7414/fig_tab/nature11247_ft.html
http://www.nature.com/nature/journal/v489/n7414/slides/nature11247-pf1.ppt

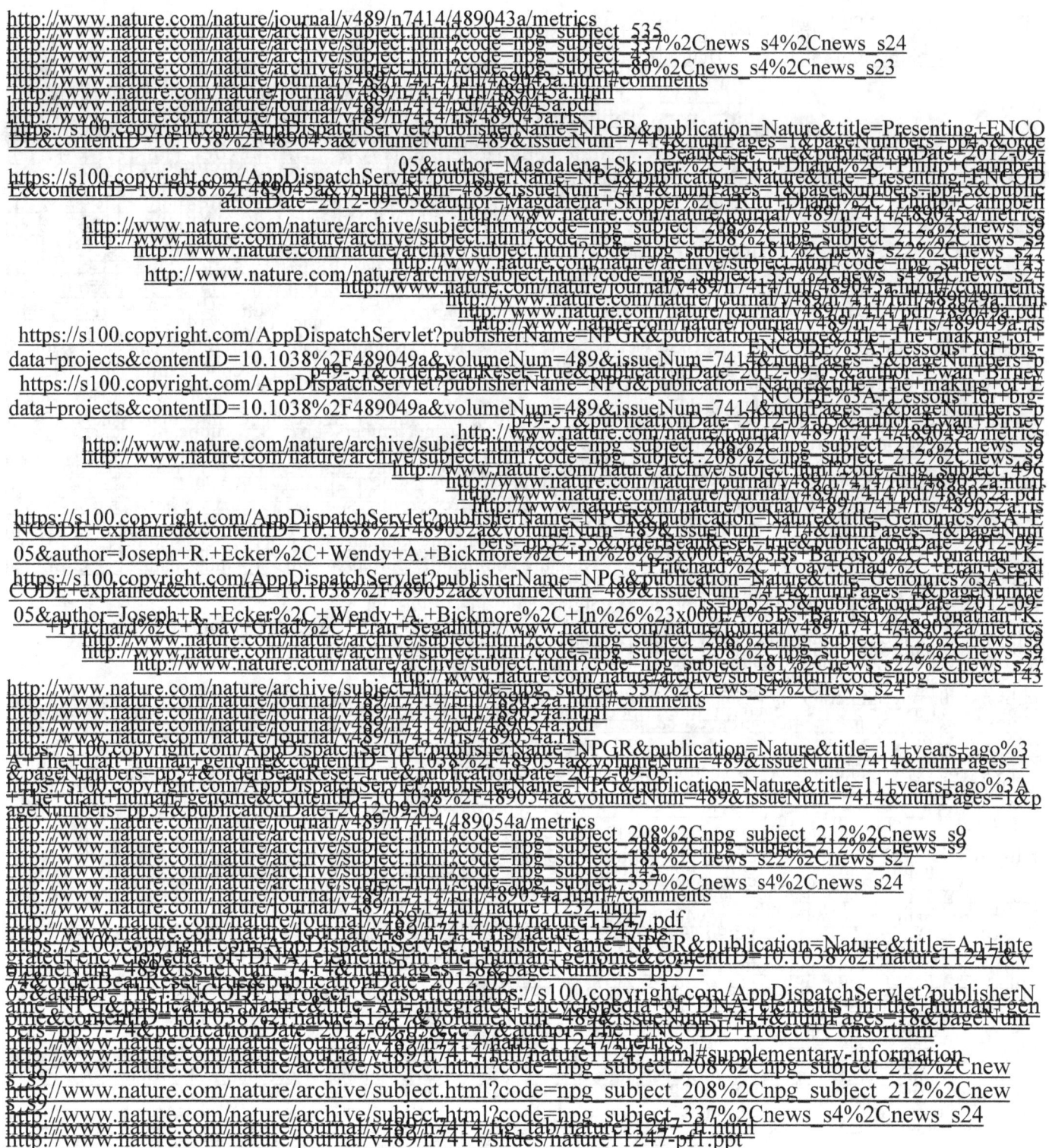

http://www.nature.com/nature/journal/v489/n7414/slides/nature11247-pf2.ppt
http://www.nature.com/nature/journal/v489/n7414/slides/nature11247-pf3.ppt
http://www.nature.com/nature/journal/v489/n7414/slides/nature11247-pf4.ppt
http://www.nature.com/nature/journal/v489/n7414/slides/nature11247-pf5.ppt
http://www.nature.com/nature/journal/v489/n7414/slides/nature11247-pf6.ppt
http://www.nature.com/nature/journal/v489/n7414/slides/nature11247-pf7.ppt
http://www.nature.com/nature/journal/v489/n7414/slides/nature11247-pf8.ppt
http://www.nature.com/nature/journal/v489/n7414/slides/nature11247-pf9.ppt
http://www.nature.com/nature/journal/v489/n7414/slides/nature11247-pf10.ppt
http://www.nature.com/nature/journal/v489/n7414/full/nature11247.html#supplementary-information
http://www.nature.com/nature/journal/v489/n7414/extref/nature11247-s1.pdf
http://www.nature.com/nature/journal/v489/n7414/extref/nature11247-s2.pdf
http://www.nature.com/nature/journal/v489/n7414/extref/nature11247-s10.xls
http://www.nature.com/nature/journal/v489/n7414/extref/nature11247-s3.xls
http://www.nature.com/nature/journal/v489/n7414/extref/nature11247-s4.xlsx
http://www.nature.com/nature/journal/v489/n7414/extref/nature11247-s8.xls
http://www.nature.com/nature/journal/v489/n7414/extref/nature11247-s9.xls
http://www.nature.com/nature/journal/v489/n7414/extref/nature11247-s7.xls
http://www.nature.com/nature/journal/v489/n7414/extref/nature11247-s11.mov
http://www.nature.com/nature/journal/v489/n7414/extref/nature11247-s12.mov
http://www.nature.com/nature/journal/v489/n7414/extref/nature11247-s5.txt
http://www.nature.com/nature/journal/v489/n7414/extref/nature11247-s6.txt
http://www.nature.com/nature/journal/v489/n7414/full/nature11247.html#comments
http://creativecommons.org/licenses/by-nc-sa/3.0/
http://www.nature.com/nature/journal/v489/n7414/full/nature11232.html
http://www.nature.com/nature/journal/v489/n7414/pdf/nature11232.pdf
http://www.nature.com/nature/journal/v489/n7414/ris/nature11232.ris
https://s100.copyright.com/AppDispatchServlet?publisherName=NPGR&publication=Nature&title=The+accessible+chromatin+landscape+of+the+human+genome&contentID=10.1038%2Fnature11232&volumeNum=489&issueNum=7414&numPages=8&pageNumbers=pp75-82&orderBeanReset=true&publicationDate=2012-09-05&author=Robert+E.+Thurman%2C+Eric+Rynes%2C+Richard+Humbert%2C+Jeff+Vierstra%2C+Matthew+T.+Maurano%2C+Eric+Haugen
https://s100.copyright.com/AppDispatchServlet?publisherName=NPG&publication=Nature&title=The+accessible+chromatin+landscape+of+the+human+genome&contentID=10.1038%2Fnature11232&volumeNum=489&issueNum=7414&numPages=8&pageNumbers=pp75-82&publicationDate=2012-09-05&cc=y&author=Robert+E.+Thurman%2C+Eric+Rynes%2C+Richard+Humbert%2C+Jeff+Vierstra%2C+Matthew+T.+Maurano%2C+Eric+Haugen
http://www.nature.com/nature/journal/v489/n7414/nature11232/metrics
http://www.nature.com/nature/archive/subject.html?code=npg_subject_208%2Cnpg_subject_212%2Cnews_s9
http://www.nature.com/nature/archive/subject.html?code=npg_subject_208%2Cnpg_subject_212%2Cnews_s9
http://www.nature.com/nature/archive/subject.html?code=npg_subject_337%2Cnews_s4%2Cnews_s24
http://www.nature.com/nature/archive/subject.html?code=npg_subject_181%2Cnews_s22%2Cnews_s27
http://www.nature.com/nature/journal/v489/n7414/fig_tab/nature11232_ft.html
http://www.nature.com/nature/journal/v489/n7414/slides/nature11232-pf1.ppt
http://www.nature.com/nature/journal/v489/n7414/slides/nature11232-pf2.ppt
http://www.nature.com/nature/journal/v489/n7414/slides/nature11232-pf3.ppt
http://www.nature.com/nature/journal/v489/n7414/slides/nature11232-pf4.ppt
http://www.nature.com/nature/journal/v489/n7414/slides/nature11232-pf5.ppt
http://www.nature.com/nature/journal/v489/n7414/slides/nature11232-pf6.ppt
http://www.nature.com/nature/journal/v489/n7414/slides/nature11232-pf7.ppt
http://www.nature.com/nature/journal/v489/n7414/full/nature11232.html#supplementary-information
http://www.nature.com/nature/journal/v489/n7414/extref/nature11232-s1.pdf
http://www.nature.com/nature/journal/v489/n7414/full/nature11232.html#comments
http://www.nature.com/nature/journal/v489/n7414/full/nature11212.html
http://www.nature.com/nature/journal/v489/n7414/pdf/nature11212.pdf
http://www.nature.com/nature/journal/v489/n7414/ris/nature11212.ris
https://s100.copyright.com/AppDispatchServlet?publisherName=NPGR&publication=Nature&title=An+expansive+human+regulatory+lexicon+encoded+in+transcription+factor+footprints&contentID=10.1038%2Fnature11212&volumeNum=489&issueNum=7414&numPages=8&pageNumbers=pp83-90&orderBeanReset=true&publicationDate=2012-09-05&author=Shane+Neph%2C+Jeff+Vierstra%2C+Andrew+B.+Stergachis%2C+Alex+P.+Reynolds%2C+Eric+Haugen%2C+Benjamin+Vernot
https://s100.copyright.com/AppDispatchServlet?publisherName=NPG&publication=Nature&title=An+expansive+human+regulatory+lexicon+encoded+in+transcription+factor+footprints&contentID=10.1038%2Fnature11212&volumeNum=489&issueNum=7414&numPages=8&pageNumbers=pp83-90&publicationDate=2012-09-05&cc=y&author=Shane+Neph%2C+Jeff+Vierstra%2C+Andrew+B.+Stergachis%2C+Alex+P.+Reynolds%2C+Eric+Haugen%2C+Benjamin+Vernot
http://www.nature.com/nature/journal/v489/n7414/nature11212/metrics
http://www.nature.com/nature/archive/subject.html?code=npg_subject_208%2Cnpg_subject_212%2Cnews_s9
http://www.nature.com/nature/archive/subject.html?code=npg_subject_208%2Cnpg_subject_212%2Cnews_s9
http://www.nature.com/nature/archive/subject.html?code=npg_subject_337%2Cnews_s4%2Cnews_s24
http://www.nature.com/nature/archive/subject.html?code=npg_subject_181%2Cnews_s22%2Cnews_s27
http://www.nature.com/nature/journal/v489/n7414/fig_tab/nature11212_ft.htmlhttp://www.nature.com/nature/journal/v489/n7414/slides/nature11212-pf1.ppt
http://www.nature.com/nature/journal/v489/n7414/slides/nature11212-pf2.ppthttp://www.nature.com/nature/journal/v489/n7414/slides/nature11212-pf3.ppt
http://www.nature.com/nature/journal/v489/n7414/slides/nature11212-pf4.ppt
http://www.nature.com/nature/journal/v489/n7414/slides/nature11212-pf5.ppt
http://www.nature.com/nature/journal/v489/n7414/slides/nature11212-pf6.ppt
http://www.nature.com/nature/journal/v489/n7414/slides/nature11212-pf7.ppt
http://www.nature.com/nature/journal/v489/n7414/full/nature11212.html#supplementary-information
http://www.nature.com/nature/journal/v489/n7414/full/nature11212.html#comments
http://www.nature.com/nature/journal/v489/n7414/full/nature11245.html
http://www.nature.com/nature/journal/v489/n7414/pdf/nature11245.pdf
http://www.nature.com/nature/journal/v489/n7414/ris/nature11245.ris
https://s100.copyright.com/AppDispatchServlet?publisherName=NPGR&publication=Nature&title=Architecture+of+the+human+regulatory+network+derived+from+ENCODE+data&contentID=10.1038%2Fnature11245&volumeNum=489&issueNum=7414&numPages=10&pageNumbers=pp91-100&orderBeanReset=true&publicationDate=2012-09-05&author=Mark+B.+Gerstein%2C+Anshul+Kundaje%2C+Manoj+Hariharan%2C+Stephen+G.+Landt%2C+Koon-Kiu+Yan%2C+Chao+Cheng
https://s100.copyright.com/AppDispatchServlet?publisherName=NPG&publication=Nature&title=Architecture+of+the+human+regulatory+network+derived+from+ENCODE+data&contentID=10.1038%2Fnature11245&volumeNum=489&issueNum=7414&numPages=10&pageNumbers=pp91-100&publicationDate=2012-09-

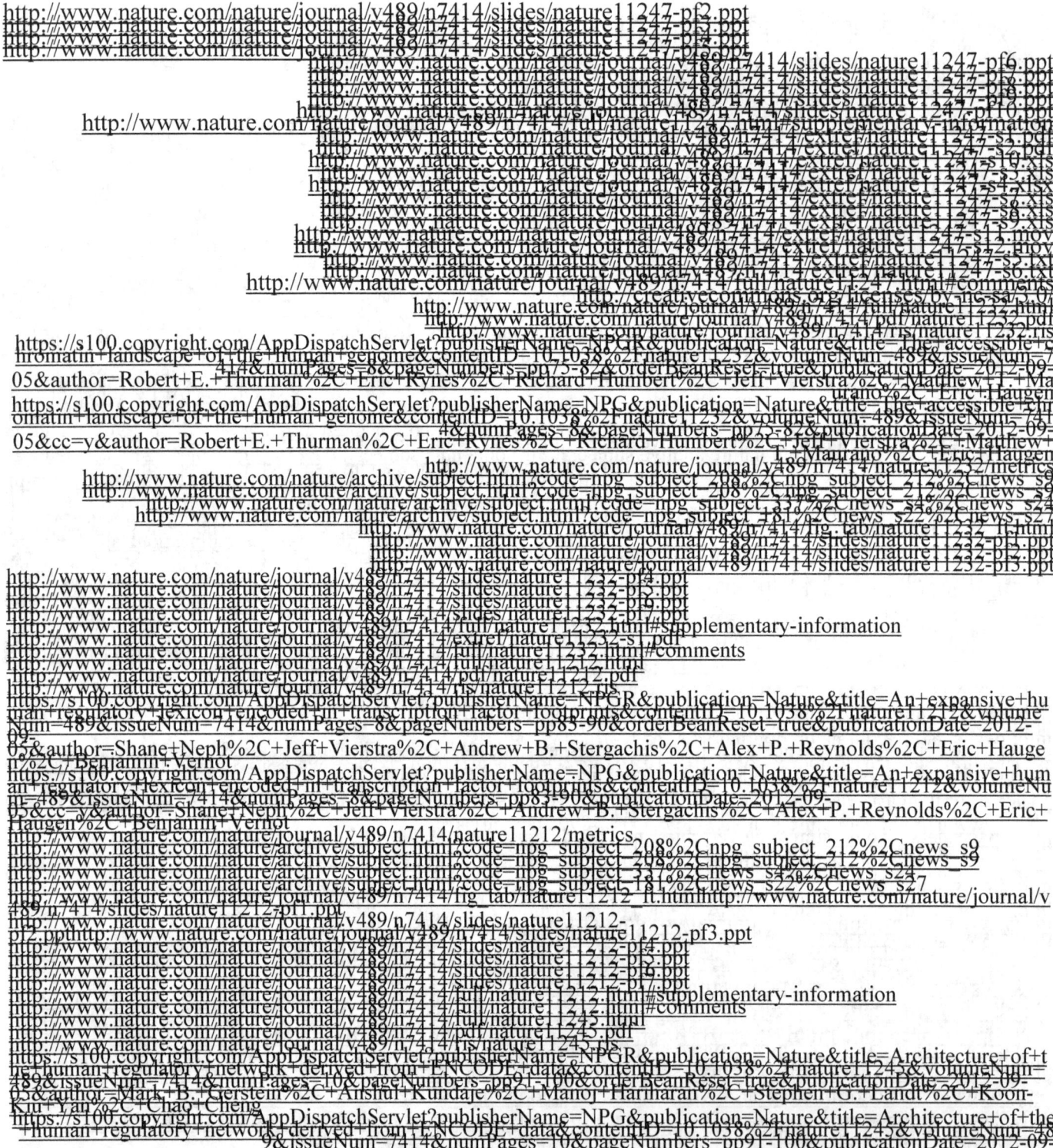

05&cc=y&author=Mark+B.+Gerstein%2C+Anshul+Kundaje%2C+Manoj+Hariharan%2C+Stephen+G.+Landt%2C+Koon-Kiu+Yan%2C+Chao+Cheng
http://www.nature.com/nature/journal/v489/n7414/nature11245/metrics
http://www.nature.com/nature/archive/subject.html?code=npg_subject_208%2Cnpg_subject_212%2Cnews_s9
http://www.nature.com/nature/journal/v489/n7414/fig_tab/nature11245_ft.html
http://www.nature.com/nature/journal/v489/n7414/slides/nature11245-pf1.ppt
http://www.nature.com/nature/journal/v489/n7414/slides/nature11245-pf2.ppt
http://www.nature.com/nature/journal/v489/n7414/slides/nature11245-pf3.ppt
http://www.nature.com/nature/journal/v489/n7414/slides/nature11245-pf4.ppt
http://www.nature.com/nature/journal/v489/n7414/slides/nature11245-pf5.ppt
http://www.nature.com/nature/journal/v489/n7414/full/nature11245.html#supplementary-information
http://www.nature.com/nature/journal/v489/n7414/extref/nature11245-s1.pdf
http://www.nature.com/nature/journal/v489/n7414/full/nature11245.html#comments
http://www.nature.com/nature/journal/v489/n7414/full/nature11233.html
http://www.nature.com/nature/journal/v489/n7414/pdf/nature11233.pdf
http://www.nature.com/nature/journal/v489/n7414/ris/nature11245.ris
https://s100.copyright.com/AppDispatchServlet?publisherName=NPGR&publication=Nature&title=Architecture+of+the+human+regulatory+network+derived+from+ENCODE+data&contentID=10.1038%2Fnature11245&volumeNum=489&issueNum=7414&numPages=10&pageNumbers=pp91-100&orderBeanReset=true&publicationDate=2012-09-05&author=Mark+B.+Gerstein%2C+Anshul+Kundaje%2C+Manoj+Hariharan%2C+Stephen+G.+Landt%2C+Koon-Kiu+Yan%2C+Chao+Cheng
https://s100.copyright.com/AppDispatchServlet?publisherName=NPG&publication=Nature&title=Architecture+of+the+human+regulatory+network+derived+from+ENCODE+data&contentID=10.1038%2Fnature11245&volumeNum=489&issueNum=7414&numPages=10&pageNumbers=pp91-100&publicationDate=2012-09-05&cc=y&author=Mark+B.+Gerstein%2C+Anshul+Kundaje%2C+Manoj+Hariharan%2C+Stephen+G.+Landt%2C+Koon-Kiu+Yan%2C+Chao+Cheng
http://www.nature.com/nature/journal/v489/n7414/nature11245/metrics
http://www.nature.com/nature/archive/subject.html?code=npg_subject_208%2Cnpg_subject_212%2Cnews_s9
http://www.nature.com/nature/archive/subject.html?code=npg_subject_208%2Cnpg_subject_212%2Cnews_s9
http://www.nature.com/nature/archive/subject.html?code=npg_subject_337%2Cnews_s4%2Cnews_s24
http://www.nature.com/nature/journal/v489/n7414/fig_tab/nature11233_ft.html
http://www.nature.com/nature/journal/v489/n7414/slides/nature11233-pf1.ppt
http://www.nature.com/nature/journal/v489/n7414/slides/nature11233-pf2.ppt
http://www.nature.com/nature/journal/v489/n7414/slides/nature11233-pf3.ppt
http://www.nature.com/nature/journal/v489/n7414/slides/nature11233-pf4.ppt
http://www.nature.com/nature/journal/v489/n7414/slides/nature11233-pf5.ppt
http://www.nature.com/nature/journal/v489/n7414/slides/nature11233-pf6.ppthttp://www.nature.com/nature/journal/v489/n7414/full/nature11233.html#supplementary-information
http://www.nature.com/nature/journal/v489/n7414/extref/nature11233-s1.pdf
http://www.nature.com/nature/journal/v489/n7414/extref/nature11233-s2.pdf
http://www.nature.com/nature/journal/v489/n7414/full/nature11376.html
http://www.nature.com/nature/journal/v489/n7414/pdf/nature11376.pdf
http://www.nature.com/nature/journal/v489/n7414/ris/nature11376.ris
https://s100.copyright.com/AppDispatchServlet?publisherName=NPGR&publication=Nature&title=Structure+of+a+RING+E3+ligase+and+ubiquitin-loaded+E2+primed+for+catalysis&contentID=10.1038%2Fnature11376&volumeNum=489&issueNum=7414&numPages=6&pageNumbers=pp115-120&orderBeanReset=true&publicationDate=2012-07-29&author=Anna+Plechanovov%26%23x000E1%3B%2C+Ellis+G.+Jaffray%2C+Michael+H.+Tatham%2C+James+H.+Naismith%2C+Ronald+T.+Hay
https://s100.copyright.com/AppDispatchServlet?publisherName=NPG&publication=Nature&title=Structure+of+a+RING+E3+ligase+and+ubiquitin-loaded+E2+primed+for+catalysis&contentID=10.1038%2Fnature11376&volumeNum=489&issueNum=7414&numPages=6&pageNumbers=pp115-120&publicationDate=2012-07-29&author=Anna+Plechanovov%26%23x000E1%3B%2C+Ellis+G.+Jaffray%2C+Michael+H.+Tatham%2C+James+H.+Naismith%2C+Ronald+T.+Hay
http://www.nature.com/nature/journal/v489/n7414/nature11376/metrics
http://www.nature.com/nature/archive/subject.html?code=npg_subject_535
http://www.nature.com/nature/archive/subject.html?code=npg_subject_337%2Cnews_s4%2Cnews_s24
http://www.nature.com/nature/archive/subject.html?code=npg_subject_43
http://www.nature.com/nature/archive/subject.html?code=npg_subject_80%2Cnews_s4%2Cnews_s23
http://www.nature.com/nature/journal/v489/n7414/fig_tab/nature11376_ft.html
http://www.nature.com/nature/journal/v489/n7414/slides/nature11376-pf1.ppt
http://www.nature.com/nature/journal/v489/n7414/slides/nature11376-pf2.ppt
http://www.nature.com/nature/journal/v489/n7414/slides/nature11376-pf3.ppt
http://www.nature.com/nature/journal/v489/n7414/slides/nature11376-pf4.ppt
http://www.nature.com/nature/journal/v489/n7414/slides/nature11376-pf5.ppt
http://www.nature.com/nature/journal/v489/n7414/full/nature11376.html#suppementary-information
http://www.nature.com/nature/journal/v489/n7414/extref/nature11376-s1.pdf
http://www.nature.com/nature/journal/v489/n7414/full/nature11279.html
http://www.nature.com/nature/journal/v489/n7414/pdf/nature11279.pdf
http://www.nature.com/nature/journal/v489/n7414/ris/nature11279.ris
https://s100.copyright.com/AppDispatchServlet?publisherName=NPGR&publication=Nature&title=The+long-range+interaction+landscape+of+gene+promoters&contentID=10.1038%2Fnature11279&volumeNum=489&issueNum=7414&numPages=5&pageNumbers=pp109-113&orderBeanReset=true&publicationDate=2012-09-05&author=Amartya+Sanyal%2C+Bryan+R.+Lajoie%2C+Gaurav+Jain%2C+Job+Dekker
https://s100.copyright.com/AppDispatchServlet?publisherName=NPG&publication=Nature&title=The+long-range+interaction+landscape+of+gene+promoters&contentID=10.1038%2Fnature11279&volumeNum=489&issueNum=7414&numPages=5&pageNumbers=pp109-113&publicationDate=2012-09-05&cc=y&author=Amartya+Sanyal%2C+Bryan+R.+Lajoie%2C+Gaurav+Jain%2C+Job+Dekker
http://www.nature.com/nature/journal/v489/n7414/nature11279/metrics
http://www.nature.com/nature/archive/subject.html?code=npg_subject_208%2Cnpg_subject_212%2Cnews_s9
http://www.nature.com/nature/archive/subject.html?code=npg_subject_208%2Cnpg_subject_212%2Cnews_s9
http://www.nature.com/nature/archive/subject.html?code=npg_subject_337%2Cnews_s4%2Cnews_s24
http://www.nature.com/nature/journal/v489/n7414/fig_tab/nature11279_ft.html
http://www.nature.com/nature/journal/v489/n7414/fig_tab/nature11279_F1.html
http://www.nature.com/nature/journal/v489/n7414/fig_tab/nature11279_F2.html
http://www.nature.com/nature/journal/v489/n7414/fig_tab/nature11279_F3.html
http://www.nature.com/nature/journal/v489/n7414/fig_tab/nature11279_F4.html
http://www.nature.com/nature/journal/v489/n7414/full/nature11279.html#supplementary-information
http://www.nature.com/nature/journal/v489/n7414/extref/nature11279-s1.pdf
http://www.nature.com/nature/journal/v489/n7414/extref/nature11279-s2.zip
http://www.nature.com/nature/journal/v489/n7414/extref/nature11279-s3.zip
http://www.nature.com/nature/journal/v489/n7414/extref/nature11279-s4.zip

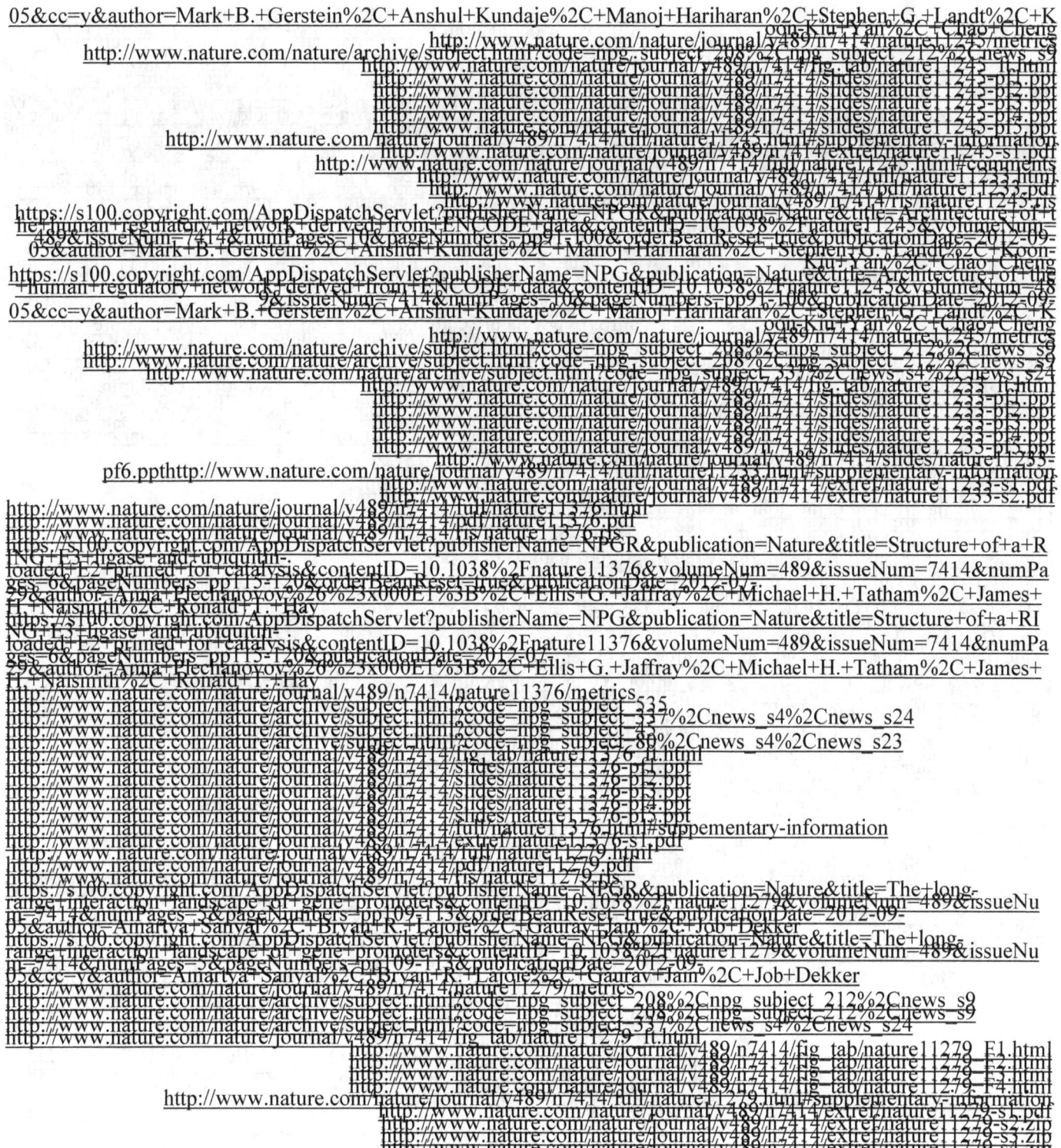

http://www.nature.com/nature/journal/v489/n7414/full/nature11279.html#comments
http://www.nature.com/nature/journal/v489/n7414/full/nature11407.html
http://www.nature.com/nature/journal/v489/n7414/pdf/nature11407.pdf
http://www.nature.com/nature/journal/v489/n7414/ris/nature11407.ris
https://s100.copyright.com/AppDispatchServlet?publisherName=NPGR&publication=Nature&title=Observation+of+interstellar+lithium+in+the+low-metallicity+Small+Magellanic+Cloud&contentID=10.1038%2Fnature11407&volumeNum=489&issueNum=7414&numPages=3&pageNumbers=pp121-123&orderBeanReset=true&publicationDate=2012-09-05&author=J.+Christopher+Howk%2C+Nicolas+Lehner%2C+Brian+D.+Fields%2C+Grant+J.+Mathews
https://s100.copyright.com/AppDispatchServlet?publisherName=NPG&publication=Nature&title=Observation+of+interstellar+lithium+in+the+low-metallicity+Small+Magellanic+Cloud&contentID=10.1038%2Fnature11407&volumeNum=489&issueNum=7414&numPages=3&pageNumbers=pp121-123&publicationDate=2012-09-05&author=J.+Christopher+Howk%2C+Nicolas+Lehner%2C+Brian+D.+Fields%2C+Grant+J.+Mathews
http://www.nature.com/nature/journal/v489/n7414/nature11407/metrics
http://www.nature.com/nature/archive/subject.html?code=npg_subject_33%2Cnews_s13
http://www.nature.com/nature/archive/subject.html?code=npg_subject_441%2Cnews_s13
http://www.nature.com/nature/journal/v489/n7414/fig_tab/nature11407_ft.html
http://www.nature.com/nature/journal/v489/n7414/slides/nature11407_pf1.ppt
http://www.nature.com/nature/journal/v489/n7414/fig_tab/nature11407_F2.html#
http://www.nature.com/nature/journal/v489/n7414/fig_tab/nature11407_F3.html
http://www.nature.com/nature/journal/v489/n7414/full/nature11407.html#supplementary-information
http://www.nature.com/nature/journal/v489/n7414/extref/nature11407-s1.pdf
http://www.nature.com/nature/journal/v489/n7414/full/nature11407.html#comments
http://www.nature.com/nature/journal/v489/n7414/full/nature11441.html
http://www.nature.com/nature/journal/v489/n7414/pdf/nature11441.pdf
http://www.nature.com/nature/journal/v489/n7414/ris/nature11441.ris
https://s100.copyright.com/AppDispatchServlet?publisherName=NPGR&publication=Nature&title=No+meridional+plasma+flow+in+the+heliosheath+transition+region&contentID=10.1038%2Fnature11441&volumeNum=489&issueNum=7414&numPages=4&pageNumbers=pp124-127&orderBeanReset=true&publicationDate=2012-09-05&author=Robert+B.+Decker%2C+Stamatios+M.+Krimigis%2C+Edmond+C.+Roelof%2C+Matthew+E.+Hill
https://s100.copyright.com/AppDispatchServlet?publisherName=NPG&publication=Nature&title=No+meridional+plasma+flow+in+the+heliosheath+transition+region&contentID=10.1038%2Fnature11441&volumeNum=489&issueNum=7414&numPages=4&pageNumbers=pp124-127&publicationDate=2012-09-05&author=Robert+B.+Decker%2C+Stamatios+M.+Krimigis%2C+Edmond+C.+Roelof%2C+Matthew+E.+Hill
http://www.nature.com/nature/journal/v489/n7414/nature11441/metrics
http://www.nature.com/nature/archive/subject.html?code=npg_subject_33%2Cnews_s15
http://www.nature.com/nature/archive/subject.html?code=npg_subject_34
http://www.nature.com/nature/journal/v489/n7414/fig_tab/nature11441_ft.html
http://www.nature.com/nature/journal/v489/n7414/fig_tab/nature11441_F1.html
http://www.nature.com/nature/journal/v489/n7414/fig_tab/nature11441_F2.html
http://www.nature.com/nature/journal/v489/n7414/fig_tab/nature11441_F3.html
http://www.nature.com/nature/journal/v489/n7414/full/nature11441.html#comments
http://www.nature.com/nature/journal/v489/n7414/full/nature11434.html
http://www.nature.com/nature/journal/v489/n7414/pdf/nature11434.pdf
http://www.nature.com/nature/journal/v489/n7414/ris/nature11434.ris
https://s100.copyright.com/AppDispatchServlet?publisherName=NPGR&publication=Nature&title=Flexible+metal-oxide+devices+made+by+room-temperature+photochemical+activation+of+sol-gel+films&contentID=10.1038%2Fnature11434&volumeNum=489&issueNum=7414&numPages=5&pageNumbers=pp128-132&orderBeanReset=true&publicationDate=2012-09-05&author=Yong-Hoon+Kim%2C+Jae-Sang+Heo%2C+Tae-Hyeong+Kim%2C+Sungjun+Park%2C+Myung-Han+Yoon%2C+Jiwan+Kim
https://s100.copyright.com/AppDispatchServlet?publisherName=NPG&publication=Nature&title=Flexible+metal-oxide+devices+made+by+room-temperature+photochemical+activation+of+sol-gel+films&contentID=10.1038%2Fnature11434&volumeNum=489&issueNum=7414&numPages=5&pageNumbers=pp128-132&publicationDate=2012-09-05&author=Yong-Hoon+Kim%2C+Jae-Sang+Heo%2C+Tae-Hyeong+Kim%2C+Sungjun+Park%2C+Myung-Han+Yoon%2C+Jiwan+Kim
http://www.nature.com/nature/journal/v489/n7414/nature11434/metrics
http://www.nature.com/nature/archive/subject.html?code=npg_subject_301
http://www.nature.com/nature/archive/subject.html?code=npg_subject_559%2Cnews_s16
http://www.nature.com/nature/journal/v489/n7414/fig_tab/nature11434_ft.html
http://www.nature.com/nature/journal/v489/n7414/fig_tab/nature11434_F1.html
http://www.nature.com/nature/journal/v489/n7414/fig_tab/nature11434_F2.html
http://www.nature.com/nature/journal/v489/n7414/fig_tab/nature11434_F3.html
http://www.nature.com/nature/journal/v489/n7414/fig_tab/nature11434_F4.html
http://www.nature.com/nature/journal/v489/n7414/full/nature11434.html#supplementary-information
http://www.nature.com/nature/journal/v489/n7414/extref/nature11434-s1.pdf
http://www.nature.com/nature/journal/v489/n7414/full/nature11434.html#comments
http://www.nature.com/nature/journal/v489/n7414/full/nature11409.html
http://www.nature.com/nature/journal/v489/n7414/pdf/nature11409.pdf
http://www.nature.com/nature/journal/v489/n7414/ris/nature11409.ris
https://s100.copyright.com/AppDispatchServlet?publisherName=NPGR&publication=Nature&title=Highly+stretchable+and+tough+hydrogels&contentID=10.1038%2Fnature11409&volumeNum=489&issueNum=7414&numPages=4&pageNumbers=pp133-136&orderBeanReset=true&publicationDate=2012-09-05&author=Jeong-Yun+Sun%2C+Xuanhe+Zhao%2C+Widusha+R.+K.+Illeperuma%2C+Ovijit+Chaudhuri%2C+Kyu+Hwan+Oh%2C+David+J.+Mooney
https://s100.copyright.com/AppDispatchServlet?publisherName=NPG&publication=Nature&title=Highly+stretchable+and+tough+hydrogels&contentID=10.1038%2Fnature11409&volumeNum=489&issueNum=7414&numPages=4&pageNumbers=pp133-136&publicationDate=2012-09-05&author=Jeong-Yun+Sun%2C+Xuanhe+Zhao%2C+Widusha+R.+K.+Illeperuma%2C+Ovijit+Chaudhuri%2C+Kyu+Hwan+Oh%2C+David+J.+Mooney
http://www.nature.com/nature/archive/subject.html?code=npg_subject_45
http://www.nature.com/nature/archive/subject.html?code=npg_subject_301
http://www.nature.com/nature/archive/subject.html?code=npg_subject_335
http://www.nature.com/nature/journal/v489/n7414/fig_tab/nature11409_ft.html
http://www.nature.com/nature/journal/v489/n7414/fig_tab/nature11409_F1.html
http://www.nature.com/nature/journal/v489/n7414/fig_tab/nature11409_F2.html
http://www.nature.com/nature/journal/v489/n7414/fig_tab/nature11409_F3.html
http://www.nature.com/nature/journal/v489/n7414/fig_tab/nature11409_F4.html
http://www.nature.com/nature/journal/v489/n7414/full/nature11409.html#supplementary-information
http://www.nature.com/nature/journal/v489/n7414/extref/nature11409-s1.pdf
http://www.nature.com/nature/journal/v489/n7414/extref/nature11409-s2.mov
http://www.nature.com/nature/journal/v489/n7414/extref/nature11409-s3.mov
http://www.nature.com/nature/journal/v489/n7414/extref/nature11409-s4.mov

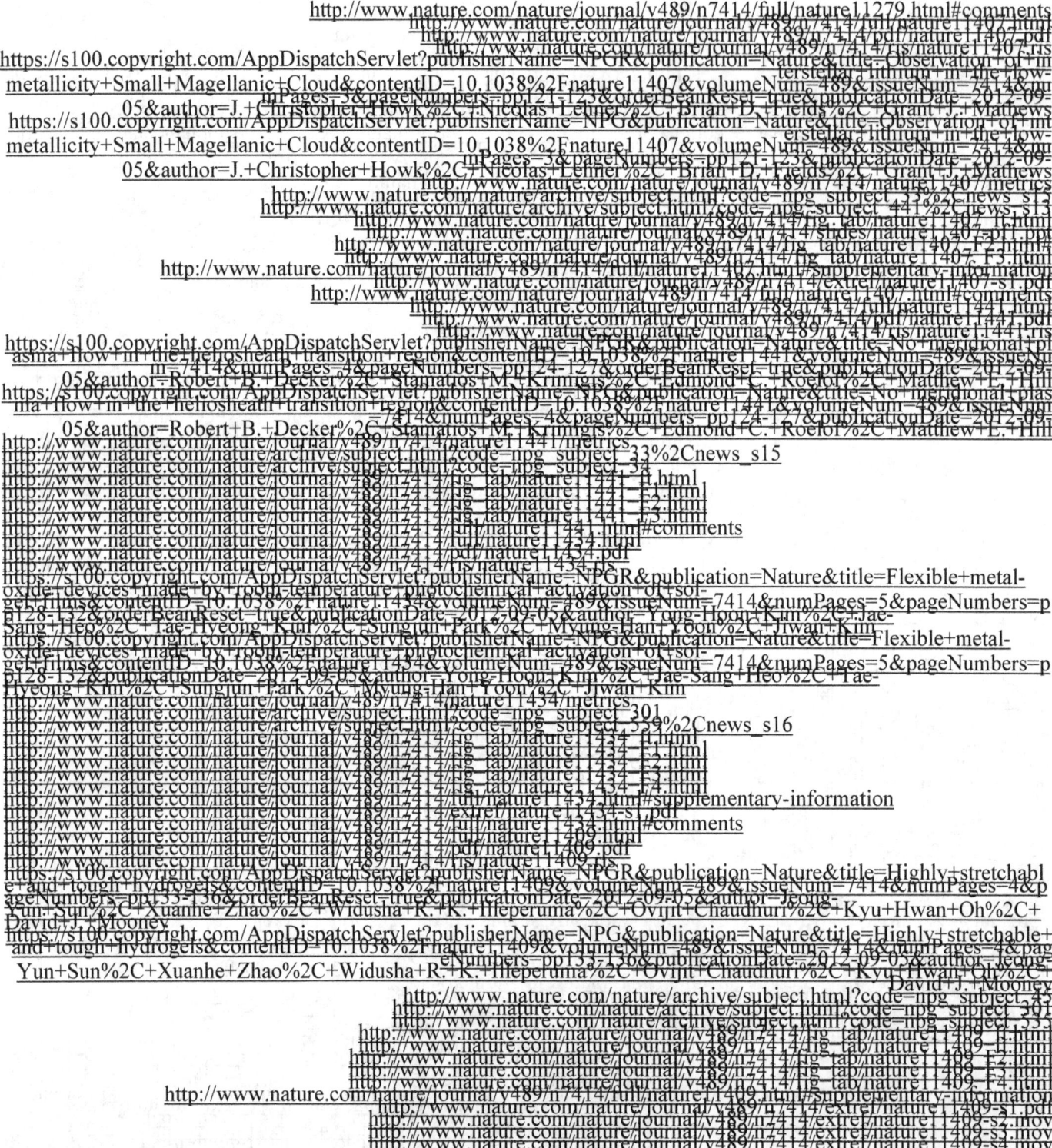

http://www.nature.com/nature/journal/v489/n7414/full/nature11409.html#comments
http://www.nature.com/nature/journal/v489/n7414/full/nature11392.html
http://www.nature.com/nature/journal/v489/n7414/pdf/nature11392.pdf
http://www.nature.com/nature/journal/v489/n7414/ris/nature11392.ris
https://s100.copyright.com/AppDispatchServlet?publisherName=NPGR&publication=Nature&title=Activation+of+old+carbon+by+erosion+of+coastal+and+subsea+permafrost+in+Arctic+Siberia&contentID=10.1038%2Fnature11392&volumeNum=489&issueNum=7414&numPages=4&pageNumbers=pp137-140&orderBeanReset=true&publicationDate=2012-08-29&author=J.+E.+Vonk%2C+L.+S%26%23x000E1%3Bnchez-Garc%26%23x000ED%3Ba%2C+B.+E.+van+Dongen%2C+V.+Alling%2C+D.+Kosmach%2C+A.+Charkin
https://s100.copyright.com/AppDispatchServlet?publisherName=NPG&publication=Nature&title=Activation+of+old+carbon+by+erosion+of+coastal+and+subsea+permafrost+in+Arctic+Siberia&contentID=10.1038%2Fnature11392&volumeNum=489&issueNum=7414&numPages=4&pageNumbers=pp137-140&publicationDate=2012-08-29&author=J.+E.+Vonk%2C+L.+S%26%23x000E1%3Bnchez-Garc%26%23x000ED%3Ba%2C+B.+E.+van+Dongen%2C+V.+Alling%2C+D.+Kosmach%2C+A.+Charkin
http://www.nature.com/nature/journal/v489/n7414/nature11392/metrics
http://www.nature.com/nature/archive/subject.html?code=npg_subject_137%2Cnews_s7%2Cnews_s25
http://www.nature.com/nature/archive/subject.html?code=npg_subject_106
http://www.nature.com/nature/journal/v489/n7414/fig_tab/nature11392_ft.html
http://www.nature.com/nature/journal/v489/n7414/fig_tab/nature11392_F1.html
http://www.nature.com/nature/journal/v489/n7414/fig_tab/nature11392_F2.html
http://www.nature.com/nature/journal/v489/n7414/fig_tab/nature11392_F3.html
http://www.nature.com/nature/journal/v489/n7414/full/nature11392.html#supplementary-information
http://www.nature.com/nature/journal/v489/n7414/extref/nature11392-s1.pdf
http://www.nature.com/nature/journal/v489/n7414/full/nature11392.html#comments
http://www.nature.com/nature/journal/v489/n7414/full/nature11391.html
http://www.nature.com/nature/journal/v489/n7414/pdf/nature11391.pdf
http://www.nature.com/nature/journal/v489/n7414/ris/nature11391.ris
https://s100.copyright.com/AppDispatchServlet?publisherName=NPGR&publication=Nature&title=Recent+Antarctic+Peninsula+warming+relative+to+Holocene+climate+and+ice-shelf+history&contentID=10.1038%2Fnature11391&volumeNum=489&issueNum=7414&numPages=4&pageNumbers=pp141-144&orderBeanReset=true&publicationDate=2012-08-22&author=Robert+Mulvaney%2C+Nerilie+J.+Abram%2C+Richard+C.+A.+Hindmarsh%2C+Carol+Arrowsmith%2C+Louise+Fleet%2C+Jack+Triest
https://s100.copyright.com/AppDispatchServlet?publisherName=NPG&publication=Nature&title=Recent+Antarctic+Peninsula+warming+relative+to+Holocene+climate+and+ice-shelf+history&contentID=10.1038%2Fnature11391&volumeNum=489&issueNum=7414&numPages=4&pageNumbers=pp141-144&publicationDate=2012-08-22&author=Robert+Mulvaney%2C+Nerilie+J.+Abram%2C+Richard+C.+A.+Hindmarsh%2C+Carol+Arrowsmith%2C+Louise+Fleet%2C+Jack+Triest
http://www.nature.com/nature/journal/v489/n7414/nature11391/metrics
http://www.nature.com/nature/archive/subject.html?code=npg_subject_106
http://www.nature.com/nature/archive/subject.html?code=npg_subject_172%2Cnews_s7%2Cnews_s26
http://www.nature.com/nature/journal/v489/n7414/fig_tab/nature11391_ft.html
http://www.nature.com/nature/journal/v489/n7414/fig_tab/nature11391_F1.html
http://www.nature.com/nature/journal/v489/n7414/fig_tab/nature11391_F2.html
http://www.nature.com/nature/journal/v489/n7414/fig_tab/nature11391_F3.html
http://www.nature.com/nature/journal/v489/n7414/fig_tab/nature11391_F4.html
http://www.nature.com/nature/journal/v489/n7414/full/nature11391.html#supplementary-information
http://www.nature.com/nature/journal/v489/n7414/extref/nature11391-s1.pdf
http://www.nature.com/nature/journal/v489/n7414/extref/nature11391-s2.xls
http://www.nature.com/nature/journal/v489/n7414/full/nature11391.html#comments
http://www.nature.com/nature/journal/v489/n7414/full/nature11345.html
http://www.nature.com/nature/journal/v489/n7414/pdf/nature11345.pdf
http://www.nature.com/nature/journal/v489/n7414/ris/nature11345.ris
https://s100.copyright.com/AppDispatchServlet?publisherName=NPGR&publication=Nature&title=Dopamine+neurons+modulate+pheromone+responses+in+Drosophila+courtship+learning&contentID=10.1038%2Fnature11345&volumeNum=489&issueNum=7414&numPages=5&pageNumbers=pp145-149&orderBeanReset=true&publicationDate=2012-08-19&author=Krystyna+Keleman%2C+Eleftheria+Vrontou%2C+Sebastian+Kr%26%23x000FC%3Bttner%2C+Jai+Y.+Yu%2C+Amina+Kurtovic-Kozaric%2C+Barry+J.+Dickson
https://s100.copyright.com/AppDispatchServlet?publisherName=NPG&publication=Nature&title=Dopamine+neurons+modulate+pheromone+responses+in+Drosophila+courtship+learning&contentID=10.1038%2Fnature11345&volumeNum=489&issueNum=7414&numPages=5&pageNumbers=pp145-149&publicationDate=2012-08-19&author=Krystyna+Keleman%2C+Eleftheria+Vrontou%2C+Sebastian+Kr%26%23x000FC%3Bttner%2C+Jai+Y.+Yu%2C+Amina+Kurtovic-Kozaric%2C+Barry+J.+Dickson
http://www.nature.com/nature/journal/v489/n7414/nature11345/metrics
http://www.nature.com/nature/archive/subject.html?code=npg_subject_378%2Cnews_s2
http://www.nature.com/nature/archive/subject.html?code=npg_subject_337%2Cnews_s4%2Cnews_s24
http://www.nature.com/nature/archive/subject.html?code=npg_subject_443%2Cnews_s6%2Cnews_s29
http://www.nature.com/nature/archive/subject.html?code=npg_subject_18
http://www.nature.com/nature/journal/v489/n7414/fig_tab/nature11345_ft.html
http://www.nature.com/nature/journal/v489/n7414/fig_tab/nature11345_F1.html
http://www.nature.com/nature/journal/v489/n7414/fig_tab/nature11345_F2.html
http://www.nature.com/nature/journal/v489/n7414/fig_tab/nature11345_F3.html
http://www.nature.com/nature/journal/v489/n7414/fig_tab/nature11345_F4.html
http://www.nature.com/nature/journal/v489/n7414/full/nature11345.html#supplementary-information
http://www.nature.com/nature/journal/v489/n7414/extref/nature11345-s1.pdf
http://www.nature.com/nature/journal/v489/n7414/full/nature11345.html#comments
http://www.nature.com/nature/journal/v489/n7414/full/nature11306.html
http://www.nature.com/nature/journal/v489/n7414/pdf/nature11306.pdf
http://www.nature.com/nature/journal/v489/n7414/ris/nature11306.ris
https://s100.copyright.com/AppDispatchServlet?publisherName=NPGR&publication=Nature&title=Neuronal+circuitry+mechanism+regulating+adult+quiescent+neural+stem-cell+fate+decision&contentID=10.1038%2Fnature11306&volumeNum=489&issueNum=7414&numPages=5&pageNumbers=pp150-154&orderBeanReset=true&publicationDate=2012-07-29&author=Juan+Song%2C+Chun+Zhong%2C+Michael+A.+Bonaguidi%2C+Gerald+J.+Sun%2C+Derek+Hsu%2C+Yan+Gu
https://s100.copyright.com/AppDispatchServlet?publisherName=NPG&publication=Nature&title=Neuronal+circuitry+mechanism+regulating+adult+quiescent+neural+stem-cell+fate+decision&contentID=10.1038%2Fnature11306&volumeNum=489&issueNum=7414&numPages=5&pageNumbers=pp150-154&publicationDate=2012-07-29&author=Juan+Song%2C+Chun+Zhong%2C+Michael+A.+Bonaguidi%2C+Gerald+J.+Sun%2C+Derek+Hsu%2C+Yan+Gu

http://www.nature.com/nature/journal/v489/n7414/nature11306/metrics
http://www.nature.com/nature/archive/subject.html?code=npg_subject_378%2Cnews_s2
http://www.nature.com/nature/archive/subject.html?code=npg_subject_532
http://www.nature.com/nature/journal/v489/n7414/fig_tab/nature11306_ft.html
http://www.nature.com/nature/journal/v489/n7414/fig_tab/nature11306_F1.html
http://www.nature.com/nature/journal/v489/n7414/fig_tab/nature11306_F2.html
http://www.nature.com/nature/journal/v489/n7414/fig_tab/nature11306_F3.html
http://www.nature.com/nature/journal/v489/n7414/fig_tab/nature11306_F4.html
http://www.nature.com/nature/journal/v489/n7414/fig_tab/nature11306_F5.html
http://www.nature.com/nature/journal/v489/n7414/full/nature11306.html#supplementary-information
http://www.nature.com/nature/journal/v489/n7414/extref/nature11306-s1.pdf
http://www.nature.com/nature/journal/v489/n7414/extref/nature11306-s2.mov
http://www.nature.com/nature/journal/v489/n7414/extref/nature11306-s3.mov
http://www.nature.com/nature/journal/v489/n7414/extref/nature11306-s4.mov
http://www.nature.com/nature/journal/v489/n7414/full/nature11306.html#comments
http://www.nature.com/nature/journal/v489/n7414/full/nature11303.html
http://www.nature.com/nature/journal/v489/n7414/pdf/nature11303.pdf
http://www.nature.com/nature/journal/v489/n7414/ris/nature11303.ris
https://s100.copyright.com/AppDispatchServlet?publisherName=NPGR&publication=Nature&title=Heterodimeric+JAKSTAT+activation+as+a+mechanism+of+persistence+to+JAK2+inhibitor+therapy&contentID=10.1038%2Fnature11303&volumeNum=489&issueNum=7414&numPages=5&pageNumbers=pp155-159&orderBeanReset=true&publicationDate=2012-07-22&author=Priya+Koppikar%2C+Neha+Bhagwat%2C+Outi+Kilpivaara%2C+Taghi+Manshouri%2C+Mazhar+Adli%2C+Todd+Hricik
https://s100.copyright.com/AppDispatchServlet?publisherName=NPG&publication=Nature&title=Heterodimeric+JAKSTAT+activation+as+a+mechanism+of+persistence+to+JAK2+inhibitor+therapy&contentID=10.1038%2Fnature11303&volumeNum=489&issueNum=7414&numPages=5&pageNumbers=pp155-159&publicationDate=2012-07-22&author=Priya+Koppikar%2C+Neha+Bhagwat%2C+Outi+Kilpivaara%2C+Taghi+Manshouri%2C+Mazhar+Adli%2C+Todd+Hricik
http://www.nature.com/nature/journal/v489/n7414/nature11303/metrics
http://www.nature.com/nature/archive/subject.html?code=npg_subject_67
http://www.nature.com/nature/archive/subject.html?code=npg_subject_308
http://www.nature.com/nature/archive/subject.html?code=npg_subject_145
http://www.nature.com/nature/archive/subject.html?code=npg_subject_565
http://www.nature.com/nature/journal/v489/n7414/fig_tab/nature11303_ft.html
http://www.nature.com/nature/journal/v489/n7414/fig_tab/nature11303_F1.html
http://www.nature.com/nature/journal/v489/n7414/fig_tab/nature11303_F2.html
http://www.nature.com/nature/journal/v489/n7414/fig_tab/nature11303_F3.html
http://www.nature.com/nature/journal/v489/n7414/fig_tab/nature11303_F4.html
http://www.nature.com/nature/journal/v489/n7414/full/nature11303.html#supplementary-information
http://www.nature.com/nature/journal/v489/n7414/extref/nature11303-s1.pdf
http://www.nature.com/nature/journal/v489/n7414/full/nature11303.html#comments
http://www.nature.com/nature/journal/v489/n7414/full/nature11311.html
http://www.nature.com/nature/journal/v489/n7414/pdf/nature11311.pdf
http://www.nature.com/nature/journal/v489/n7414/ris/nature11311.ris
https://s100.copyright.com/AppDispatchServlet?publisherName=NPGR&publication=Nature&title=Endogenous+antigen+tunes+the+responsiveness+of+naive+B+cells+but+not+T+cells&contentID=10.1038%2Fnature11311&volumeNum=489&issueNum=7414&numPages=5&pageNumbers=pp160-164&orderBeanReset=true&publicationDate=2012-08-19&author=Julie+Zikherman%2C+Ramya+Parameswaran%2C+Arthur+Weiss
https://s100.copyright.com/AppDispatchServlet?publisherName=NPG&publication=Nature&title=Endogenous+antigen+tunes+the+responsiveness+of+naive+B+cells+but+not+T+cells&contentID=10.1038%2Fnature11311&volumeNum=489&issueNum=7414&numPages=5&pageNumbers=pp160-164&publicationDate=2012-08-19&author=Julie+Zikherman%2C+Ramya+Parameswaran%2C+Arthur+Weiss
http://www.nature.com/nature/journal/v489/n7414/nature11311/metrics
http://www.nature.com/nature/archive/subject.html?code=npg_subject_250
http://www.nature.com/nature/journal/v489/n7414/fig_tab/nature11311_ft.html
http://www.nature.com/nature/journal/v489/n7414/fig_tab/nature11311_F1.html
http://www.nature.com/nature/journal/v489/n7414/fig_tab/nature11311_F2.html
http://www.nature.com/nature/journal/v489/n7414/fig_tab/nature11311_F3.html
http://www.nature.com/nature/journal/v489/n7414/fig_tab/nature11311_F4.html
http://www.nature.com/nature/journal/v489/n7414/full/nature11311.html#supplementary-information
http://www.nature.com/nature/journal/v489/n7414/extref/nature11311-s1.pdf
http://www.nature.com/nature/journal/v489/n7414/full/nature11311.html#comments
http://www.nature.com/nature/journal/v489/n7414/full/nj7414-165a.html
http://www.nature.com/naturejobs/2012/120906/pdf/nj7414-165a.pdf
http://www.nature.com/nature/journal/v489/n7414/ris/nj7414-165a.ris
https://s100.copyright.com/AppDispatchServlet?publisherName=NPGR&publication=Nature&title=Collaborations%3A+A+single+cog+in+a+complex+machine&contentID=10.1038%2Fnj7414-165a&volumeNum=489&issueNum=7414&numPages=3&pageNumbers=pp165-167&orderBeanReset=true&publicationDate=2012-09-05&author=Sarah+Kellogg
https://s100.copyright.com/AppDispatchServlet?publisherName=NPG&publication=Nature&title=Collaborations%3A+A+single+cog+in+a+complex+machine&contentID=10.1038%2Fnj7414-165a&volumeNum=489&issueNum=7414&numPages=3&pageNumbers=pp165-167&publicationDate=2012-09-05&author=Sarah+Kellogg
http://www.nature.com/naturejobs/2012/120906/nj7414-165a/metrics
http://www.nature.com/nature/archive/subject.html?code=npg_subject_76
http://www.nature.com/nature/archive/subject.html?code=npg_subject_112
http://www.nature.com/nature/archive/subject.html?code=npg_subject_496
http://www.nature.com/nature/journal/v489/n7414/full/nj7414-165a.html#link-groups
http://www.nature.com/uidfinder/10.1038/nj7377-403d
http://www.nature.com/uidfinder/10.1038/nj7308-893a
http://www.nature.com/uidfinder/10.1038/452682a
http://pal.lternet.edu/
http://www.ornl.gov/sci/techresources/Human_Genome/home.shtml
http://atlas.ch/what_is_atlas.html
http://www.genome.gov/10005107
http://lhc-web.cern.ch/
http://www.nature.com/nature/journal/v489/n7414/full/nj7414-167a.html
http://www.nature.com/naturejobs/2012/120906/pdf/nj7414-167a.pdf
http://www.nature.com/nature/journal/v489/n7414/ris/nj7414-167a.ris
https://s100.copyright.com/AppDispatchServlet?publisherName=NPGR&publication=Nature&title=Investment+increases&contentID=10.1038%2Fnj7414-

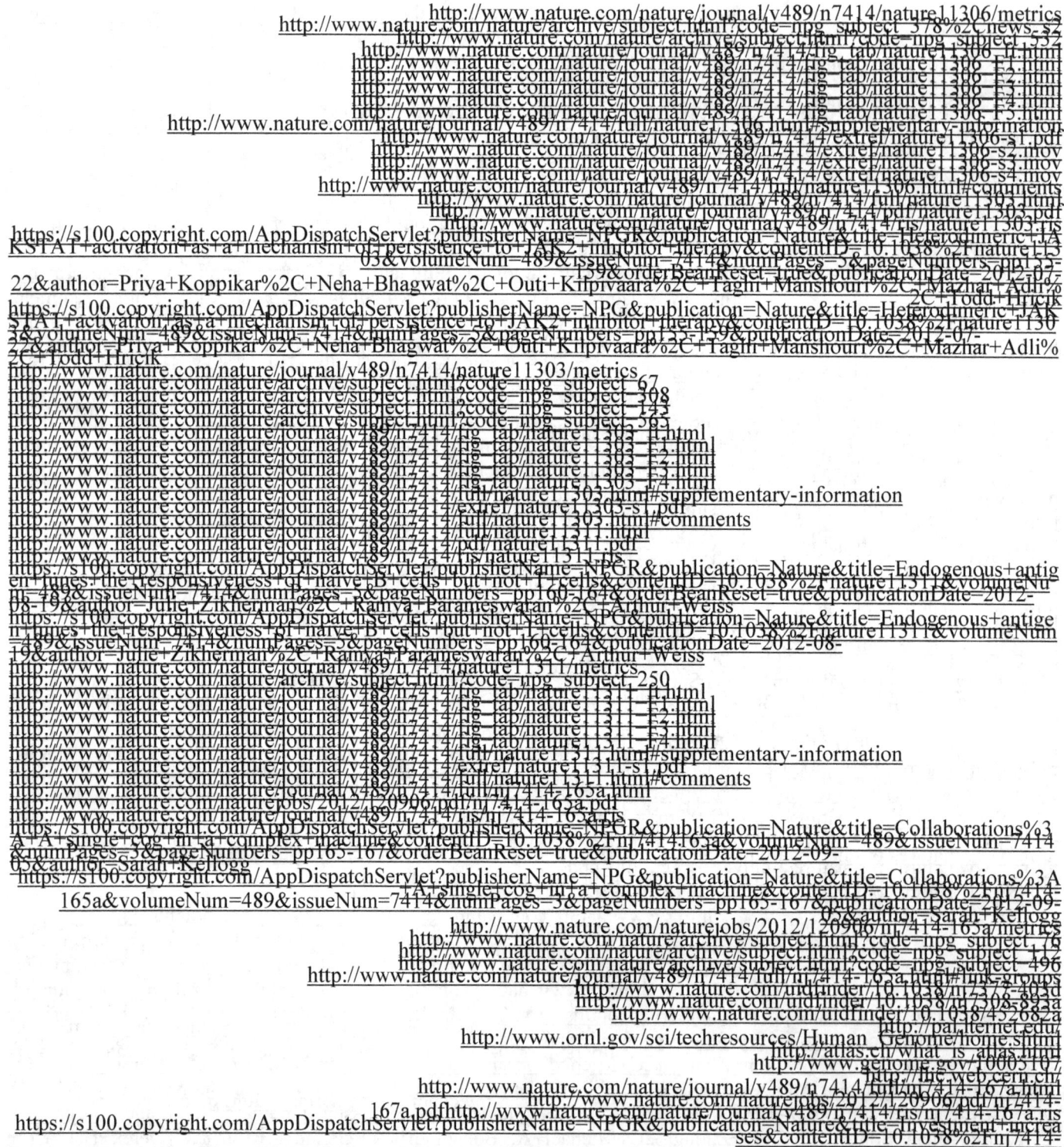

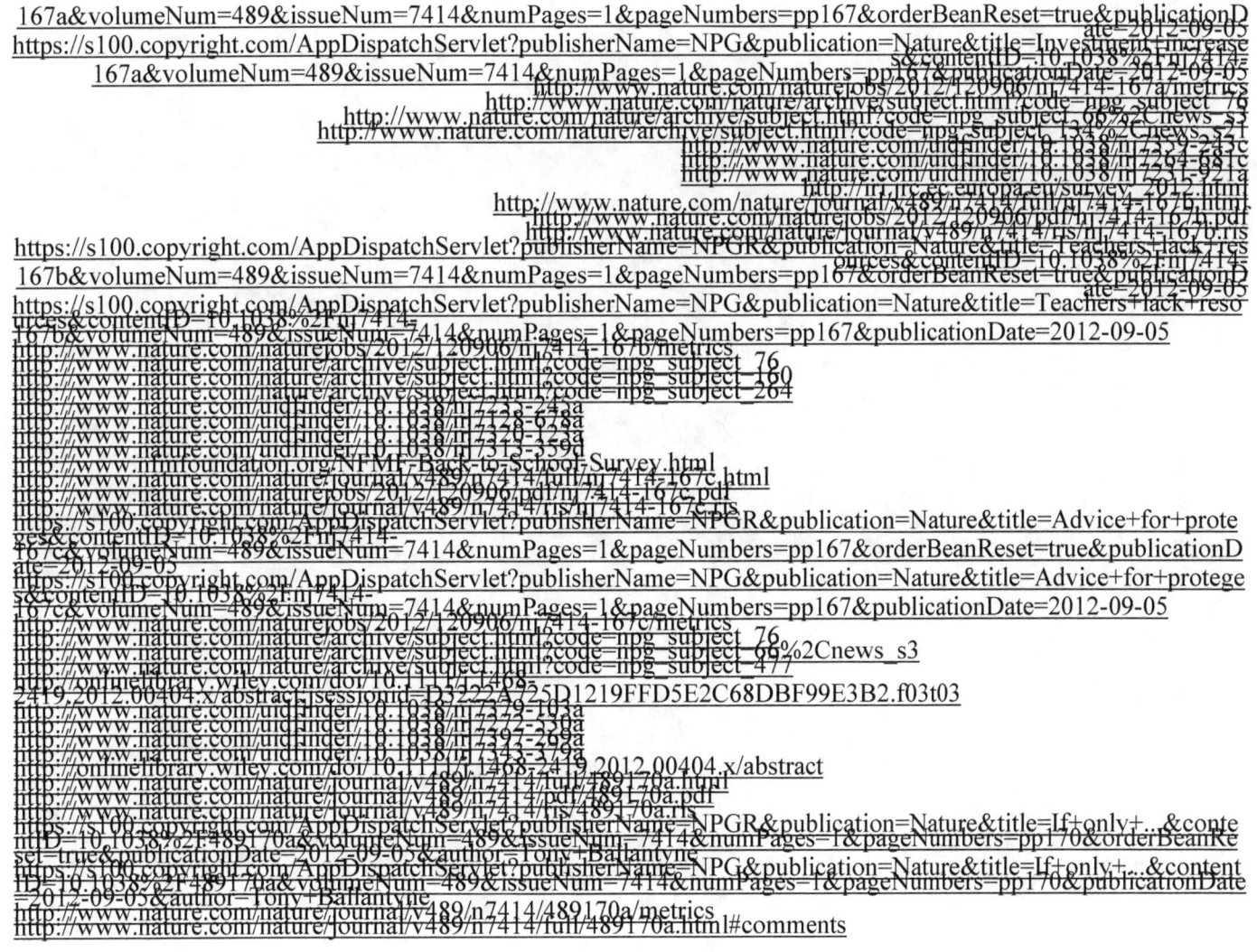

167a&volumeNum=489&issueNum=7414&numPages=1&pageNumbers=pp167&orderBeanReset=true&publicationDate=2012-09-05
https://s100.copyright.com/AppDispatchServlet?publisherName=NPG&publication=Nature&title=Investment+increases&contentID=10.1038%2Fnj7414-167a&volumeNum=489&issueNum=7414&numPages=1&pageNumbers=pp167&publicationDate=2012-09-05
http://www.nature.com/naturejobs/2012/120906/nj7414-167a/metrics
http://www.nature.com/nature/archive/subject.html?code=npg_subject_76
http://www.nature.com/nature/archive/subject.html?code=npg_subject_66%2Cnews_s3
http://www.nature.com/nature/archive/subject.html?code=npg_subject_134%2Cnews_s21
http://www.nature.com/uidfinder/10.1038/nj7259-245c
http://www.nature.com/uidfinder/10.1038/nj7264-681c
http://www.nature.com/uidfinder/10.1038/nj7231-921a
http://irr.jrc.ec.europa.eu/survey_2012.html
http://www.nature.com/nature/journal/v489/n7414/full/nj7414-167b.html
http://www.nature.com/naturejobs/2012/120906/pdf/nj7414-167b.pdf
http://www.nature.com/nature/journal/v489/n7414/ris/nj7414-167b.ris
https://s100.copyright.com/AppDispatchServlet?publisherName=NPGR&publication=Nature&title=Teachers+lack+resources&contentID=10.1038%2Fnj7414-167b&volumeNum=489&issueNum=7414&numPages=1&pageNumbers=pp167&orderBeanReset=true&publicationDate=2012-09-05
https://s100.copyright.com/AppDispatchServlet?publisherName=NPG&publication=Nature&title=Teachers+lack+resources&contentID=10.1038%2Fnj7414-167b&volumeNum=489&issueNum=7414&numPages=1&pageNumbers=pp167&publicationDate=2012-09-05
http://www.nature.com/naturejobs/2012/120906/nj7414-167b/metrics
http://www.nature.com/nature/archive/subject.html?code=npg_subject_76
http://www.nature.com/nature/archive/subject.html?code=npg_subject_160
http://www.nature.com/nature/archive/subject.html?code=npg_subject_264
http://www.nature.com/uidfinder/10.1038/nj7255-245a
http://www.nature.com/uidfinder/10.1038/nj7128-628a
http://www.nature.com/uidfinder/10.1038/nj7320-123a
http://www.nature.com/uidfinder/10.1038/nj7313-359d
http://www.nfmfoundation.org/NFMF-Back-to-School-Survey.html
http://www.nature.com/nature/journal/v489/n7414/full/nj7414-167c.html
http://www.nature.com/naturejobs/2012/120906/pdf/nj7414-167c.pdf
http://www.nature.com/nature/journal/v489/n7414/ris/nj7414-167c.ris
https://s100.copyright.com/AppDispatchServlet?publisherName=NPGR&publication=Nature&title=Advice+for+proteges&contentID=10.1038%2Fnj7414-167c&volumeNum=489&issueNum=7414&numPages=1&pageNumbers=pp167&orderBeanReset=true&publicationDate=2012-09-05
https://s100.copyright.com/AppDispatchServlet?publisherName=NPG&publication=Nature&title=Advice+for+proteges&contentID=10.1038%2Fnj7414-167c&volumeNum=489&issueNum=7414&numPages=1&pageNumbers=pp167&publicationDate=2012-09-05
http://www.nature.com/naturejobs/2012/120906/nj7414-167c/metrics
http://www.nature.com/nature/archive/subject.html?code=npg_subject_76
http://www.nature.com/nature/archive/subject.html?code=npg_subject_66%2Cnews_s3
http://www.nature.com/nature/archive/subject.html?code=npg_subject_477
http://onlinelibrary.wiley.com/doi/10.1111/j.1468-2419.2012.00404.x/abstract;jsessionid=D3222A725D1219FFD5E2C68DBF99E3B2.f03t03
http://www.nature.com/uidfinder/10.1038/nj7229-103a
http://www.nature.com/uidfinder/10.1038/nj7222-[illegible]
http://www.nature.com/uidfinder/10.1038/nj7397-269a
http://www.nature.com/uidfinder/10.1038/nj7343-[illegible]
http://onlinelibrary.wiley.com/doi/10.1111/j.1468-2419.2012.00404.x/abstract
http://www.nature.com/nature/journal/v489/n7414/full/489170a.html
http://www.nature.com/nature/journal/v489/n7414/pdf/489170a.pdf
http://www.nature.com/nature/journal/v489/n7414/ris/489170a.ris
https://s100.copyright.com/AppDispatchServlet?publisherName=NPGR&publication=Nature&title=If+only+...&contentID=10.1038%2F489170a&volumeNum=489&issueNum=7414&numPages=1&pageNumbers=pp170&orderBeanReset=true&publicationDate=2012-09-05&author=Tony+Ballantyne
https://s100.copyright.com/AppDispatchServlet?publisherName=NPG&publication=Nature&title=If+only+...&contentID=10.1038%2F489170a&volumeNum=489&issueNum=7414&numPages=1&pageNumbers=pp170&publicationDate=2012-09-05&author=Tony+Ballantyne
http://www.nature.com/nature/journal/v489/n7414/489170a/metrics
http://www.nature.com/nature/journal/v489/n7414/full/489170a.html#comments

"For Art and Science cannot exist but in minutely organized Particulars"

www.ingramcontent.com/pod-product-compliance
Lightning Source LLC
Chambersburg PA
CBHW080905170526
45158CB00008B/2004